KB146718

로켓의 과학적 원리와 구조

Rocket Owners' Workshop Manual

Originally published in English by Haynes Publishing under the title:
Rocket Owners' Workshop Manual © David Baker 2015
(and Ian Moores 2015 for the cover illustration)

Korean edition is published by arrangement with Haynes Publishing through BC Agency, Seoul.

한 권으로 끝내는 항공우주과학

로켓의 과학적 원리와 구조

데이비드 베이커 지음 | 엄성수 옮김

첨단 과학 및 공학 기술을 이용해 우주를 평화롭게 탐구하고,

인류의 발전에 적극 활용하고자 애쓰는 엔지니어들에게 이 책을 바칩니다.

유럽은 미국과 러시아가 주도하고 있는 행성 간 탐사 프로그램에 강력한 도전장을 내밀었는데, 대표적인 것이 바로 아리안 로켓 프로그램이었다. 이 프로그램에 따라 1999년 12월 10일 아리안 V (V119) 로켓이 뉴턴 망원경을 우주 공간으로 쏘아 올렸다. (자료 제공: ESA)

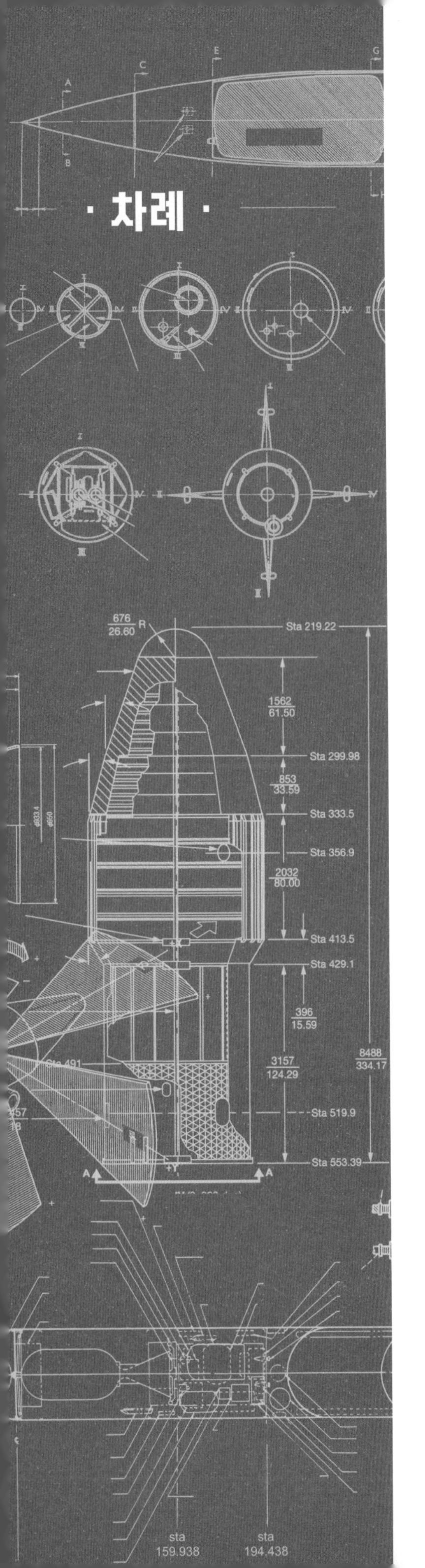
Sta 219.22
1562
61.50
Sta 299.98
853
33.59
Sta 333.5
Sta 356.9
2032
80.00
Sta 413.5
Sta 429.1
396
15.59
3157
124.29
8488
334.17
Sta 519.9
Sta 553.39
sta
159.938
sta
194.438

· 차례 ·

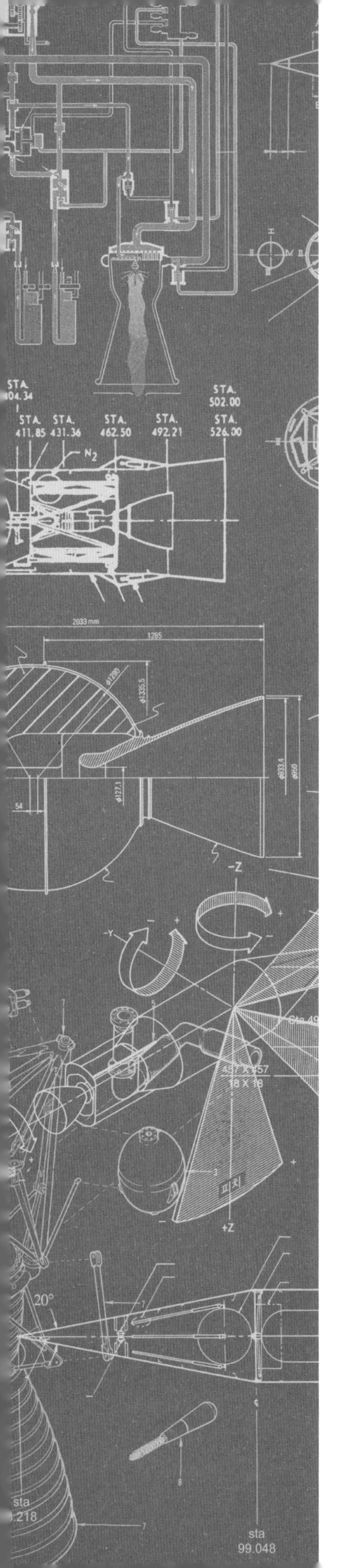
STA. 404.34
STA. 502.00
STA. 411.85
STA. 431.36
STA. 462.50
STA. 492.21
STA. 526.00
N2
2033 mm
1285
-Z
+Z
-Y
20°
피치
sta 99.048

서론

로켓은 거의 1,000년 가까이 우리 인류와 함께 해오고 있지만, 일상적으로 우주로 쏘아 올려진 것은 60년밖에 안 된다.

이 책에서 우리는 인공위성과 우주선을 지구 궤도 위, 또는 태양계 내의 먼 목적지까지 보내는 데 이용되는 로켓과 발사체들의 기술 및 발전 역사에 대해 간략히 살펴보고자 한다.

로켓 기술은 처음에는 군비 경쟁 형태로, 그다음에는 우주 개발 경쟁 형태로, 최종적으로는 지구 궤도 위에 떠 있는 많은 인공위성들에 의해 지배되는 세계에서 상업적인 경쟁 형태로 발전되었다. 이 책에서 우리는 그 구체적인 발전 과정과 함께 어떻게 그 규모가 확대되고 변화해왔는지 살펴보게 될 것이다.

이 책은 또한 로켓 과학으로 향하는 문을 활짝 열어 비전문가들에게 로켓 과학의 실체를 알게 해줄 것이며, 로켓 과학이 실은 우리가 일상생활에서 흔히 접하는 기본적인 물리적 힘과 원칙들을 토대로 하고 있다는 것을 보여줄 것이다. 그리고 무엇보다도 다양한 로켓 기술과 디자인을 보여주게 될 것이다.

로켓과 발사체들은 (성공했든 실패했든 관계없이) 최초의 시험 비행이 있었던 날짜순으로 소개했다. 그리고 여러 다른 로켓들에 똑같이 적용되는 일부 로켓 단계들에 대해서는 중복하지 않고 한 번만 설명했다.

데이비드 베이커

➤ 현대적인 로켓 공학은 냉전 시대의 군비 경쟁에서 시작되어, 민주주의와 공산주의라는 두 정치 이데올로기의 대립 속에 발전했다. 그러나 로켓은 파괴가 아닌 창조의 측면도 갖고 있어, 과학자와 공학자들은 지식 탐구를 위해 갈등과 반목을 뛰어넘어 서로 손을 잡았다. 사진은 러시아의 소유스 2.1a-프리갓 로켓이 유럽 아리안스페이스 사가 운영하는 프랑스령 기아나 쿠루의 로켓 발사대 쪽으로 이송 중인 모습. 이 로켓은 2014년 4월 3일 지구 환경을 좀 더 잘 이해하는 데 쓰게 될 센티넬 1 인공위성을 싣고 발사되었다.
(자료 제공: ESA)

1장
원칙

로켓 과학

인류 역사가 시작된 이래 인간은 늘 경외심에 가득 찬 마음으로 밤하늘을 올려다보았으며, 온 하늘에 반짝이는 불빛들을 보며 이런저런 궁금증을 가졌다. 갈릴레오와 코페르니쿠스가 우주 공간 속 다른 세상들을 향해 자유로운 생각의 날개를 펴면서 그 불빛들은 인간 상상력의 최종 목적지가 되었고, 지구를 떠나 달과 다른 행성들을 방문하고 싶다는 욕망에 불을 질렀다.

➤ 발사체는 지구 대기권을 벗어난 뒤 분리되는 페어링(fairing, 인공위성을 보호하는 덮개-옮긴이) 안의 탑재체(payload, 로켓에 탑재하는 과학관측기기 등의 화물-옮긴이)를 지구 궤도 안에 올려놓는 것이목적이다. 사진은 러시아의 소유스.
(자료 제공: ESA)

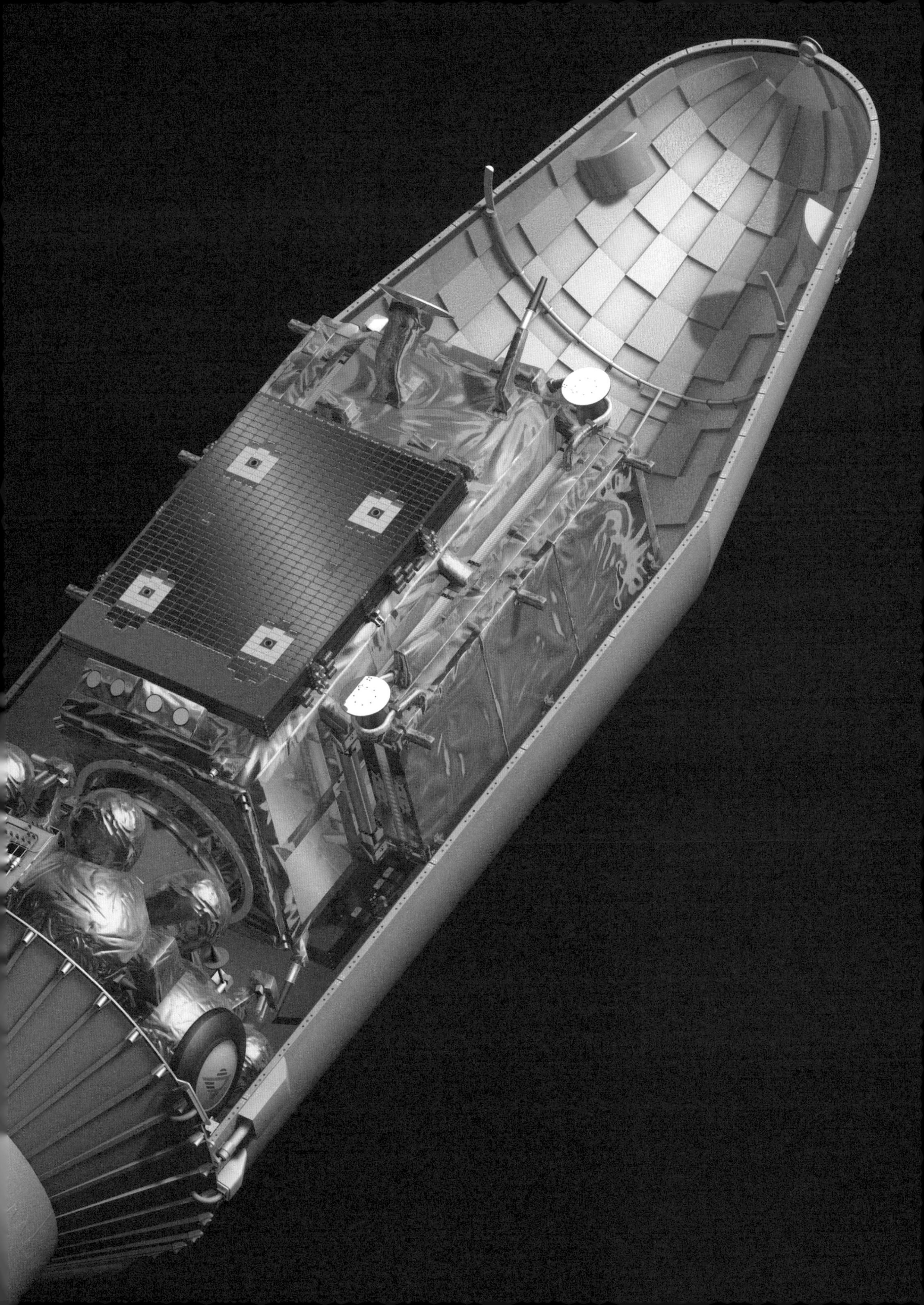

▲ 케이프 커내버럴 케네디 우주센터에서 솟아오른 거대한 델타 4 로켓이 미 육군의 군사용 위성을 지구 궤도 안에 올려놓기 위한 비행에 나서고 있다. 델타 로켓은 비록 미미하게 시작했으나 혁신적인 발전 끝에 역사상 가장 강력한 로켓들 중 하나가 되었는데, 60년도 더 전에 만들어진 러시아제 토르 미사일이 그 모체이다.
(자료 제공: ULA)

6,440

페어링	(A)	(B)
최대 바깥 직경	2.60m	3.00m
정지 상태에서의 유효 직경	2.32m	2.72m

7,484

3단

추진제 (액체수소/액체산소) 8.5t
직경 2.25m

9,707

2단

추진제 (비대칭 디메틸히드라진/사산화질소) 35t
직경 3.35m

20,219

1단

추진제 (비대칭 디메틸히드라진/사산화질소) 142t
직경 3.35m

▲1986년부터 상업용으로 쓰이기 시작한 중국의 롱 마치 Long March 3 로켓에는 무게 1,360㎏짜리 위성을 지구 정지 천이 궤도에 올리기 위해 개발된 극저온 추진제 3단계가 사용된다.
(자료 제공: Great Wall Industry Corporation)

제트기와 로켓은 모두 반작용의 원칙에 따라 움직이는데, 제트 엔진은 산소를 이용하여 대기에서 공기를 흡입하고 일체형 탱크에서 공급되는 연료를 연소시킨다는 것이 유일한 차이점이다. 그에 반해 로켓은 자체에 연료와 산화제가 다 들어 있어 독립적으로 움직인다. 그런데 우주 공간의 대부분은 진공 상태이므로, 지구 대기권 밖에서 움직일 수 있는 건 로켓 모터뿐이다.

모든 화학적 엔진은 연소 과정에 연료와 산화제가 필요하며, 어떤 연료와 산화제를 쓰느냐에 따라 모터의 성능이 달라진다. 제트기와 로켓 엔진 모두 특정 방향으로 꾸준히 고속으로 기체 분자들을 내뿜으며, 그 결과 반대 방향으로 반작용이 일어나게 된다. 이것이 바로 어떤 작용이 있으면 그 반대 방향으로 동일한 크기의 반작용이 있게 된다는 뉴턴의 운동 제3법칙이다. 이런 점에서 로켓의 모터는 한 형태의 에너지를 다른 형태의 에너지로 변화시키는 장치이다.

여러 종류의 힘

로켓 모터에 의해 만들어지는 반작용 힘은 '추력thrust'이라 불리는 고속 가스 배출의 결과이다. 이 추력의 값은 배기가스가 배출되는 비율(시간 단위당 질량으로 알려

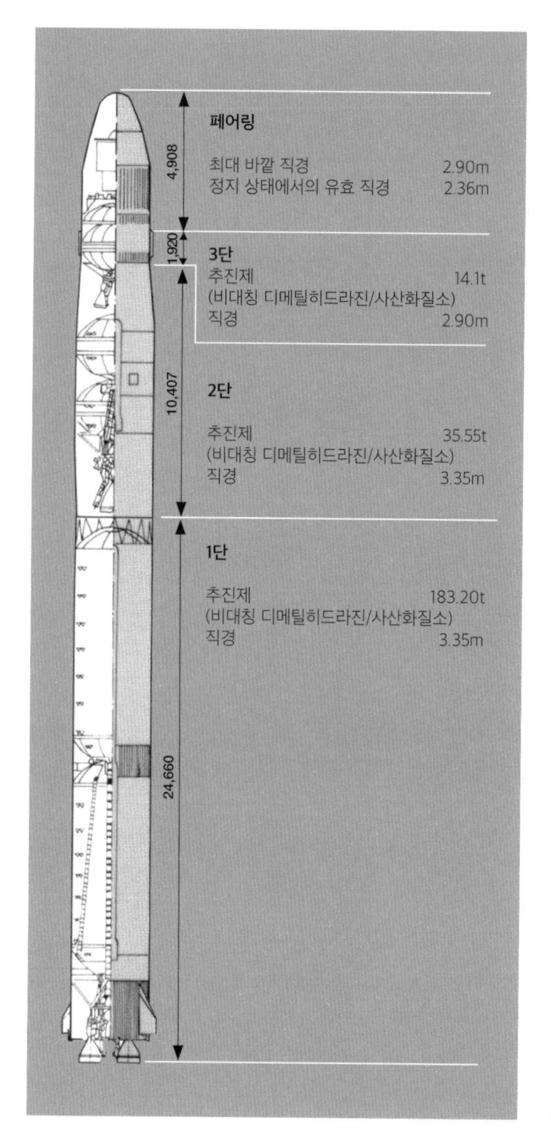

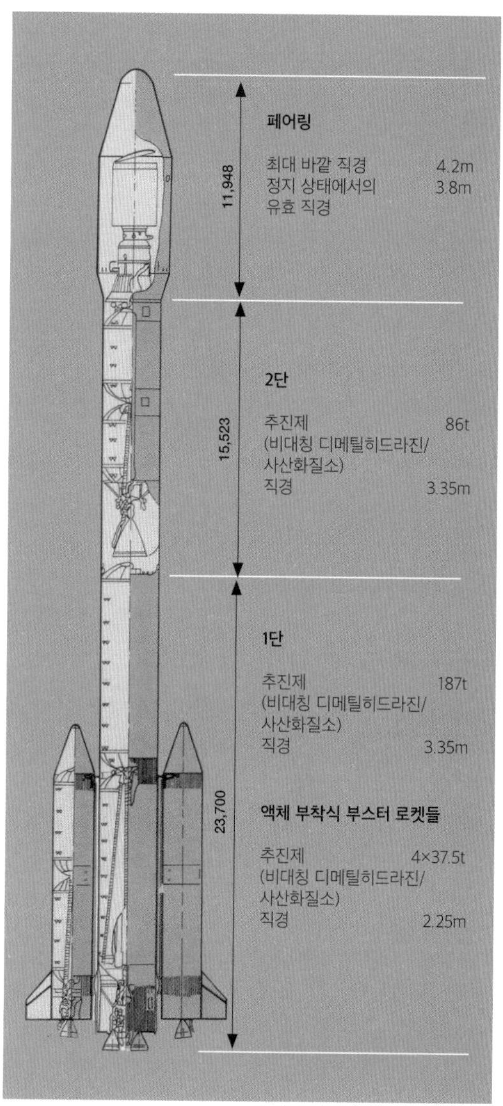

◀◀ 롱 마치 4는 롱 마치 3에서 자연스레 발전한 것으로, 2,700kg 무게의 탑재체를 지구 궤도 안으로 쏘아 올릴 수 있으며, 비대칭 디메틸히드라진/사산화질소 추진 연료를 사용하는 3단계를 활용하고 있다.

(자료 제공: Great Wall Industry Corporation)

◀ 위성 발사체의 발전과정은 부착식 고체 추진 로켓들의 발전 과정을 그대로 따라왔다. 중국의 2단계 로켓 롱 마치 2E의 경우 부착식 액체 추진 방식을 채택하고 있으며, 8,800kg 무게의 탑재체를 지구 저궤도까지 쏘아 올릴 목적으로 제작됐다.

(자료 제공: Great Wall Industry Corporation)

진 값)과 배기가스의 속도에 의해 결정된다. 예를 들어 가스는 v_e피트/초의 속도에서 m파운드 질량/초의 비율로 배출되며, 그러면 운동량 추력은 mv_e/g_c 파운드 포스(pound-force. 1파운드의 질량에 중력 가속도와 같은 크기의 가속도를 생기게 할 수 있는 힘 - 옮긴이)가 되며, 이때 g_c는 32.174(해수면에서의 중력 가속도)라는 상수로, 이 상태에서 힘과 질량은 파운드로 표현된다.

그러나 전체 추력을 알려면 압력 추력도 고려해야 하는데, 파운드 포스 측정치가 $A_e(p_e-p_a)$와 같을 경우, A_e는 노즐형 분출구의 제곱피트 지역이고 P_e는 배기가스 압력이며 P_a는 주변 대기의 압력이다. 가스 압력은 상수이기 때문에, 고도에 따른 추력 상승은 쉽게 계산할 수 있다. 배출 노즐 또는 팽창실의 이상적인 모양은 최고 성능이 필요할 때 최적화된다는 걸 감안하면, 이는 아주 중요하다. 영국식 표준 단위에서 대기압은 지상에서는 14.7파운드/제곱인치(2.116파운드/제곱피트)이며 우주 공간에서는 0이다. 따라서 만일 배기 지역 A_e가 10제곱피트라면, 우주 공간에 도달하면서 늘어나는 추력은 21,000파운드(93.4노트)가 될 것이다.

뉴턴의 운동 제2법칙에 따르면 F=ma인데, 여기서 F는 힘force이고 m은 질량mass이며 a는 가속도acceleration이다. 그리고 어떤 물체에 작용하는 힘은 그 물체(이 경우에는 지구)의 가속도에 질량을 곱한 것과 같다. 이를 로켓에 적용할 경우, 그 로켓에 작용하는 지구의 중력은 Mg/k와 같은데, 여기서 M은 로켓 자체의 질량이고 g는 중력에 의한 가속도이며 k는 질량, 힘 길이, 시간

➤ 일본은 공동 협약을 통해 발사체들을 개발했으며, 미국의 허가 하에 델타 로켓을 개발하면서 독자적인 수정작업들을 거치기도 했다. H-1 로켓의 1단계에서는 고체 부스터 로켓(booster rocket. 지구 궤도 밖 우주로 가기 위해 주 발사체에 결합되는 보조 발사체-옮긴이)들과 함께 LOX/등유 추진제를 사용한다.
(자료 제공: NASDA)

＊ 장거리 탄도 미사일의 최종 단계 추진 로켓이 다 연소된 뒤 속도를 조정하고 진로 오차를 수정하기 위한 보조 엔진 - 옮긴이

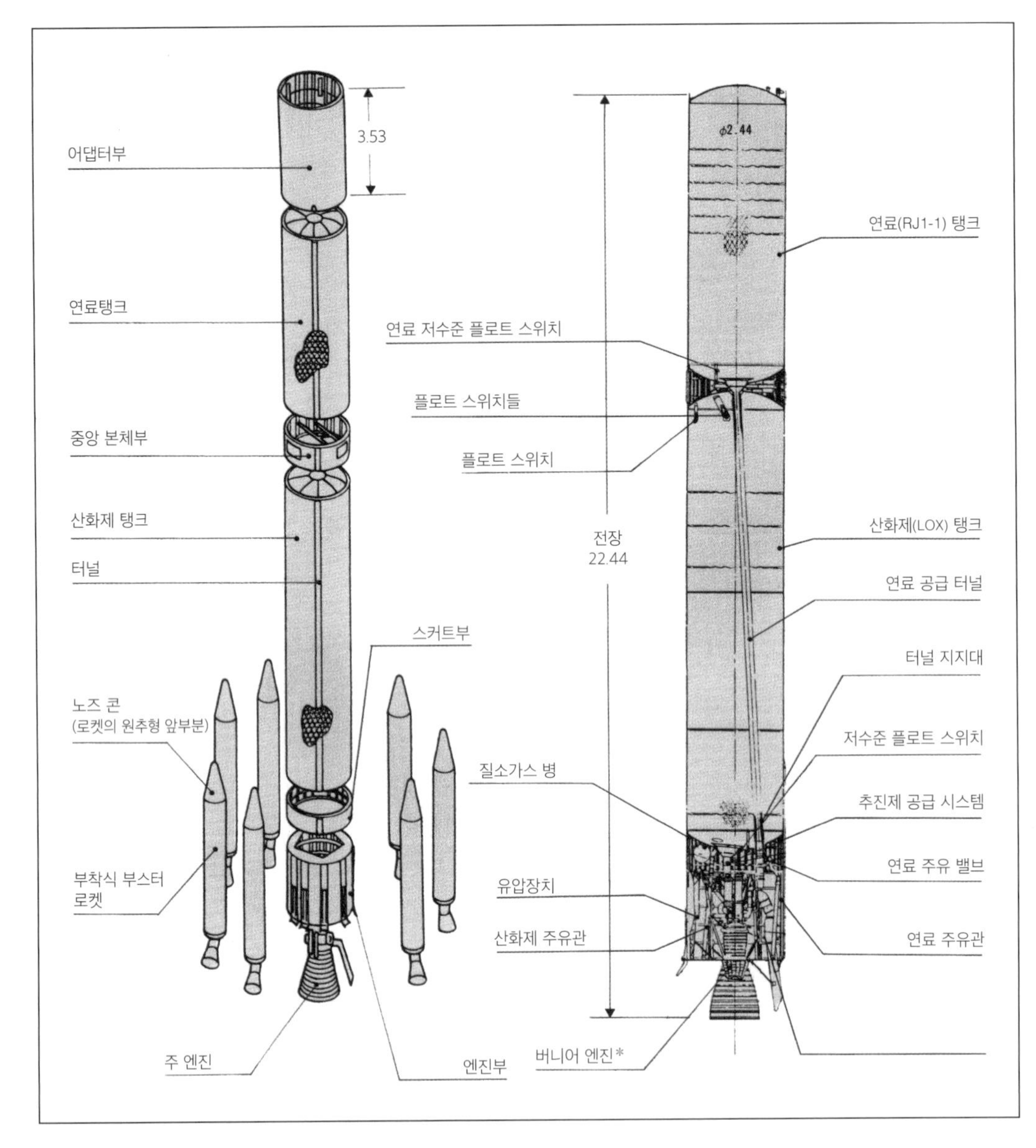

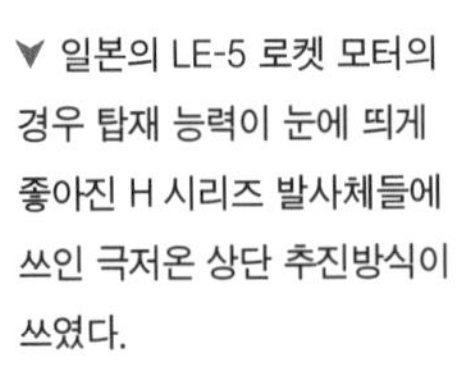
▼ 일본의 LE-5 로켓 모터의 경우 탑재 능력이 눈에 띄게 좋아진 H 시리즈 발사체들에 쓰인 극저온 상단 추진방식이 쓰였다.
(자료 제공: NASDA)

에 따른 비례상수이다. 우리가 만일 영국식 표준 단위를 쓰고, 이 네 가지 값을 각기 파운드 포스, 파운드 질량, 피트, 초로 나타낸다면, 상수 k는 32.174 값(질량의 파운드)(피트/제곱초)/(파운드 포스)을 가진 g_c로 나타내질 수 있으며, 로켓에 작용하는 중력은 Mg/g_c가 된다.

로켓이 날아오르게 되면 수직력 F는 중력 Mg/g_c를 초과하게 된다. 그 결과 $F-Mg/g_c$(발사체가 날아오르려면 이 값은 플러스가 되어야 함)라는 등식이 성립되지만, 공기 저항(D) 때문에 $F-(MG/g_c+D)$라는 등식이 성립되며, 그 값 역시 플러스가 되어야 한다. 사실 공기 저항은 다른 힘들에 비하면 상대적으로 작지만, 고려대상에 넣긴 해야 한다. 순수하게 위로 밀어 올리는 로켓의 추력($F-Mg/g_c$)은

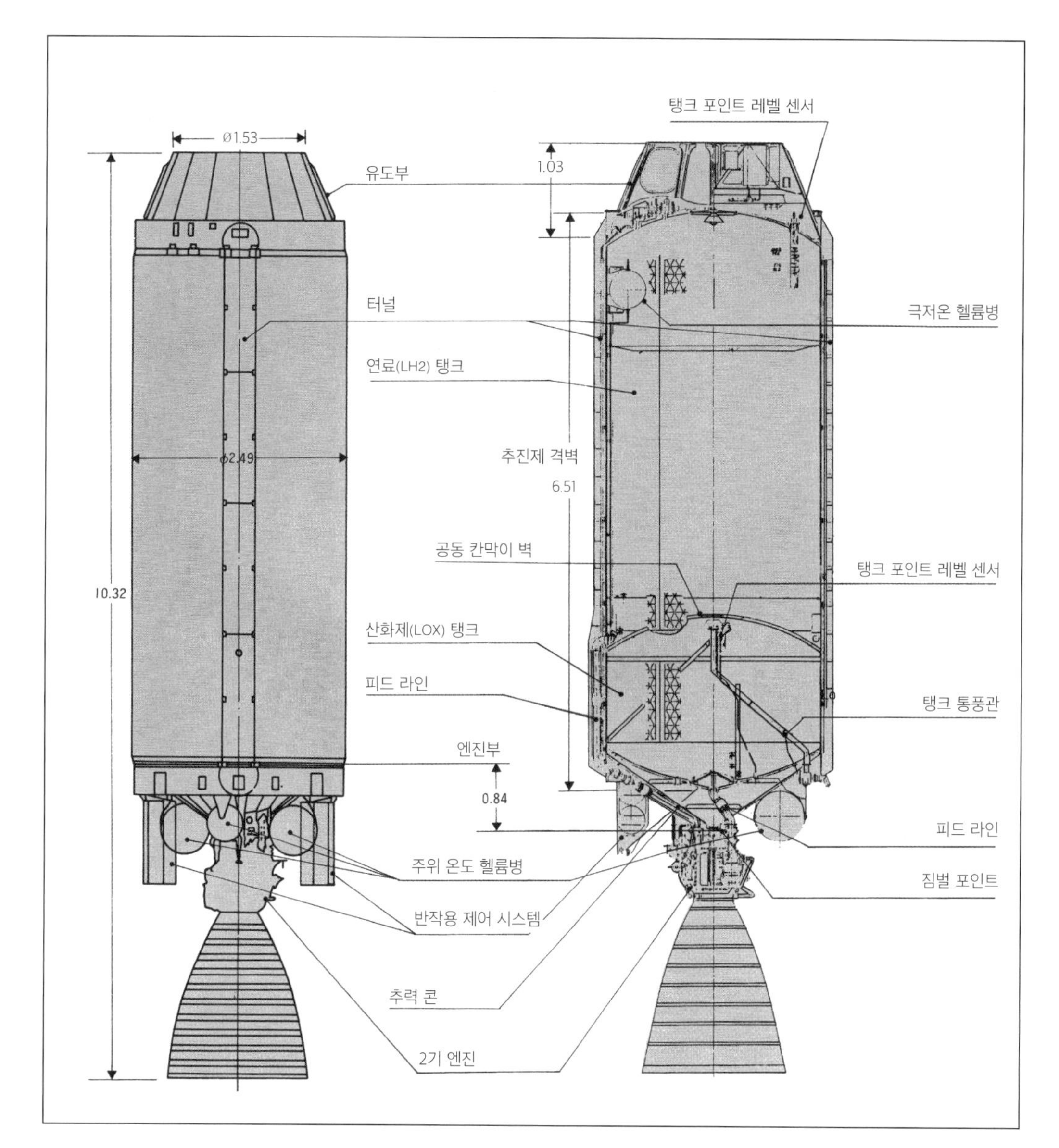

◀ H-1 극저온 상단 로켓은 2개의 추진제 탱크 사이에 공통의 격벽을 세우는 형태인데, 이는 1960년대에 미국에서 널리 쓰인 기술로 일본에서 응용됐다.
(자료 제공: NASDA)

가속도를 만들어내는데, 그 가속도는 파운드 포스로 표현되는 로켓의 해수면 중량(W_o)과 함께 추력 또는 힘(F)에 의해 결정된다.

F/W_o 양은 추력중량비thrust-to-weight ratio 또는 T/W로 알려져 있는데, 이는 로켓이 발사대를 떠나는 데 필요한 힘의 총량보다 커야 한다. 관측 로켓(sounding rocket. 관측 장치와 송신기를 탑재해 발사되는 로켓-옮긴이)처럼 보다 작은 로켓의 경우 T/W는 종종 2:1이 넘을 수도 있으며, 그 결과 발사 직후 바로 가속도가 붙게 된다. 그러나 드문 경우이긴 하지만, 보다 큰 로켓들의 T/W는 1.5:1이 넘어 발사 직후 천천히 가속도가 붙게 된다. 로켓은 하늘로 솟아오르다가 지구 궤도에 안착하기 위해 뒤집어져 수평으로 날아가게 된다. 이때 운동 방향의 중력은 Mg/g_c가 아니라 $(Mg \cos \theta)/g_c$이며, 여기서 θ는 수직으로부터의 각도이다. 중력 요소는 발사체가 뒤집어지면서 0이 될 때까지 줄어드는데, θ는 90도이고 cos, 즉 코사인은 0도이기 때문이다. 이 경우 질량에 아주 약간의 추력 비율만 추가되어도 가속도가 붙는다.

로켓 모터의 추력과는 별도로 모터의 효율성에 큰 영향을 주는 또 다른 요소는 비추력[specific impulse, 로켓 추진제의 성능을 나타내는 기준으로, 추진제 1㎏이 1초 동안 소비될 때 발생하는 추력(㎏×초.) I_{sp}로 표기-옮긴이]인데, 비추력이란 1초당 소비되는 추진제(propellant, 추진 연

➤ H-1 로켓의 고체 추진제 3단은 분리 뒤 안정을 위해 스핀 테이블 위에 장착된다. 탑재체 부착 부품들에는 파이로 분리 장치들이 통합되어 있으며, 할 일을 다 마친 뒤에는 상단이 분리되어 떨어진다.
(자료 제공: NASDA)

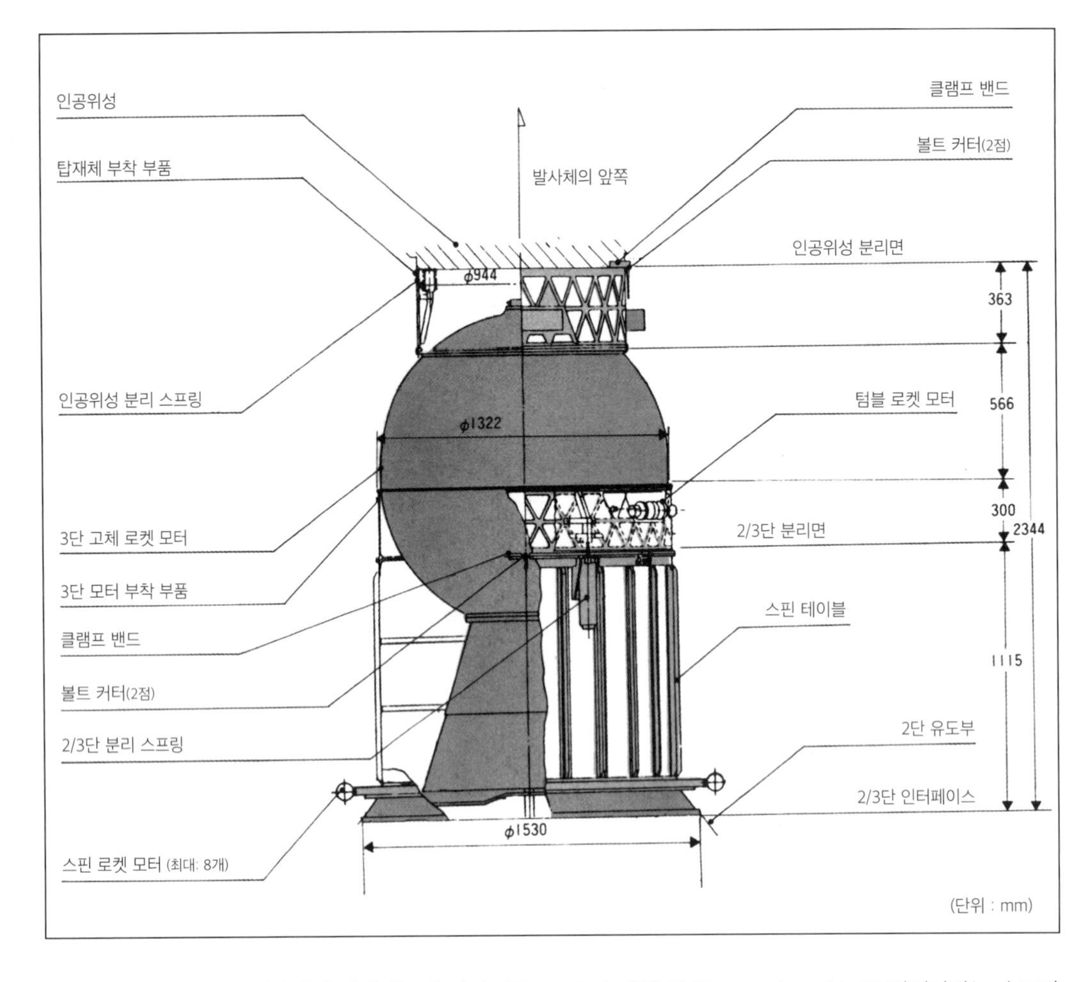

▼ 고체 추진제 방식의 3단 로켓에는 상단(왼쪽)에 점화통이 통합되어 있지만, 추진제 위에 얹혀 있는 연소 지역의 바닥 쪽으로 팽창 노즐이 돌출된다.
(자료 제공: NASDA)

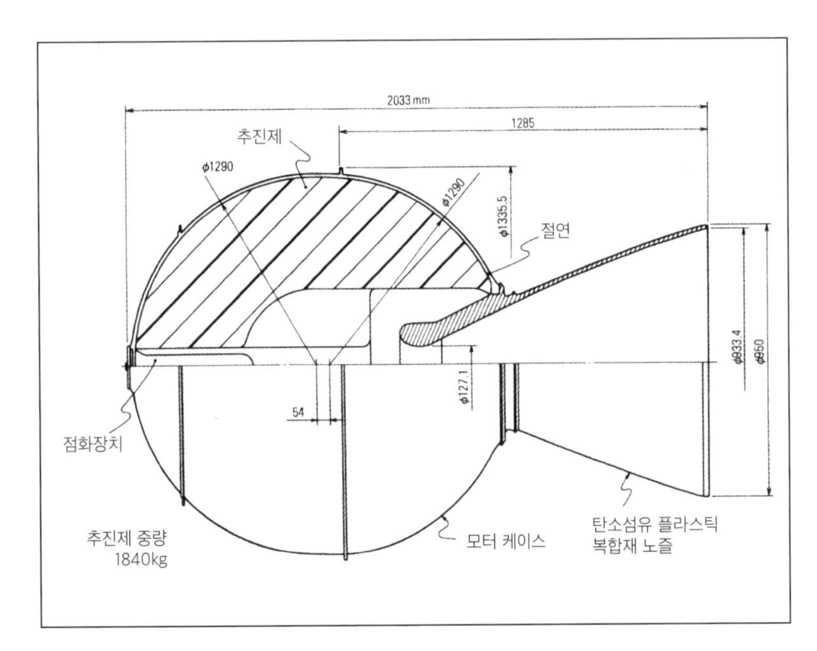

료-옮긴이)의 각 파운드 질량에서 얻어지는 추력의 파운드 포스 양을 뜻한다. 이때 추진제가 소비되는 속도는 그 추진제가 연소실 내에서 가스로 전환되면서 배출 가스가 팽창 덮개expansion skirt를 빠져나가는 속도와 같다. 그리고 그 값은 (파운드 포스)/(초당 파운드 질량), (파운드 포스), (초)/(파운드 질량) 등의 단위로 나타내지만, 사실 보통은 초로 나타내며, 비전문가들에게는 아마 그쪽이 더 이해하기 쉬울 것이다. 이런 식으로 경과 시간은 초로 나타내며, 이 경우 1파운드 질량의 추진제는 1파운드의 추력을 만들어내게 된다.

비추력은 추진제의 속성을 규정하며, 경과 시간(초)이 길수록 추진제 배합 및 로켓 모터의 효율성도 높아진다. 일반적으로 액체 추진제 모터는 300~400초에서 비추력이 생기고, 고체 추진제 모터는 250~275초에서 비추력이 생긴다. 이의 가장 큰 장점은 비추력이 커질수록 특정 추진제 질량 흐름의 추력도 커진다는 것이다. 반대로 특정 미션을 위해 운반되어야 하는 추진제의 전체 양은 비추력이 커질수록 줄어든다. 우주 발사체의 경우 이런 점은 또 다른 장점이 될 수 있으며, 비추력이 큰 로켓은 비추력이 낮은 로켓에 비해 특정 임무를 위해 더 많은 탑재체를 실어 나를 수 있다.

비추력에서 한 가지 중요한 측면은 운동량 추력momentum thrust으로, 이 운동량 추력은 고도가 높을수록 압력 추력보다 더 커져, v_e는 가스의 유출 속도를 나타내 $v_e = g_c I_{sp}$의 등식이 성립된다. g_c는 상수이기 때문에, 배출 가스의 속도는 추진제의 비추력에 비례하며, 비추력이 높으면 배기 속도(exhaust velocity, 로켓의 배기 노즐에서 배출되는 배기가스의 속도-옮긴이) 또한 높다. 따라서 비추력이 높으면 로켓은 속도가 빨라야 한다.

액체 추진제

로켓 모터는 연료와 산화제 사이에 화학반응을 일으키며, 그 결과 많은 열을 방출하고 그것이 추진제의 발열량이 된다. 그리고 특정 크기의 로켓 모터 효율성은 배기 속도에 의해 결정되기 때문에, 원자량이 낮은 추진제들이 적절하다. 추진제의 열량은 배기가스 안에서 높은 온도를 얻기 위해 최대한 높아야 하며, 또한 추진제의 농도가 높을수록 로켓 자체 내에서 구조가 덜 필요하여 무게가 절약되고 추력 중량비도 더 좋아진다. 그 외에도 많은 다른 요소들이 개입되어 로켓과 발사체 디자인에 영향을 주는 것을 앞으로 이 책에서 보게 될 것이다.

액체 추진제는 단원 추진제monopropellant형이거나 아니면 이원 추진제bipropellant형이다. 단원 추진제형 로켓은 드물며 우주 발사체에는 쓰이지는 않지만, 대신 어뢰나 소형 로켓 비행기 같은 특수 목적으로 널리 쓰인다. 가장 일반적인 단원 추진제는 과산화수소(H_2O_2)와 하이드라진(N_2H_4)인데, 둘 다 분해 과정에서 뜨거운 가스를 방출한다. 과산화수소는 용해된 과망간염 같은 촉매가 있을 경우 아주 높은 온도에서 $2H_2O_2 \rightarrow 2H_2O + O_2$ 형태의 화학반응을 통해 증기와 산소 가스를 만들어낸다. 이 단원 추진제는 종종 터빈을 돌려 추진제를 펌프질하는 용도로 쓰이기도 한다.

이원 추진제는 주로 로켓과 미사일, 발사체에 사용된다. V-2 로켓에 사용되는 알코올과 LOX(liquid oxygen,

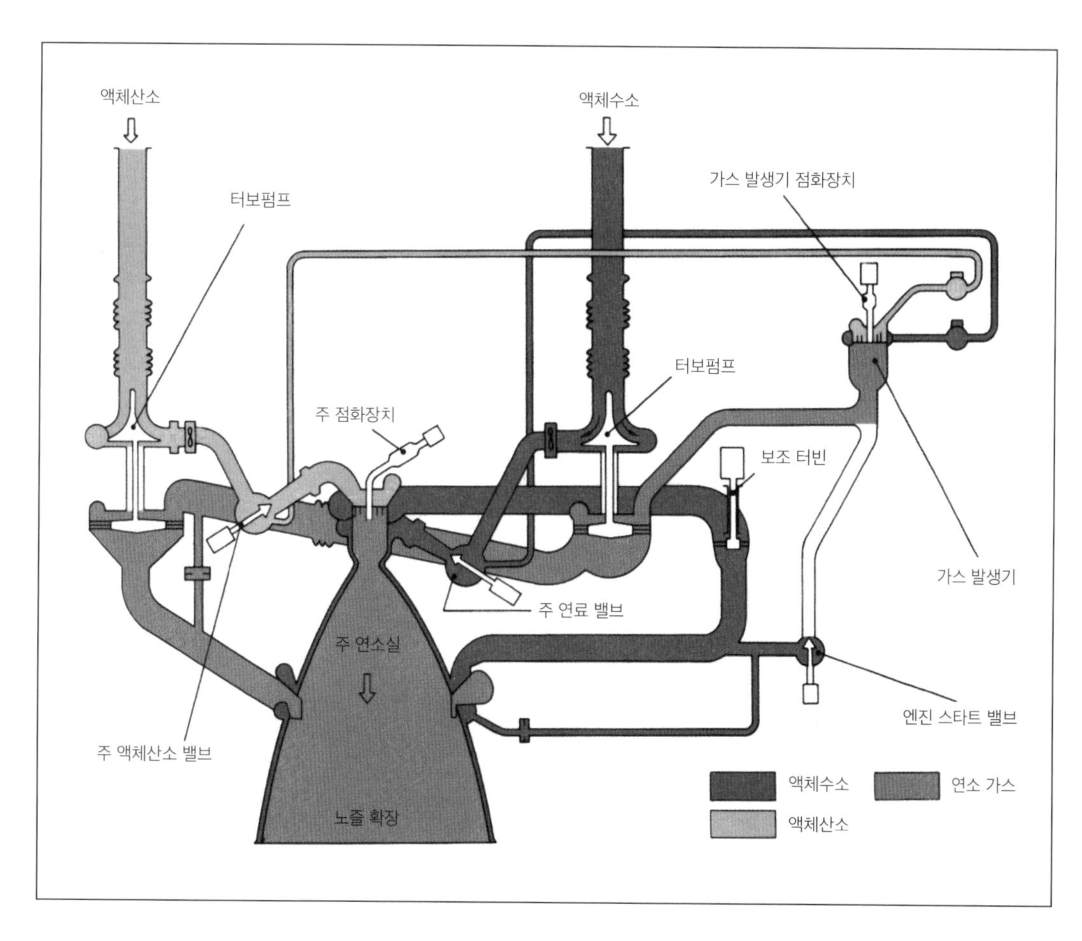

◀ 이 LE-5 엔진에서 볼 수 있는 가스 발생기 사이클은 별도의 조그만 연소실 안에서 불타는 추진제를 처음 뽑아냄으로써 터보펌프에 힘을 전달한다. 이는 그 결과 생겨나는 가스가 주 연소실로 공급되지 않음으로써 로켓 모터의 추력에 필요한 추진제에 손실이 생긴다는 의미이다.
(자료 제공: NASDA)

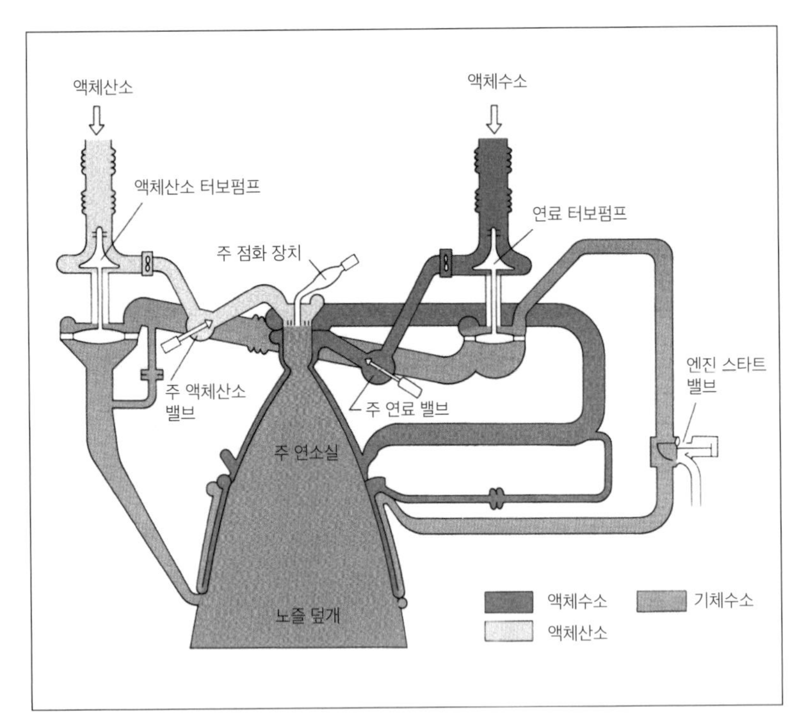

▲ **LE-5A 로켓의 이 도해에서 보듯, 팽창 사이클 디자인에 따라 주 엔진으로 이전되기 전에 로켓 엔진이 돌아가기 시작하며, 그 결과 가스 발생기와 그 배관 및 점화장치가 필요 없게 된다.**
(자료 제공: NASDA)

액체산소), 델타 IV 로켓과 센토Centaur 로켓 상단에 사용되는 극저온 액체산소/액체수소가 대표적이다. 이는 대개 이원 추진제가 단원 추진제보다 더 효율적인 데다가, 비행 전에 다루기가 더 쉽고 가동 및 중단을 제어하는 데도 더 효율적이며 융통성도 좋기 때문이다. 가장 일반적인 이원 추진제는 산화제, 즉 주로 액체산소(LOX)와 만나 연소되는 약간 덜 효율적인 탄화수소 연료이다. 탄화수소 연료는 제트 항공 연료로부터 끌어온 것이지만, 대개 비추력이 300초가 안 돼 극저온 연료만큼 효율적이지 못하며, 취급이 매우 어려워 1960년대 초 이전에는 사용되지 않았다.

독일 A-4(또는 V-2) 로켓처럼 초창기 우주 로켓의 경우, 액체산소(LOX)는 산화제였다. 밀도가 68.67lb/ft³(1.1g/㎤)인 액체산소는 -183℃에서 끓고, 그렇게 높은 밀도 상태에서 그 온도를 유지하려면 보온병 같은 원리가 적용되어야 했다. 적어도 몇 시간 동안 식지 않고 온도가 유지될 수 있는 단열 탱크가 필요했던 것이다. 또한 산소가 끓어 가스로 변할 때 그 가스를 유지하려면 액체 상태의 경우보다 861배나 더 큰 부피가 필요했고, 그 결과 엄청나게 큰 구조물이 필요해져 로켓의 질량분율mass fraction(빈 상태의 무게와 연료가 채워진 상태의 무게 비율)이 비현실적일 정도로 커져야 했다.

로켓과 미사일을 만들려면 저장 가능한 추진제가 절실히 필요했고, 초창기에 액체산소를 대체할 만한 후보 물질은 질산에 소량의 용존 사산화질소(N_2O_4)가 농축된 적연질산(red fuming nitric acid, RFNA)이었다. 그

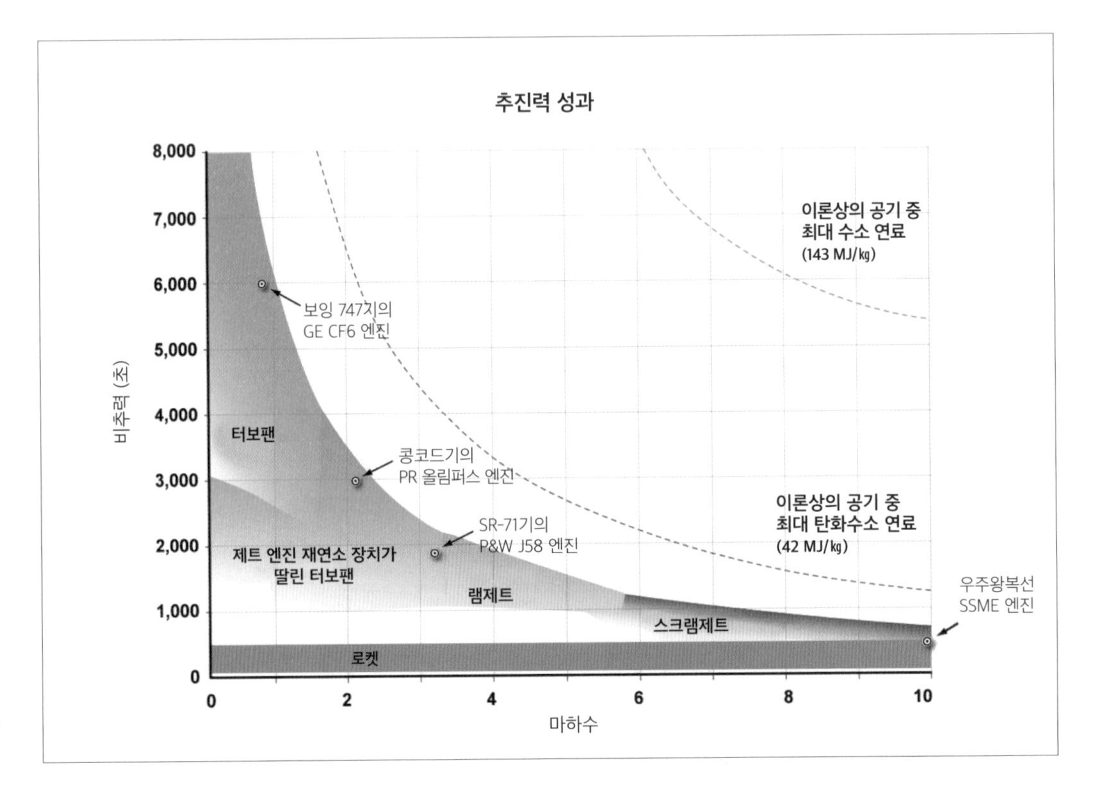

➤ **비추력을 다른 형태들의 반동 추진력과 비교해놓은 이 차트에서 보듯, 로켓 모터에 의해 얻어지는 비추력은 제트 엔진의 비추력에 비하면 낮다.**
(Kashif Khan)

러나 미국 최초의 인공위성 발사체 프로그램인 뱅가드Vanguard의 경우에서처럼 일부 모터에는 백연질산(white fuming nitric acid, WFNA)이 추진제로 사용되었다. 적연질산은 산화제와 접촉하면 자동적으로 점화되며, 그래서 따로 점화를 시켜줘야 하는 '발화 점화성 anergolic' 추진제들과는 달리 '자동 점화성hypergolic'(그리스어로 '과도한 에너지'라는 뜻) 추진제로 불리기도 한다. 자동 점화성 추진제들의 경우 모터 디자인이 훨씬 단순해질 수 있는데, 그것은 추진제의 흐름을 이었다 끊었다 할 밸브 2개만 있으면 되기 때문이다. 오랜 기간 우주 비행을 해야 하는 로켓의 모터에는 저장 가능한 자동 점화성 추진제를 쓰는 게 이상적인데, 무엇보다 단순성과 아주 높은 안정성이 필요하기 때문이다.

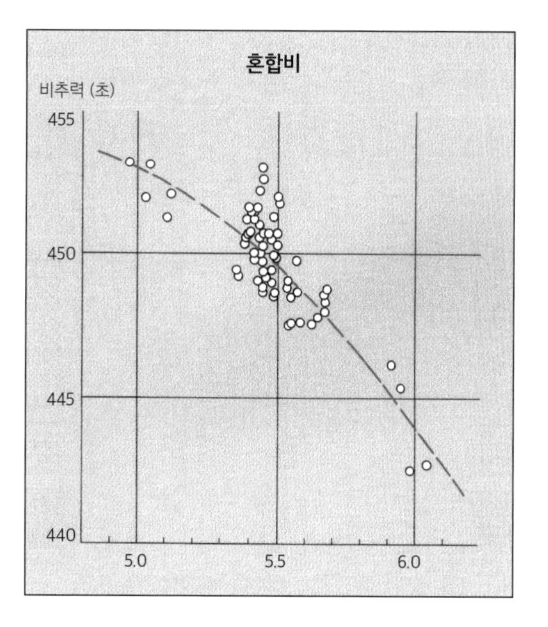

◀ H-1 로켓 상단 내부에서 작동되는 LE-5 극저온 모터의 경우에서와 마찬가지로, 어떤 추진제 조합의 경우든 특정 로켓 모터의 비추력은 연소실 바깥쪽의 주위 압력과 혼합 비율에 비례한다.
(자료 제공: NASDA)

로켓 모터

자동 점화성 추진제 로켓 모터에는 추진제 공급 장치, 연소실 그리고 팽창 노즐(또는 덮개)이 필요한데, 이 모든 게 합쳐진 것이 이른바 엔진이다. 추진제를 공급하는 장치는 압력 공급 방식 아니면 펌프 공급 방식인데, 압력 공급 방식에는 두 가지가 있다. 하나는 액체 추진제 위쪽 빈 공간에 직접 압력을 가해 그 압력으로 액체 추진제를 모터 안으로 집어넣는 방식이고, 또 하나는 추진제 탱크의 단단한 벽들과 액체 추진제가 담긴 유연한 주머니 사이의 공간에 압력을 가하는 방식으로, '포지티브 배출positive expulsion' 방식이라고 알려져 있다. 이는 인공위성이나 우주선에 사용되는 작은 모터들과 관련 있는 기술로, 발사체나 로켓과는 관련이 없다.

펌프 공급 방식은 커다란 로켓과 발사장치들에 사용되고, 터빈이 장착되며 대개 그 힘을 가스 발생기에서 얻는다. 이 방식의 경우 독일 A-4(V-2) 로켓처럼 농축된 과산화수소의 분해 과정을 통해 작동되거나, 아니면 주 엔진에 사용되는 연료와는 다른 별도의 연료를 공급해 가스 발생기를 움직이면서 작동된다. 일단 작동이 되면, 연소실에서 나오는 뜨거운 가스를 재순환시키는 방식으로 계속 움직인다. 그리고 터빈에서는 수소 같은 뜨거운 가스들이 나오는데, 터빈은 그것을 통해 움직이게 된다.

터보펌프 자체는 대개 원심력을 이용하는 형태이지만, 연료와 산화제의 비율에 큰 차이가 있을 경우 펌프 2개를 쓸 수도 있고, 한 샤프트에서 다른 두 임펠러(impeller, 원심 펌프의 날개바퀴처럼 액체를 섞는 날개-옮긴이)로 바꾸는 방식을 쓸 수도 있다.

로켓 엔진은 연료분사 장치와 연소실, 노즐로 이루어져 있다. 분사 장치는 샤워 꼭지와 비슷해 그 안의 조그만 오리피스(orifice, 유체를 분출시키는 구멍-옮긴이)들이 물방울을 뿌려댄다. 연료분사 장치에서는 연료와 산화제가 나름대로의 원주를 가진 오리피스들로 공급되어, 연료실 안쪽으로 분사되면서 뒤섞이게 된다. 연료분사 장치판은 추진제를 적절히 뒤섞어 균일한 혼합물을 공급하는 역할을 하는 복잡하면서도 미세한 장치다. 로켓 엔진의 유형에 따라 각각 여러 가지 디자인들이 발전되었다.

추진제는 내연기관 안에 들어 있는 것과 같은 전기 불꽃, 보조 액체나 두 가지 자가연소 물질들의 듀얼 트리거 같은 자가 점화성 추진제, 또는 열선에 의해 점화되는 발사 화약 등 다양한 수단들에 의해 점화된다. 점화기는 연료 분무가 집중되는 중심부에 위치하는데, 그것이 연소실 성능에 영향을 주지 않으면서 주요 추진제들의 점화에 의해 어떻게 소모되는지를 고려하여 디자인해야 한다. 엔진의 경우 점화 장치가 추진제를 재점화할 수 있어야 하며, 어떤 경우든 일단 점화된 추진제

▶ H-I 로켓의 경험을 토대로 일본은 H-II 로켓을 개발했는데, 이 로켓에서는 처음으로 극저온 추진제와 2단 방식, 보다 강력한 부착식 부스터 로켓이 통합됐다.
(자료 제공: NASDA)

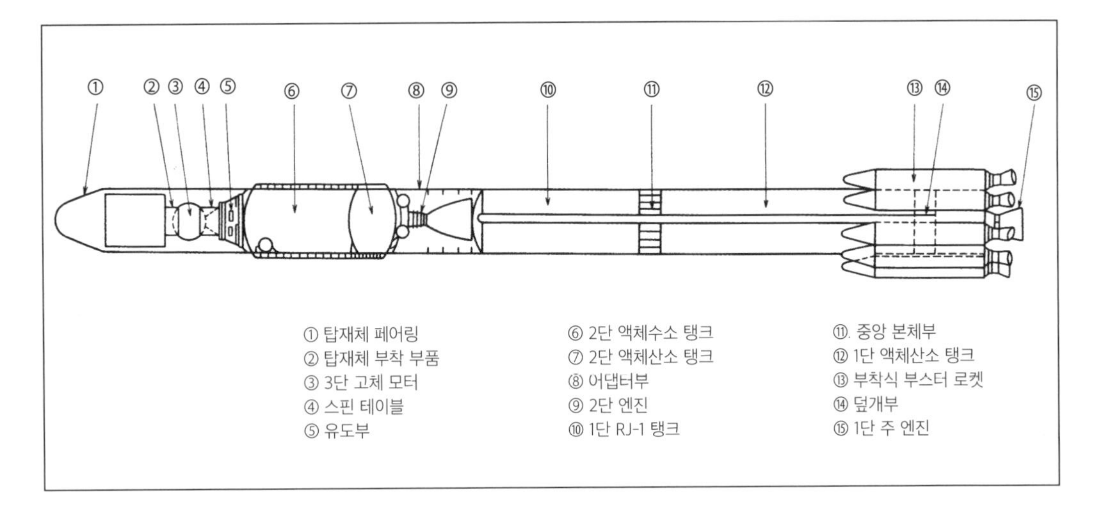

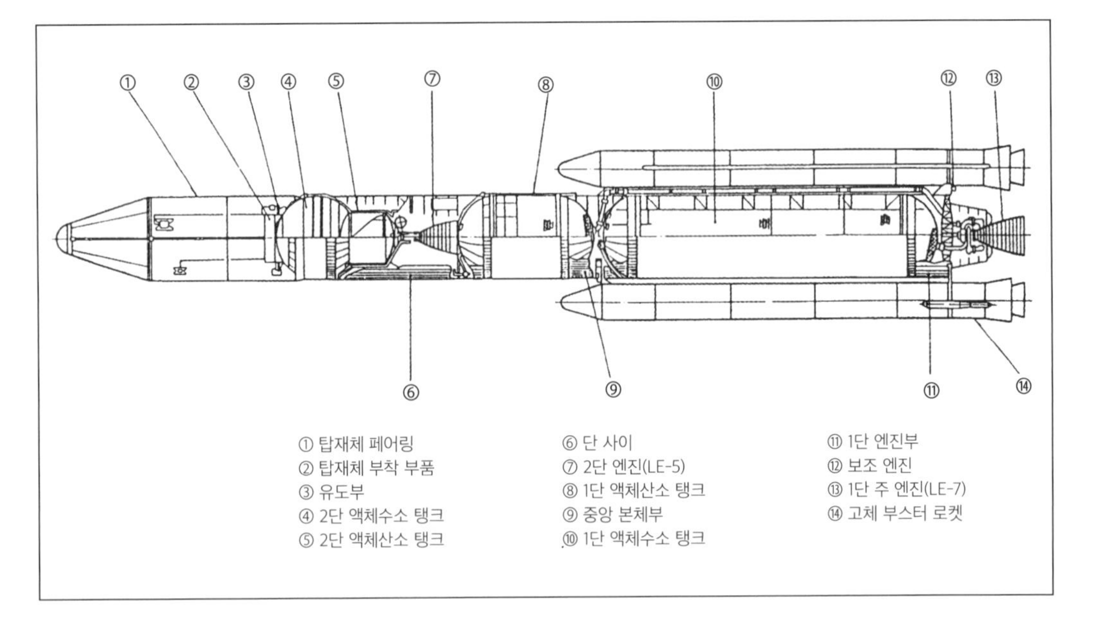

▶ 극저온 추진제와 새로운 LE-7 로켓이 활용되는 H-II 로켓 1단의 단면도. 1단 구조 안에 별도의 극저온 탱크들이 들어 있다.
(자료 제공: NASDA)

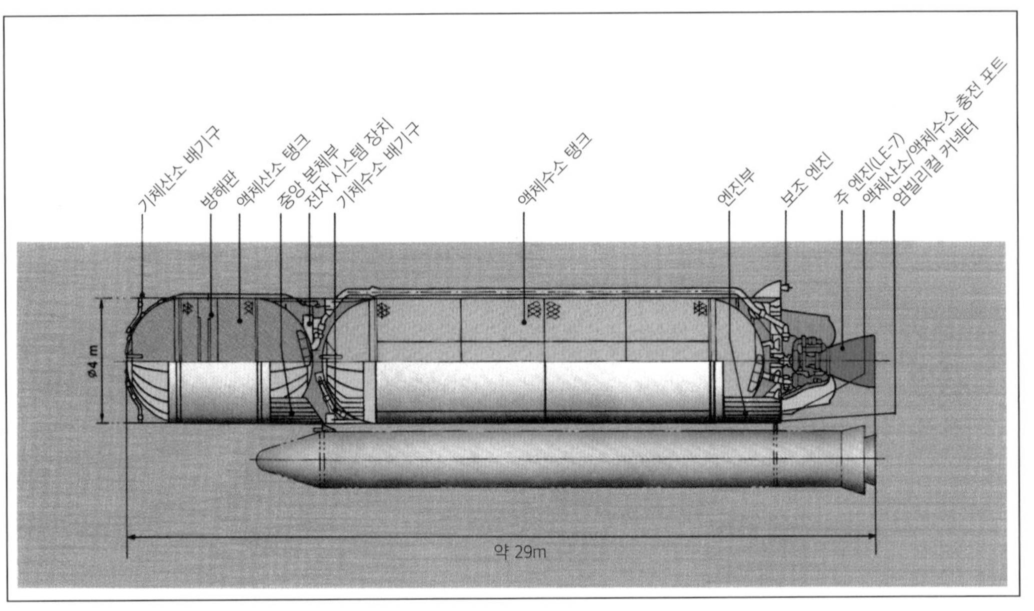

는 꺼버리기 전까지는 계속 타게 된다. 물론 자동 점화성 추진제라면 분사 장치를 통과한 연료와 접촉하는 순간 바로 점화될 것이다.

연료와 산화제의 비율은 '이론 공연비stoichiometri cratio'라 하며, 연소 및 효율성 극대화를 위해 더없이 중요하다. 이는 추진제들의 화학식에 의해 계산된다. 예를 들어 탄화수소 연료는 화학식 C_2H_{16}으로, 그 총 연소는 $C_2H_{16} + 11\ O_2 = 7\ CO_2 + 8\ H_2O$로 나타낼 수 있는데, 여기에서 이산화탄소와 물이 증기 형태로 만들어진다. 이 분자들의 관련 원자량을 보면 이 경우 연료 대 산화제 비율은 1:352이며, 이론 공연비는 3.5:1이 된다. 그러나 이 이론적인 값은 수정되어야 하는데, 현실적으로 완전 연소란 있을 수 없어 로켓 엔진에서 그런 값을 낸다는 건 불가능하기 때문이다.

그리고 SI, 즉 비추력은 T/MW(T는 연소 온도, MW는 배기가스의 평균 분자량)의 제곱근에 비례하기 때문에, 추진제 비율을 바꿀 경우 연소 온도는 바뀔 수 있으며, 그 결과 비추력은 늘거나 줄게 된다. 이론상 가장 높은 비추력은 산화제 대 연료의 최적량을 줄임으로써 나타날 수 있으며, 그 비율은 3.5:1이 아니라 2.5:1이다. 이는 배기가스에 일부 연소되지 않은 연료가 있을 수 있고, 최적의 비추력은 연료의 양이 산화제의 양보다 많을 때 나타나기 때문이다.

연소실 내 온도가 3,200℃일 때 탄화수소는 메탄(CH_4), 에틸렌(C_2H_6), 아세틸렌(CH_2H_2)같이 훨씬 단순한 분자들로 분리되며, 그 결과 가스의 분자 질량이 전반적으로 줄어드는 효과가 나타난다. 이런 현상은 수소가 연료일 때 특히 눈에 띄게 나타나며 이점도 아주 많다. 분자량 20일 때 연소되지 않은 수소 분자를 O_2/H_2 연소에 추가하면 분자량 18을 가진 물이 되며, 그래서 연소 온도가 다소 내려간다 해도 분자량이 줄어들어 상쇄되고도 남는다. 결국 T/MW가 늘어나면 비추력 또한 올라가는 것이다.

앞에서 살펴봤듯 연소실 내 온도는 아주 높아 분자들이 분해될 뿐 아니라 분자들이 줄어들어 자유 라디칼(free radical, 짝짓지 않은 전자를 가지는 원자단-옮긴이)이 되거나 어떤 경우 원자가 되기도 한다. 그 결과 가스의 평균 분자 질량이 추정 화학식에서 예상되는 것보다 더 작아지는 경우가 많다. 그러나 열에너지의 소비로 인해 분리 효과에서 오는 온도가 이론적으로 계산한 것보다

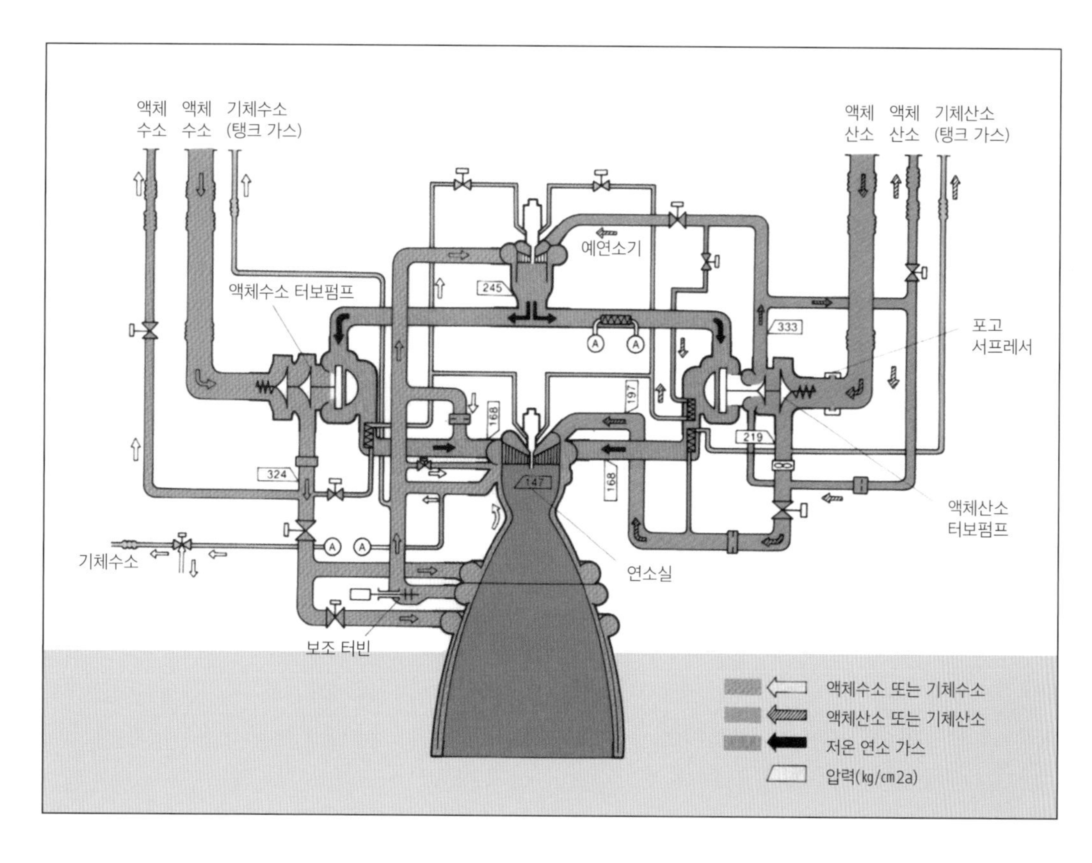

◀ H-II의 1단에 사용된 LE-7 로켓 모터. 상단에 쓰인 상대적으로 간단한 LE-5 로켓 모터에 비해 발전된 것으로, 터보펌프를 돌리기 위한 예연소기preburner들이 통합되어 있다.
(자료 제공: NASDA)

➤ 그림과 같이 일본 H-II 로켓의 경우 2단에는 1단과는 달리 2개의 극저온추진제 탱크들을 갈라놓는 공통의 칸막이벽이 있다.
(자료 제공: NASDA)

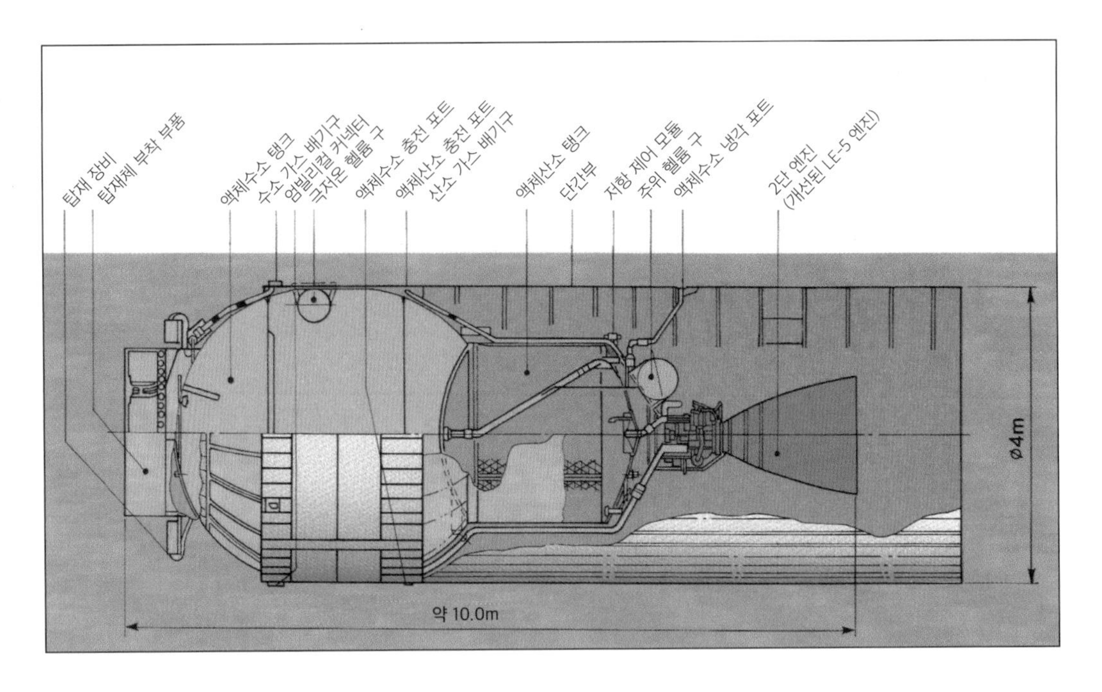

낮은 경우가 종종 있다.

연소실은 추진제들이 뒤섞이고 점화되어 타는 곳이다. 또한 연금술이 화학으로 변하는 도가니이기도 하다. 일단 추진제에 점화가 되면 시간이 흐르면서 온도가 점점 오르지만, 어느 시점에 이르면 연소율에 평형상태가 일어난다.

연소실의 모양은 엔진 성능에 직접적인 영향을 주며, 연소실의 크기와 무게는 엔진 출력은 물론 전반적인 추력중량비(T/W)에 미치는 효과에도 영향을 준다. 긴 연소실의 경우 연소 시간이 충분해져 추진제들 간에 보다 완벽한 상호작용이 일어난다. 반면 통통해서 횡단면이 더 넓은 연소실에서는 분자들의 운동 에너지 내에 거의 모든 에너지가 있어 가스 배출 속도가 늦어지며, 그 결과 온도가 올라간다. 만일 연소실이 너무 짧거나 통통하다면 많은 비율의 가스가 연소되지 않은 채 배출되게 되며 그로 인해 온도도 낮아지게 된다.

작동 중에 연소실 내 압력은 대개 300-1,000lb/in^2(2,068-6,895kPa) 정도가 되고 온도는 3,300℃까지 올라갈 수 있으므로 가벼운 무게와 온도 저항성을 가진 물질들의 사용에 적절한 균형을 취해야 한다. 연소실 모양은 구 모양이 가장 적합한데, 주어진 부피에 비해 질량이 가장 낮은 데다 표면적이 가장 적어 냉각에도 유리하기 때문이다. 또한 아이러니컬하게도 벽이 얇은 연소실들이 더 선호되는데, 이유는 열전도율이 높기 때문이다. 스테인리스강, 알루미늄 합금, 저탄소강 등의 물질이 이상적이다.

냉각은 연소실을 온전하게 유지하는 데 필수적일 뿐 아니라 엔진 자체의 디자인에도 큰 영향을 준다. 냉각 작업은 '재생 냉각regenerative cooling', '필름 냉각film cooling', '증발 냉각transpiration cooling', '탈격 냉각ablative cooling'의 네 방식 중 하나로 이루어진다.

먼저 재생 냉각의 경우, 추진제가 연소실 벽 내부 덮개 안에서 순환하다가 연료분사 장치 쪽으로 흘러가게 되며, 그 결과 추진제가 열을 빨아들이면서 기온이 올라가며, 추진제가 연료분사 장치를 통과하면서 기화가 활발해진다. 이런 목적으로 극저온 추진제가 사용되면 액체 중 일부가 가스로 바뀌게 된다.

필름 냉각의 경우, 연료분사 장치의 외부의 유체 분출구들을 통해 일부 추진제가 들어와 연소실 내벽 전체에 흩뿌려지면서 일종의 필름이 형성된다. 이 필름은 열전도성이 낮기 때문에 연소실 벽을 보호하는 데 도움이 되며, 특히 연소실 배출구 주변 온도가 높을 때 사용하면 가장 좋다.

훨씬 덜 일반적인 증발 냉각의 경우 연소실을 둘러싼 덮개 안으로 추진제가 들어오는데, 연소실 내부 벽이 통기성이 있어 얇은 증기 필름이 연소실 안쪽 벽으로 스며들게 되며, 액체가 증기로 변하면서 열에너지가 줄어든다.

탈격 냉각의 경우, 연소실이 규토를 함유한 물질들로 되어 있으며, 예측 가능한 속도로 꾸준히 타면서 열이 식게 된다. 이때 연소된 물질은 연소실 벽의 일부로 남게 되면서 절연체 역할을 하기도 한다. 방사 냉각 radiation cooling은 방사를 통한 열 손실률은 온도의 네제곱에 따라 달라진다는 원칙대로 이루어지며, 고온 모터에 더없이 요긴하게 쓰이는 냉각 방식이다. 연소실의 내부 표면은 흑연 같은 내화성 물질, 또는 텅스텐이나 몰리브데넘 같은 고온 물질로 덮여 있다.

로켓 모터의 노즐이나 팽창실은 엔진 효율성을 높이기도 하고 떨어뜨리기도 하므로 극도로 중요하다. 또한 팽창실은 배기가스가 최대한 빨리 빠질 수 있는 모양으로 되어 있는데, 사실 배기가스는 연소실을 최대한 늦게 떠나는 것이(그래야 떠나는 분자들의 온도가 올라가게 되므로) 이상적이다.

연소실 배출구와 노즐 꼭대기 사이를 처음 잘록하게 만든 사람은 스웨덴의 엔지니어 칼 드 라발Carl de Laval로, 연소실에서 배출된 에너지는 이 잘록한 모양을 지나면서 지향성 가스 에너지로 전환된다. m이 이동 질량moving mass이고 v가 속도velocity일 때, 질량의 운동 에너지는 $\frac{1}{2}mv^2$이며, 따라서 지향성 운동 에너지가 클수록 노즐에서 배출되는 배기가스의 배기 속도 역시 빨라진다.

분자들의 평균 운동 에너지는 절대 온도에 비례하기 때문에, 연소실 온도가 높으면 운동 에너지도 높아지지만, 분자들 간의 충돌로 인해 무작위 수준에서 이루어진다. 그러니까 지향성 움직임은 별로 없고, 분자들 간의 높은 운동 에너지는 열 에너지에 의해 발생한다는 의미이다. 칼 드 라발 노즐에서는 무작위 에너지가 질량 운동 에너지와 배기가스의 지향 속도로 전환되는데, 이는 곧 노즐을 빠져나가는 가스의 온도가 연소실에서 빠져나갈 때의 온도보다 낮다는 의미이다. 그 결과 연소 온도가 높아지며, 평균 분자 질량이 줄어들면서 배기 속도가 빨라지고 비추력이 높아지게 된다.

노즐이 연소실과 만나고 단면적이 가장 적은 연결 부위에서의 배기가스 속도는 기존 온도와 압력 상태에

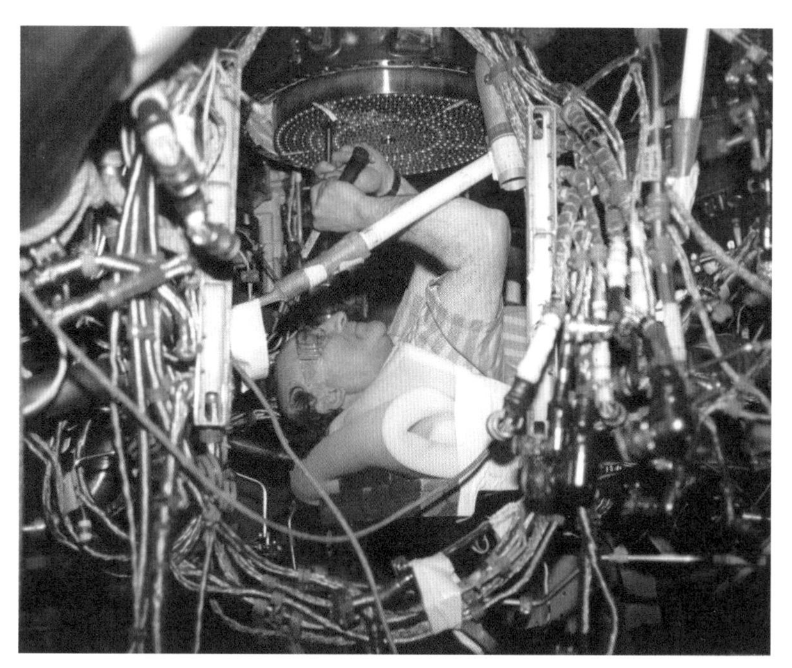

▲ 우주왕복선 주 엔진 파워헤드의 정비. 한 기술자가 궤도선(orbiter, 우주정거장에 사람이나 장비 혹은 재료들을 운반하는 우주왕복선의 운반체-옮긴이) 안에 장착된 엔진과 연료분사 장치 헤드를 손보고 있다. (자료 제공: NASA)

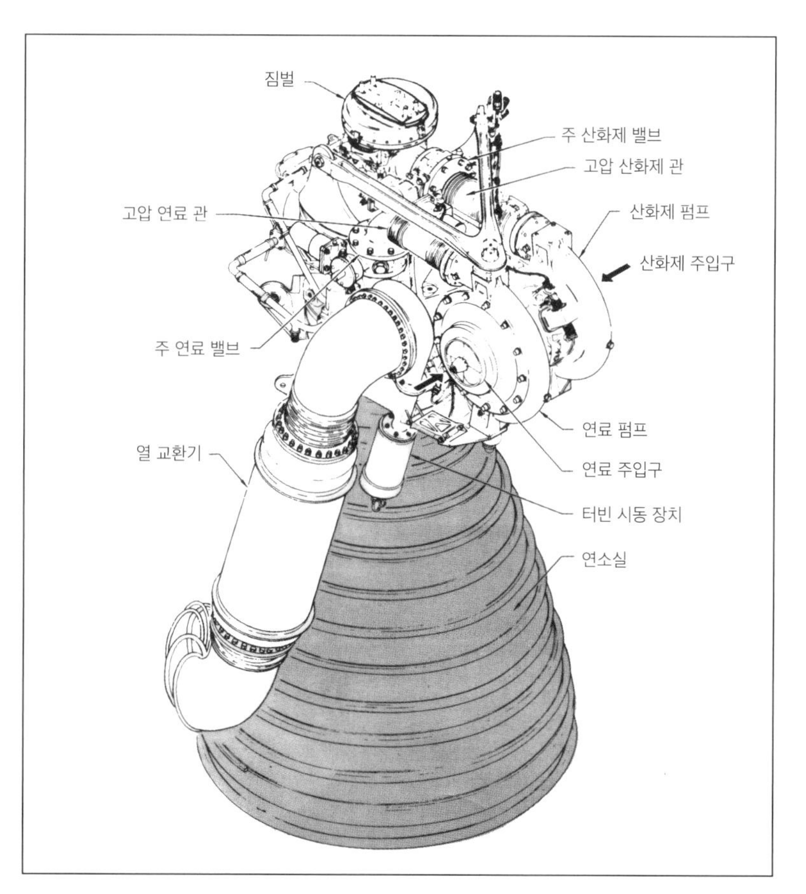

▲ 폰 브라운의 새턴 1 발사체에 사용된 H-1 엔진의 전통적인 배치. 지금은 구식 같아 보이지만, 이 엔진은 델타 로켓의 발전된 버전에 사용됐다. (자료 제공: Rocketdyne)

➤ 새턴 V 로켓에 사용된 F-1 엔진의 연료분사 장치 유체 분출구들의 패턴은 성능을 유지하는 데 필요한 아주 정확한 조정을 거친 정교한 패턴을 따른다. 연료분사 장치는 효율적인 연소의 열쇠나 다름없으며, 매우 복잡한 디자인으로 로켓 엔지니어들에게는 큰 도전 과제이다.

(자료 제공: Rocketdyne)

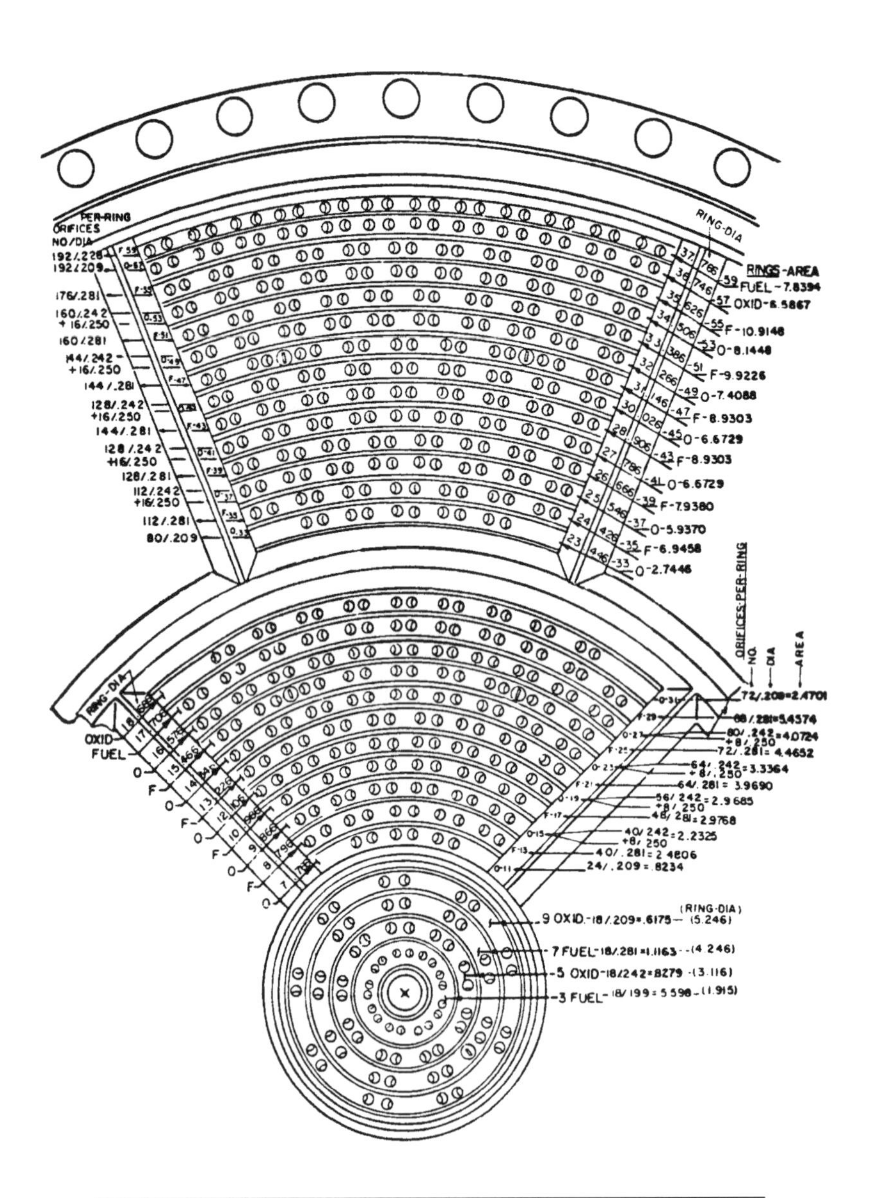

일반적인 패턴	연료	산화제
유체 분출구, ㎠	548.4	396.8
피스톤 링 깊이, ㎝	1.367	1.367
벽 간극(연료 링)	1.778	-
연료 분사 속도, m/s	17.07	40.54
벽 냉각, %	3.2	-
-59 링으로의 흐름, %	70	-
칸막이 냉각 지역, ㎠	15.23	-

주의:

- 방사상 칸막이 옆의 산화제 더블릿들은 28.2도/20.0도이며, 각기 6.325/6.147㎜ 지름이 중복된다.
- -9, -15, -19, -23, -27, -31 산화제 링들로 향하는 축 피드 구멍들은 제한되어 있다.

서의 가스 내 음속과 같다. 다시 말해 마하(mach, 음속) 수치가 같다는 뜻이다. 음속은 절대 온도의 제곱근에 비례하며, 연결 부위의 경우 일반적인 온도에서의 음속보다 3배나 더 빨라지기도 한다. 노즐이 갈라지는 부분(상단)에서는 속도가 초음속이고, 정확한 값은 비추력에 따라 달라진다. 노즐의 디자인은 가스가 노즐 끝을 빠져나갈 때의 압력이 주변 기압과 같게 만들어져야 하는데, 이는 연결 부위와 노즐 배출구 부분의 비율에 따라 달라진다.

진공 상태에서만 작동하게 만들어진 노즐의 최적의 디자인은 하나뿐이며 그 결과 디자인이 훨씬 더 단순하다. 이 책 12-17쪽의 '여러 종류의 힘' 부분에서 다루었던 내용을 상기해보자. 압력 P_e가 로켓이 작동되는 대기 P_a의 압력보다 클 때 배기가스는 과소 팽창되며, 그 경우 속도는 이상적인 속도보다 낮아진다. 그러나 노즐이 갈라지는 부분이 너무 길고 노즐 끝부분에서의 압력이 주변 대기 압력보다 낮다면, 배기가스는 팽창될 것이다. 또한 배기가스 압력이 대기 압력보다 훨씬 낮다면(이 경우 p_e/p_a는 < 0.25-0.4), 배기가스의 흐름이 노즐 안쪽으로부터 분리되면서 충격적인 결과와 혼란이 발생할 것이다.

해수면에서, 또 아주 낮은 주변 압력 속에서 로켓 모터를 작동시키기 위해 엔지니어들은 저고도에서는 과다 팽창을, 그리고 좀 더 높은 곳에서는 과소 팽창을 선호하는 경향이 있다. 그러나 배기가스 노즐의 연결 부위와 가스 배출 부위의 비율은 중요하다. 노즐이 연소실에 부착되는 연결 부위는 연소실 압력 및 필요한 추력에 따라 계산된다. 그러나 가스 배기 부위는 배기가스 디자인 압력은 물론 배기 압력(P_e)과 연소실 내 압력(P_o)의 비율에 따라 계산된다.

극저온 추진제

액체산소(LOX)는 -183℃에서 끓고, 상대 밀도(또는 비중 specific gravity)가 1.141(1.141g/㎤)이다. 극저온 추진제의 중요한 장점은 기체 단계에서보다 단위 부피당 밀도가 훨씬 높으며, 그 결과 정상적인 상태에서라면 들어가지 않을 작은 부피에도 들어갈 수 있다는 것이다. 로켓의 경우 추진제 질량분율(혼합물의 총 질량 대비 물질의 질량-옮긴이)이 낮을수록 성능은 더 좋아진다. 자체 무게(empty weight., 승무원이나 수하물 등이 실리지 않은 비행체의 무게-옮긴이)가 줄어들면 엔진이 감당해야 하는 질량이 줄기 때문이다. 오랜 시간 많은 양의 연료가 꾸준히 공급되어야 할 상황에서 액체산소가 널리 쓰이는 것도 바로 이런 이유 때문이다. 예를 들어 전투기 승무원이 사용하는 산소나 개인 용도의 작은 비상용 산소병에 집어넣는 산소도 액체산소이다.

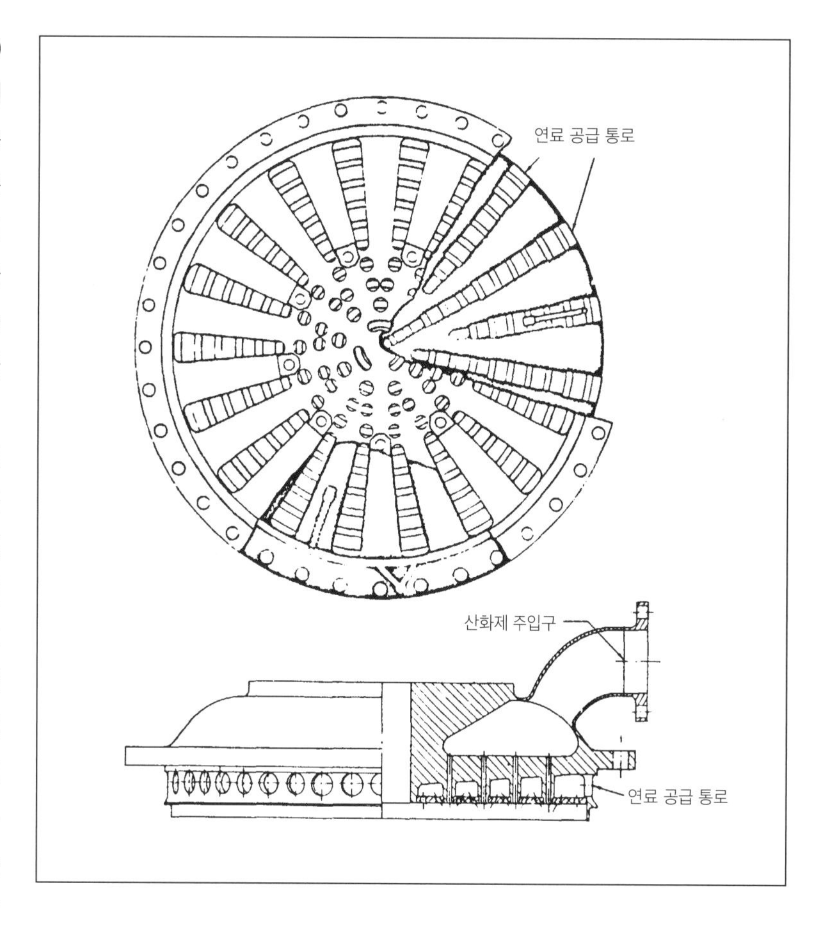

▲ **이 연료분사 장치 단면도를 보면, 추진제 관들과 연결된 연료 및 산화제 포스트에 쓸 상호 연결된 마운팅 스텀프들이 보인다.**
(자료 제공: Rocketdyne)

액체산소는 극저온 상태에서 저장하면 부피가 대폭 줄어들기 때문에 우주선에서 여러 용도로 사용된다. 유인 우주선 승무원들에게 숨 쉴 수 있는 산소를 공급하거나 부피를 줄이기 위해 산소를 수소와 함께 액체 상태로 저장해두었다가 촉매를 통해 전기 에너지와 물을 만들어내는 것이 좋은 예이다. 극저온 상태에서 산소의 가치는 이론적으로는 수세기 전에 발견됐지만, 액체산소가 실제로 처음 만들어지게 된 것은 1877년 루이 폴 카유테Louis Paul Cailletet와 라울 픽테Raoul Pictet

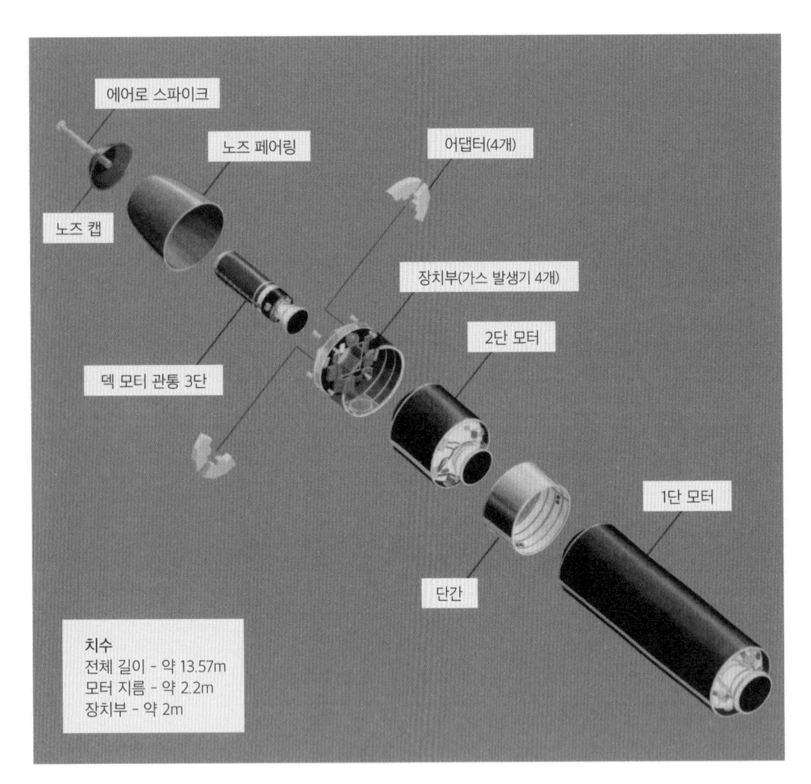

▲이런 대륙 간 탄도미사일이 한동안 미국 핵 전달 무기의 정점을 찍고, 그 기술이 각종 미사일들에 광범위하게 응용되지 못했다면, 아마 로켓 발사체의 고체 추진제 로켓 단들과 부착식 부스터 로켓의 발전은 불가능했을지도 모른다.

(자료 제공: DoD)

에 의해서였다.

액체수소는 -253℃에서 끓고, 팽창비는 1:851이며, 밀도는 0.07g/㎤이다. 또 연료로서 칼로리가 높으며, 액체산소와 함께 쓰일 경우 비추력이 430초가 넘는다. 효율성이 높은 데다가 그 질량이 에너지로 전환될 때 큰 이점이 있어, 극저온 액체산소/액체수소 엔진은 세계 최초의 액체 추진제 로켓이 비행을 시작하기 훨씬 이전부터 이미 우주여행에서 선호되는 수단으로 인정받았다. 그러나 극저온 추진제는 취급과 운용에 기술적으로 어려움이 많고, 조심해야 하며 로켓 엔진을 디자인하는 데도 세심한 주의가 요구된다. 극저온 로켓 모터는 뒤늦게 도입됐지만 1980년대 이후 많은 발사체들에서 선호되는 수단이 되었다.

극저온 추진제의 이점으로는 비추력이 높다는 점, 추진제 질량분율이 낮다는 점, 로켓 내 저장 부피가 클 필요가 없다는 점 등이 꼽힌다. 수소는 -253℃에서 끓고, 액체 상태에서는 그 용적이 0.07㎏/L이 되는데, 고압 기체 상태에서 저장할 때의 용적 0.03㎏/L에 비하면 밀도가 더 높다. 극저온 추진제는 가스를 압축하고 냉각시키는 과정에서 생겨나며, 그 이후에는 잘 저장되었다가 로켓 발사 장소로 옮겨져 로켓 단계들에 맞춰 펌프질해 들어가게 된다.

극저온 추진제들은 장기간 저장할 수 없기 때문에, 계획된 발사 시간 직전에 로켓에 연료와 산화제만 넣어주면 되는 우주여행 미션에 적합하다. 어쨌든 현재로서는 액체산소가 비교적 다루기 쉬운 추진제이며, 그에 비해 액체수소는 다루기가 더 까다롭다.

물론 화학 분야 엔지니어들은 로켓에 사용하기 좋은 다른 추진제 조합을 찾으려 애썼다. 그 후보들 중 하나가 불소였는데, 불소에는 산소가 함유되어 있지 않으므로 전통적인 의미에서의 산화제는 아니다. 그러나 스스로 산화제처럼 변하는 화학적 특성이 있어, 산화제로 여겨진다. 불소는 끓는점이 -188℃이며 상대 밀도가 1.5이지만, 이원 추진제 방식하에서 수소와 혼합될 경우 410초의 비추력이 생겨날 수 있다. 참고로 RP-1(로켓 연료로 사용되는 고도로 정제된 무독성 등유-옮긴이)와 혼합될 경우 비추력이 320으로 올라간다. 불소는 그간 히드라진과 혼합해 활용되어왔는데, 불소가 액체산소의 첨가물로 여겨졌던 1960년대의 연구들에 따르면 액체불소 30%에 산소 70%가 혼합되면 플록스Flox가 된다. 우주 발사체 아틀라스Atlas에 쓸 목적이었던 불소 추진제는 비추력이 12~18초로 늘어날 것으로 예측됐으나, 이 혼합물질은 원래 취급하기가 어려운 데다가 엔진 부품을 부식시키는 단점도 있어 결국 1965년에 사용 계획이 백지화됐다.

고체 추진제

검은색 가루인 화약은 1,000년 넘게 각종 로켓과 폭죽의 추진제로 사용되고 있다. 화학적 구성을 보면 연료와 산화제가 혼합된 것으로, 유황 19%, 숯 15%, 그리고 연소 반응을 일으키는 산화제로 쓰이는 질산칼륨(KNO_3)이 75% 들어간다. 추진제 겸 폭발물로 개발된 화약은 구성 요소에 따라 아음속subsonic의 속도로 타오르며, 그래서 상대적으로 천천히 타오르는 발사체 내의 추진제로 유용하다.

화약은 20세기에 들어와 많은 개선이 이루어졌다. 아스팔트 기름이 연료로, 과염소산염이 산화제로 개발되면서 무거운 비행기가 하늘로 날아오르게 하는 조그만 부스터 로켓들에 유용하게 쓰이게 된 것이다.

1960년대 초에 더 많은 발전이 이루어지면서, 더블베이스 추진제와 합성 더블베이스 추진제가 나왔다. 연기 없는 총기 추진제에서 이름을 따온 더블베이스 로켓 모터 추진제는 니트로셀룰로오스와 젤라틴화제(니트로글리세린이나 에틸 글리콜 이질산염)를 토대로 만들어졌으며, 저장 및 연소 안정성을 높이기 위해 첨가물들을 넣어 약간 희석시켰다. 현재 합성 더블베이스 추진제는 (타는 온도를 높이고 비추력을 향상시키기 위해) 주로 금속성 알루미늄을 연료로, 과염소산염 암모늄을 산화제로 사용하고, 합성 고무 같은 바인더를 사용하고 있는데, 규모가 큰 고체 추진제 로켓에 이상적이다. 초창기의 고체 추진제 로켓들의 비추력은 약 245초였으나, 이는 현재 275~285초로 개선됐다.

고체 추진제는 단면 연소형end-burning grain 또는 내면 연소형internal-burning 그레인grain을 통해 노출된 표면에서 연소된다. 내면 연소형 모터의 추진제는 바닥에서 점화되며, 연소 표면combustion face이 바닥에서 점점 꼭대기로 올라오면서 끝 노즐을 통해 그 가스들이 소진된다. 이 때문에 로켓 케이스의 측면들은 연소 사이클 내내 고온에 노출되는데, 이는 규모가 큰 로켓들에게는 안 좋은 점이다. 게다가 연소 그레인의 표면은 절대 더 커지지 않는데, 이는 추력 저하로 이어질 수도 있다. 내면 부피가 늘어나 로켓 내부의 압력이 떨어지기 때문이다.

규모가 큰 모터에 훨씬 많이 쓰이는 내면 연소형 모터 디자인은 추진제를 수직으로 서 있는 원통형 용기 한쪽 끝에 쏟아부어 고체 상태가 되게 만든다. 먼저 원통형 용기를 케이스 중앙까지 내려보내 추진제 한가운데 밑에 빈 공간을 만들고 그 속에 추진제를 부어, 혼합물이 굳은 뒤 원통형 용기를 꺼내면 빈 공간이 만들어진다. 이 디자인에서는 점화원이 로켓의 꼭대기에 위치하게 되며, 거기에서 추진제가 점화되어 아래쪽까지 타게 되고, 그것이 다시 중앙에서 바깥쪽으로 타게 된다. 이런 방식의 큰 장점은 로켓의 케이스 벽이 연소 온도에 노출되지 않아 타지 않는다는 것이다.

추력은 연소 표면 부위의 결과물이어서, 연소 표면이 넓어지면 추력도 함께 커진다. 이처럼 추력이 증가하는 걸 '점진 연소progressive burning'라 하는데, 성능 면에서 볼 때는 바람직하지 않을 수 있다. 점진 연소 현상은 단면에서 봤을 때 연소 표면이 별 모양으로 보이게 만들고, 중앙의 빈 부분이 위에서 아래까지 로켓 전체에 연장되게 함으로써 상쇄할 수 있다. 별 모양 내 모든 주름의 전체 표면적은 적어도 원통형 로켓 케이스 내 전체 표면적과 같아질 수 있다. 가속도는 추진제를 소모하면서 증가하므로, 연소 그레인 모양을 조정해 연소 단계가 끝나갈 무렵 추력을 줄여야 할 때가 많다. 이처럼 연소 단계가 끝나갈 때 추력이 줄어드는 것을 '후진 연소regressive burning'라 한다.

또한 추력은 추진제 연소가 비추력에 의해 강화되는 비율의 결과이므로, 추진제의 밀도에 따라 그 비율이 달라진다. 사실 고체 추진제의 아주 높은 밀도는 낮은 비추력을 상쇄한다.

추력은 어느 정도는 연소실 압력에 의해 결정되는데, 액체 추진제 엔진의 경우와는 달리 고체 추진제 엔진의 연소실 압력은 연소 사이클 기간 중에 계속 변화된다. 모터에 가할 수 있는 압력은 제한되어 있으며, 일반적으로 안전한 압력 수준은 500~700lb/in²(3,447-4,826kPa)이다.

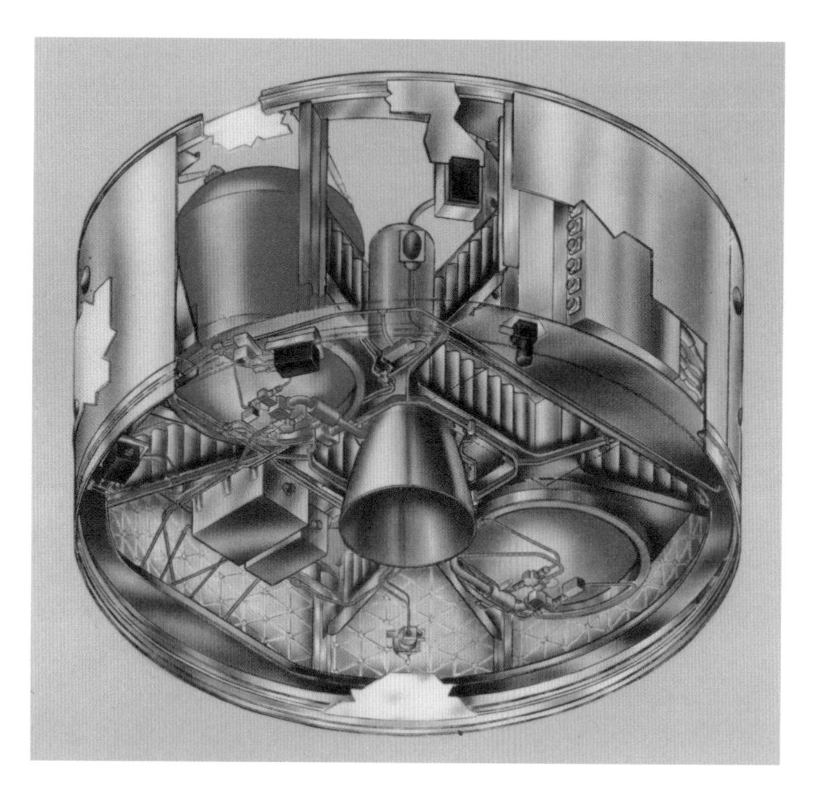

▲ **로켓 모터들은 미사일 탄두들이 필요한 비행경로에 들어선 뒤 그 궤적을 조정하는 데 쓰인다. 피스키퍼 ICBM의 이 RS-84 단계는 직경이 234㎝이고 높이가 107㎝이며, 사산화질소와 모노메탈-하이드라진 추진제로 움직인다.**

(자료 제공: Aerojet Rockwell)

➤ 고체 로켓은 원래 디자인과 제작, 운용이 액체 로켓에 비해 단순하다. 일본은 고체 추진제 Mu-4 로켓을 초기 인공위성의 발사체로 사용했다.
(자료 제공: ISAS)

다단식 로켓

지금까지 1단 로켓들에 대해 살펴봤지만, 우주여행을 하려면 다단식 로켓이 필요하다. 그 이유를 이해하려면 1단 로켓이 올릴 수 있는 최대 속도를 알아야 하며, 그 속도는 발사체 자체의 질량비(mass ratio, 로켓 본체에 대한 총중량의 비율-옮긴이)에 의해 결정된다.

앞의 '여러 종류의 힘' 부분에서 봤듯이, $v_e = g_c I_{sp}$의 등식에서 비추력을 높이려면 속도를 높여야 한다. 비추력이 350초인 로켓을 예로 들어보면, 배기가스 속도 v_e는 350×32(g_c의 값)이 되며, 이는 11,200ft/초(약 3.41㎞/초)에 해당한다. 그런데 로켓이 지구 궤도에 도달하려면 25,000ft/초(7,620m/초)의 속도가 나와야 하는데 이 값은 v_b, 즉 로켓의 연소 완료 속도burnout velocity와 같게 정해질 수 있다. 이 예에서 v_b/v_e는 25,000/11,200=2.2이다. 질량비는 이렇게 결정될 수 있다.

발사체의 질량비는 연료를 가득 채운 발사체의 무게 대 추진제의 무게로 표현된다. 초창기 로켓은 이 질량비가 아주 낮았다. 예를 들어 A-4(또는 V-2) 로켓은 질량비가 3.1:1이었다. 그러나 오늘날의 로켓은 탄화수소 추진제를 활용한 현실적인 디자인 콘셉트들을 사용해 질량비가 10:1까지 향상됐다. 다시 말해 로켓들 가운데 10%는 그 안에 각종 탱크와 엔진, 터보펌프 등이 포함되며, 로켓이 날아갈 때 그것들을 모두 싣고 날게 된다. 극도로 가벼운 현존하는 물질들을 이용할 경우, 1단 로켓이 궤도 속도(orbital speed, 물체가 일정한 궤도를 그리며 움직이는 데 필요한 속도-옮긴이)를 내려면 추진제 질량은 발사 시 연료가 채워진 발사체 질량의 92.4%가 되어야 하며, 총 질량의 겨우 7.6%만 로켓 구조 내 발사판에 주어져야 한다. 그러나 그건 불가능하다. 로켓과 추진 장치 자체에 작용하는 그런 힘을 견딜 물체가 존재하지 않을 뿐 아니라, 아무리 강력한 추진제 조합을 택한다 해도 이 모든 걸 압도할 만한 에너지를 공급하지는 못하기 때문이다. 극저온 추진제를 사용할 경우 질량당 산출량이 더 크기 때문에 에너지가 약간 경감되며, 전체 질량의 이 12%는 구조 안에 있게 된다.

고체 추진제 모터의 경우는 한결 나은데, 추진제의 밀도가 높은 데다가 20:1의 질량비가 가능하기 때문이다. 그러나 비추력이 눈에 띄게 낮아, 액체 추진제 로켓들과 비교하면 동일한 추진제의 비율이 훨씬 더 좋지 않다.

이 같은 1단식 로켓의 기술적 한계를 인정하고 실현 가능한 해결책들의 범위 안에서 로켓 디자인을 변경하여 나온 것이 다단식 로켓이다. 그러니까 궤도 비행을 하려면 초과하는 질량을 수시로 떼내버려야 하므로, 일련의 로켓들을 하나하나 쌓아올리되, 아래쪽 로켓보다 크기도 더 작고 추력도 더 적게 위쪽 로켓을 만드는 것이다. 이론상 마지막에 도달하는 속도는 분리된 모든 단들의 연소 종료 속도(v_b)의 합이 되며, 조합 디자인은 그 합이 궤도 속도(~25,000ft/초; ~7,620m/초)와 같아지게 된다. 축적된 연소 종료 속도값 내에서 성능 초과가 있을 경우 늘어난 탑재체 안에 들어갈 수 있다.

▲ 모든 로켓이 현재의 모습이었던 것은 아니다. 1969년에 로켓 전문 기업 로켓다인 사는 추력이 0.01lb(0.044N)인 작은 로켓 개념을 개발해냈다. 프로젝트 매니저 하틀리 바버(왼쪽)와 프로그램 매니저 조 프리드먼이 산소와 수소로 움직이는 조그만 모터를 가리키고 있다.
(자료 제공:Rocketdyne)

2장

로켓과 발사체

우주 로켓 공학은 과학자들이 대기권 밖과 우주, 그리고 우리 태양계의 천체들을 연구하기 위한 수단을 찾는 과정에서 시작됐다. 그러다 냉전 시대를 맞아 전쟁의 열기 속에 많은 무기들이 만들어졌고, 지식을 탐구하고자 하는 열망 속에 군비 축소의 길로 접어들게 되고, 급기야는 국제지구물리관측년(70여 개국이 참가해 지구물리학적 환경에 대한 조사를 실시한 1957년부터 1958년 사이의 기간)을 맞아 지구를 좀 더 잘 이해하기 위한 국제적인 조사가 행해지면서, 냉전 시대의 무기들은 평화를 위한 도구로 탈바꿈했다.

◀ 일본은 로켓 연구 및 기술과 관련해 오랜 역사를 갖고 있으며, 러시아와 미국에서 먼저 선보인 개념들을 도입해 세계적인 수준의 우주 발사체들을 만들어냈다. 필자도 여러 차례 방문한 적이 있는 다네가 섬에서 H-II 로켓이 발사 준비를 마치고 서 있다. (자료 제공: JAXA)

V-2 (독일)

첫 비행: 1942년 6월 13일

세계 최초의 탄도미사일은 원래 나치의 선전장관이었던 요제프 괴벨스가 V-2(Vergeltungswaffe Zwei, 복수 무기 2)라고 이름 지었지만 독일 디자이너들, 그러니까 베르너 폰 브라운Wernher von Braun 박사가 이끄는 미사일 개발 팀에 의해 A-4(Aggregat 4)로 다시 명명되었다. 개발 팀을 이끈 베르너 폰 브라운 박사는 일련의 시험용 미사일들을 만든 끝에 결국 완벽한 성능의 A-4 탄도미사일 개발에 성공했다.

A-4 탄도미사일은 아치형 궤적을 그리며 날도록 설계되었다. 그래서 최고 고도 90㎞까지 올라간 뒤 322㎞의 사정거리를 날아가는데, 지구 궤도 재진입 시 로켓 표면의 온도는 대기와의 마찰로 인해 677℃까지 올라가게 된다. 금속공학 및 공기역학 전문가들은 일찍이 다른 형태의 공학에서는 경험해보지 못한 이런 문제들을 해결하느라 머리를 싸매야 했다. A-4 로켓의 연소실 디자인은 독일의 로켓 과학자 발터 티엘Walter Thiel의 지휘 아래 동심원을 그리는 관들을 통해 추진제가 주입되는 가늘고 긴 초기 디자인에서 발전했다. 결국 연소실의 최종 형태를 술통 모양으로 결정해, 모든 표면에 미치는 내부 압력을 보다 효율적으로 균등화하고, 또 연료 추진제들이 18개의 연료분사 장치들로 이루어진 시스템을 통해 제대로 들어갈 수 있게 했다. 즉 연료와 산화제가 동심원 형태로 배치된 유체 분출구를 통해 흘러가게 되어 있었다.

▼ 독일 동북부 페네뮌데 연구소에서 시험 발사 준비 중인 V-2 로켓. 이 연구소는 원래 독일 육군에 의해 만들어졌으나 나중에는 공군과 공유됐다.
(자료 제공: DoD)

안정적으로 작동하면서 내구성을 갖춘 연소실을 만드는 일은 기술적으로 쉽지 않았으므로, 다양한 기술적 시도와 수많은 계산 및 테스트를 거쳐야 했다. A-4 로켓의 연소 헤드는 직경이 90㎝에 연소실 압력이 25atm(기압의 단위-옮긴이)으로, 10만㎏의 하중을 감당할 수 있어야 했다. 연소 기간 중에 그런 하중을 감당하기 위해 연소 헤드는 10㎜에서 20㎜까지 늘어났으며, 연소가 중단되면 원래 상태로 되돌아갔다.

A-4 로켓의 연소실은 1604 강철로 제작되었다. 초창기 연소실들에서는 알루미늄과 마그네슘의 합금인 하이드로날륨이 사용됐으나, 이 합금은 노즐과 관련해 너무 많은 문제가 생겼다. A-4 로켓은 무게가 425㎏이었으며, 연소실과 노즐은 하나로 통합 제작되었다. 기타 다른 추진 관련 장치들로는 터보펌프(160㎏), 질소 저장 용기(75㎏), 증기 발생기(73㎏), 추력 프레임(57㎏), 각종 밸브들(140㎏)과 케이블 등이 있었다. 미사일 꼬리 부분은 무게가 860㎏이었고 뼈대와 케이싱, 서보 모터, 가스 방출 방향타, 케이블, 기타 작은 보조장치들로 이루어져 있었다.

꼬리 부분과 로켓 모터 위에 있는 A-4 로켓의 주요 부분에는 총길이가 6.17m인 추진제 탱크 2대가 있었다. 엔진 바로 위에 있는 원통형 액체산소 탱크는 무게 120㎏에 부피 5.6m³으로, 그 속에 4,900㎏의 산화제가 들어 있었다. 그 바로 위에는 무게 75㎏, 부피 5.18m³의 연료탱크가 있었으며 그 속에는 3,820㎏의 알코올이 들어 있었다. 그런데 액체산소 탱크와는 달리 이 연료탱크는 미사일 앞부분의 공기역학적 곡률에 따라 앞쪽 끝으로 갈수록 가늘었다. 이 탱크들은 모두 가벼운 합금판으로 만들어졌으며, 각 끝부분이 반구형의 덮개로 덮여 있었다. 뼈대와 표면의 질량은 420㎏이

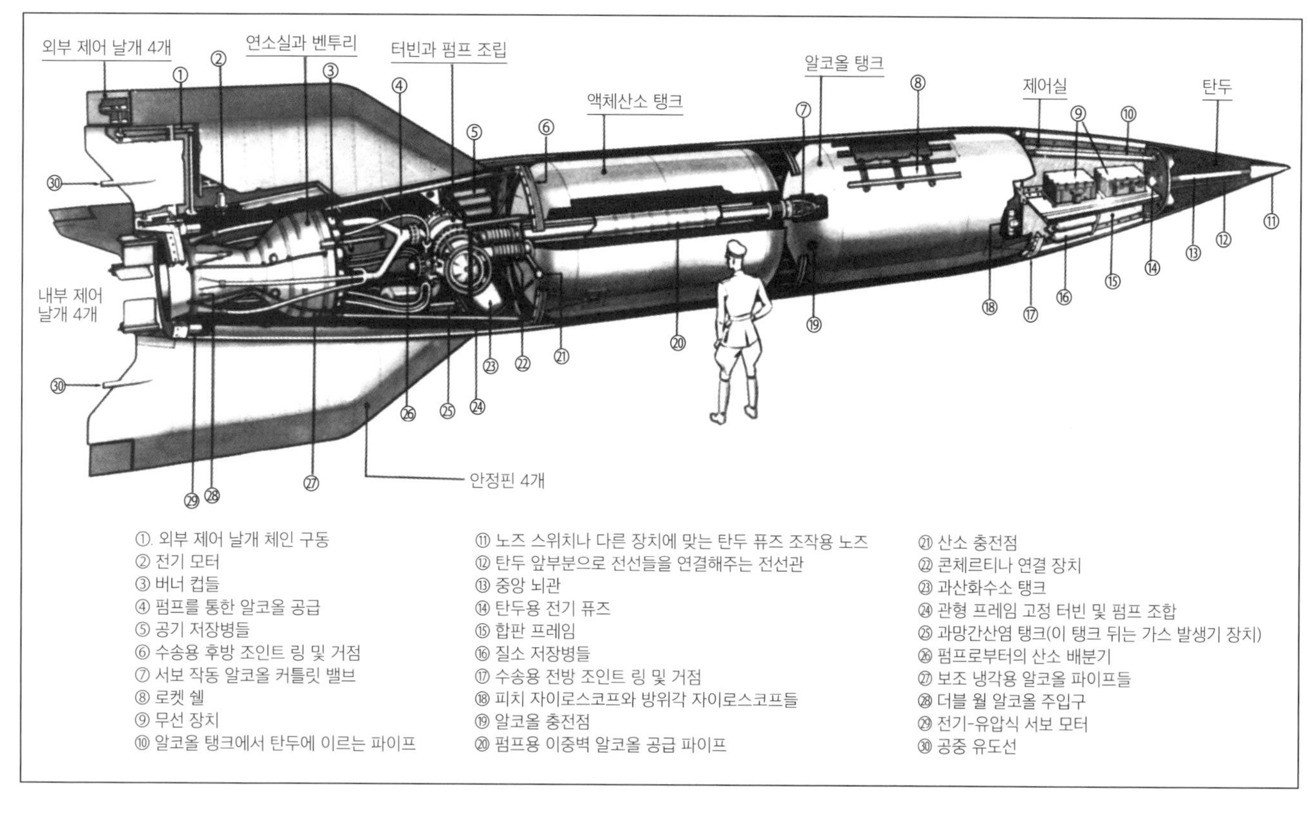

▲V-2 탄도미사일의 전반적인 조합은 연료탱크가 산소탱크 위에, 그리고 유도장치가 탄두와 탄두 앞부분 아래쪽에 위치하는 식이었다. 터보펌프들을 움직이는 가스 발생기는 산소 탱크와 엔진 사이에 놓였다.
(자료 제공: USAF)

었고, 추진제 탱크들과 관련 배관 및 선들의 총무게는 930㎏이었다. 연료는 중앙 파이프를 통해 산소 탱크 꼭대기를 지나 엔진으로 공급됐다. 그리고 탱크 아래쪽에서 두 갈래로 갈라진 파이프로 보내졌으며, 연소실 바닥에 파이프가 셋 있어 연료가 연소실 벽을 통해 나가면서 냉각이 이루어졌다. 그런 뒤 연료는 다시 연소실 꼭대기로 되돌아왔으며, 거기에서 18개의 연료분사 장치를 통해 연소실 안으로 들어갔다. 전체 중심부의 최대 직경은 1.65m였다. 외부 뼈대와 표면, 제어 장치, 전력 공급 장치, 전기 장치, 배터리 등을 포함하는 미사

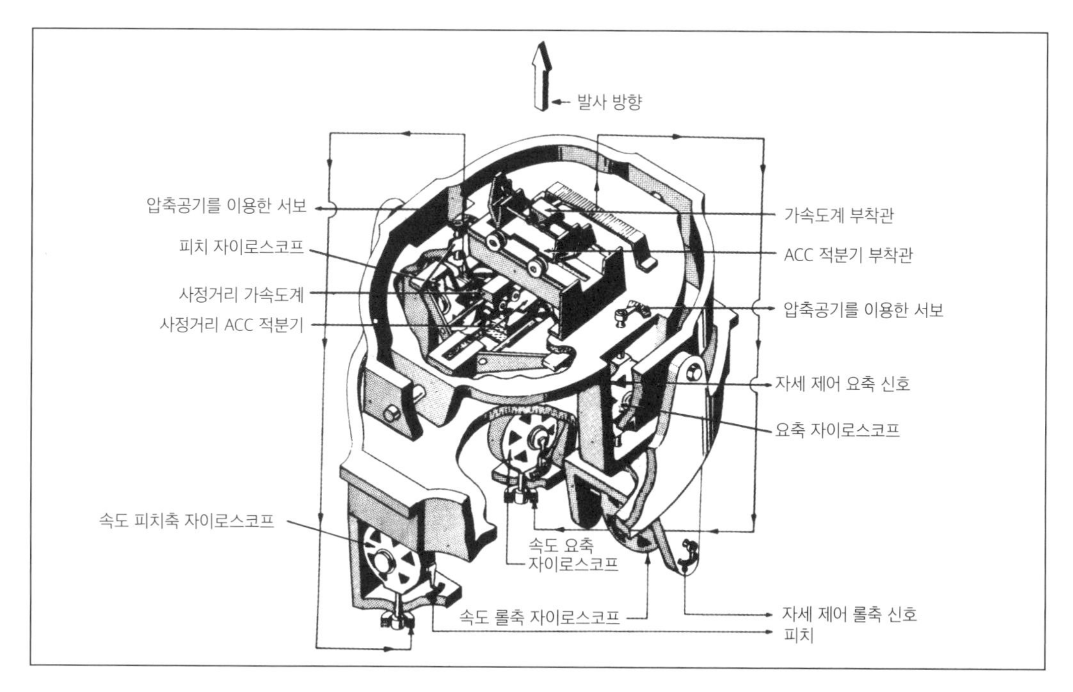

◀결국 A-4 미사일로 명명된 V-2 미사일은 A-3와 A-5 미사일 이후에 나왔다. A-3와 A-5 미사일은 A-4 미사일의 전반적인 조합과 비슷한 테스트용 디자인들로, 자세 제어 및 유도 기능을 위해 자이로스코프로 안정화된 플랫폼이 시험적으로 사용됐다.
(자료 협조: Frank Winter)

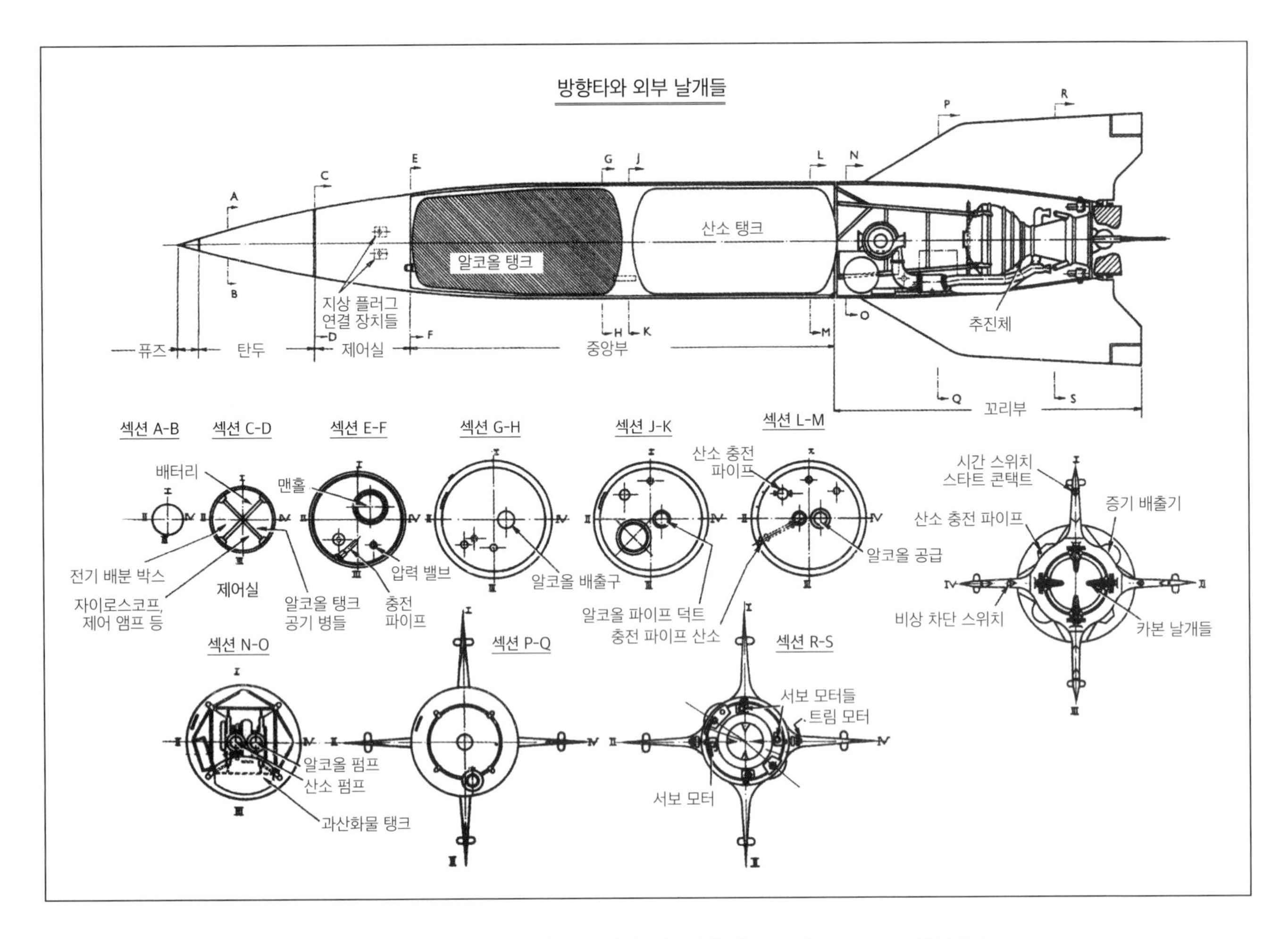

▲ 부분별로 나뉜 이 그림들은 비행체 내부 요소들의 배치 상태를 보여준다. 지상 서비스 인터페이스와 접속 지점들을 눈여겨보라.
(자료 협조: Frank Winter)

일 앞부분은 무게 480㎏, 길이 1.4m였다. 탄두 부분은 끝으로 갈수록 뾰족하고 길이는 2.01m, 무게는 1,000㎏이었으며, 그중 750㎏은 암모늄질산염과 TNT의 혼합물인 아마톨 폭약이었다.

용량 173㎏의 탱크 안에는 12㎏의 과망간산칼륨과 함께 과산화수소가 들어 있었다. 그렇게 발생한 증기 덕에 4,000rpm(revolution per minute, 분당 회전수-옮긴이)의 속도로 터빈이 돌아갔고, 그 결과 추진제들이 초당 125리터의 속도로 연소실로 보내졌다. 열교환기에서 다 쓰인 가스는 로켓 바닥에 있는 파이프를 통해 밖으로 배출됐다. 야전에서는 커다란 4개의 핀들이 짧은 다리 4개로 이루어진 받침대 위 회전 발사 링에 서 있는 A-4 미사일을 지지했고 수직 정확도도 조정했다. A-4 미사일은 높이가 14.02m였고, 미사일 자체 무게는 4,010㎏, 연료를 가득 채워 발사 준비를 마쳤을 때의 무게는 12,915㎏이었다. A-4 미사일의 모터 추력은 67초에 약 249kN이었고, 최고 고도는 80.5㎞, 사정거리는 322㎞로 알려졌다.

A-4 탄도미사일은 1942년 6월 13일에 첫 시험 비행을 했는데, 제어 시스템에 문제가 생겨 발트 해에 로켓이 떨어지면서 실패로 끝났다. 같은 해 8월 16일에 있었던 두 번째 시험 비행도 실패했는데, 이번에는 미사일 앞부분이 분리되면서 추락해버렸다. 그해 10월 3일의 세 번째 시험 비행은 발사 각도가 너무 가팔라 최고 고도 90㎞로 대기권 밖까지 솟아올랐다. A-4 탄도미사일이 처음 제대로 영국을 향해 날아간 것은 그로부터 23개월도 더 지난 뒤였다. 때는 2차 세계대전 후반이었고, A-4 탄도미사일은 나치 독일의 강력한 선전 무기가 되었다.

독일이 패망하기 직전인 1945년 3월까지 제조된 A-4/V-2 로켓은 약 6,900기에 이른다. 1944년 12월에는 한 달에 무려 850기가 제작돼 생산량 면에서 정점을 찍었다. 나치 독일은 1944년 9월 8일 저녁 런던 치즈윅 지역에 최초의 V-2 로켓 1,359기를 퍼부었고,

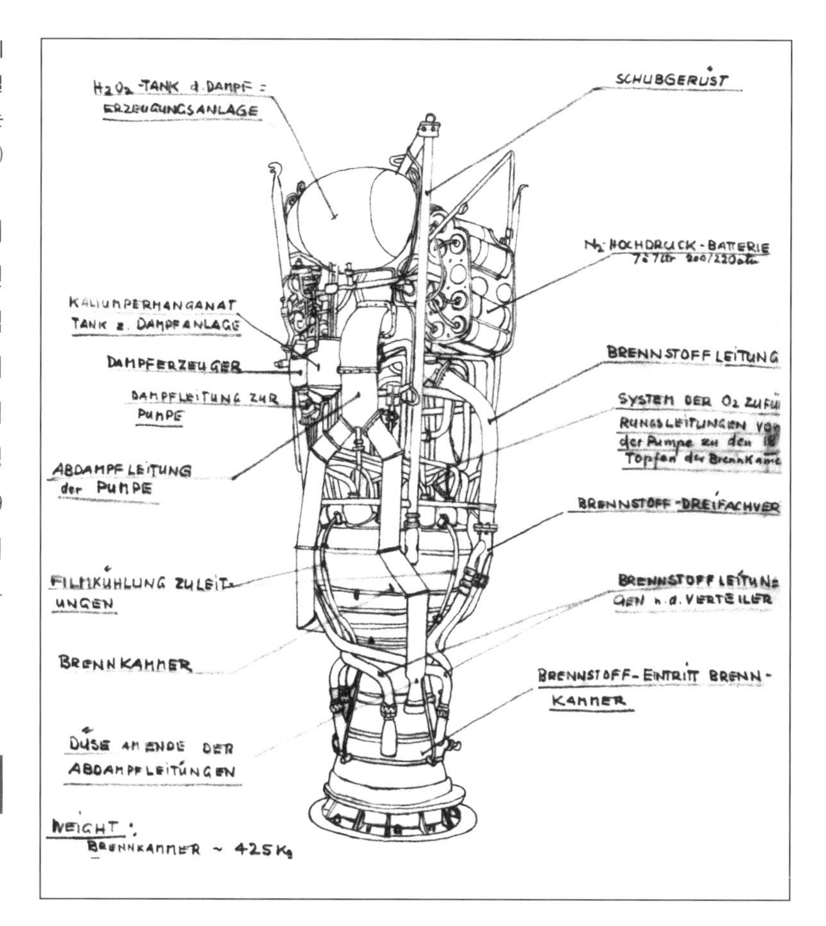

➤ V-2 로켓 엔진은 이전에 나온 A-1, A-2, A-3, A-5 로켓의 디자인에서 발전한 것이다. 대량 생산에 최적화되고 미사일 부대원들이 최소한의 훈련만 받고도 실전에서 사용할 수 있는 디자인으로 변화했다. (자료 제공: Rolls-Royce)

이후 벨기에 북부의 항구 도시 앤트워프에도 1,610기를 퍼부었다. 나치 독일이 앤트워프를 폭격한 것은 연합군의 군수 물자가 그 항구 도시를 통해 해방된 유럽 지역들로 쏟아져 들어오는 것을 막기 위해서였다. 벨기에 리에주에 약 86기의 로켓이 떨어졌고, 영국 노리치에는 전쟁이 끝나는 달에 43기가 떨어졌다. 발사에 성공한 로켓은 약 3,225기였으며 실패한 로켓은 약 169기였다. 여기에 발사에 성공한 V-1 로켓 2만 1,770기를 더해야 하는데, 그중 8,839기는 런던을, 8,696기는 앤트워프를, 그리고 3,141기는 리에주를 강타했다.

V-2 (미국)

첫 비행: 1946년 4월 16일

2차 세계대전이 끝나고 상당수의 V-2 로켓이 바로 독일에서 미국으로 넘어왔다. 뉴멕시코 화이트 샌즈 지역에서 처음 발사된 후 1946년부터 1952년까지 75기 이상의 V-2 로켓이 발사됐으며, 탄두에는 폭발물 대신 과학 기기들이 채워졌다.

일명 '백파이어 작전Operation Backfire' 아래 영국은 1945년 10월 2일과 15일에 서독 쿡스하펜에서 2차 세계대전 후 처음으로 V-2 로켓을 두 차례 시험 발사했다. 10월 4일에 있었던 세 번째 시험 발사는 실패로 끝났다. 영국의 이 같은 로켓에 대한 관심 속에 일부 군 관계자들은 전술적인 목적으로 사용할 무기 개발 프로그램을 은밀히 진행하게 된다. 로켓 활용에 대한 기타 다른 아이디어들도 여럿 나왔는데, 그중에는 V-2 로켓을 이용해 인간을 아주 높은 고도까지 쏘아 올린다는 아이디어도 있었다.

한편 미국에서는 독일 과학자들과 엔지니어들을 중심으로 V-2 '관측 로켓(sounding rocket, 관측 장치와 송

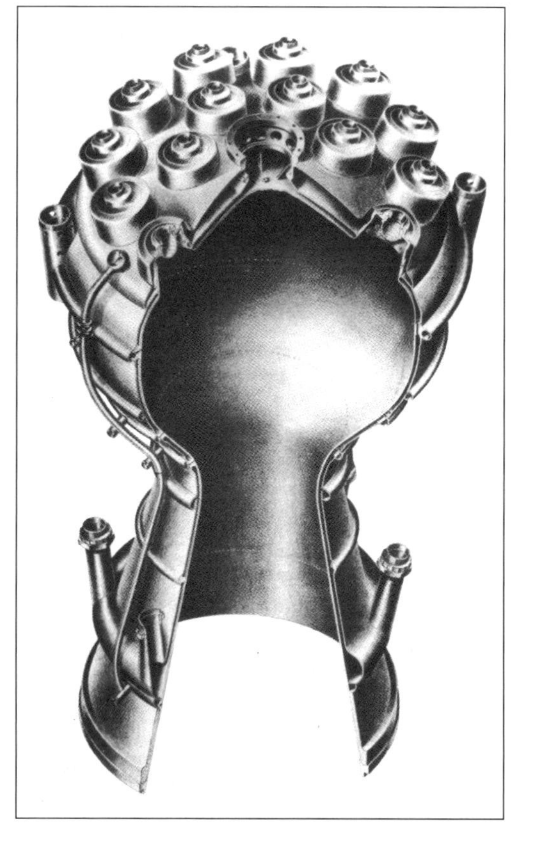

◀ 2개의 동심원 링들 안에 18개의 연료/산화제 분사 장치들이 들어 있는데, 이 분사 장치들은 전부 연소실 상단 돔 부분에 몰려 있다. 이들은 이후의 로켓들에서 보다 효율적인 연료/산화제 분사 장치들로 교체된다. 연료와 산화제가 이 장치들을 통해 공급되어, 연소실 안에서 점화된다.
(자료 협조: Frank Winter)

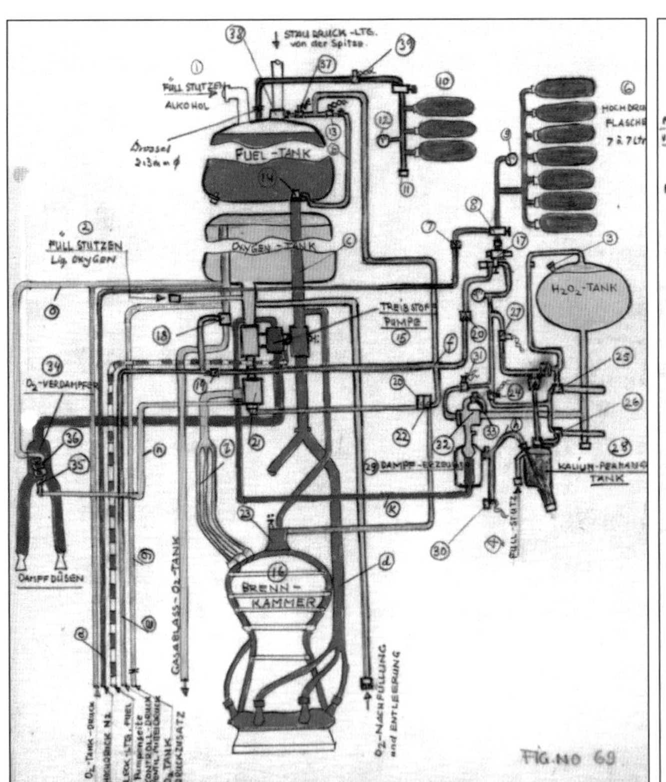

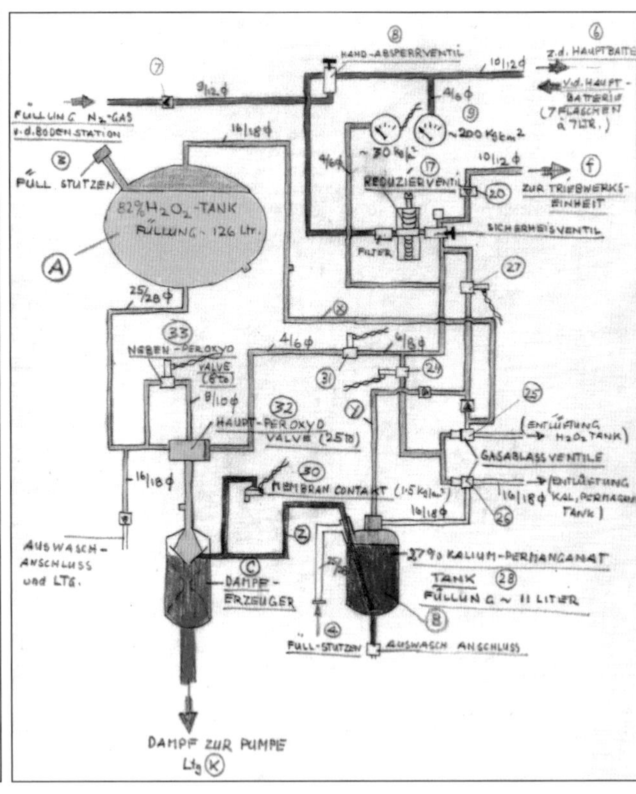

▲ ◀ 터보펌프가 장착된 V-2 로켓 모터 조합의 도해. 오른쪽에 있는 과산화수소 가스 발생기(노란색 부분)에 의해 동력이 제공된다.
(자료 제공: Rolls-Royce)

신기를 탑재한 채 지구 대기권으로 발사되는 로켓-옮긴이)' 프로그램이 진행됐다. 그 결과 1946년 4월 16일부터 1952년 9월 19일 사이에 미국에서 총 78기의 V-2 로켓이 발사됐다. 그 과정에서 1948년부터 1950년 사이에 총 8기의 범퍼Bumper 로켓도 발사됐다. 최초의 정적 발사static firing 시험은 1946년 3월 14일에 시행됐으며, 최초의 실제 비행은 딱 한 달 후 미국 뉴멕시코 화이트 샌즈 미사일 성능 시험장에서 이루어졌다. 1946년부터는 점차 V-2 로켓에 대한 수정 작업이 이루어져, 1947년에 이르러서는 로켓 앞부분이 1.5m 더 길어졌고 내부 부피도 0.453m³에서 2.26m³로 늘어났다.

최초의 V-2 관측 로켓 비행은 '블로섬Blossom'이라는 암호명 아래 1947년 2월 20일에 이루어졌는데, 당시 이 관측 로켓에는 각종 실험 장치들과 함께 대기권 상층부에서 우주 광선에 노출시킬 초파리와 씨앗들도 탑재됐다. 이 관측 로켓은 최고 고도 109㎞까지 올라갔다가 낙하산을 이용해 50분간 낙하하여 지구로 무사 귀환했다. 이는 6만 1,000m가 넘는 고도에서 안전하게 지구로 귀환한 최초의 탑재체였다. 이후 살아 있는 동물을 탑승시키는 비행도 다섯 차례 이루어졌다.

V-2 로켓 기본형은 최고 고도가 249㎞로 제한되어 있었다. 그 고도를 더 높이기 위해 V-2 로켓의 꼭대기에 WAC 코포럴WAC Corporal 액체 추진제 로켓을 부착시켰고, 그렇게 해서 최초의 우주 탐사용 2단 로켓이 탄생했다.

이 프로젝트는 1946년 10월에 개발 승인이 떨어졌다. 이 프로젝트의 주목적은 2단 미사일의 디자인과 고도에서의 상단 로켓 점화 가능성을 확인해보는 것이었다. 이 관측 로켓은 '범퍼' 로켓이라고도 불렸는데, V-2 주력 단이 동작을 멈추고 위쪽 WAC 코퍼럴 단과 분리될 때 범프bump, 즉 충격이 발생한다는 데서 나온 이름이다.

NASA의 제트추진연구소Jet Propulsion Laboratory에 의해 1944년 개발된 WAC 코포럴 로켓의 WAC은 'without active control(적극적인 제어가 없는)'이라는 뜻이었다. 이 로켓에 적극적인 유도 장치가 없었기 때문이다. 이 로켓을 개발한 목적들 중에는 액체산소의 필요성을 없애기 위해(산화제 탱크 안에 장기간 저장할 수 없어서) 저장 가능한 추진제들을 활용해 로켓 모터의 디자인과 성능을 연구해보려는 목적도 있었다.

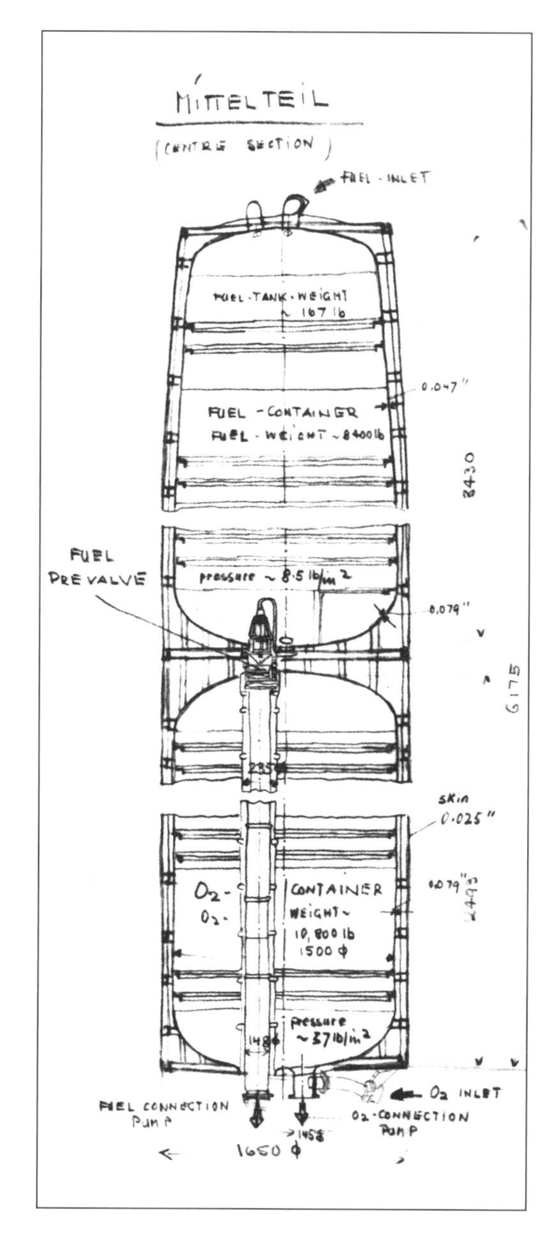

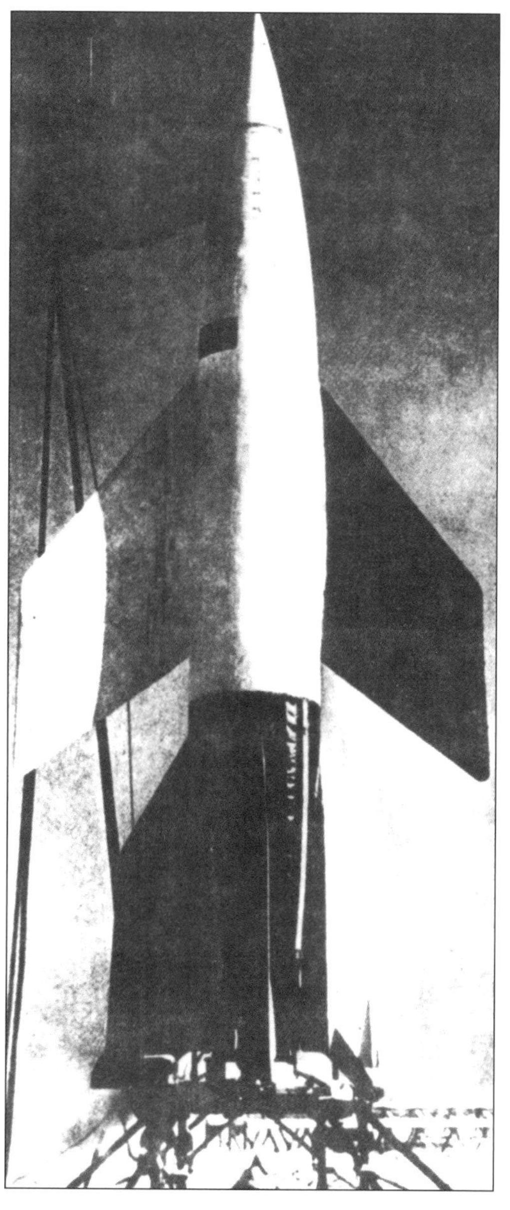

◀◀ V-2 로켓의 추진제 탱크 2개가 일체형 보강 구조물 위에 얹혀져 있고, 거기에 각종 패널들이 부착되어 있다.
(자료 제공: Rolls-Royce)

◀ 2차 세계대전 말기에 나온 A-4b는 대기권에 재진입하면서 미사일 사정거리를 어느 정도 늘리기 위한 목적으로 개발됐다. V-2 로켓의 경우 대기권에서 부서지기 쉬운 로켓 케이스들을 사용해, 실제 사용됐다면 문제가 많았을 것이다. 독일에서는 폰 브라운 박사와 개발 팀이 더 크고 훨씬 강력한 로켓들을 개발할 계획이었는데, 그중에는 2단 로켓인 A-10과 A-9도 포함되어 있었다. 이 로켓들이 실제로 개발되면 유럽에서 미국까지 도달할 수 있었을 것이며, 보다 발전된 버전의 경우 인공위성을 지구 궤도 위에 올리거나 유인 부스트 글라이더로도 쓰일 수 있었다.
(자료 협조: Frank Winter)

제트추진연구소는 에어로젯Aerojet 사에서 쓰던 기존 로켓 모터를 가져와 개조했다. 원래 모노에틸렌을 연료로, 질산과 발연 황산 혼합물을 산화제로 사용하던 것을 적연질산과 아닐린에 20%의 퍼퓨릴 알코올을 섞어 연료로 사용한 것이다. 이로 인해 배기 속도가 초속 1,707m에서 1,890m로 빨라졌다. 초창기의 WAC 코포럴 A 로켓은 성능이 기대에 못 미쳤고, 그래서 V-2 로켓의 '범퍼' 비행에 사용된 로켓은 업그레이드된 버전인 WAC 코포럴 B 로켓이었다.

WAC 코포럴 B 로켓 자체로는 고도 7만 3,150m밖에 못 올라갔다. 그러나 거기에 V-2 로켓을 달아 힘을 보강한 다섯 번째 '범퍼' 조합은 최대 고도 147㎞까지 올라가, V-2 로켓 자체만의 최대 고도의 두 배 가까이 됐고 속도는 8,286kph(시간당 ㎞)였다.

최초의 범퍼-WAC 로켓은 1948년 5월 13일에 발사됐고, 1950년 7월 24일에 발사된 로켓은 마지막에서 두 번째로 발사된 범퍼-WAC 로켓으로, 케이프 커내버럴 케네디 우주센터(당시에는 원거리 시험장Long Range Proving Ground이라 불렸음)에서 발사된 최초의 로켓이기도 했다. 같은 장소에서 마지막 범퍼-WAC 로켓이 발사된 것은 그로부터 5일 후였다.

V-2 (러시아)

성공한 최초의 비행: 1947년 10월 18일

러시아는 2차 세계대전 후 독일에서 회수한 부품들로 만든 V-2 로켓을 총 11기 발사했으며, 그 경험을 토대로 러시아 최초의 탄도미사일인 R-1을 개발했다. 그리고 다시 그 경험을 토대로 더욱 멀리 나가는 로켓을 개발하고, 대기권 상층부를 관찰하는 관측 로켓까지 개발하게 된다. 러시아에서 발사된 V-2 로켓 가운데 비행에 성공한 로켓은 4기뿐이었다.

2차 세계대전이 끝나고 동서 진영 간에 새로운 적대감이 조성되자, 스탈린은 로켓 개발을 국가적인 최우선 과제로 선정한다. 러시아인들은 풍부한 로켓 연구 역량을 갖고 있었으나, 당시에는 1930년대의 반 스탈린파 대숙청 운동의 여파로 연구가 일시 중단된 상태였다. 1947년 4월 14일 스탈린과의 회동 이후, 군 최고 실력자 드미트리 우스티노프의 추천으로 '우주 개발의 아버지'로 불리는 세르게이 코롤료프Sergei Korolev가 장거리 미사일 개발을 이끌게 되었다.

최초의 러시아 미사일인 R-1은 독일 V-2 로켓을 토대로 발전시킨 버전으로, 35개 연구기관과 18개의 공장에서 생산되었는데, 총 책임자는 물론 세르게이 코롤료프였다. 뛰어난 러시아 로켓 설계 전문가들 가운데서도 유독 돋보였던 그는 로켓 개발 과정이 어느 한 팀의 역량만으로는 해결할 수 없을 만큼 복잡하다는 걸 잘 알았고, 그래서 로켓 설계부터 제작까지 전 과정을 통제하는 방식을 쓰지 않았다. 자신의 개발 팀 외에 다른 여러 기관들의 자발적인 협조가 필요하다는 걸 잘 알고 있었던 것이다.

독일 V-2 로켓 부품들을 재조립한 수준이었던 최초의 R-1 로켓은 1947년 10월 18일에 카프스틴 야르 우주센터에서 발사됐고, 10월 말부터 12월 초 사이의 6주 동안 20회의 추가 발사 시험이 성공리에 끝났다. 순전히 러시아 기술로 만들어진 최초의 R-1 로켓은 1948년 9월 17일에 발사됐으나 실패로 끝났고, 두 번째 발사 역시 실패로 끝났다. 시험 발사에 처음 성공한 것은 10월 10일의 발사였다.

러시아 과학자들은 로켓을 이용해 대기권 상층부를

➤ V-2 로켓은 모든 면에서 아직 조악하고 부정확하여 도시 지역 등에 마구 날려 심리적 공포감을 극대화시키는 용도로나 쓸 만했지만, 2차 세계대전 이후 미사일이 중요한 전략 무기로 발전하는 데 결정적으로 기여했다.
(자료 제공: Bundesarchive)

➤➤ 1949년 9월 29일 미국 뉴멕시코 라스 크루서스에 있는 화이트 샌즈 미사일 성능 시험장에서 우주선 지지탑에 기대 산소 연료를 주입 중인 V-2 로켓(No 49).
(자료 제공: US Navy)

탐구하고 싶어 했다. 그래서 그들은 R-1 로켓을 '관측 로켓'으로 만들어, 관측 장비를 싣고 대기권으로 올려 보낸 뒤 쓸모없는 부분들은 고도에서 버리고 낙하산으로 귀환하게 하려 했다. 포물선을 그리는 탄도 비행 대신 수직 비행을 하도록 프로그램하여 사정거리를 줄이고 대신 고도를 높임으로써, R-1A 로켓은 1949년 4월 21일의 첫 비행에서 100㎞ 높이까지 올라갔다. 그리고 총 6기의 R-1A 로켓 비행이 이루어졌다.

사정거리가 270㎞인 탄도미사일 R-1 로켓 기본형은 1950년 11월 28일에 군사용 로켓으로 승인이 떨어졌다. 그런데 당시 코롤료프 팀은 R-1 로켓을 개발하면서 동시에 그 후속작인 R-2 로켓도 개발 중이었다. 이 R-2는 R-1에서 눈에 띄게 발전한 로켓으로, 탄두가 분리되어 있고 연료탱크는 미사일 본체와 통합되어 있었다. V-2 로켓의 경우 노즈 콘(nose cone, 로켓의 원추형 앞부분-옮긴이) 안에 폭발물이 들어 있었고 미사일 전체가 표적까지 내려가 타격해야 했는데, 그 전에 대기권에 재진입하면서 이미 손상되는 경우가 많았다.

R-2 로켓은 알루미늄을 사용해 무게가 더 가벼워졌으며, 새로운 형태의 무선 유도 장치를 사용해 576㎞의 사정거리에서 오차도 줄어들었다. 이 로켓의 시험 비행은 1949년 9월부터 시작됐으며, 1951년 11월 17일에는 실전 배치 승인이 떨어졌다. 재래식 탄두는 주로 R-1과 R-2 로켓으로 운반됐다. 구소련의 초창기 핵무기는 너무 무거웠으나, 실전 배치된 일부 핵무기들은 탄두에 방사능 폐기물이 들어 있어 적의 머리 위에 액체 형태로 쏟아져 내리게 되어 있었다.

1951년부터 1955년 사이에 1,545기의 R-1 로켓과 R-2 로켓이 제작됐으나, 그중 실전 배치된 것은 24기뿐이다. 미사일 1기당 차량이 20대 가까이 동원되어야 하고 발사 준비에만 6시간이 걸리는 등 사용하기가 번거로운 데다가, 액체산소를 저장하고 탑재하는 것도 힘들어 사실상 무용지물이 되어버린 것이다. 구소련에서 실전 배치된 최초의 미사일은 V-2 기본형을 발전시킨 로켓들이었지만, 군에서는 더 나은 후속 모델을 요구했다.

코롤료프는 1947년부터 R-3라고 알려진 장거리 미사일을 개발하기 시작했는데, 이는 3,000㎞까지 탄두를 날려 보낼 수 있어 서유럽과 영국에 있는 미군 공군

◀ 미국 뉴멕시코 화이트 샌즈 미사일 성능 시험장에서 발사된 V-2 로켓에서 찍은 지구 사진. 당시 이 V-2는 각종 과학 장비와 카메라를 실은 채 화이트 샌즈 사막 120㎞ 상공까지 올라가 관측 로켓의 밝은 미래를 알렸다.
(자료 제공: US Army)

▼ 1950년 7월 24일 앞부분에 WAC 코퍼럴 로켓을 올린 V-2 로켓이 플로리다주의 케이프 커내버럴 케네디 우주센터에서 날아오르고 있다. 이는 상단이 분리되고 고도상에서 점화되는 프로젝트 범퍼 실험의 일환이었다.
(자료 제공: US Army)

▶ 1947년 9월 6일 중요한 군사 및 민간 유도 미사일 관계자들이 지켜보는 가운데 미국 항공모함 미드웨이 호에서 V-2 로켓이 발사되고 있다. 이는 항공모함이 전투기들을 운용하면서 동시에 장거리 미사일 발사 기지로 활용될 수 있는지 알아보기 위한 프로젝트로, 이후에 유야무야됐다.
(자료 제공: US Navy)

기지들까지 사정권에 두는 장거리 미사일이었다. 당시의 기술로는 이 정도 사정거리를 가진 1단 로켓을 개발하는 것은 불가능한 일로 여겨졌으며, 실제 성능이 그에 못 미치는 R-5 로켓들은 사정거리가 1,200㎞밖에 되지 않았다. 이들은 모두 1단 로켓이었는데, 당시의 엔지니어들은 비행 중에 2단에서 점화가 되어야 하는 2단 로켓을 만드는 것은 어렵다고 판단했던 것이다.

429.6kN의 추력을 가진 보다 강력한 RD-103M 로켓 모터로 움직이는 R-5 로켓은 1953년 3월 15일에 첫 비행에 성공했다. 재래식 무기로 만들어진 로켓 버전은 실전 배치되지 못했으나, 끝에 핵무기가 장착된 R-5M 버전은 핵미사일로서의 신뢰도를 높이기 위한 다중 시스템을 장착한 뒤 실전용이 되었다. 이 로켓은 1956년 2월 2일 카프스틴 야르 우주센터에서 발사되어, 핵탄두를 장착한 채 발사된 최초의 구소련 미사일이 되었으며, 1956년 6월 21일에 사용 허가가 떨어졌고 1957년에 드디어 실전 배치됐다.

바이킹

성공한 최초의 비행: 1949년 5월 3일

미국 최초의 고고도 로켓으로 개발된 바이킹Viking 로켓은 우주 활동에 필요한 핵심 기술을 축적하기 위한 연구 프로젝트의 일환으로 마틴 사(Martin Company, 그 당시에는 글렌 L. 마틴 사Glenn L. Martin Company로 불림)에 의해 제작됐으며, V-2 로켓과 범퍼-WAC 로켓들의 후속작이었다. 미국 해군연구소(NRL)는 1946년 바이킹 로켓 개발 아이디어를 내놓았으며, 실제로 공개 경쟁을 통해 개발업체까지 선정했다.

바이킹 로켓 프로젝트는 미국 해군연구소의 밀턴 W. 로젠Milton W. Rosen의 아이디어였으며, V-2 로켓을 토대로 개발되었다. 그래서 사용하는 추진제나 디자인 조합이 V-2 로켓과 비슷했으나, 75%의 알코올이 아니라 95%의 에티알코올이 연료로 사용되는 점이 달랐다.

또 추진제를 모터로 보내기 위해 터보펌프를 움직이는 데 사용되는 분해된 과산화수소가 V-2 로켓의 82%에 비해 90%로 더 강력했다. 1946년 9월에 맺은 계약에 따라 리액션 모터즈 인코퍼레이티드(Reaction Motors Incorporated, RMI)에 의해 개발된 바이킹 로켓의 모터는 처음에는 추력이 90.96kN이었고, 하늘로 날아오를 때 로켓의 비행 방향을 제어하는 역할을 했다. 이런 아이디어는 마틴 사에서 나왔으며, 로켓의 성능을 끌어올리는 데 지대한 기여를 하게 된다.

이런 기술은 1948년 7월 13일에 처음 비행한 MX-774 로켓의 회전하는 엔진들과는 달랐다. 개발 팀은 짐벌(gimbal, 나침반, 크로노미터를 수평으로 유지해주는 장치-옮긴이) 장치를 도입함으로써 V-2 로켓에 비해 무게를 125㎏ 줄일 수 있었다. 이 짐벌 기법은 MX-774 로켓의 회전 기법에 비해 더 복잡하고 정교했으며, 단일 축을 따라 도는 회전 방식의 회전 노즐 경우와는 달리 요yaw 축과 피치pitch 축을 제어할 수 있었다. 그래서 이후에 나오는 거의 모든 로켓과 유도 미사일에는 이 짐벌 기법이 적용되었다. 롤 축은 4개의 스터브 핀stub fin에 부착된 조그만 반작용 제어 제트들에 의해 제어됐다.

바이킹 로켓 프로젝트의 실험적인 성격을 반영하듯, 로켓 모터의 추력은 이후의 발전에 따라 계속 변화하며, 후에 나온 버전들의 최대 추력은 9,520kN까지 도달하게 된다. 각 바이킹 로켓은 이전 모델과는 조끔씩 달랐고 높이도 조금씩 달라졌다. 또 No.1 모델은 길이가 약 13.1m에 연료를 채운 뒤의 무게가 4,377㎏이었는데, No. 11 모델은 그 무게가 6,806㎏까지 늘었다. 마지막으로 발사된 5기의 바이킹 로켓은 몸체 디자인을 바꿔 주입할 수 있는 추진제의 양을 더 늘렸다.

짐벌 기법을 이용한 자세 제어, 질량비 5:1을 구현하기 위한 알루미늄 소재 사용, 로켓 상승 중 로켓과 모터, 각종 과학 장비의 상태를 모니터링하기 위한 원격 무선 추적의 광범위한 활용, 지상으로 귀환 시 연소 후 단계에서 과학 장비들의 방향을 유지하기 위해 반동 추진 엔진을 사용하는 것 등이 모두 바이킹 로켓의 유산이다. 가속 후 자세 안정 장치의 사용도 마찬가지인데, V-2 로켓에는 그런 장치가 없어 모터가 멈춘 뒤 빙글빙

◀ 바이킹 로켓의 맨 앞부분에는 다양한 센서들과 각종 과학 장비들이 실려 있어, 범퍼-WAC 로켓 프로그램으로 시작된 대기권 상층부 연구를 한 차원 끌어올리게 된다.
(자료 제공: US Navy)

▼ 마틴 사에서 제작한 바이킹 로켓은 높이가 13.7m이고 직경이 0.8m이었으며 발사 무게가 4,377㎏에서 6,806㎏ 사이였다. 그런데 이 특별한 버전의 바이킹 로켓(No. 7)은 길이가 14.8m였으며, 1951년 8월 7일 발사에서 고도 219㎞까지 올라가 세계 기록을 세웠다.
(자료 제공: Martin Company)

➤ 케이프 커내버럴 케네디 우주센터와 다른 곳의 우주선 지지탑은 로켓의 규모가 점점 커지면서 계속 발전했으며, 일부 로켓들의 경우 미국 멕시코만에서 가져온 축소된 유정탑을 사용하기도 했다.
(자료 제공: US Navy)

➤ 마지막에서 두 번째로 발사된 바이킹 로켓. 뱅가드 미션을 위한 TV-0 테스트 발사체 역할을 했으며, 1956년 12월에는 뱅가드 유도 및 제어 장치가 설치됐다.
(자료 제공: Martin Company)

글 돌면서 추락해, 로켓 끝쪽에 위치한 과학 장비들이 제대로 원하는 방향을 유지할 수 없었다.

미국 해군연구소는 총 12기의 바이킹 로켓을 발사했는데, 단 2기만 완전한 실패로 끝났고, No. 8 모델은 뉴멕시코 화이트 샌즈 미사일 성능 시험장의 한 조그만 패드에서 발사되어 6,400m 높이까지 올라간 뒤 8㎞ 떨어진 사막 위로 추락했다. 1950년 5월 11일에는 No.4 바이킹 모델이 미 해군 함정 노턴 사운드Norton Sound 호의 개량된 갑판에서 발사되어 169㎞ 높이까지 올라갔다. 이 모델은 무게가 435㎏이었으며, 역대 어떤 바이킹 로켓보다 무거운 과학 장비들이 탑재됐다. 그 당시 1단 로켓이 도달한 최대 고도는 254㎞로, 이는 1954년 5월 24일에 발사된 No. 11 바이킹 모델의 기록이었다. 바이킹 로켓이 마지막으로 발사된 것은 1955년 2월 4일이다.

그런데 바이킹 로켓 본체 No. 13과 No. 14는 이미 개발 계약이 되어 있는 상태였다. 이 로켓들은 후에 바이킹 프로그램의 일환이 아니라, 뱅가드 인공위성 발사대 프로그램의 초기 단계에서 발사되었다.

레드스톤

성공한 최초의 비행: 1953년 8월 20일

레드스톤Redstone은 전술 미사일로 개발된 미사일이다. 1961년 5월 5일 케이프 커내버럴 공군기지에서 발사된 뒤 단기 탄도 비행에 나서는데, 그때 미국 최초의 우주비행사 앨런 셰퍼드Alan Shepard를 태운 채 대기권 밖 우주로 들어가면서 유명해지게 된다.

레드스톤은 미국 앨라배마주 레드스톤에 있는 미 육군 탄도미사일국(ABMA)에서 중거리 탄도미사일로 설계되고 제작됐다. 이 미사일의 개발에는 베르너 폰 브라운 박사가 상당한 기여를 했으며, 원래 사정거리는 최대 800㎞까지 개발할 계획이었으나 한국 전쟁이라는 긴급 사태로 인해 사정거리가 320㎞로 줄었다. 1945년과 1946년 사이에 미국으로 건너온 경험 많은 독일 과학자들과 엔지니어들이 주축이 되어 1950년에서 1952년 사이에 제작됐으며, 공식적인 개발 프로젝트는 1951년 5월 1일에 시작됐다.

레드스톤은 길이 21.2m에 최대 직경이 1.8m인 1단 탄도미사일로, 121초에 350kN의 추력을 내는 노스 어메리칸 애비에이션/로켓다인 사의 75-110 A-7 모터가 동력원이었다. 모터 이름에 '75'가 들어간 것은 V-2 엔

▲ 스나크Snark 같은 크루즈 미사일은 재래식 제트 엔진을 동력으로 삼아 고체 추진제 로켓에 의해 날아간다. 레드스톤과 주피터Jupiter 같은 초기 미사일을 움직일 로켓 모터들이 개발된 것도 또 다른 크루즈 미사일인 나바호Navaho 덕분이었다. (자료 제공: US Air Force)

◀ 1950년대 초에 미 육군 탄도미사일국에 의해 개발된 레드스톤은 독일 V-2 로켓을 토대로 발전한 것이 분명하지만, 로켓다인 사의 엔진은 V-2 로켓의 엔진에 비해 크게 개선되었고 기본적인 디자인 역시 크게 업그레이드되었다. 그 결과 미국 최초의 인공위성을 지구 궤도 위로 쏘아 올리고 미국 최초의 우주비행사를 우주로 보내는 데 성공한다. (자료 제공: US Army)

레드스톤 탄도미사일은 미 육군에서 광범위하게 쓰였으며, 자동차 제조업체 크라이슬러 사에 로켓 제조업에 뛰어들 수 있는 기회를 주었다. 크라이슬러의 로켓 제조는 1960년대 말에 이르러 새턴Saturn I/IB 로켓 개발 프로그램으로 발전했는데, 그때 레드스톤의 추진제 탱크들에 쓰인 각종 툴 등은 그대로 새턴 I/IB 로켓 1단에 쓰였다. (자료 제공: NASA)

진 기본형을 가지고 추력 75,000파운드, 즉 334kN까지 업그레이드하는 게 애초의 목표였기 때문이다. 레드스톤 미사일 개발은 1946년 4월 22일 육군 공군(당시에는 미 공군이 육군의 일부였음-옮긴이)에서 초음속 부스트 글라이드 미사일(MX-770 나바호)의 개발을 요청하면서 시작됐다.

리엔지니어링

로켓의 출력을 높이고 디자인을 통합하기 위해 로켓 제작 기업인 로켓다인 사는 둥글납작한 V-2 로켓의 연소실을 부피가 작은 원통형으로 바꾸었고, 연료가 연소실 벽 안의 통로를 통과하면서 냉각되도록 만들었다. 이 과정에서 냉각으로 인한 열 손실은 연료가 연소되기 위해 연소실로 들어갈 때 보충되었다. 75K 엔진 개발은 전미 비행가 협회의 조지 서튼George Sutton이 담당했는데, 그는 2차 세계대전 말에 독일에서 진행되었던 로켓 개발 프로그램을 통합 관리했으며, 효율성을 높이기 위해 18개의 연료분사 장치를 평평한 판 형태의 '샤워 헤드' 장치로 교체했다.

조지 서튼은 먼저 긴 알루미늄 봉을 제작하여, 그것으로 연료분사 장치 안에 들어갈 동심원 링 모양의 통로를 만들어 연료와 산화제를 공급하는 분출구를 대신하게 했다. 연료는 연료분사 장치 몸체 뒤쪽의 돔을 통과해 링 모양의 통로로 보내졌다. 그런 다음 그는 구멍이 뚫린 연료분사 장치 판이 있는 원형 링을 동심원 링 모양의 통로에 땜질하여 평평한 면을 만들었다. 이런 방식으로, 서로 뒤얽힌 18개의 파이프가 아니라 한 산화제 라인을 통해 액체산소가 공급됐다.

크루즈 미사일(cruise missile, 무인 제트기 모양의 신형 미사일. 로켓의 힘으로 날아가는 탄도미사일과 달리 자체 힘으로 날아감-옮긴이) 나바호의 경우 더 높은 추력이 필요했고, 그래서 V-2 로켓 엔진의 연소실 압력 220psia(절대 압력)를 75K 로켓 엔진에서는 318psia로 높였다. 그 덕분에 엔진 크기는 4.46m에서 3.33m로 줄었고 무게도 1,127㎏에서 669㎏으로 줄었다. 나바호의 엔진은 원래 75,000파운드의 추력을 내도록 설계됐지만, 터보펌프를 움직이는 데 쓰이는 분해된 과산화수소로 인해 생겨나는 증기 덕에 도움을 받았다. 또 조지 서튼의 개발팀은 과망가니즈산칼륨을 촉매제로 쓰는 대신 코발트로 도금한 금속 차폐층을 이용했다. 그렇게 해서 생겨난 증기 덕에 또 다른 축 방향 추력 13.3kN이 추가되어, 총 배기가스는 78,000파운드로 늘어났다. 그 당시 육군에서 독립되어 나온 공군은 이 엔진에 XLR-43-NA-1이란 이름을 붙였다.

레드스톤 탄도미사일은 16.876㎏의 추진제와 2,860㎏의 탄두를 실었을 때의 총 발사 질량이 27,760㎏이었다. 탄도 비행을 할 경우 최고 고도 95㎞에 도달한 뒤 포물선을 그리며 떨어져 원형 공산 오차[circular error probable(CEP), 미사일의 정확도-옮긴이] 300m의 정확도로 표적을 타격했다. 또한 이 미사일에는 신속한 개발과 실전 배치를 위해 에틸알코올/액체산소 추진제, 자세 제어 방향타 등 V-2 로켓의 여러 디자인 특징들이

▼ 레드스톤 로켓 모터는 V-2 로켓 모터보다 가벼웠고 추력도 더 좋았으며, 각종 배관과 터보펌프, 가스 발생기, 연료분사 장치 등도 더 효율적이었다. (자료 제공: NASA)

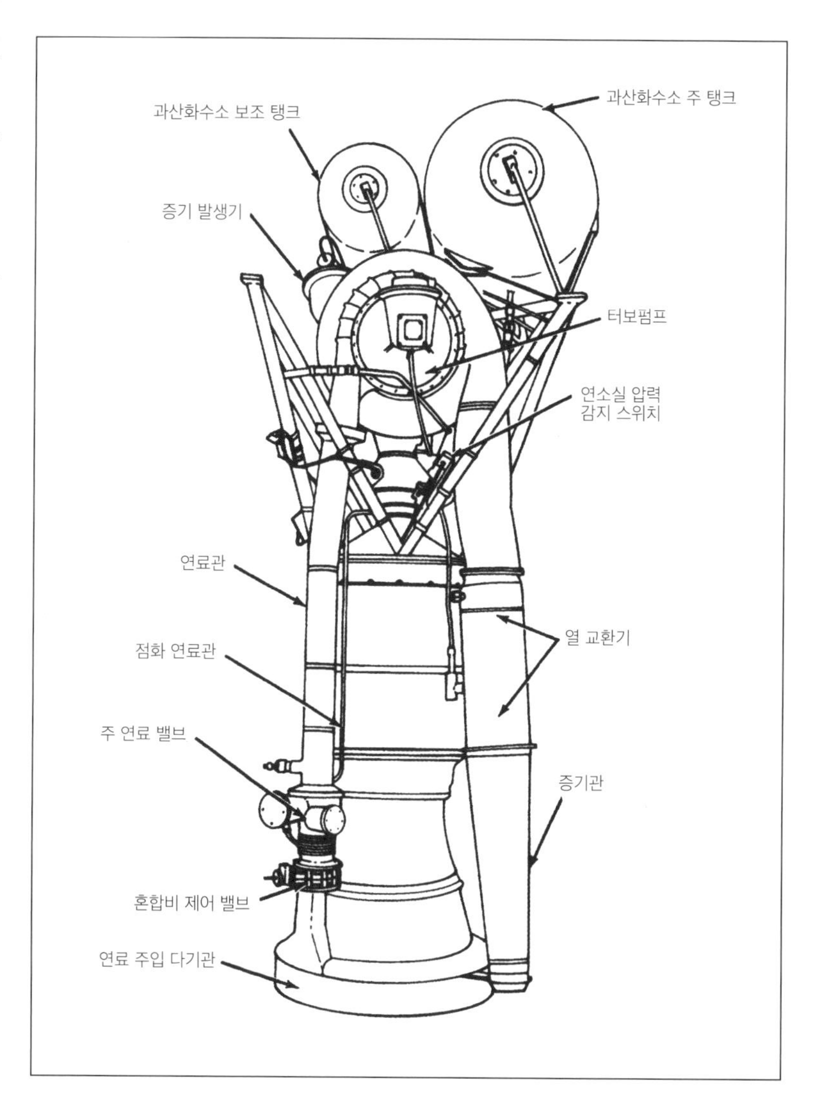

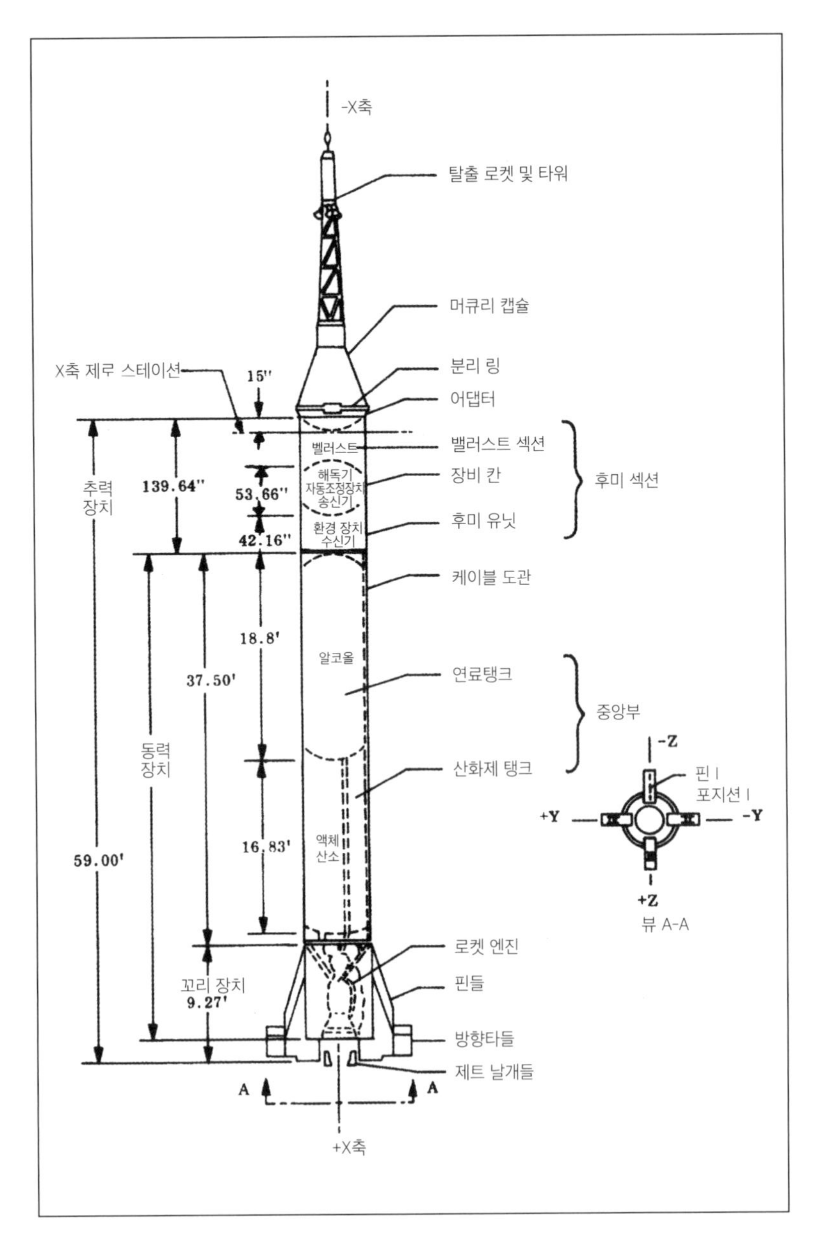

▲ 레드스톤 로켓은 머큐리 우주선을 준궤도 탄도 비행경로에 올려놓을 수 있게끔 궤도 비행 테스트 이전에 개조되었는데, 안전하고 신뢰할 수 있는 로켓으로 바꾸기 위해 적지 않게 손을 봐야 했다.
(자료 제공: NASA)

통합됐다. 특히 블록Block II 버전에서는 보다 발전된 A-7 엔진이 사용됐다.

레드스톤 미사일들의 경우 처음 여섯 번은 케이프 커내버럴 공군기지 내 발사 시설 LC-4에서 발사됐으며, 그 이후 152m 떨어진 곳에 건설된 발사 시설 LC-5와 LC-6 두 곳에서 초창기 주피터Jupiter 미사일들이 발사됐다. 레드스톤 미사일은 독일에 있는 2개 야전 포병 부대를 포함해 총 3개 야전 포병 부대에 배치됐으며, 1958년부터 1961년 사이에 실전 배치되어 운용됐다. 총 128기의 레드스톤 미사일 중 101기는 1952년부터 1961년 사이에 크라이슬러 사가 제작했다.

머큐리-레드스톤

로켓 개발을 통해 유인 인공위성 프로그램을 뒷받침하는 프로그램이 미 국방부 고등연구계획국(ARPA)에 의해 승인되면서 공동 작업 그룹이 결성됐고, 이 그룹은 이후 NASA 랭글리연구센터Langley Research Center의 스페이스 태스크 그룹으로 발전한다. 1958년 10월 6일에 미 육군 병기 미사일 사령부는 이 스페이스 태스크 그룹에 레드스톤 로켓 10기기와 주피터 미사일 3기를 제공하는 데 동의했다. 그러나 이 계획은 11월 3일에 레드스톤 로켓 10기가 아닌 8기를 제공하는 걸로 바뀌었으며, 11월 26일에는 프로젝트 머큐리Project Mercury가 공식적으로 미국의 유인 우주선 프로그램이 되었다.

머큐리-레드스톤 로켓에는 레드스톤의 확장된 연료 탱크 버전(주피터-C)이 채택되었고, 연소 시간이 늘어난 주피터-C 추진 시스템의 모든 장점들이 통합됐다. 그러나 유인 임무를 위해 연료는 알코올로 결정됐는데, 이는 주피터-C 로켓의 하이딘Hydine 추진제와 관련된 유독성을 최소화하기 위해서였다. 머큐리 우주선을 맨 앞에 부착해 로켓의 전체 길이는 25.4m가 되었으며 또한 안정화된 ST-80 유도 플랫폼이 LEV-3 시스템으로 교체되었는데, 이로 인해 덜 복잡하면서도 신뢰도는 더 높아졌다.

로켓의 꼭대기에 추가된 어댑터는 머큐리 로켓과 결합했는데, 그 어댑터는 우주선이 분리될 때 로켓에 그대로 남게 되었다. 그러나 로켓이 발사대를 떠난 뒤 약 88초 후에 로켓 앞쪽의 좁고 길다란 부분이 불안정해졌고, 그래서 312㎏의 밸러스트가 전면 장비실에 추가됐다. 고도 10,972m에서 최대 동압력(dynamic pressure, 유체의 운동을 막았을 때 생기는 압력-옮긴이) 27.38kPa에 도달했으며, 완전히 동작을 멈추기 전에 최대 6g의 가속도를 냈다. 로켓의 전반적인 상태와 일부 성능을 체크하기 위해 세 차례의 로켓 발사가 예정됐다. MR-1, 즉 머큐리-레드스톤 1호기는 1960년에 시험 발사될 예정이었으나, 로켓이 발사대에서 9.6㎝ 떨어졌을 때 잘못된 전기 신호로 셧다운되었고, 그 결과 발사 계획이 자동 취소됐다. 그러나 'g' 스위치가 감지되지 않아 비상 탈출 장치가 가동되지 않았고, 그 결과

우주선은 레드스톤의 꼭대기에 그대로 머물게 되었다. 대신 낙하산 장치가 튀어나와 작동되는 바람에 텅 빈 캐니스터(canister, 엔진이 정지됐을 때 연료탱크와 기화기에서 발생한 증발 가스를 흡수 저장하는 부품-옮긴이)가 로켓의 옆에 부딪혀 소리를 냈다. 12월 19일에 다른 레드스톤 로켓과 같은 우주선으로 성공적인 비행(MR-1A)이 이루어져, 사람을 태운 상태에서도 그런 탄도 비행이 가능하다는 게 입증됐다.

MR-2는 1961년 1월 31일에 발사됐는데, 모든 조건은 같았지만 이번에는 침팬지 햄Ham이 우주선에 탑승해 있었다. 이 비행은 우주선의 생명 유지 장치가 성공적으로 작동된 최초의 비행이 되었다. 하늘로 솟아오르는 중에 레드스톤 연료 혼합 밸브가 오작동을 일으켜 엔진이 빠른 속도로 달아올랐고, 그 때문에 차단을 해도 추력이 올라가고 속도도 빨라졌던 것이다. 레드스톤 내에 산소가 고갈되고 연소 시간도 줄어들면서 우주선에는 비상 탈출 장치가 작동됐다. 역추진 로켓들의 오작동으로 하강 속도가 줄어들지 않았고, 결국 우주선과 그 안에 타고 있던 침팬지 햄은 계획보다 빨리 지구 궤도에 재진입하게 됐다. (다행히 햄은 건강에 별다른 문제 없이 귀환했고, 이후 국립동물원에서 26세까지 살다가 죽었다.-옮긴이)

이후 네 번째 비행은 원래 사람이 탑승할 예정이었으나, 성능상의 문제들로 추가 시험 비행을 해야 했

▲그 이전 레드스톤 로켓 비행 때와 마찬가지로, 머큐리-레드스톤 로켓 비행에는 케이프 커내버럴의 발사대가 그대로 사용됐으며, 로켓 지지탑도 동일하게 사용됐다. (자료 제공: NASA)

◤1961년 1월 31일 침팬지 햄이 탑승한 MR-3 로켓이 발사대를 떠나고 있다. 이 비행은 최초의 유인 우주비행이 될 뻔했다. (자료 제공: NASA)

는데, 그것이 1961년 3월 24일에 있었던 이른바 MR-BD(부스터 개발Booster Development)이다. 컴퓨터 필터 네트워크, 조절 장치 밸브, 전기 시퀀서 등 여러 가지 보강 작업을 거친 이 시험 비행은 성공리에 끝났다. 그런데 아이러니하게도, 각종 보강 작업에 대한 승인이 떨어지기도 전에 이 로켓에 우주비행사를 태워 비행했고, 그 덕에 미국은 러시아를 제치고 최초로 우주에 인간을 올려 보낸 국가가 된다.

앞서 잠시 언급한 대로, 그해 5월 5일 MR-3 로켓은 우주비행사 앨런 셰퍼드를 싣고 최고 고도 187.4㎞까지 올라갔으며, 15분 26초 동안 총 487㎞의 거리를 하강 비행했다. 그리고 1961년 7월 21일에는 버질 I. '거스' 그리섬Virgil I. 'Gus' Grissom이 동일한 사양의 MR-4 로켓에 타고 비행하여 우주에 올라간 두 번째 미국인이 되었다. 이후에는 아틀라스 로켓을 이용하여 유인 우주 비행이 이루어졌으므로, 머큐리-레드스톤 로켓은 더 이상 비행하지 않게 되었다.

머큐리-레드스톤 프로그램은 로켓의 유인 비행에 필요한 가이드라인을 제시해주는 등 여러 가지 중요한 교훈을 남겼다. 당시 머큐리-레드스톤 개발 팀은 새로운 발사체의 비행에 우주비행사를 언제 처음 탑승시키는 게 좋을지는 발사 준비 상태에 대한 정량 평가보다는 질적 평가에 따라 결정되어야 한다고 권고했다.

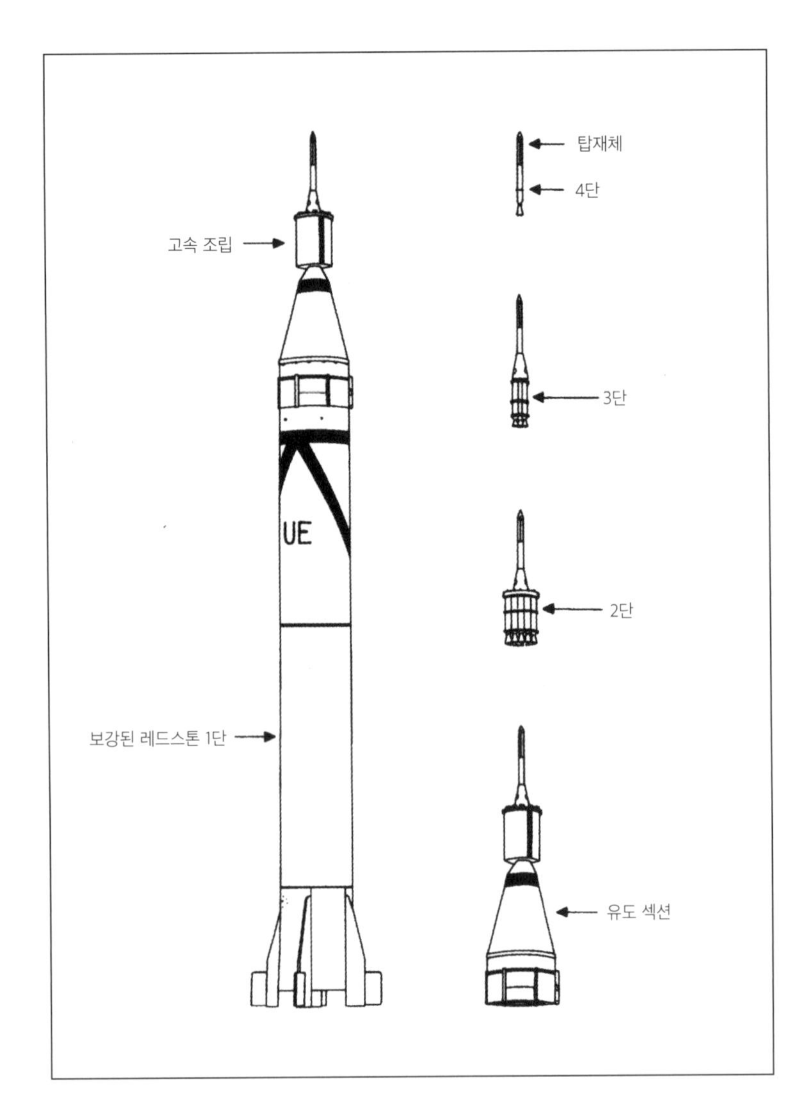

▲ 이 같은 주피터-C 로켓의 전반적 조합은 인공위성 자체가 로켓의 4단인 주노 I 인공위성 발사 및 우주 발사체의 토대가 되었다.
(자료 제공: JPL)

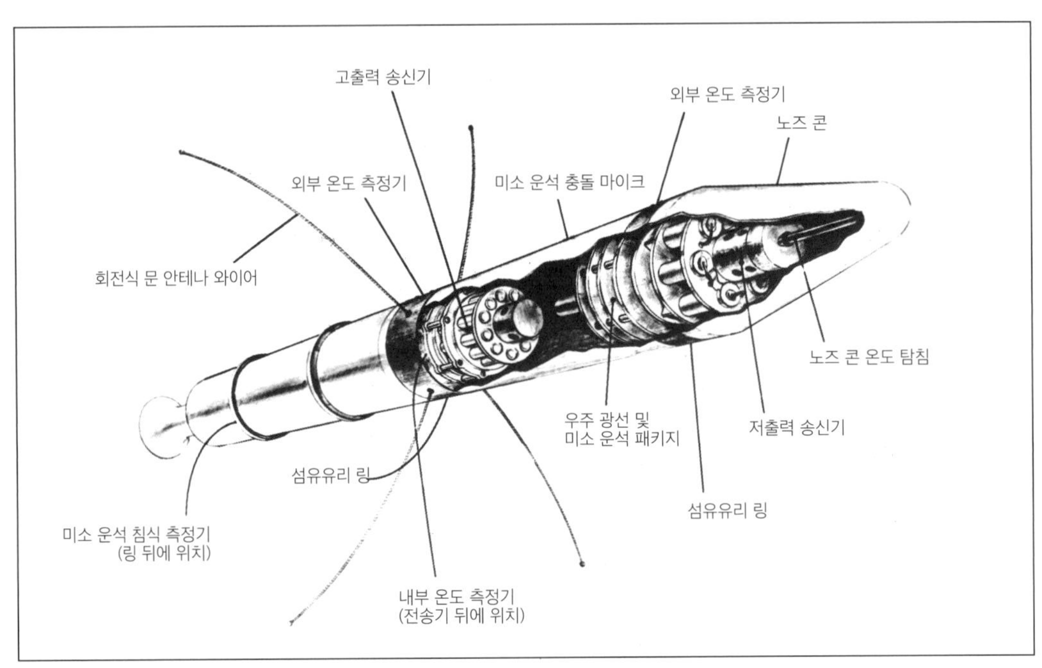

➤ 익스플로러 I 위성은 아이오와주립대학교의 제임스 A. 반 앨런 박사가 개발 책임자로, 캘리포니아주에 있는 제트추진연구소(JPL)와 공동 개발했다. 우주 광선 및 미소 운석 탐지기들이 장착된 이 위성이 발견한 방사선대는 반 앨런 박사의 이름을 따 반 앨런 벨트라 불리게 되었다.
(자료 제공: US Army)

주피터-C (주노 I)

성공한 최초의 비행: 1956년 9월 20일

◀ 익스플로러 I 위성의 발사를 앞두고 미 육군 탄도미사일국에서 엔지니어들이 최종 점검을 하고 있다. 이 익스플로러 I 위성은 1957년 12월 6일 뱅가드 로켓 발사가 실패로 끝난 뒤 며칠 만에 발사되었다. (자료 제공: US Army)

주피터-A 미사일의 시험용 탄도미사일 노즈 콘으로 만들어진 주피터-C 로켓(합성 재진입 시험 운반체)에는 조그만 고체 추진제 상단을 추가해 길이가 좀 더 늘어난 레드스톤 로켓이 사용됐다. 또한 이 주피터-C 로켓은 전례 없이 빠른 속도로 대기권을 돌파해 떨어지는 탄두를 모의 실험해보기 위해 제작됐다.

대기권을 돌파한 뒤 가속도가 붙어 표적을 향해 강하하는 테스트용 핵탄두 모델의 개발 필요성이 높아지면서, 제일 먼저 떠오른 후보 모델이 레드스톤 로켓이었다. 그리고 대기권 재진입 테스트용 발사체(RTV)에 필요한 종단 속도(terminal speed, 저항력을 발생시키는 유체 속을 낙하하는 물체가 도달할 수 있는 최종 속도-옮긴이)를 구현하기 위해 일련의 서전트(Sergeant, 미 육군의 전술용 지대지 탄도 유도 미사일-옮긴이) 고체 추진제 로켓들이 선택됐다. 규모가 작아진 서전트 로켓을 가지고 적절한 궤

◀ 기술자들이 발사 이후 3단에서 상단을 분리시켜줄 링들을 단단히 조여 주피터-C 로켓에 4단을 끼워맞추는 작업을 하고 있다. (자료 제공: NASA)

◀◀ 주피터-C 로켓 꼭대기의 원통형 안에는 2단과 3단이 들어 있다. 또한 고체 추진제 로켓의 링들이 로켓의 중심에 끼워맞춰져 있으며, 그 중심에는 또 고체 추진제 3단 및 관련 장치들이 들어 있어, 그것들이 합쳐져 인공위성 익스플로러 I을 이루고 있었다. (자료 제공: NASA)

➤ 환호성을 지르는 익스플로러 I 개발 팀. 이들은 1958년 1월 31일 저녁 기자회견에서 인공위성 익스플로러 I호를 지구 궤도에 안착시키는 데 성공했다고 발표했다. 왼쪽부터 윌리엄 H. 피커링 박사(제트추진연구소), 제임스 A. 반 앨런(아이오와주립대), 베르너 폰 브라운 박사(ABMA). (자료 제공: US Army)

도에서 대기권 재진입이 가능한 로켓을 만드는 건 제트추진연구소(JTL)의 몫이었다. 엔지니어들은 이런 조합에서 고체 로켓 단을 추가하고 레드스톤 로켓을 적절히 보강하면 6.8㎏의 인공위성을 322㎞ 높이의 지구 궤도 안에 안착시킬 수 있다는 계산도 해냈다. 그러나 공식적으로 그것을 직접 시도하는 것은 금지되어 있었다.

주피터-C 로켓은 추진제 연료탱크 길이를 9.78m에서 11.4m로 늘려 높이가 21.1m가 되었다. 그리고 추진제가 늘어나면서 레드스톤 기본형의 연소 시간도 123초에서 143.5초로 늘었다. 그로 인해 일곱 번째 질소 가압 탱크가 필요했고, 터보펌프를 돌리기 위한 과산화수소 탱크도 하나 더 필요했다.

대기권 재진입 테스트용 발사체 미션에 필요한 서전트 상단 로켓들은 직경은 15.2㎝, 길이는 노즐을 포함해 120㎝였다. 2단은 그런 로켓 11개로 되어 있었다. 그리고 외부 직경이 81.3㎝인 각 클러스터는 3개의 가로 격벽들로 묶여 있었다. 이 그룹의 한가운데에는 규모가 똑같은 서전트 로켓 3개가 모여 있었고, 역시 또 다른 3개의 가로 보로 묶여 있었다. 이 로켓들은 2단 클러스터의 연료가 소진된 뒤 작동됐다. 이처럼 주피터-C 로켓의 본체 위에 길이 325㎝의 구조물(축소된 테스트용 탄두 포함)이 추가된 조합은 대기권 재진입 테스트용 발사체의 필요 요건들을 충족시켰다.

돌돌 말리고 용접이 된 0.06㎝짜리 판 안에 410 스테인리스강을 넣어 제작된 모터 케이스 안에는 연료로 33%의 다황화물이, 그리고 산화제로 63%의 과염소산 암모늄이 들어 있었다. 각 모터의 총 무게는 26.8㎏, 추력은 8.14kN, 비추력은 218초였다. 그리고 각 클러스터는 각 단계 사이에 2초간의 간격을 두고 6초 동안 작동됐다.

시험 비행

1956년 9월 20일의 첫 비행(RS-27)에서 주피터-C 로켓은 고도 1,097㎞까지 올라간 뒤 5,390㎞의 사정거리를 날았다. 1967년 5월 15일에 발사된 RS-34 로켓은 셧다운 직전에 1단 유도 장치에 오류가 생긴 데다 데이터 회수도 거의 안 돼 고체 상단들에서 테스트 헤드가 진로에서 크게 벗어났다. 1957년 8월 8일에는 RS-40 로켓이 두 번째 비행 미션들을 그대로 가지고 발사돼 비행을 성공리에 마쳤으며, 낙하산을 이용해 바다에 떨어진 테스트용 노즈 콘은 로켓 회수 전문 선박인 USS 이스케이프Escape 호에 의해 회수됐다. 당시 RS-40 로켓의 사정거리는 기대했던 사정거리보다 92㎞ 더 먼 1,866㎞였으며, 방향 오차는 3.2㎞밖에 되지 않았다.

회수된 노즈 콘은 11월 7일 미국 전역에 방송된 TV에서 공개되었고, 당시 미국 대통령이었던 드와이트 D. 아이젠하워는 미사일 및 로켓 분야에서 거둔 미국의 쾌거를 치하하여, 한 달 전의 소련 인공위성 스푸트니크 1호 발사와 4일 전의 스푸트니크 2 발사의 성공으로 인한 미국인들의 좌절감을 조금이나마 풀어주었다.

대기권 재진입 테스트용 발사체 프로그램은 특별히 개조된 주피터-C 로켓을 3기 확보한 상태에서 끝났다. 그리고 뱅가드 프로그램이 여전히 미국의 중요한 인공위성 개발 프로그램으로 남은 상태에서, 11월 6일 NASA의 제트추진연구소는 '지구 위성 프로그램에 대한 기술 패널Technical Panel on the Earth Satellite Program'으로부터 인공위성 2기의 발사를 준비해도 좋다는 승인을 얻었다.

12월 6일 TV-3 뱅가드 프로그램에 따라 시험 위성을 지구 궤도에 안착시키려던 시도가 실패로 끝났을 때, 레드스톤 병기창에 있던 폰 브라운 박사의 개발 팀에는 최대한 빨리 인공위성을 발사하는 계획을 재개해도 좋다는 승인이 떨어졌다. 그런데 새로운 미션을 수행하자면 주피터-C 로켓의 배치 및 구성에 약간의 수정이 필요했다. 연료를 에틸알코올 혼합물에서 하이딘(Hydine, 60%의 비대칭 디메틸히드라진과 40%의 디에틸트리아민의 혼합물. UDETA라고도 함)으로 바꾸자, 개량형 A-7 엔진의 성능이 배나 좋아졌고 추력도 369.2kN으로 늘었다. 궤도 진입 최저 속도를 확보하기 위해서는 고체 추진제 3단 로켓이 필요했고, 그래서 서전트 로켓이 활용됐다.

'인공위성'은 사실 장비 섹션이 포함된 이 4단 로켓이었고, 새로 조합된 상단은 높이가 387.3㎝로 비행체 전체의 길이는 20.7m로 늘어났다. 점화 순서는 대기권 재진입 테스트용 발사체(RTV) 비행에 적용됐던 순서와 비슷했다. 1단은 157초에 연료가 소진되고, 그다음에 3분간 관성 비행을 하며, 그때 분리된 상단 로켓은 계속 자신들의 아치형 궤적 꼭대기까지 올라간다. 그리고 분리된 상단 로켓들이 지구 표면과 평행이 되는 순간 2단 로켓이 6초간 점화되고, 2초 후에 3단 로켓이 점화된다. 마지막 4단 로켓은 6초 동안 점화되며 발사 후 6분 58초 동안 연소되면서 지구 궤도 안에 안착하게 된다.

이 일련의 순서는 1958년 1월 31일 총길이 203.2㎝에 직경 15.24㎝, 무게 14㎏인 RS-29 4단 로켓과 그 원통형 장비 확장실이 359/2,542㎞의 지구 궤도에 안착될 때에도 그대로 적용됐다. 이것이 바로 미국 최초의 인공위성인 익스플로러 I이다. 1958년 3월 5일에는 RS-26 로켓이 발사됐지만, 4단 로켓이 점화되지 않으면서 인공위성 익스플로러 II와 함께 지구로 떨어졌다. 무게 8.4㎏의 익스플로러 III은 RS-24 로켓에 실려 성공적으로 지구 궤도에 안착했고, 이어서 같은 해 7월 26일에는 익스플로러 IV가 RS-44 로켓에 실려 지구 궤도에 안착했다.

그러나 그해 8월 24일의 RS-24 로켓 발사는 실패로 끝났고, 그 바람에 분리 후 부스터 로켓 섹션이 상단 로켓과 충돌하면서 익스플로러 V도 손상됐다. 주노 I 시

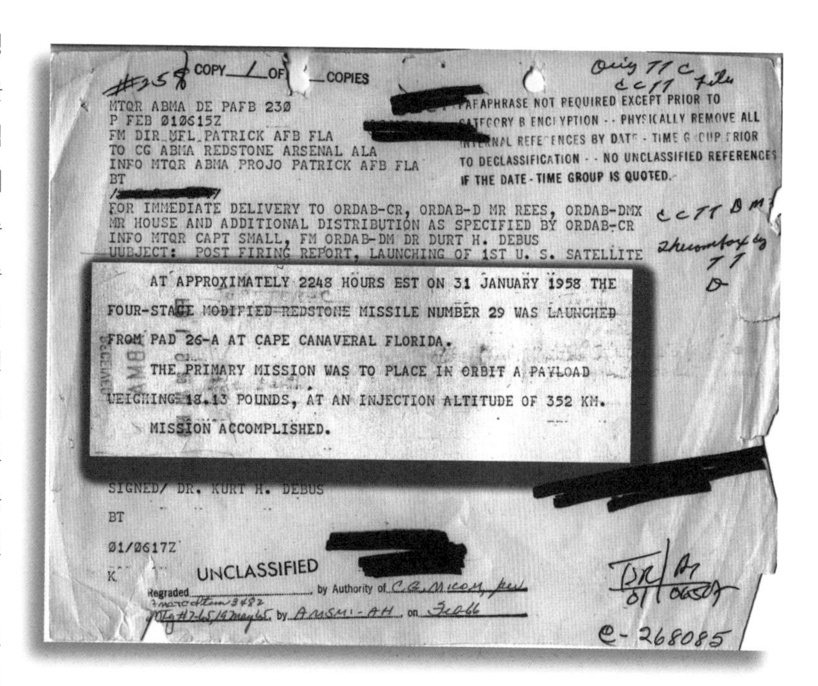
#358 COPY 1 OF COPIES

MTQR ABMA DE PAFB 230
P FEB 010615Z
FM DIR MFL PATRICK AFB FLA
TO CG ABMA REDSTONE ARSENAL ALA
INFO MTQR ABMA PROJO PATRICK AFB FLA
BT

PARAPHRASE NOT REQUIRED EXCEPT PRIOR TO CATEGORY B ENCRYPTION - - PHYSICALLY REMOVE ALL INTERNAL REFERENCES BY DATE - TIME GROUP PRIOR TO DECLASSIFICATION - - NO UNCLASSIFIED REFERENCES IF THE DATE - TIME GROUP IS QUOTED.

FOR IMMEDIATE DELIVERY TO ORDAB-CR, ORDAB-D MR REES, ORDAB-DMX
MR HOUSE AND ADDITIONAL DISTRIBUTION AS SPECIFIED BY ORDAB-CR
INFO MTQR CAPT SMALL, FM ORDAB-DM DR DURT H. DEBUS
UUBJECT: POST FIRING REPORT, LAUNCHING OF 1ST U. S. SATELLITE

AT APPROXIMATELY 2248 HOURS EST ON 31 JANUARY 1958 THE FOUR-STAGE MODIFIED REDSTONE MISSILE NUMBER 29 WAS LAUNCHED FROM PAD 26-A AT CAPE CANAVERAL FLORIDA.

THE PRIMARY MISSION WAS TO PLACE IN ORBIT A PAYLOAD WEIGHING 18.13 POUNDS, AT AN INJECTION ALTITUDE OF 352 KM.

MISSION ACCOMPLISHED.

SIGNED/ DR. KURT H. DEBUS
BT
01/0617Z
K

UNCLASSIFIED

e-268085

▲독일 페네뮌데 로켓 연구소 시절부터 폰 브라운 박사와 절친한 동료로 로켓 발사 작전의 책임자이기도 했던 커트 디버스Kurt Debus 박사가 보낸 전문. V-2 개발과 비슷한 개발 작업에서 성공을 거두었다는 말이 적혀 있다. (자료 제공: US Army)

▼곧 NASA 마셜 우주비행센터가 들어설 도시인 헌츠빌의 신문 <헌츠빌 타임스>가 주피터-C의 발사 성공을 대서특필하고 있다. (자료 제공: US Army)

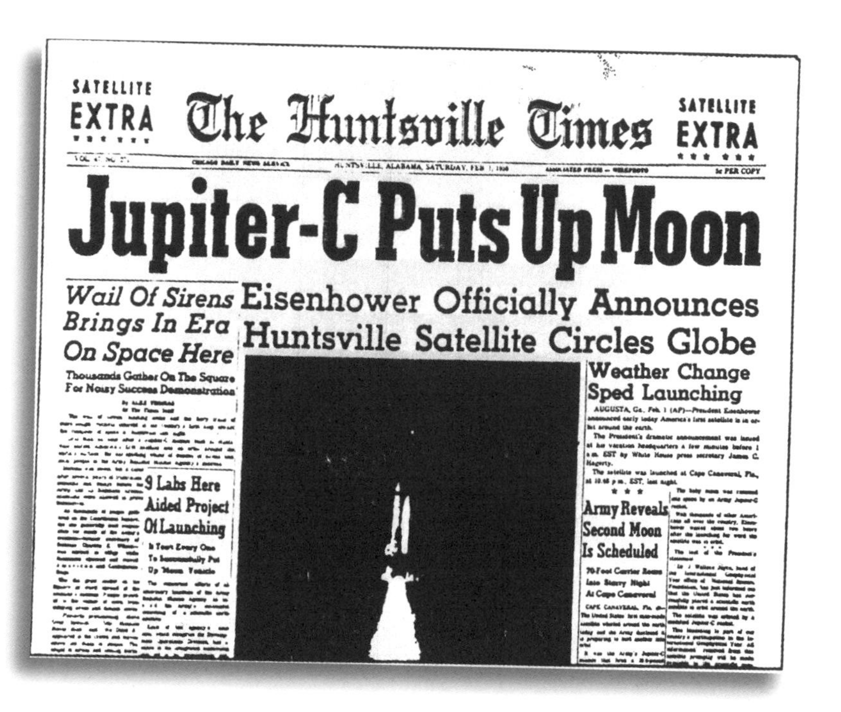
SATELLITE EXTRA

The Huntsville Times

SATELLITE EXTRA

Jupiter-C Puts Up Moon

Wail Of Sirens Brings In Era On Space Here

Thousands Gather On The Square For Noisy Success Demonstration

Eisenhower Officially Announces Huntsville Satellite Circles Globe

Weather Change Sped Launching

9 Labs Here Aided Project Of Launching

Army Reveals Second Moon Is Scheduled

▶ 주노 I 로켓이 1958년 3월 5일 인공위성 익스플로러 II를 쏘아 올릴 준비를 하고 있다. 레드스톤 로켓과 2개의 상단은 잘 작동됐으나 4단이 작동되지 않아 지구로 귀환하는 데 실패했다.
(자료 제공: NASA)

▼ 한 주제에 의한 변형들: 레드스톤은 인공위성을 지구 궤도에 쏘아 올릴 수 있게 개조됐고(중앙 로켓), 사람을 싣고 탄도 비행을 할 수 있게 개조되기도 했다(오른쪽 로켓).
(자료 제공: NASA)

레드스톤, 주피터-C 그리고
머큐리-레드스톤 발사체들

69.48′
69.90′
83.38′
37.50′
37.50′
32.08′
9.27′
레드스톤
주피터- C
머큐리-R

리즈의 마지막 비행은 1958년 10월 22일 RS-49 로켓 발사의 실패로 끝났는데, 당시 탑재체 섹션은 비행 111초 만에 로켓에서 분리됐다. 주피터-C와 주노 I 프로그램은 이렇게 막을 내리게 된다.

토르

성공한 최초의비행: 1957년 1월 25일

1950년대 말에 미 공군의 중거리탄도미사일(IRBM)로 개발된 토르Thor 로켓은 우주 발사체에 성공적으로 활용되어, 다양한 상단 로켓들을 비롯한 많은 혁신적 발전을 이끌었다.

토르 미사일 개발에 영향을 준 2가지 결정이 있었다. 그 하나는 미국 오하이오주 라이트-패터슨 공군기지의 라이트 항공개발센터(WADC)에서 1951년에 내린 결정이다. 이 센터는 자체 동력으로 초음속 비행하는 전략 크루즈 미사일 마타도어Matador가 재래식 제트기 업계로부터의 완강한 반대에 부딪혀 무용지물이 될지도 모른다고 우려했던 것이다. 매사추세츠공과대학교의 제임스 R. 킬리언James R. Killian이 이끄는 기술적 역량 패널Technological Capabilities Panel이 1955년 2월 중순에 내놓은 권고도 개발에 큰 영향을 미쳤다. 그 패널에서 사정거리 2,400㎞의 중거리탄도미사일(IRBM)을 개발해 아틀라스 대륙간탄도미사일(ICBM)에 앞서 실전 배치할 것을 촉구한 것이다.

최초의 중거리탄도미사일

1955년 5월 미 공군은 중거리탄도미사일 개발을 서부개발부(WDD, 아틀라스 참조)에 넘겼으며, 육군 병기부의 레드스톤 병기창을 비롯한 여러 로켓 동체 제작업체에 예비 디자인 제안서 제출을 요청했다. 그리고 1955년 11월 8일 국방장관 찰스 E. 윌슨이 토르 미사일 개발을 공식 승인했고, 같은 해 11월 30일에 서부개발부는 로켓 동체 제작업체를 더글러스항공, 록히드항공, 노스 아메리칸 애비에이션 세 업체의 경쟁으로 좁혔다. 12월 말에 드디어 더글러스항공이 미사일 제작업체로 선정됐

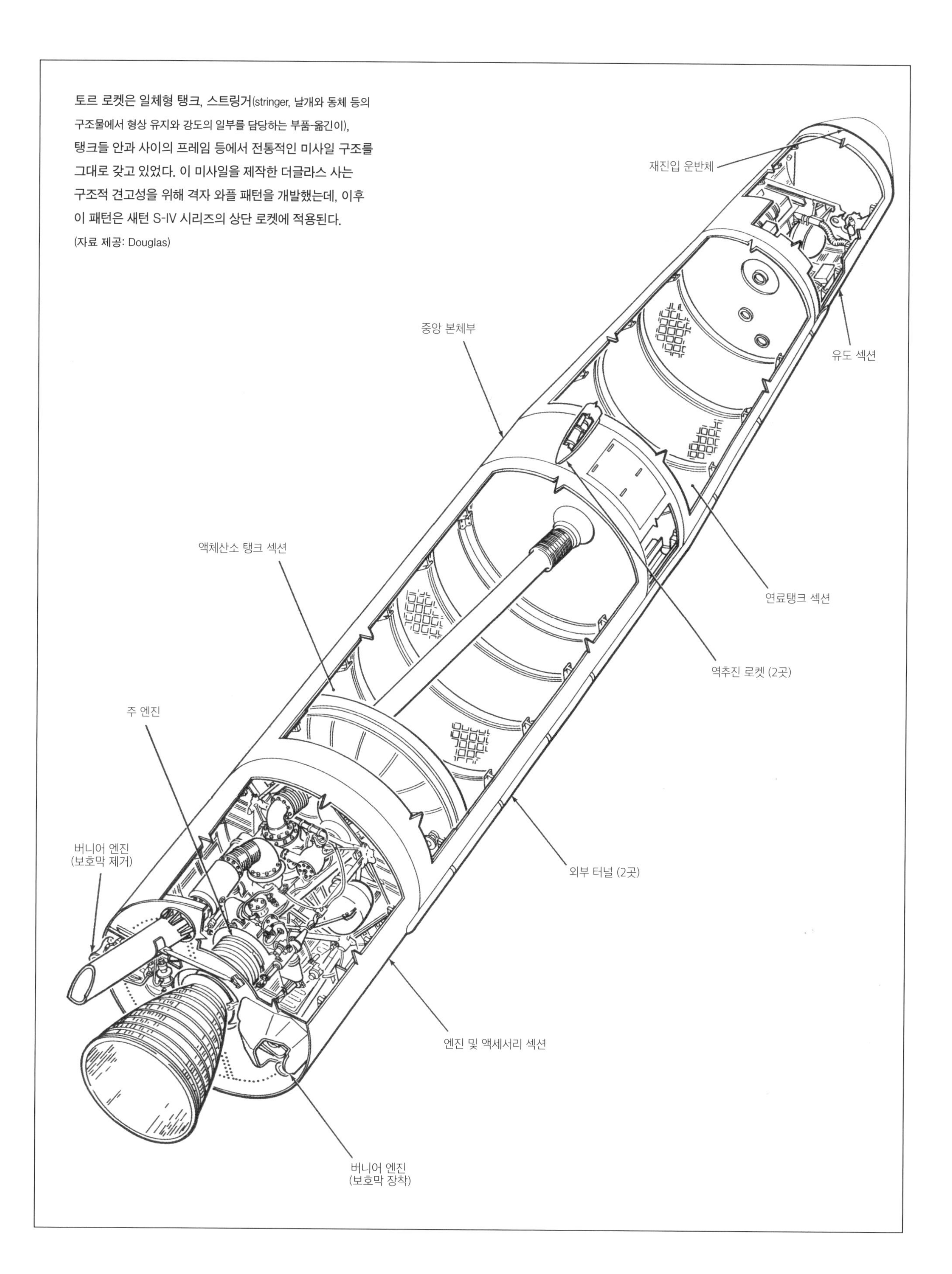

토르 로켓은 일체형 탱크, 스트링거(stringer, 날개와 동체 등의 구조물에서 형상 유지와 강도의 일부를 담당하는 부품-옮긴이), 탱크들 안과 사이의 프레임 등에서 전통적인 미사일 구조를 그대로 갖고 있었다. 이 미사일을 제작한 더글라스 사는 구조적 견고성을 위해 격자 와플 패턴을 개발했는데, 이후 이 패턴은 새턴 S-IV 시리즈의 상단 로켓에 적용된다.
(자료 제공: Douglas)

으며, 로켓 모터는 로켓다인 사에서 제공하기로 했다.

시간과 돈과 인력을 절약하기 위해, 아틀라스 ICBM 부스터 로켓 섹션용으로 이미 개발 중이던 로켓다인 사의 엔진을 토르와 주피터(아틀라스 참조) 로켓에도 그대로 갖다 쓰기로 했으나, 아틀라스는 1954년 3월에야 공식 개발되기 시작해 사실 모든 면에서 동시 개발이나 다름없었다. 그런데 더글러스항공과 로켓다인 사와 공군이 직면한 도전 과제는 한둘이 아니었다. 토르 로켓은 독일 로켓 엔지니어들 없이, 그리고 레드스톤 병기창의 미 육군 탄도미사일국 이외의 곳에서 실전용으로 제작된 최초의 중요한 로켓이었다.

WDD, 즉 서부개발부는 1954년 8월 2일 새로운 무기 체계의 개발로 한참 명성을 떨치던 버나드 슈리버 Bernard Schriever 장군의 지휘로 만들어졌다. 그는 이

➤1957년 1월 25일에 있었던 토르 미사일의 첫 발사. 토르 미사일은 보다 취약한 전통적 크루즈 미사일을 대체할 미사일이 필요해진 데다가 또 아틀라스 대륙간탄도미사일에 앞서 과도기적 성격의 미사일이 필요해 탄생됐다. (자료 제공: USAF)

른바 '시스템 관리'라는 기법을 개발했으며, 연구 및 생산 프로그램을 동시 진행하는 동시 개발 방식을 도입했다. 이는 존 브루스 메다리스 장군이 육군 탄도미사일국을 운영하는 방식과는 상반된 방식이었다. 메다리스 장군의 방식은 독일 과학자들, 특히 폰 브라운 박사의 경험에 크게 의존하는 방식이었다.

전통적인 로켓 개발 방식에 따르면 먼저 상세한 설계와 개발과 테스트가 행해지고, 그 뒤에 필요한 테스트 장비의 설계와 개발이 이어지며, 다시 지상 지원 장비(GSE)가 설계·개발되고 각 과정을 거치면서 테스트 일정에 따라 점점 더 복잡한 필요조건이 추가되면서 상세한 비행 테스트들이 뒤따른다.

대륙간탄도미사일 아틀라스와는 달리 토르 미사일은 통합된 연료탱크와 두 추진제 탱크 사이의 미사일을 묶어주는 프레임이 있는 스트링거들로 이루어졌다. 아틀라스와 마찬가지로 등유/액체산소 추진제를 사용했으며, 주 엔진의 하중을 가져오기 위한 추력 빔 3개와 2개의 버니어 모터가 있었는데, 모두 자동조정 장치로부터 지시를 받는 방식이었다.

미사일 아래쪽에 있는 엔진 및 액세서리 섹션은 높이가 2.16m였으며, 0.9m 높이의 원형 후미 스커트 위에 얹혀 있었다. 스트링거와 링 프레임이 추가된 이른바 반(半) 모노코크 구조semi-monocoque였다. 로켓 모터는 이 섹션 안에 들어 있었으며, 엔진 섹션 아래쪽 밑에는 확장 노즐이 있어 길이가 1.42m 더 늘어났다. 엔진은 짐벌 블록과 삼각대 구조를 거쳐 똑같은 공간의 추력 빔 3개에 부착되어 있어, 그 추력 빔들이 하중을 주 구조물로 이전했다. 이 빔들은 토르 미사일이 발사대에 있는 동안 미사일을 지지해주는 역할을 했고, 그 칸 안에는 터보펌프, 윤활유 장치, 가스 발생기, 유압관, 연료 충전 밸브 등이 들어 있었다.

후미 스커트 위에는 높이 5.87m의 액체산소 탱크가 있었고, 그 안에는 30,530㎏의 산화제가 들어 있었다. 그 위에는 높이 0.84m의 원형 중앙 몸체 섹션이 있었다. 그리고 또 이 높이에, 엔진 섹션 바닥 위에 9.8m가 더 있었으며, 토르 미사일의 직경은 2.44m로 일정했다. 끝으로 갈수록 가늘어지는 연료탱크 칸은 길이 4.7m, 꼭대기 직경이 1.89m였으며, 그 안에 고도로 정제된 무독성 등유인 RP-1이 13,720㎏ 들어갔다. 그 위에는 끝으로 갈수록 가늘어지는 유도 섹션이 있었는데, 길이 2.77m, 꼭대기 직경 1.61m였다. DM-18 테스트 비행체 위에 있는 모조 대기 재진입 노즈 콘의 높이는 0.69m이고, 직경은 그것이 부착된 유도 섹션의 꼭대기 직경과 같았다.

변형들

토르 미사일의 초창기에는 다양한 조합과 구조의 미사일들이 비행했다. 처음의 DM-18 테스트 버전은 길이 19.4m, 직경 2.44m였다. 실전용 미사일의 자체 무게는 3,125㎏이었고 연료를 가득 채웠을 때의 무게는 49,800㎏이었다. 토르 미사일의 초기 모델들은 주피터 미사일과 마찬가지로 LR-79-NA-9(S-3D) 로켓 모터의 추력이 66.72kN으로 제한됐다. DM-18 테스트 모델은 총 18기가 제작되어 시험 비행을 했는데, 추력이 600.48kN으로 제한된 MB-1 엔진을 쓰거나 아니면 추력이 그보다 조금 높은 MB-1 베이직 엔진을 썼다. 또한 DM-18A 테스트 모델은 추력이 비슷한 MB-3 베이직 엔진이나 블록 I 엔진 패키지로 동력을 얻었으며, 핀들은 제거됐다.

토르 미사일은 유도 시스템에 문제가 있었다. 그러나 대륙간탄도미사일인 아틀라스의 경우 워낙 사정거리가 멀어 관성 유도 시스템을 만드는 데 어려움이 많았지만, 중거리탄도미사일인 토르의 경우 사정거리가 훨씬 짧아 유도 시스템을 만드는 데 큰 어려움은 없었다. 당시는 디지털 컴퓨터가 나온 초기 단계여서 아날로그 부품들을 사용해야 했다. 토르 미사일의 최종 결정권자는 MIT 공대 출신의 박사였던 벤자민 P. 블래신게임Benjamin P. Blasingame 중령으로, 그는 당시 서부개발부에서 유도 및 통제 시스템 개발을 책임지고 있었다. 블래신게임은 토르 미사일에 관성 유도 시스템을 적용하려는 움직임을 지지하는 입장이었지만, 실제로 그렇게 하기까지는 MIT 공대의 찰스 스타크 드레이퍼Charles Stark Draper가 오랫동안 그를 설득해야 했다.

드레이퍼 중령은 독일 페네뮌데 로켓 연구소 엔지니어들이 유도 장치와 관련해 이미 이룩해놓은 일들과 가속도계와 관련된 선구자적인 연구에 깊은 감동을 받았

➤ 토르 미사일에는 이미 개발 중이던 로켓다인 사의 LR-79 엔진이 사용됐다. 이 엔진은 대륙간탄도미사일 아틀라스에 쓰일 한 쌍의 부스터 로켓 엔진들로 개발된 것으로, 초기의 일부 부스터 로켓 엔진의 추력은 600.6kN 이었으나 후에는 추력이 667.2kN에 달했다.
(자료 제공: Douglas)

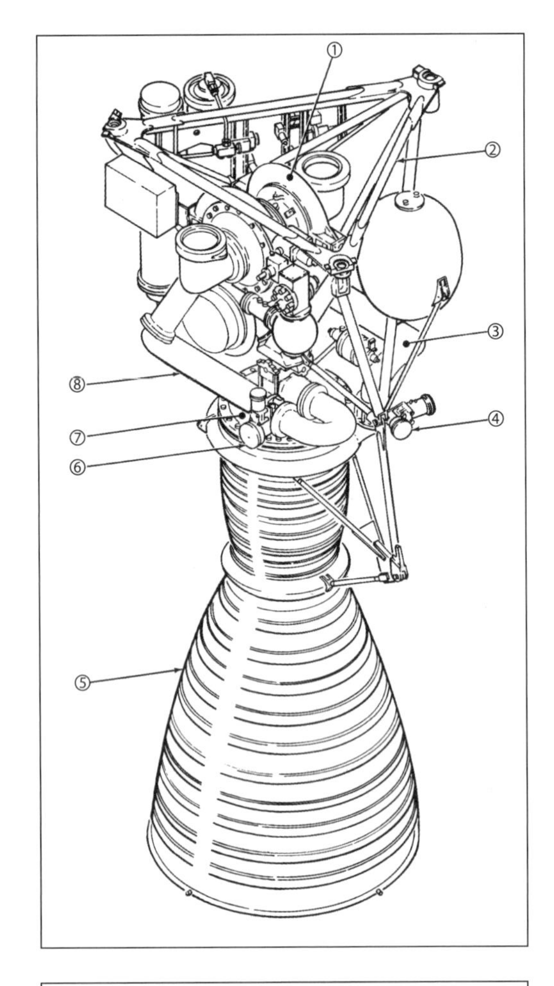

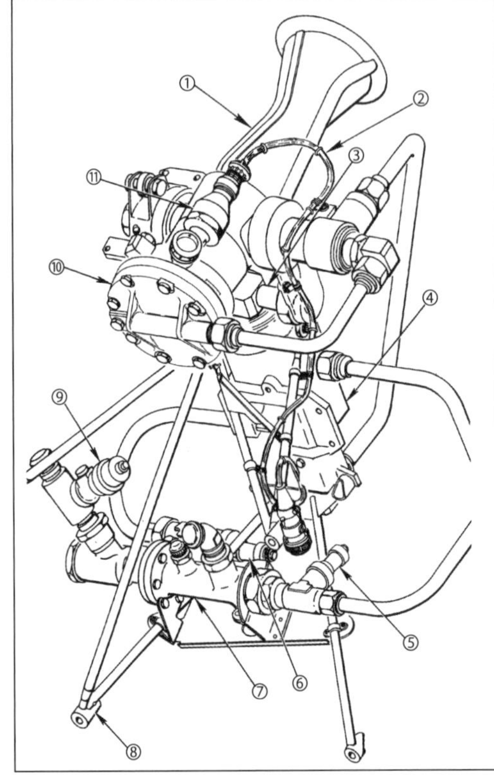

➤ 추력 장치의 반대쪽에는 자세 제어 및 속도 조절을 위해 버니어 모터들이 장착되었다.
(자료 제공: Douglas)

고, 그래서 그들의 접근방식에 깔린 철학의 상당 부분을 토르 미사일의 유도 장치에 반영했다. 리처드 H. 배틴Richard H. Battin과 핼콤 J. 래닝 주니어Halcombe J. Laning Jr 역시 아틀라스 대륙간탄도미사일 개발 과정에서 유사한 문제들을 해결해왔지만, 이번에는 중거리탄도미사일 개발 과정에서 얻은 자극과 교훈이 콘베어Convair 사에서 개발 중인 대륙간탄도미사일 개발에 반영될 판이었다.

배틴과 래닝은 Q-매트릭스를 고안해냈는데, 이는 미사일이 발사되기 전에 컴퓨터 작업으로 계산되어 미사일에 장착된 Q-유도 시스템에 입력되기로 되어 있었다. 그리고 일단 미사일이 발사되면, 그 뒤부터는 전적으로 미사일에 장착된 아날로그식 컴퓨터가 사전 계획된 매트릭스와의 오차를 계산하여, 비행 중의 역할을 단순화하고 사전 계획된 궤적대로 정확히 조정해주었다. 그러나 이 모든 계산은 아주 복잡해서 새로운 논리의 수학 공식이 필요했으며, 거기에 포함된 등식들도 상당한 분량의 설명이 필요할 정도였다.

이 Q-유도 시스템은 3가지 축, 그러니까 상하 이동, 회전, 편향 축에서의 어떤 움직임에도 미사일이 안정적으로 날 수 있게 되어 있었다. 미사일이 계획된 궤적에서 일탈할 경우 3개의 가속도계가 그것을 감지하고, 아날로그 컴퓨터로 작동되는 토르의 자세 제어 시스템에 필요한 자동조정 장치 교정 신호를 보내게 되어 있었다. 그러면 다시 자동조정 장치가 모터 짐벌 드라이브들에 부착된 서보 작동기들과 버니어 엔진들에 신호를 보내 비행 코스를 바로잡도록 되어 있었다.

토르 #115의 경우 견고성 수준을 결정하는 방법 중 하나로 비행 중에 만날 강풍의 효과를 재현하기 위해 격렬한 흔들림을 유발하는 프로그램이 되어 있었다. 1958년 6월 4일 발사된 이후 사전 프로그램화된 이 테스트가 워낙 잘 작동하여 토르 미사일의 15번째 비행에서는 4개의 꼬리 안정판 가운데 2개가 떨어져나갈 만큼 강력한 힘으로 비행했다. 미사일은 계속 잘 제어되었고 자세 교정도 좋았으며 완벽한 궤적을 그리며 날았다. 그 결과 이후에 발사된 토르 미사일에서는 꼬리 안정판 2개가 제거됐다.

토르 미사일에 장착된 유도 장치와 제어 장치들의 설

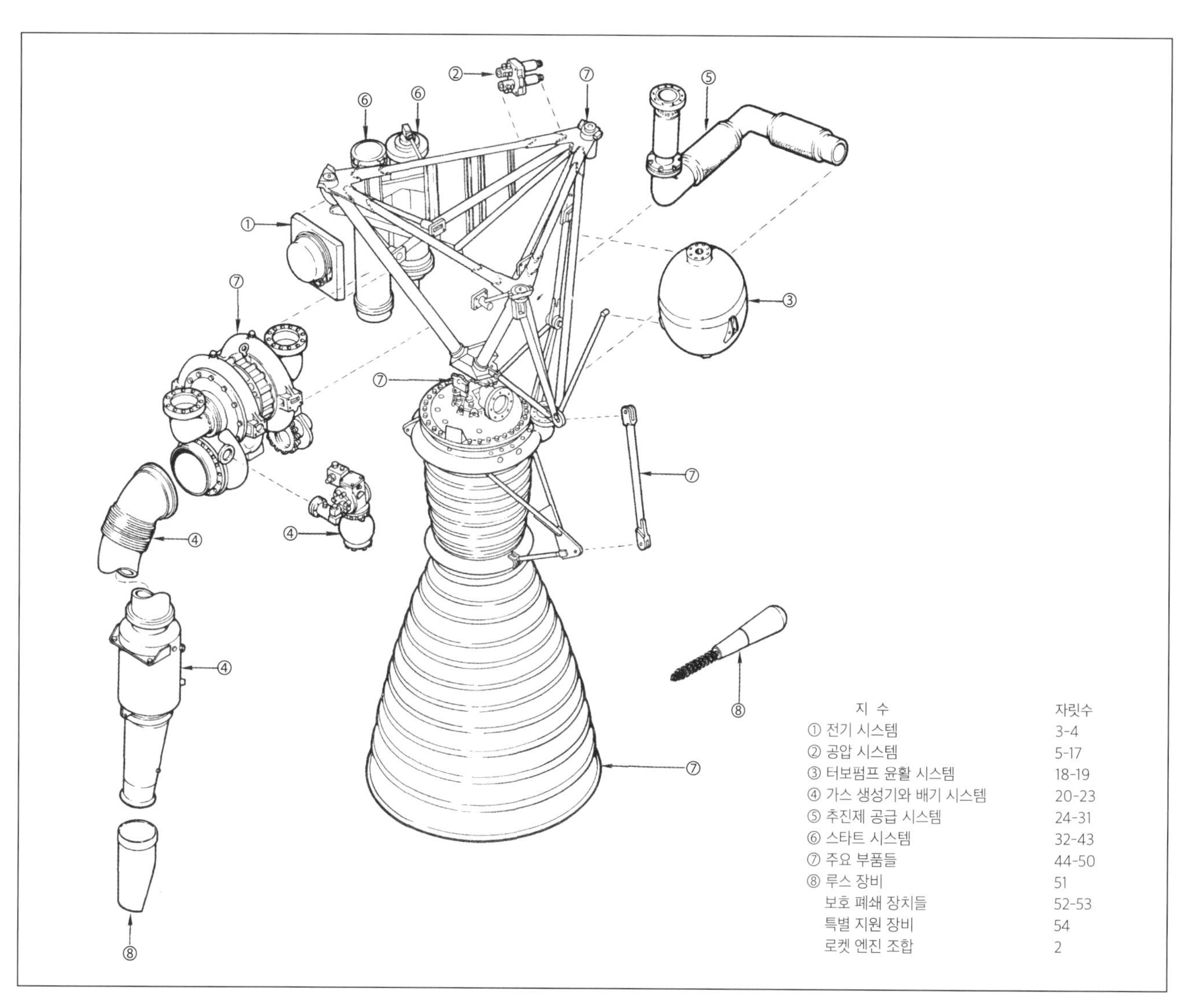

▲ 견고한 구조와 높은 신뢰도를 지녔으면서도 극도로 단순화된 LR-79 엔진의 주요 부품들. 주피터와 아틀라스, 토르 미사일에 쓰이며 많은 양이 필요했던 이 엔진은 로켓다인 사의 입장에선 아주 중요한 첫 작품이었다.
(자료 제공: Douglas)

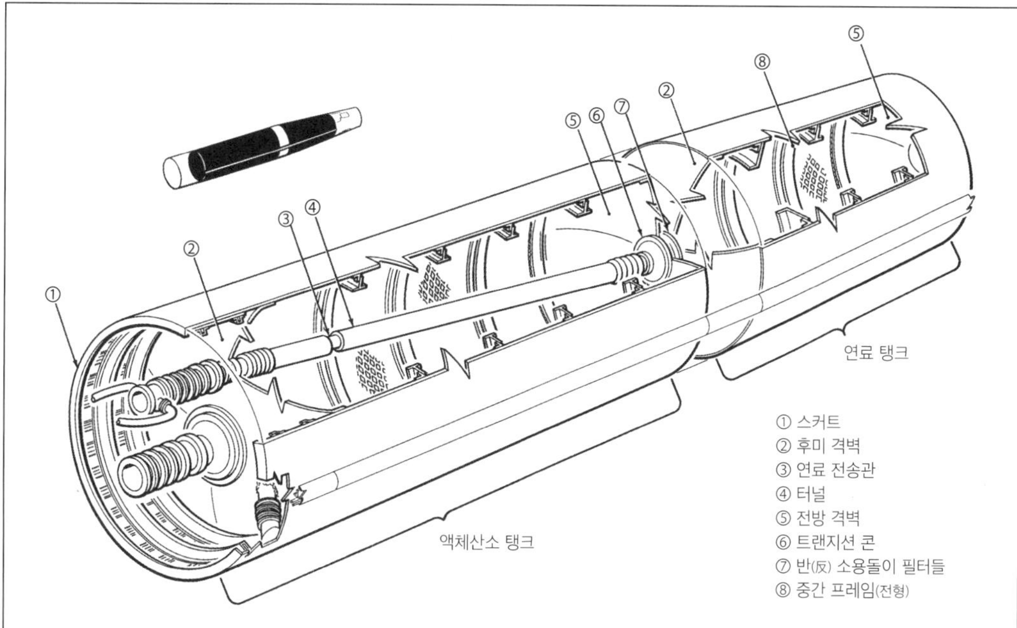

◀ 효율적인 제작 및 생산 라인 조립을 위해 설계된 단순한 조합에 따라 액체산소 탱크가 연료탱크 아래에 위치해 있었다.
(자료 제공: Douglas)

계와 제작을 맡은 곳은 제너럴 모터스General Motors 사의 한 부문인 AC였다. AC 밑에는 3,200개의 하도급 업체들이 있었고, 그 업체들은 전례 없이 뛰어난 정확도와 품질 관리 수준을 유지하고 있었다. 각 부품 제작에 매달린 1,400명의 기술자들 가운데 거의 70%는 여성으로, 그들은 아주 정밀한 손 공구들을 사용해 항공우주 분야의 작업이라기보다는 시계 분야의 작업에 더 가까운 정밀하고 섬세한 작업들을 해냈다.

사소한 결점들은 30배율 현미경을 이용해 조그만 공구나 손톱 크기의 강모wire wool로 바로잡아서 잘못된 신호나 잘못된 전기 연결이 발생할 소지를 없애려 애썼다. 1956년에 유도 및 자세 제어 장치를 설계했을 때만 해도 무게는 1,090㎏을 넘었으나, 2년도 채 안 돼 그 무게는 318㎏으로 줄어들었다. 트랜지스터가 나온 지 얼마 안 돼 아직 신뢰할 수가 없던 상황이라 그 무게의 상당 부분이 진공관과 자기 증폭기들의 무게였는데, 당시로선 당장 그것들을 대체할 방법이 없었던 것이다.

비행 테스트

당시 토르 미사일에 대한 비행 테스트는 3단계로 진행됐다. 1단계는 엔진과 동체와 자동조정 장치의 통합도를 테스트하는 단계였다. 2단계는 관성 유도 장치를 추가한 뒤 전체 사정거리에서 통합된 시스템 전체를 테스트하는 것이고 3단계는 제너럴 일렉트릭General Electric 사가 개발 중이던 새로운 탄두 Mk 2를 테스트하는 단계였다.

더글러스항공은 1956년 10월 26일에 최초의 토르 미사일(#101)을 인도했고, 그 미사일은 1957년 1월 25일 최초의 비행을 위해 발사대(LC-17B) 위에 세워졌다. 그러나 발사대에서 움직이기 무섭게 연료 충전 밸브의 오염으로 액체산소 스타트 탱크가 파열됐고, 발사체 전체가 폭발해버렸다. 이런저런 이유들로 이후 세 차례의 비행에서도 토르 미사일은 기능 장애를 일으키거나 부분적으로만 성공했다. 4월 19일 시행된 두 번째 비행은 성공으로 끝날 수 있었지만, 지역 미사일 안전관 계기판에 잘못 연결된 패널이 미사일이 내륙으로 향하고 있는 것으로 잘못 판독하여 의도적으로 로켓을 폭발시켜 버리게 된다.

1957년 5월 21일에 있었던 다음 비행에서는 주 연료 밸브의 오작동으로 인해 미사일이 발사대 위에서 폭발해버렸다. 그다음 8월 30일의 비행에서는 요축 제어 장치가 제대로 작동하지 않아 제멋대로 돌다가 폭발해

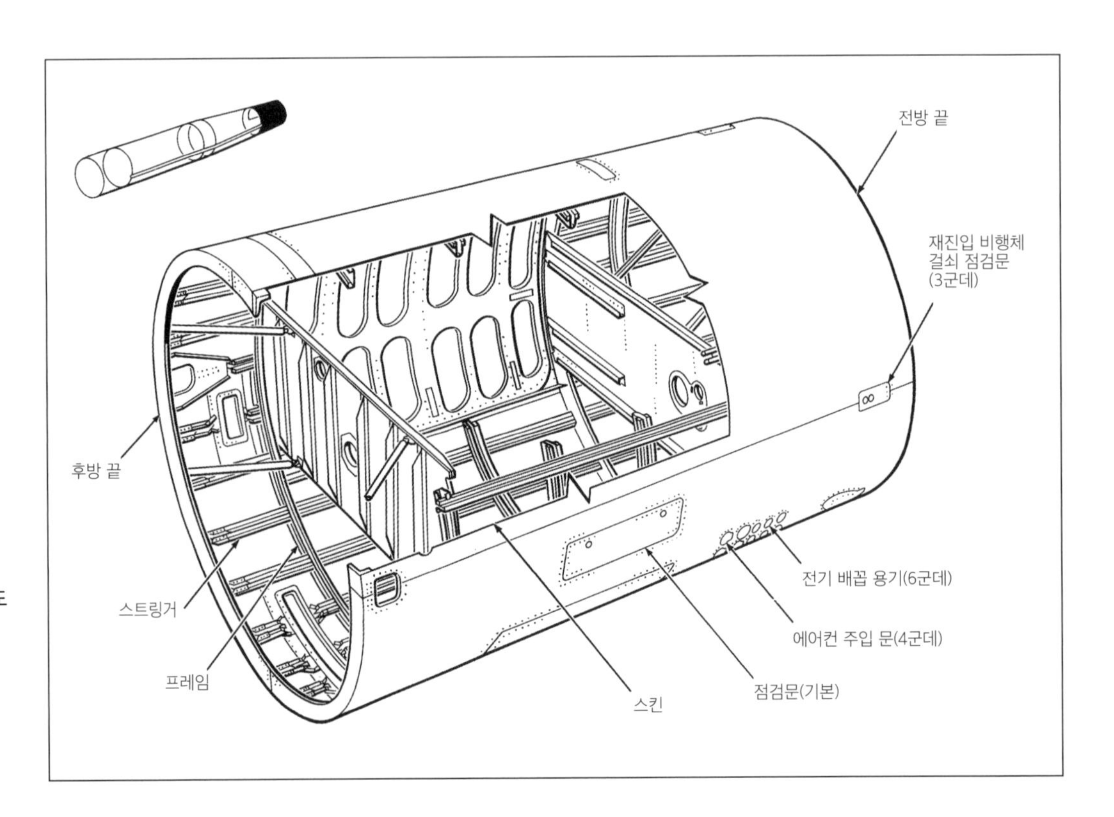

➤ 연료탱크 위에 위치한 유도 섹션에는 제너럴 모터스의 한 사업부인 AC 스파크 플러그에서 제작한 장비가 들어 있었다.
(자료 제공: Douglas)

버린다. 1957년 9월 20일, 오랜 실패 끝에 드디어 토르 미사일 발사가 완전한 성공을 거두었다. 미사일은 사정거리 1,770㎞를 날아 계획한 대로 대서양 표적지를 강타했는데, 비행 중에 여러 가지 매개 변수들을 측정할 테스트 장비를 잔뜩 실어 무거웠고, 그 바람에 사정거리가 줄어들었다.

시행착오를 겪으면서 성공 확률은 극적으로 높아졌다. 시험 발사된 DM-18 테스트 모델 18기 중 12기가 오작동을 일으켜 성공률이 33%에 불과했지만, DM-18A 모델은 28기 가운데 7기만 실패로 끝나 성공률이 무려 75%로 높아진 것이다. MA-18C 모델은 3기 모두 발사에 성공했지만, 워낙 수가 적어 다른 모델과 비교가 어렵다. 시험 및 개발 과정에서 발사한 총 49기의 평균 성공률은 61%였다. 또한 완전한 모의 작전 상황에서 전투 훈련용으로 발사된 미사일은 22기였으며, 그중 19기(86%)가 성공했다.

1956년대 말경에 미 해군은 주피터 미사일 개발 프로그램을 중단했으며, 그 결과 어느 정도의 디자인 리모델링 작업이 필요했다(주피터 참조). 두 미사일 모두 같은 로켓다인 사 추진 장치를 사용했지만, 한 가지 우려되는 것은 터보펌프와 관련된 문제들이었다. 이 문제들은 1957년 중반에 로켓다인 사 엔지니어들이 테스트 엔진들을 해체했을 때 처음 대두됐다. 그 무렵 서부개발부(WDD)는 탄도미사일부(BMD)로 바뀌어 있었는데, 계약을 맺고 컨설턴트 역할을 해주던 엔지니어링 전문기업 라모-울드리지Ramo-Wooldridge 사에 정밀 검사를 요청했다. 당시 로켓다인 사와 미 육군 탄도미사일국은 주피터 미사일이 고도 비행 중일 때 진공실 안에서 돌아가는 터보펌프 내 베어링에 문제가 있다고 봤는데, 그에 대한 정밀 검사를 요청한 것이다. 로켓다인 사는 결국 베어링 고정 장치를 사용해 문제를 해결했으며, 미 육군은 이런 변화를 적용하기 위해 주피터 비행 테스트를 전면 중단했다.

한편 미 공군은 계속 주피터 미사일의 비행 테스트를 했고, 당연히 계속 문제가 발생했다. 지금 돌이켜보면 분명 베어링 문제였지만, 당시에는 비행 중에 스트레스로 인한 비정상 하중 문제로 여겨졌으며, 그래서 미 육군 탄도미사일부 엔지니어들의 조언을 받아들이지 않았다. 당시 공군의 그런 태도에 이의를 제기한 사람 중 하나가 독일의 미사일 전문가 아돌프 티엘Adolf Thiel로, 그는 독일 V-2 미사일의 연소실 개발에 참여했고 폰 브라운 박사가 레드스톤 병기창에 합류할 때도

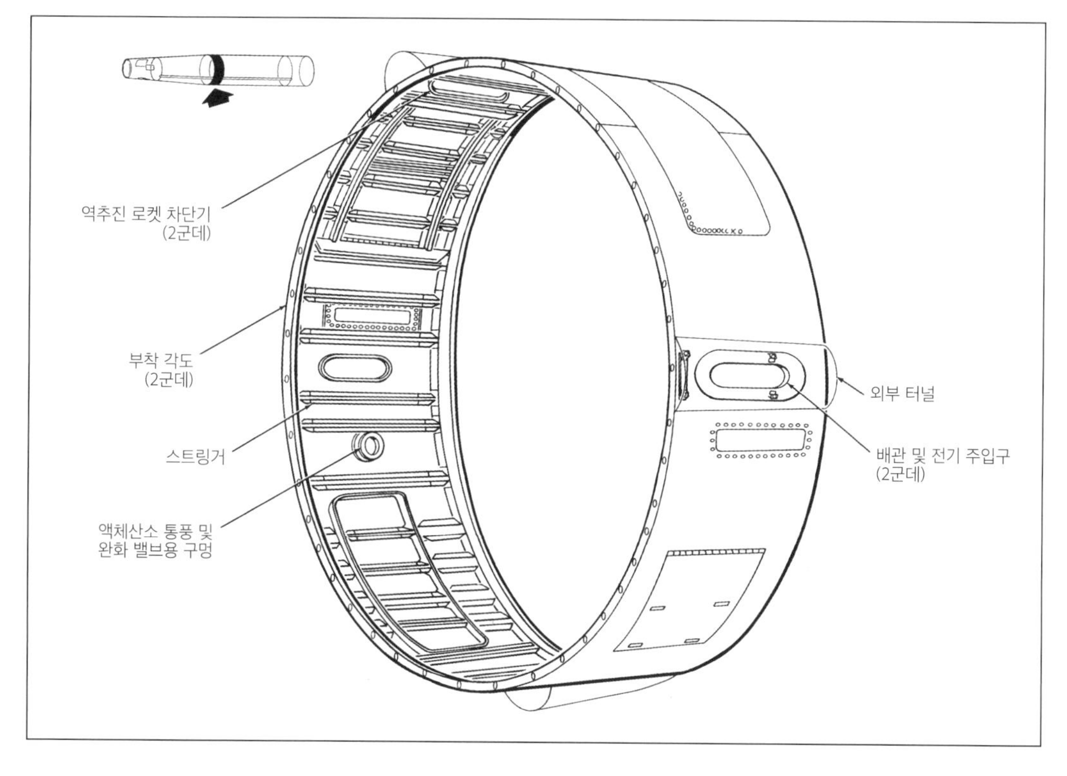

◀ 중앙부 섹션. 발사대 작업 중에는 로켓 전면부에 들어 있는 연료탱크 등에서 하중을 가져왔고, 로켓 비행 중에는 로켓 바닥에서 생산되어 로켓을 앞으로 나아가게 하는 힘에 의해 만들어지는 압축 하중을 가져왔다.
(자료 제공: Douglas)

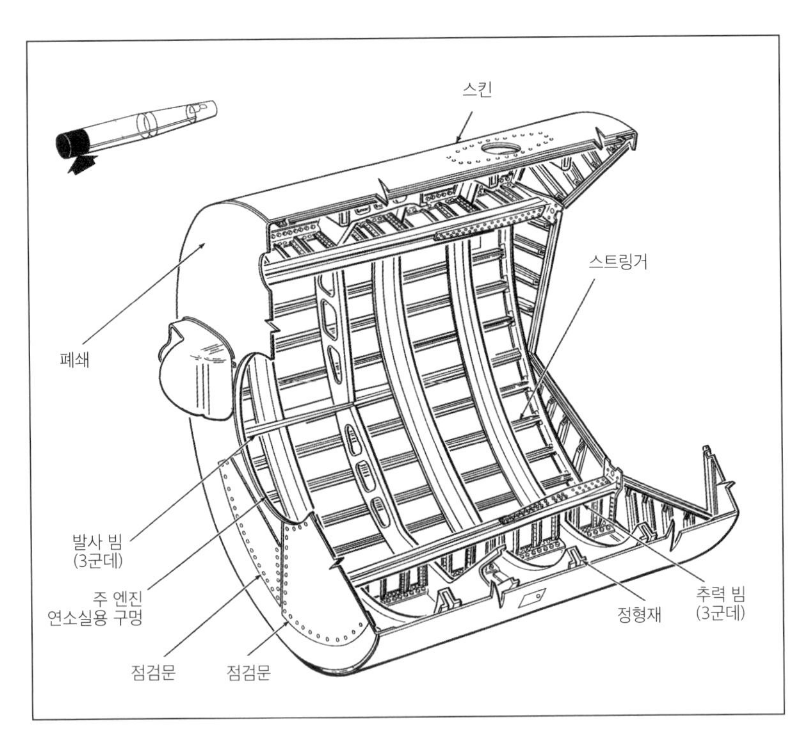

▲ 추력 구조물은 주 로켓과 버니어 모터들을 감싸고 있으며, 발사대 위에서 로켓을 지탱해주고, 또 그 속에 추진력을 지원하는 장치들이 들어 있다.
(자료 제공: Douglas)

동행했다. 1955년 8월에 아돌프 티엘은 NASA 마셜 우주비행센터가 있는 헌츠빌을 떠나 라모-울드리지 사에 들어갔으며, 거기서 새로운 고용주에 반대해 옛 고용주를 변호하는 입장에 섰다. 1958년 4월 23일 다시 토르 미사일 비행이 실패로 끝나자 (다음 장의 '토르 에이블' 참조), 터보펌프에 원인이 있다고 여겨졌다. 그런데 앞서 10월에 있었던 비행 실패와 관련된 데이터를 재분석한 결과, 이번 문제 역시 같은 원인에서 기인한 것으로 판명났다.

공군이 이 문제에 대해 숙고하는 동안 8월에는 또 다른 토르 미사일이, 그리고 9월에는 아틀라스 미사일이 비행에 실패했다. (당시 미 공군은 그간 실시한 열네 차례의 미사일 비행 중 터보펌프로 인해 실패한 경우는 단 두 차례밖에 없다는 걸 잘 알고 있었으며, 또한 다른 곳의 엔지니어들이 지금 유도 플랫폼 성능과 탄두의 대기권 재진입 테스트에 대한 데이터를 필요로 하고 있다는 것도 잘 알고 있었다.) 마침내 로켓다인 사에 수정된 디자인이 새로 납품되자 미사일 발사는 더 이상 실패하지 않았고, 발사 테스트가 계속 이어졌다.

이처럼 비행 테스트가 진척되고 아틀라스 미사일과 타이탄 미사일 개발 작업에 속도가 붙자, 주피터와 토르 미사일을 서유럽 전진 기지들에 배치해야 하느냐 하는 문제가 논의됐다. 그리고 결국 영국에 토르 중거리 탄도미사일을 60기, 이탈리아와 터키에 주피터 미사일을 60기 배치하기로 결론이 났다. 최초의 토르 미사일은 1958년 8월 29일 C-124 글로브마스터 화물 수송기에 실려 레이큰히스 영국 공군기지에 처음 입하됐다. 실전 배치가 진행되면서 토르 미사일의 비행 테스트는 흐지부지됐으며, 대신 이제는 미사일로서의 테스트보다 인공위성의 1단 로켓 및 우주 탐사용 발사체로서의 테스트가 더 중요해졌다.

캘리포니아주 반덴버그 미 공군기지에서의 첫 발사는 1958년 12월 15일에 이루어졌으며, 이는 새로 만들어진 태평양 미사일 사격 연습장의 첫 발사로 기록된다. 반덴버그 미 공군기지는 과거에는 쿡Cooke 공군기지로 불렸으나, 1958년 10월 4일 두 번째 미 공군 참모총장이었던 호이트 S. 반덴버그Hoyt S. Vandenberg의 이름을 따 반덴버그 공군기지로 바뀌었다. 이 기지는 케이프 커내버럴 공군기지보다 훨씬 더 외진 데 위치해 있다는 장점도 있었고, 군사용 정찰 위성을 토르-아게나Thor-Agena 로켓들에 탑재해 쏘아 올릴 계획을 세우는 데도 꼭 필요했다.

영국 공군은 1960년 4월 22일 제4 비행 중대를 토르 미사일로 완전 무장시키자는 미국의 제안을 받아들였다. 토르 미사일은 이후 18개월에 걸쳐 영국 요크셔와 링컨셔의 20개 장소에도 실전 배치됐다. 그러나 1962년 10월의 쿠바 미사일 위기 이후 미국과 러시아 간의 비밀 협약에 따라 영국에 배치됐던 토르 미사일들은 1963년 9월 27일까지 완전히 철수된다. 영국 전략폭격 사령부는 9개월 동안 토르 중거리탄도미사일뿐 아니라 핵무기 탑재가 가능한 V-폭격기들로 전력이 극대화됐었다. 그 이후 지금까지 영국 공군이 그때만큼 막강한 화력을 보유한 시기는 없었다.

1957년 11월, 랜드연구소RAND Corporation 관계자들이 당시 미 공군 전력 발전 부참모총장이었던 도널드 L. 풋Donald L. Putt 장군에게 한 가지 제안을 해왔다. 뱅가드 2단 로켓에 토르 부스터 로켓을 결합해 보다 발전된 대기권 재진입 테스트를 해보고, 또 인공위성 발사체를 비롯해 다양한 요구를 충족시켜보자는 제안을 해온 것이다. 참고로 랜드연구소는 2차 세계대전 이후에 설립된 비영리 싱크탱크로, 국방 및 인공위성 관련 연구를 해오고 있다.

토르 에이블

1957년 11월, 라모-울드리지 사의 유도 미사일 연구 부문(GMRD)이 우주기술연구소(STL)로 바뀌었다. 유도 미사일 연구 부문은 아틀라스와 타이탄, 토르 같은 대형 미사일 프로젝트들의 기술 및 프로그램 방향을 관리 감독할 목적으로 설립됐다. 그런데 우주기술연구소로 이름이 바뀌면서 완전히 독립된 부서가 되어, 토르 에이블Thor Able 2단 로켓을 가지고 대기권 재진입 탄두 및 관련 기술을 테스트하는 일에 올인하게 된다. 토르 로켓에 상단 로켓을 올려 생겨난 토르 에이블 2단 로켓은 탄두를 싣고 케이프 커내버럴 케네디 우주센터에서 10,185㎞ 떨어진 대서양 어센션 섬 근처까지 날아가게 되어 있었고, 거기에서 해군이 캡슐을 회수할 계획이었다.

이 토르 에이블 미사일 개발 프로젝트는 화급을 다투는 프로젝트였다. 그런데 1957년 8월 8일 대기권 재진입 운반체인 주피터 C 로켓의 성공적인 비행으로 레드스톤 및 주피터 미사일용 대기권 재진입 운반체 디자인은 검증됐으나, 훨씬 빠른 속도로 날아가는 대륙간탄도미사일인 아틀라스 및 타이탄의 탄두 또한 유사한 물질들로 성공적인 비행을 할 수 있을지는 아직 미지수였다. 미 공군은 이미 3단 고체 추진제 로켓인 록히드항공의 X-17을 가지고 대기권 고속 재진입 테스트를 해오고 있었다. 난기류로 인한 과열을 방지하기 위해 X-17 로켓 노즈는 구 모양을 하고 있었고, 니켈 도금된 구리로 제작됐으며 난기류에 의한 큰 진동을 멈추기 위해 표면도 거칠게 되어 있었다. 그러나 사실 그것으로는 로켓 노즈에 난기류가 몰리는 걸 막을 수 없었고, 캡 자체도 너무 무거웠다.

해결책은 층별로 순서대로 연소되면서 열이 사라지고 그 과정에서 어떤 순간에든 열부하가 줄어드는 내열성 재료들을 쓰는 것이었다. 주피터-C 로켓 테스트에서 써온 것이 바로 이런 타입의 노즈 콘이었다. 그런데 대륙간탄도미사일 노즈 콘의 운동 에너지로 인해 열부하가 훨씬 더 큰데, 그걸로 충분할까?

상단의 AJ10-40 엔진은 뱅가드 로켓의 2단 모터에서 가져온 것으로, 알루미늄 튜브 구조의 연속 냉각 방식의 연소실과 동일한 부식 방지된 백연질산(IWFNA) 및 비대칭 디메틸히드라진(UDMH) 추진제를 사용했다. 그리고 120초 동안 33.4kN의 추력을 냈다. 뱅가드 로켓의 2단 로켓에서 빠진 유일한 것은 제어 장비와 스커

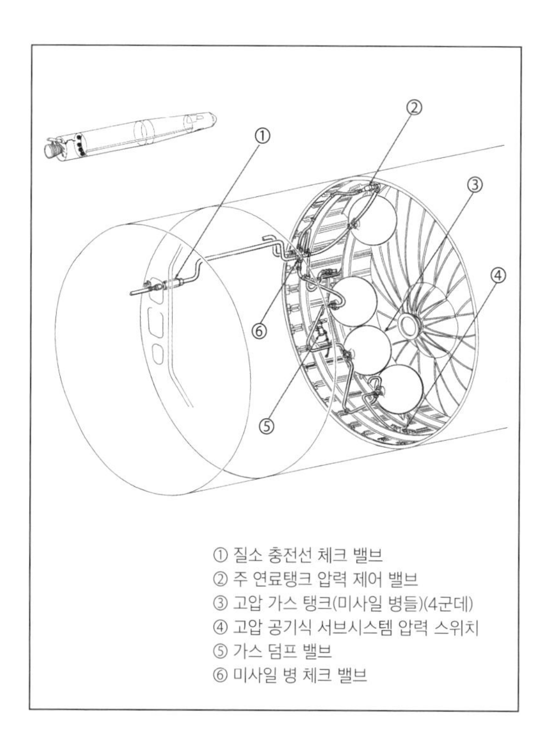

▲추력 장치 꼭대기 주변에는 빙 둘러가며 압축 공기 시스템이 포함되어 질소 가압 장치에 필요한 부착 지점들을 지원해주는 역할을 했다.
(자료 제공: Douglas)

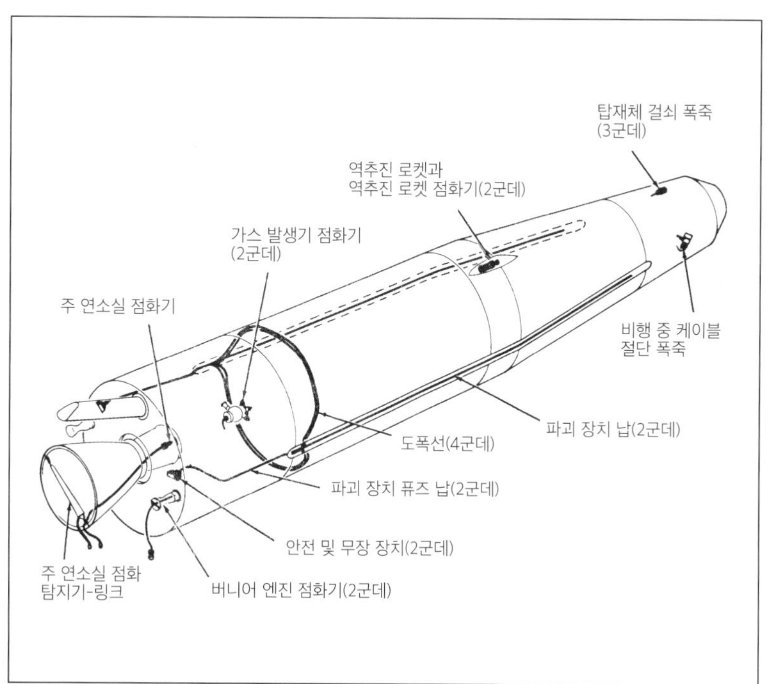

▼토르 미사일 주변의 다양한 지점들에는 폭발 장치와 불꽃 장치들이 설치되어 있어, 가스 발생기 점화, 버니어 모터 스타터들, 2군데의 역추진 로켓들(엔진이 섯다운되고 탑재체로부터 분리된 뒤 미사일의 전방 추진력을 늦추는 작용을 함)을 지원해주었다. 또한 비행 안전 파괴 시스템range safety destruct system을 지원해, 미사일이 인구가 많은 지역들 쪽으로 비행하는 것을 막아주는 역할도 했다.
(자료 제공: Douglas)

➤ V-2 로켓과는 달리 토르 로켓처럼 통합형 탱크들이 달린 로켓의 전기 장치, 공기압 장치, 유압장치 등은 탱크 외부에 도관들이 있었다. 그림에서 보듯 토르의 외부 도관들은 U 섹션 울타리들 속으로 지나간다.
(자료 제공: Douglas)

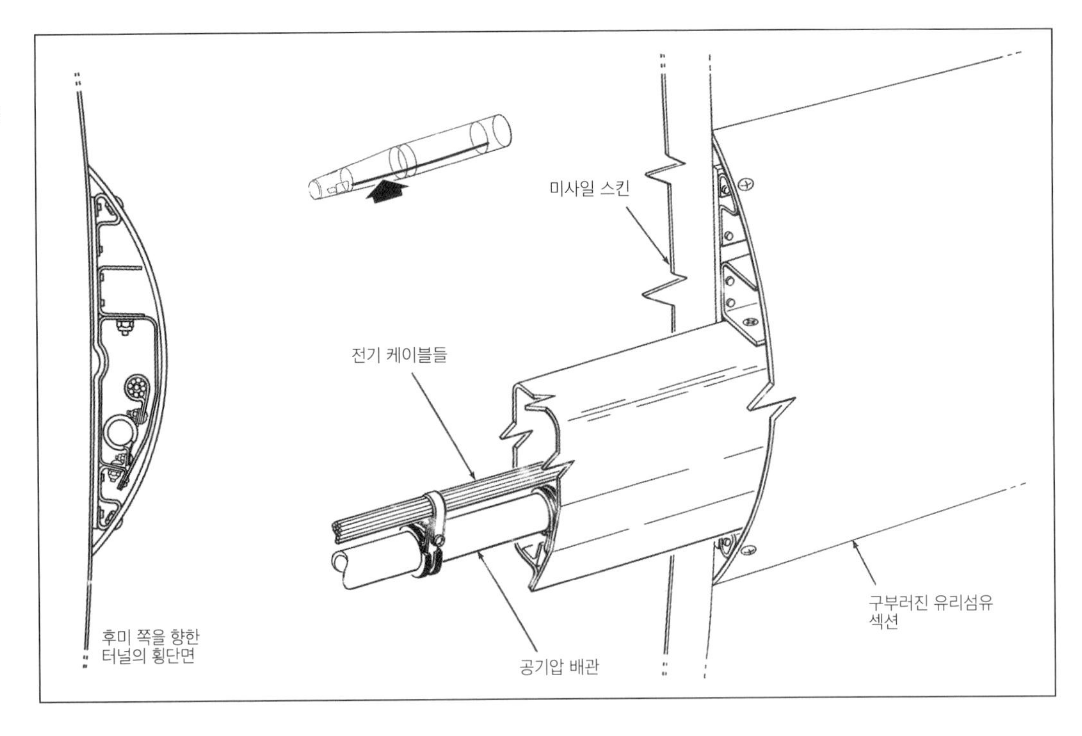

트, 부착용 토르 부스터 장치였다. 토르 에이블은 높이 30m, 연료를 가득 채웠을 때의 무게가 51,608㎏이었으며, 운반하는 탑재체 무게는 120㎏이었다. 대기권 재진입 테스트용 발사체(RTV) 탄도 비행에서 토르 에이블 미사일은 최고 높이 627㎞까지 올라갔다. 대기권 재진입 테스트용 2단 토르 미사일 기본형은 DM812-1이라 불렸지만, 첫 번째 시도는 1958년 4월 23일 미사일 116호 기의 터보펌프 고장으로 갑작스레 중단됐다('토르 로켓' 참조). 토르 미사일 118호 기를 이용한 두 번째 시도는 7월 9일에 성공했고, 7월 23일에는 119호 기를 이용한 시도가 성공했다. 모두 대기권 재진입 탄두가 온전하게 보존됐고 좋은 데이터를 보내왔다. 각 비행 때마다 원격 측정 생물물리학 데이터를 얻기 위해 흰 쥐 한 마리를 탑승시켜 중력 가속도와 무중력 상태에서의 반응을 살펴봤는데, 쥐들은 대기권 재진입 과정에서 전부 죽었다. 첫 번째 쥐의 이름은 미아(MIA, Mouse in Able, 즉 '에이블 속의 쥐'라는 뜻)였고, 이후의 쥐들 이름은 MIA-II, MIA-III였으며, MIA-III는 위키(Wickie)라는 애칭까지 붙었다.

1958년 3월 27일 미 국방부 고등연구계획국은 '모나 작전'이라는 암호명 아래 달을 향한 세 차례의 로켓 발사 미션을 부여받았다. 토르 에이블 로켓 기본형 위에 뱅가드 3단 로켓을 얹은 보다 진일보된 토르 에이블 로켓 버전을 사용해 미 육군 탄도미사일국이 조그만 우주선을 개발할 예정이었다. 그런데 토르 에이블 I으로 알려진 이 로켓은 뭔가 무거운 걸 탑재할 능력이 충분치 않았고, 그래서 토르의 유도 장치와 항법 장치는 벨 텔레폰Bell Telephone 사에서 개발한 보다 가벼운 무선 유도 장치로 교체되어야 했다.

에이블 I의 토르 로켓 단은 DM1812-6으로 불렸고, 2단 모터는 AJ10-41로 불렸는데, 그 2단 모터에는 유도 장치가 없었다. X-248-A3 회전 안전 고체 추진제 모터는 연료 주입 단이 되어, 석면-석탄 필라멘트가 감겨 있는 배기가스 콘이 석면-석탄강 복합물질로 만들어진 배기가스 콘으로 바뀐 것이다. 그 결과 평균 11.12kN의 추력이 나왔다.

최종 목표는 무게 45.4㎏의 탐사선을 달로 보내는 것이었다. 로켓이 달에 접근하면 조그만 TX8-6 고체 모터가 점화되어 그 탐사선을 달 표면에서 29,000㎞ 떨어진 달 궤도 안에 집어넣는 것이다. 탐사선을 달 궤도 안에 정확히 집어넣어야 하므로 발사 가능 시간대를 정확히 잡아야 했다. 세 차례의 비행이 이루어지는 이 프로젝트의 로켓 발사 책임자는 1963년부터 아폴로Apollo 달 탐사 계획을 이끌어온 조지 E. 뮐러George

E. Mueller였다. 그리고 비행이 시작될 때쯤 달 탐사 계획은 아폴로 계획에서 파이오니어Pioneer 계획으로 이름이 바뀌어 있었다.

1958년 8월 17일 달 탐사선 파이오니어 0호를 탑재한 최초의 비행이 이루어졌는데, 미사일 127번 기가 발사 후 77초 만에 폭발해버렸다. 이번 실패의 원인 역시 터보펌프 문제였다. 두 번째 비행이 시도될 때에는 1958년 10월 1일에 설립된 미국 항공우주국(NASA)이 미국 정부가 추진 중이던 우주 과제들을 넘겨받았다. 그러나 이 과제들에 대한 통제권은 곧 다시 미 공군으로 넘어갔으며, 미 공군은 10월 11일 케이프 커내버럴에서 달 탐사선 파이오니어 1호를 탑재한 미사일 127번 기를 쏘아 올렸다. 3단 로켓 모두가 계획대로 잘 작동됐지만, 로켓 궤적이 너무 가팔라 총 속도가 시속 37,874㎞로 떨어졌다. 결국 최고점 113,784㎞로 타원 궤적에 들어갔던 로켓은 지구로 다시 떨어져, 발사 후 43시간 17분 만에 지구 대기권 안에서 전소되었다.

이전 토르 에이블 1의 문제를 해결하기 위해 이런저런 보완 작업이 이루어진 미사일 129호 기는 달 탐사선 파이오니어 2호를 탑재한 채 1958년 11월 8일에 발사되었다. 이 비행에서는 통합 가속도계가 아닌 무선 관성 장치가 2단 로켓을 차단하게 되어 있었다. 또한 2단 로켓과 3단 로켓이 확실히 분리되지 않아 상단의 회전 속도에 문제가 생긴다는 불안 때문에 시스템에 에너지를 보태는 데 적합한 스핀 로켓(spin rocket, 주 분사 장치에 의한 진행 방향을 수정하거나 우주선을 선회할 목적으로 사용하는 소형 분사 장치-옮긴이)들을 추가했다. 그런데 실은 이런 것들이 문제가 아니었다. 처음 두 단계의 로켓이 성공적으로 작동된 뒤 3단 로켓이 점화되지 않아 최대 고도 1,550㎞까지 올라간 뒤 다시 지구로 떨어졌고, 발사 후 38분 만에 전소됐다.

다음에 이어진 비행들은 정밀 유도 재진입 테스트

▼ **비행 제어 장치는 미사일이나 로켓의 모든 통합형 시스템과 서브 시스템, 각종 구성 부품들과 하나로 묶여 있는데, 관련 장치들을 이런 식으로 엮는 것은 초창기 미사일 및 로켓 디자인의 전형적인 형태였다. 그러니까 초창기에는 전기식 비행 제어 개념에 따라 전기 신호를 보내기보다는 이렇게 각종 장치를 기계적으로 연결하는 경우가 많았다. 또한 항공기 업계로부터 '개방형 구조'(open-architecture, 시스템 구조를 외부에 공개하는 방식-옮긴이)의 항공 전자공학을 도입함으로써 각종 도관과 연결 장치들이 크게 줄었다.**
(자료 제공: Douglas)

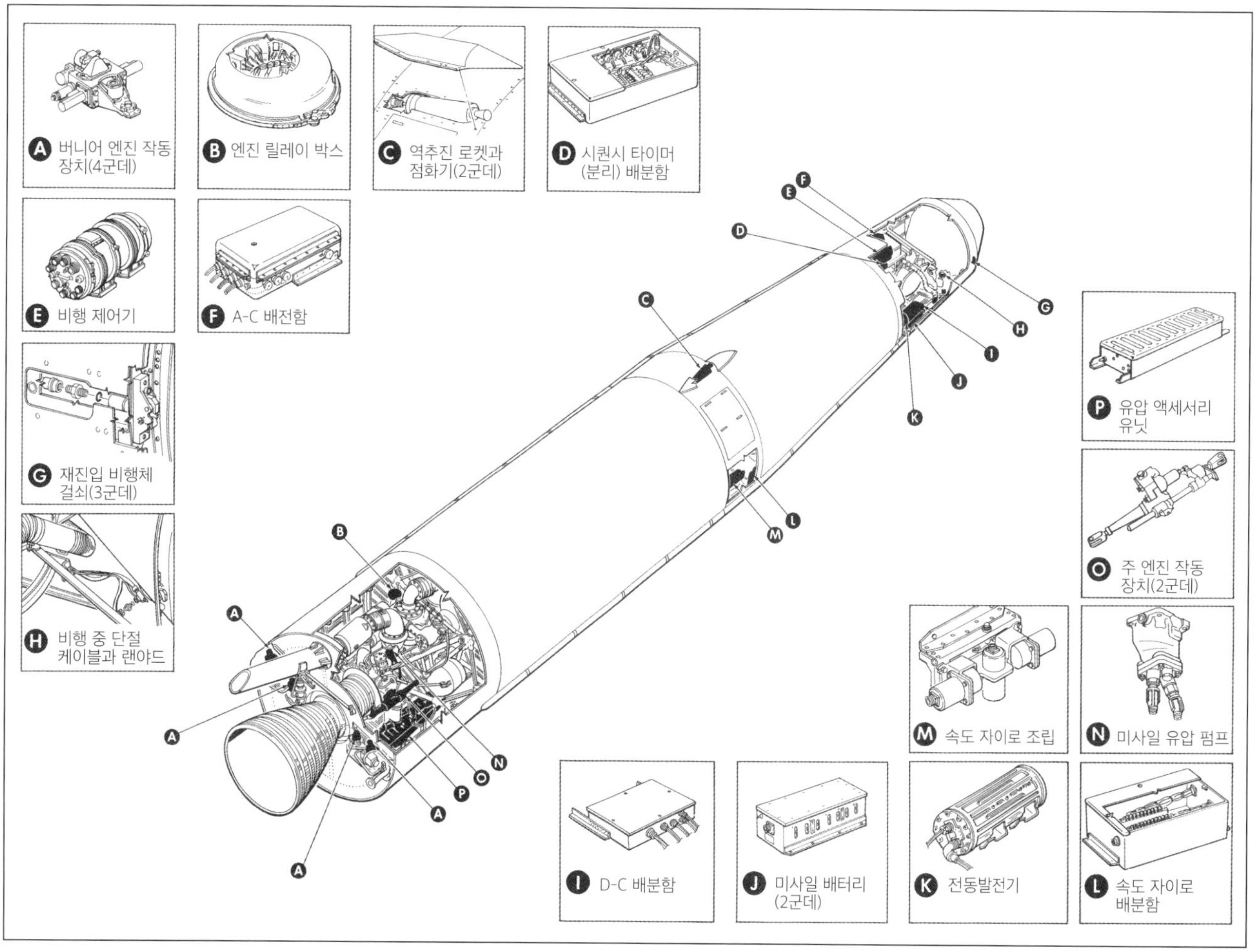

A 버니어 엔진 작동 장치(4군데)
B 엔진 릴레이 박스
C 역추진 로켓과 점화기(2군데)
D 시퀀시 타이머(분리) 배분함
E 비행 제어기
F A-C 배전함
G 재진입 비행체 걸쇠(3군데)
H 비행 중 단절 케이블과 랜야드
I D-C 배분함
J 미사일 배터리(2군데)
K 전동발전기
L 속도 자이로 배분함
M 속도 자이로 조립
N 미사일 유압 펌프
O 주 엔진 작동 장치(2군데)
P 유압 액세서리 유닛

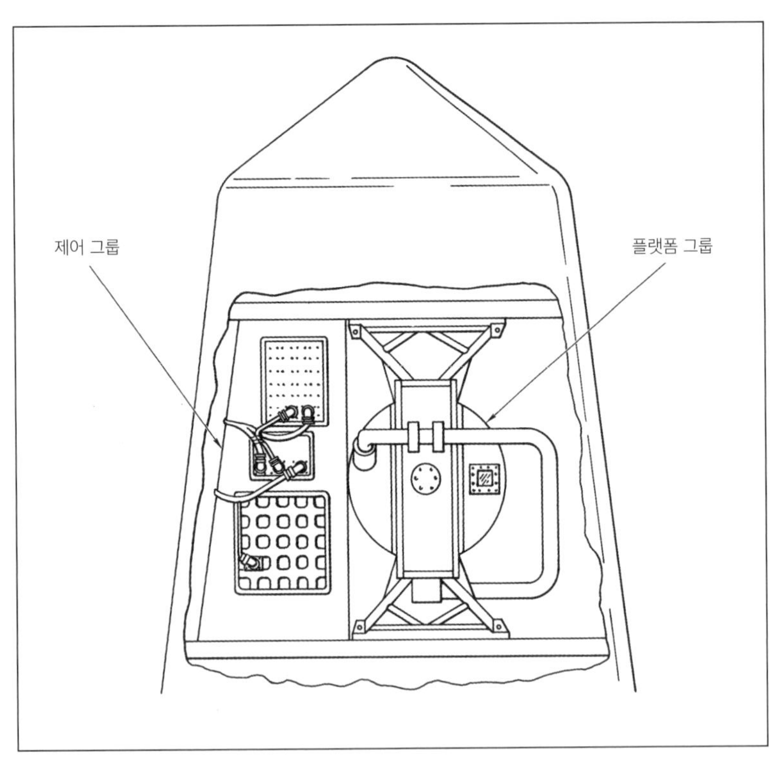

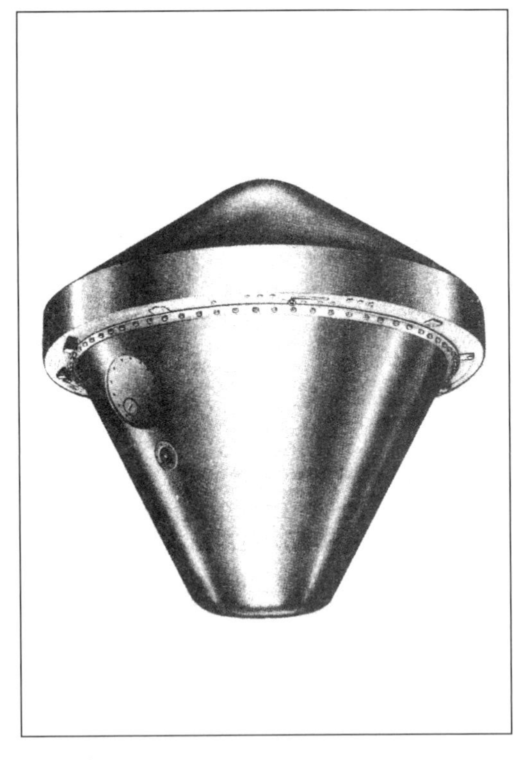

▲ 가능한 한 작고 가볍게 제작되는 미사일의 경우 할당할 수 있는 공간이 워낙 제한되어 있어, 유도 장치 섹션이 탄두 뒤쪽, 발사체 앞부분 상단에 위치해 있다.
(자료 제공: Douglas)

◀ 토르 미사일은 Mk 2 대기권 재진입 운반체에 맞추어 제작됐는데, 이 운반체는 무게가 1,000㎏이고 폭발력이 1.44MT인 W-49 탄두와 통합되어 있었다. 대기권 재진입 운반체는 대기권에서 견딜 수 있도록 매우 견고하게 만들어져, 대기권 재진입 시 마찰로 인한 충격파와 높은 열부하를 흡수할 수 있었고, 그 결과 열전비를 줄일 수 있었다.
(자료 제공: Douglas)

발사체(PGRTV) 프로그램을 뒷받침하기 위한 것으로, 이는 AJ10-42 로켓 모터가 장착된 업그레이드된 2단 로켓이 탑재된 DM1812-4 발사체를 여섯 차례 발사하는 프로그램이었다. 토르 로켓에는 벨 텔레폰 사가타이탄 미사일용으로 개발한 무선 관성 유도 장치들을 테스트해보기 위한 장치가 실렸다. 이 6기의 발사체들은 토르 에이블 II(PGRTV)이라 불렸다. 비행은 1959년 1월 23일부터 6월 11일 사이에 이루어졌고, 첫 번째 비행만 결과가 목표에 미치지 못했다. 그리고 타이탄 미사일용 무선 관성 유도 장치의 성능을 입증해준 각종 데이터에서 더없이 소중한 정보를 얻을 수 있었다.

다음에 비행에 나선 모델은 토르 에이블 III로, 이 모델은 1959년 8월 7일에 발사되었다. DM1812-6이라 불린 이 발사체는 주 로켓 안에 추력이 681.6kN인 MB-1 추진 장치가 들어 있었고, 보완 작업을 거친 2단 로켓은 추력이 34.9kN에 270초 넘게 비추력이 나오는 AJ10-101A 엔진에 의해 움직였다. 토르 에이블 III의 3단은 X-248-A3 고체 추진제 모터로, 추력 14kN에 250초 동안 비추력이 나왔다. 순조롭게 진행된 이 비행에 탑재된 탑재체는 지금까지 발사된 과학 위성들 가운데 가장 복잡한 과학 위성인 무게 63.5㎏의 익스플로러 6호로, 이 위성은 185×36,610㎞의 궤도에 안착했다. 우주기술연구소(STL)는 이 발사체를 위해 3개 축 안정화 장치를 개발했는데, 여기에는 열 안정화 통합 자이로스코프도 들어 있었다.

다음 비행에 나선 것은 정밀 유도 재진입 테스트를 위해 발사된 토르 에이블 II 위성으로, 이 위성은 미 국방부 고등연구계획국에서 한 차례, NASA에서 한 차례씩 총 두 차례 발사됐다. DM1812-2 표준형을 업그레이드해 1단 로켓 바닥에 삼각 핀을 4개 추가했고 로켓 단과 단 사이에는 유도 장치와 노즈 콘이 제거된 새로운 섹션을 만들었다. 그리고 2단 로켓에는 AJ10-42 로켓 모터에 역추진 로켓을 장착해 3단 로켓으로부터 확실히 분리되게 했다. 2기의 토르 에이블 II가 STV, 즉 특별 테스트 발사체(Special Test Vehicle)로 명명됐다. 1959년 9월 17일에 발사된 120㎏ 무게의 해군 트랜짓 1A(Transit 1A) 항법 위성(navigation satellite, 항행 중인 함정, 항공기 등이 자기 위치를 측정할 수 있게 해주는 위성-옮긴이)은 3단 로켓이 점화되지 않으면서 못쓰게 됐는데, 새로운 역추진 로켓들이 점화되지 않아 2단 로켓에 계속 충격이 가 손상된 걸로 보인다.

두 번째 토르 에이블 III 우주 발사체는 1960년 4월 1

일에 발사되어 NASA에서 제작한 무게 122.2㎏의 트리오스 1(Trios 1) 기상 위성을 지구 궤도 안에 안착시켰다. 이 발사체에는 벨연구소에서 제작한 유도 장치와 업그레이드된 2단 역추진 로켓이 장착되어 있었다. 이 트리오스 1 기상 위성은 78일간 정상 작동되면서 매일 매일의 구름 양을 찍은 사진 22,952장을 전 세계의 많은 기상 관측소에 전송했다.

이 우주 발사체 시리즈의 마지막 모델은 토르 에이블 IV로, 이 모델은 1960년 3월 11일에 딱 한 차례 발사됐다. 이 모델은 3단 토르 에이블 III 위성 발사체와 똑같았으나, 다만 2단 로켓에 장착된 우주기술연구소의 유도 장치가 비행 중 작동되면서 토르 1단 로켓을 제어하게 되어 있었다. 분리 후에는 계전기에 의해 로켓 모터가 점화되고 자이로스코프들이 작동되면서 비행 중에 맡은 제어 기능을 수행했다. 또한 2단 로켓 점화 및 차단 시에 발사체 타이머들을 통해 3단 로켓을 작동시킴으로써 고체 추진제가 연소되게 했다. 위성은 무선 지시에 의해 3단 로켓으로부터 분리되었다.

순조로운 이 비행에 탑재된 것은 43㎏ 무게의 인공위성 파이오니어 V호로, 이 위성은 직경이 0.66m인 구 모양의 본체에 노 모양의 태양전지 날개 4개가 달려 있었는데, 그 날개들은 위성이 궤도에 진입한 뒤 안에서 튀어나오게 되어 있었다. 위성 파이오니어 V호는 지구에서 근사 거리에 있는 태양 중심 궤도에 안착해, 1960년 4월 30일까지 계속해서 행성 간 환경에 대한 정보들을 지구로 전송했다.

토르 에이블-스타

1959년 7월 1일, 미 국방부 고등연구계획국은 우주기술연구소를 상대로 에어로젯 사의 기존 액체 추진제 에이블 로켓보다 더 강력하고 큰 로켓 개발을 의뢰했다. 기존 에이블 로켓은 뱅가드 로켓 2단을 개발한 것으로 각종 위성 발사에 사용할 수 있었다. 미 공군 탄도미사일부에서 에어로젯 사에 이미 보다 개선된 로켓 모터 개발을 의뢰한 상황이었기 때문에, 우주기술연구소는 전반적인 모니터링을 하면서 전자 장치 개발을 하도급 주는 역할을 맡았으며, 벨연구소는 토르 에이블 비행에서 사용되어온 무선 유도 장치를 개선하는 역할을 맡았다.

▲ Mk 2 대기권 재진입 운반체는 따로 보관되며, 발사대에서 미사일에 부착되어 군 요원들에 의해 장착되고 조정된다.
(자료 제공: USAF)

토르 에이블-스타의 엔진은 에어로젯 사의 AJ10-104로, 비행 중 재시동 기능과 연소 시간 사이의 자세 제어 기능이 추가됐으며, 추진제 보강으로 연소 시간도 더 늘어났다. 로켓 모터 자체는 압력 수반 추진제를 사용하는 동일한 연속 냉각 방식을 유지했으나, 연료는 부식 방지된 백연질산(IWFNA)에서 부식 방지된 적연질산(IRFNA)으로 교체됐다. 적연질산은 아게나(Agena, '토르 아게나' 참조) 로켓에도 사용되던 연료였다. 압력 수반 연료는 주입구 볼록면 내 유체 분출구들의 동심원 링들을 통해 사산화질소(N2O4) 산화제와 뒤섞인 뒤, 연소실 안에서 다시 뒤섞여 접촉과 동시에 점화됐다.

테스트 결과 토르 에이블 로켓 단에서 쓰이던 노즐 마개 격벽은 없어도 되는 걸로 밝혀져, 토르 에이블-스타 모델에서는 제거됐다. 그리고 새로운 모델에는 선택형 노즐 확장부가 있어 팽창 비율이 20:1에서 40:1로 늘어났다. 또 새로운 모터의 추력은 35.09kN으로 4% 늘었고, 비추력 역시 토르 에이블 2단 로켓의 260초에

◀ 발사대에 서 있는 토르 미사일에서 액체산소가 증발하고 있다.
(자료 제공: USAF)

▲ 토르 미사일 생산의 필요 요소들은 설계 과정의 중요한 일부였으며, 또한 미사일은 실전 배치될 때 제대로 유지되어야 했다. 이는 토르 미사일이 우주 발사체로 전용될 때 효율적인 수정 보완 작업 및 사용에 도움이 되었다.
(자료 제공: Douglas)

서 274초로 늘었다. 게다가 토르 에이블-스타 모델은 연소 기간이 296초였다. 이 2단계 발사체를 위한 토르 모델은 토르 아게나에 쓰이는 DM-21과 비슷한 DM-21A였으나, 상단 로켓에 어댑터 섹션이 있었고 다른 몇 가지 변화들도 있었다.

토르 에이블-스타 로켓은 길이 5.88m에 지름 1.4m였으며, 자체 무게는 590㎏이었고 연료를 채웠을 때의 무게는 4,470㎏이었다. 로켓 단들을 쌓아올릴 경우, 전체 발사체의 높이는 29m, 연료를 가득 채웠을 때의 무게는 53,000㎏이었다. 이 발사체에 탑재된 위성의 무게는 150㎏이었으며, 적도면과 90도 직교하는 극궤도 1,000㎞ 지점에 안착된 걸로 알려져 있다.

유도 장치는 스페이스 일렉트로닉 사Space Electronics Corporation에 의해 개발됐으며, 자이로스코프 3개가 딸린 스트랩다운형(strapdown, 관성 센서를 직접 발사체에 부착한 상태-옮긴이) 관성 항법 장치로 사용됐다. 각종 신호들은 비행 프로그래머와 로켓 내 컴퓨터에 의해 처리됐다. 첫 가동 시기 이후 토르 에이블-스타 로켓의 엔진은 지상에서의 무선 지시에 의해 연소가 차단됐으나, 로켓 내 프로그래머에 의해 두 번째 점화 지시가 내려졌고, 가속도가 붙어 필요 속도에 도달했을 때 통합된 가속도계에 의해 두 번째 연소 차단 지시가 내려졌다.

1960년대 초에 발전된 순차적 명령 및 제어 방식, 그러니까 지상에서의 무선 지시와 프로그래머 타이머 및 가속도계를 통합하는 방식은 곧 표준적인 로켓 운용 방식이 되었다. 그런데 토르 에이블-스타의 로켓 단은 크기도 더 크고 추진제도 더 많이 들어가, 액체 연료가 무중력 상태에서 떠다니면서 연료 탱크 배출구에 빈 공간이 생겨 두 번째 엔진 가동 지시가 제대로 이루어지지 않을 가능성이 더 커졌다. 그래서 두 번째 점화가 일어나기에 앞서 질소 반동 추진 엔진에 의해 로켓에 가속도가 붙고, 그 결과 액체 연료가 연료 탱크 뒤쪽으로 보내지면서 헬륨 가압 장치가 정압(positive pressure, 대기압보다 높은 압력-옮긴이)을 만들어내게 됐다.

첫 번째 발사는 1960년 4월 13일에 이루어졌으며, 트랜짓 1B 위성이 운반체 257호 기에 의해 지구 궤도에 안착됐다. 그러나 안타깝게도, 두 번째 연소 국면이 끝날 때 유도 장치가 트랜짓 1B 위성을 원형 근접 궤도가 아닌 타원형 궤도에 집어넣었다. 이후 두 번째 비행이 이어져 트랜짓 2A 위성과 그래브 1Grab 1 위성, 솔라드 1Solard 1 위성을 싣고 날아올랐으며, 각 위성은 제 궤도 안에 안착했다. 그래브 위성은 최초의 전자 정보(ELINT) 수집 위성으로, 1959년 8월 24일에 아이젠하워 대통령의 개발 승인이 떨어졌다. 솔라드 위성은 우주 공간 내 태양 광선을 측정할 목적으로 제작되었다.

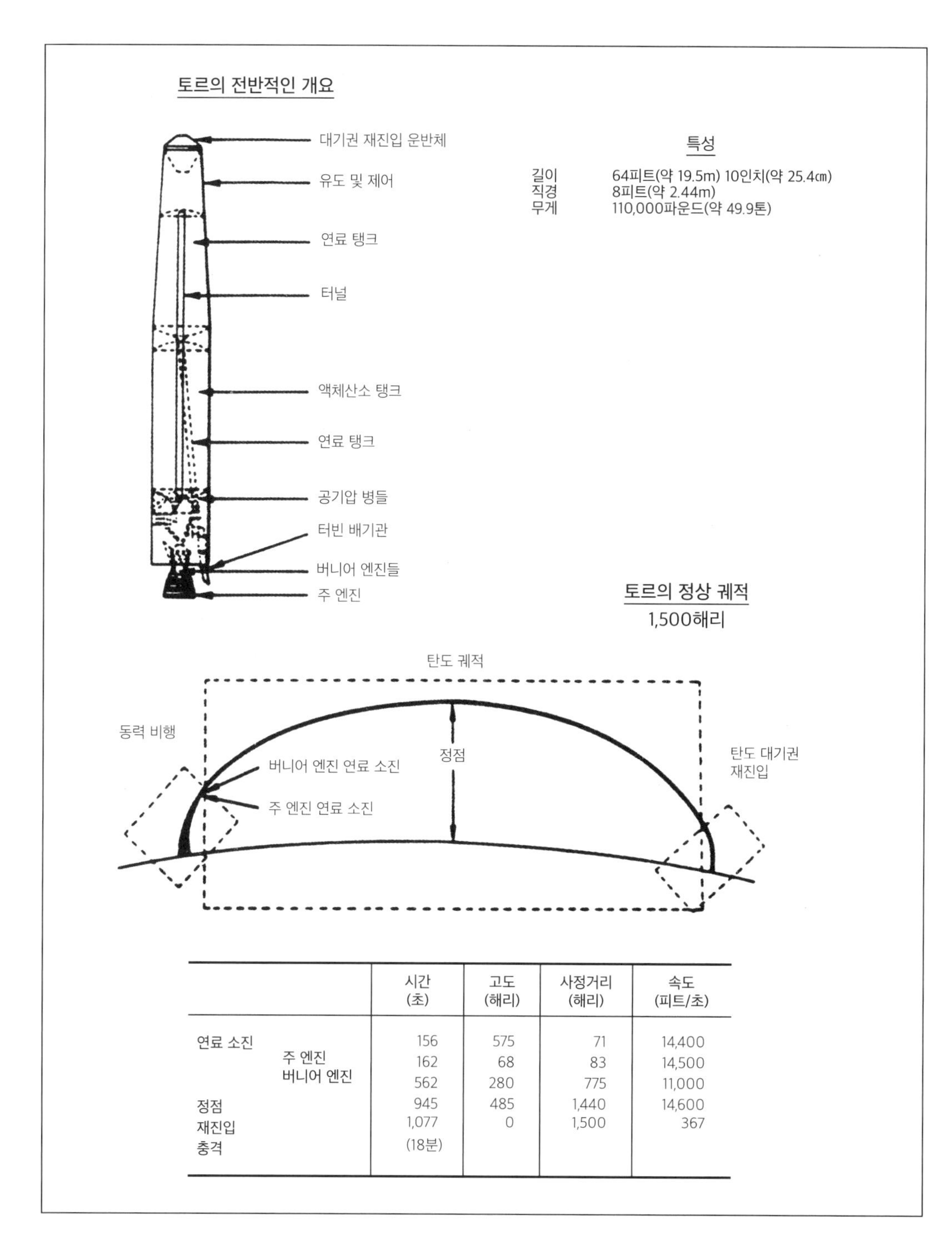

		시간 (초)	고도 (해리)	사정거리 (해리)	속도 (피트/초)
연료 소진		156	575	71	14,400
	주 엔진	162	68	83	14,500
	버니어 엔진	562	280	775	11,000
정점		945	485	1,440	14,600
재진입		1,077	0	1,500	367
충격		(18분)			

◀ 미사일과 비행경로를 보면 비록 한계는 있지만 차트에서 보듯 사정거리 1,500해리 내의 적 표적을 타격할 수 있는 초기 미사일의 능력을 알 수 있다. 이는 1,726 육상 마일(2,777㎞)에 해당한다.
(자료 제공: Douglas)

처음 일곱 번의 DM-21A 토르 에이블-스타 발사 가운데 여섯 번은 실패로 끝났고, 1962년 10월 31일에 이루어진 마지막 비행은 성공했다. 1963년 9월 28일부터 1965년 8월 13일 사이에 이루어진 마지막 여덟 차례의 비행에 쓰인 발사체들은 DSV2A로 명명됐으며, 1단에 추력 756.2kN을 가진 MB-3 블록 2와 3 엔진을 썼다는 점에서만 다르다. 8기 전부 트랜짓 위성 외에 여러 종류의 비밀 군사 위성들을 지구 궤도 안에 집어넣었는데, 단 1기만 작전에 실패했다.

토르 아게나

이 토르 아게나Thor Agena 로켓은 1956년 중반에 WS-117L 사진-정찰 위성의 상단 로켓으로 개발되기 시작했으나, 나중에는 디스커버러Discoverer 군사과학

▲토르 에이블 로켓 단이 토르 발사체 꼭대기에 장착할 목적으로 케이프 커내버럴의 17번 발사대 쪽으로 옮겨지고 있다.
(자료 제공: USAF)

연구 위성 시리즈로 널리 알려지게 됐다. 제 1세대의 카메라 패키지는 KH-1(Keyhole 1의 줄임말)로 명명되었다. WS-117L 사진-정찰 위성 개발은 1954년 랜드연구소의 한 비밀 보고서에서 처음 제시됐다. 1958년 이 WS-117L 개발 작업은 크게 3가지 프로그램, 그러니까 공군의 사모스Samos 사진-정찰 장치, 미다스Midas 미사일 방어 경고 장치, 그리고 디스커(코로나Corona로 불린 CIA 정찰 프로그램의 암호명) 장치 개발로 나뉘었다.

아게나 로켓 단의 추진 장치는 벨 에어로스페이스사에서 전동식 일회용 폭탄 포드Powered Disposable Bomb Pod(PDBP) 용으로 개발한 로켓 모터에서 가져온 것인데, PDBP는 초음속 폭격기 콘베어 B-58 허슬러Convair B-58 Hustler의 동체 아래 장착할 목적으로 개발된 원격 조정 무기이다. 1956년 10월 29일, 아게나 로켓 단 개발 계약은 록히드 미사일 시스템부로 넘어갔다. 부식 방지된 적연질산(IRFNA)/JP-4를 연료로 쓰는 아게나 로켓의 엔진은 100초 동안 66.72kN의 추력을 냈으며, 모델 번호 8001이 주어졌다. 그런 다음 8081로 명명된 이 아게나 로켓 단은 길이 4.73m, 직경 1.52m였고, 연료를 넣기 전 자체 무게는 885㎏이었다. 그러나 이 엔진은 첫 비행에 나선 토르 아게나 A에만 사용됐으며, 다른 모든 아게나 A의 비행에는 756.16kN의 더 높은 추력을 내는 토르 DM812-3 부스터 로켓 엔진이 사용됐다.

1959년 2월 28일 반덴버그 공군기지에서 발사된 토르 아게나 A 로켓은 디스커버러 1호를 싣고 극궤도로 올라갔다. 발사는 성공적이었지만, 위성과의 원격 측정에는 실패했다. 이는 반덴버그 기지에서의 두 번째 토르 발사였으며 첫 번째 발사는 1958년 12월 15일이었다. 이 디스커버러 1호는 로켓에 의해 극궤도에 안착한 최초의 위성이었다.

➤ 토르 에이블 파이오니어 달 미션을 지원하는 데 쓸 상단 부분이 로켓 꼭대기로 들어 올려지고 있다.
(자료 제공: USAF)

➤➤ 조심 조심! 에이블 로켓 단이 토르 발사체 꼭대기에 있는 유도 섹션 앞쪽에 부착되고 있다.
(자료 제공: Douglas)

벨 에어로스페이스 사는 공군과의 계약하에 1958년 이후 후속 엔진인 8084 모델을 개발했다. 이 회사는 비대칭 디메틸히드라진(UDMH) 추진제를 JP-4 추진제 대신 부식 방지된 적연질산의 연료로 씀으로써, 자동 연소 성분을 가진 두 추진제가 서로 접촉해 점화되는 방식은 더 이상 필요 없게 됐다. 그 결과 비추력이 265.5초에서 277초로 늘어났다. 또한 새로운 노즐이 제작되어 팽창 비율이 15:1에서 20:1로 늘어났고 연소 기간도 120초로 늘었다. 또한 터보펌프에서 연료 분사판에 이르는 추진제 흐름선에 맞는 기포 벤추리(venturi, 유량 측정관-옮긴이)가 장착되어, 연료 안전성과 흐름이 더 원활해졌다. 이 모든 요소들 덕에 로켓에 탑재할 수 있는 무게가 227㎏ 늘어났다.

두 번째 토르 발사에서 디스커버러 2호 위성을 탑재하는 데 이 로켓 단이 사용되면서, 이 8048 엔진은 1959년 4월 13일 비행에서 처음으로 쓰이게 된다. 이 변형 모델은 토르 아게나 A 발사체 15기 중 14기에 사용되어 다양한 성공을 거두었다. 이는 또 3축 위성을 궤도에 올린 최초의 일로, 3축 위성 관련 기술에는 아직 개선해야 할 게 많았다. 로켓 자세 방향 및 안정성 문제 해결은 디스커버러 프로그램의 주요 목적 중 하나였다. 그래서 제너럴 일렉트릭 사에서 제작한 지구 귀환 캡슐 안에는 사진 필름이 저장되어 있었고, 그 귀환 캡슐은 아게나 로켓 단의 앞부분에서 분리되어 조그만 고체 추진제 역추진 로켓을 작동시켜 대기를 지나 지상으로 내려오게 되어 있었다. 그리고 지구 귀환 최종 단계에서는 낙하산을 이용해 하강하고, 귀환 캡슐이 바다에 떨어지기 전에 비행기로 회수하게 되어 있었다.

새로운 8048 엔진을 장착한 처음 두 차례의 디스커버러 군사과학연구 위성 발사는 광학 장비나 지구 귀환 캡슐 없는 순수한 공학 차원의 비행으로, 두 번째 발사는 1959년 6월 3일 반덴버그 공군기지에서 이루어졌다. 그러나 이전 발사들과 마찬가지로 이 발사 역시 실패로 끝났다. 열 번의 발사가 이루어진 디스커버러 군사과학연구 위성 프로그램 중 첫 발사는 1959년 6월 25일에 이루어졌지만, 이번에도 아게나 A 로켓은 위성을 지구 궤도에 안착시키는 데 실패했다. 이후 8월 13일부터 11월 7일까지 세 차례의 추가 비행에서는 아게나 로켓 단이 계획대로 잘 작동됐다. 그러다 마침내 11월 20일의 비행이 부분적으로 성공해, 디스커버러 군사과학연구 위성은 타원형 모양의 이른바 '편심 궤도 eccentric orbit'에 진입했다. 이후 두 번의 실패가 더 있은 뒤(두 번째는 이륙 직후 잘못된 고도 때문에) 1960년 4월 15일의 비행은 부분적인 성공으로 끝났다.

이 이후에 미 공군은 사진 영상 장비 없이 디스커버러 미션을 수행할 비행을 두 차례 더 했는데, 1960년 8월 13일과 9월 13일에 이루어진 이 마지막 두 비행은 각기 디스커버러 13, 디스커버러 14 비행이라고 명명되

◀ 토르 에이블이 티로스 3 기상 위성을 싣고 날아올라, 미사일이 민간 우주기관의 위성을 지구 궤도로 실어 올리는 역할을 해냈다.
(자료 제공: NASA)

▼ 토르 미사일은 미국 이외에서는 유일하게 영국에서 계속 핵 억지력에 중요한 요소로 작용했다. 그래서 1959년부터 1963년 사이에 영국 요크셔, 노퍽, 노샘프턴셔, 레스터셔, 러틀랜드, 링컨셔 등지에 60대의 발사 패드가 설치되었다.
(자료 제공: USAF)

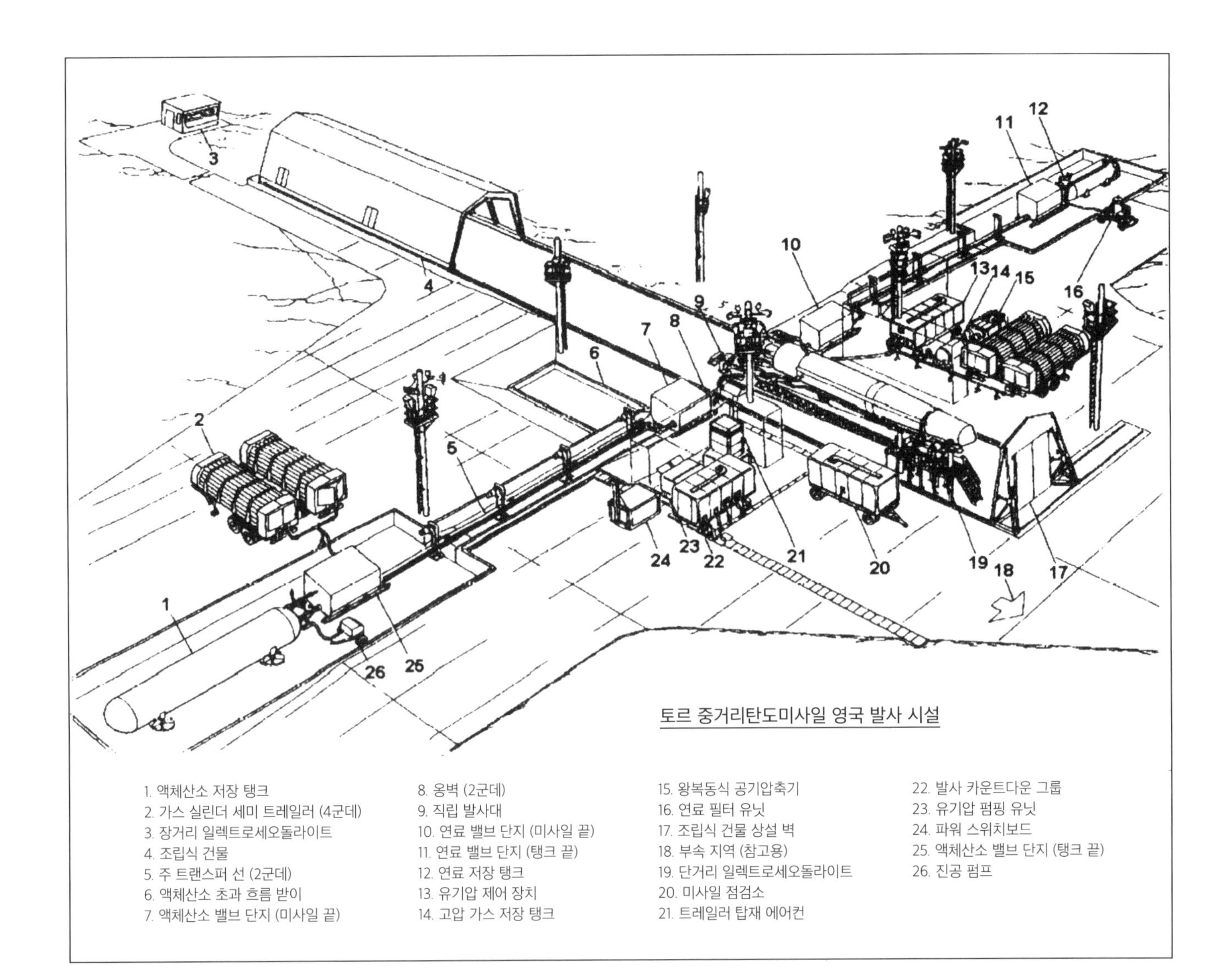

▲ 언론에 소개된 영국 내 미사일 발사 기지들 내 토르 미사일 실전 배치는 당시 영국의 중요 관심사였고, 많은 영국인들이 그로 인해 군비 경쟁이 격화될 거라 믿었으며 찬성과 반대 의견이 비슷한 비율이었다. 이 배치도는 캘리포니아에 있는 반덴버그 공군기지의 테스트 시설의 배치도를 그대로 옮긴 것이다. (자료 협조: USAF)

① 장거리 세오돌라이트 건물
② 세오돌라이트 기둥
③ 대피소 둑길
④ 대피소 철로
⑤ 발사대 기립대
⑥ 바람벽
⑦ 단거리 세오돌라이트 플랫폼
⑧ 대피소 문 활주부
⑨ 연료 집수구
⑩ 액체산소 폐기구
⑪ 액체산소 탱크 집수구

5 0 50 m
20 0 200 ft

➤ 토르 발사 받침대들이 로켓을 수직으로 세우기 위해 옆으로 옮겨진 대피소에 가려져 있고, 대피소 철로들 반대쪽 끝에 수직으로 나 있는 연료 및 산화제 집수구들이 이 받침대를 지지하고 있다. (자료 제공: UK MoD)

었다. 이 중 마지막 비행은 완전한 성공을 거두었으며, 코로나 카메라가 의도한 대로 작동했고 캡슐도 계획대로 회수됐다. 그리고 이는 지구 궤도에서 돌아온 물체를 성공적으로 회수한 첫 사례로 기록됐다. 1960년 9월 13일에 발사된 디스커버러 15호는 디스커버러 군사과학연구 위성 시리즈의 마지막이었으나, 당시 지구 귀환 캡슐은 태평양에 가라앉아버렸다.

아게나 기본형 로켓 단에 대한 추가 개발 작업은 1959년 초에 시작됐으며, 그해 늦가을쯤에는 벨 연구소와 계약을 맺어 로켓 단 길이와 연소 시간을 늘리고 듀얼 스타트 기능을 추가해 우주 공간 안에서 관성으로 움직이고 재점화될 수 있게 만들기로 했다. 또 8081 아게나 B 엔진을 사용하기로 했으나, 이전의 아게나 A 8048 엔진과 마찬가지로 적연질산/비대칭 디메틸히드라진 추진제를 쓰기로 했다. 오리지널 아게나 A 모델의 경우 점화 시 노즐 마개가 제대로 작동되지 않아 두 번째 점화를 위해 노즐을 다시 닫는 게 불가능했다. 그런데 테스트 결과, 연소실에서 비대칭 디메틸히드라진 추진제를 쓰기 직전에 적연질산을 쓰면 엔진에 확실히 시동이 걸린다는 게 밝혀졌다.

아게나 B의 길이는 총 6.28m, 토르 로켓 단 꼭대기에 어댑터를 부착할 경우 7.09m였으며, 직경은 1.52m였다. 로켓 단들을 다 조립하면 총 높이 31m, 발사체의 총 무게는 56,507㎏, 탑재 용량은 지구 궤도 1,000㎞ 높이에선 400㎏, 그보다 낮은 궤도에서는 조금 더 컸다. 8081 모터의 총 연소 시간은 240초였다. 토르 로켓 단은 DM-21로 명명되었고 MB-3 블록 II 엔진이 장착됐는데, 이 엔진은 추력이 758.67kN으로 높아져 있었다. 그리고 아게나 B 로켓은 XLR81-BA-7 엔진과도 잘 맞았다.

토르 아게나 B는 1960년 10월 26일 1,091㎏ 무게의 디스커버러 16호 위성을 싣고 첫 비행에 나섰다. 업그레이드된 이 로켓은 특히 KH2 정찰 시스템에 맞춰 개발된 것이었다. 토르 아게나 B의 처음 22기는 디스커버러 16~디스커버러 37로 명명되었고, 마지막 발사는 1962년 1월 13일에 이루어졌으며 그중 7기는 발사에 실패했다.

그다음 로켓은 1962년 2월 21일에 발사됐고, 거기엔 사모스 F2-1로 명명된 비밀 탑재체가 실려 있었는데, 그것은 바로 토르 로켓에 탑재해 쏘아 올린 페렛 위성(electronic ferret., 전자파 정보 수집용 군사 정찰 위성-옮긴이)들 가운데 첫 위성이었다. 무게가 187㎏인 사모스 F-2는 F1 시리즈(그 첫 번째는 1960년 10월 11일 아틀라스-아게나 A에 의해 발사됨)의 후속작이었다. 첫 발사는 실패했고, 1961년 1월 11일의 두 번째 발사는 성공했으며, 세 번째 발사는 다시 실패했다. 꼭 1년 전에 미 공군은 이 페렛 위성을 전용 위성으로 바꾸기로 결정했고, 그렇게 해서 태어난 위성이 바로 F-2이다. F-2 위성 발사에 아틀라스 로켓이 아닌 토르 로켓을 쓰기로 결정한 것은 사진을 가장 우선시했기 때문이지만, 당시에는 부차적으로 여겨진 정찰용으로 쓰기에는 아틀라스-아게나 A 조합은 너무 비용이 많이 든다고 생각했기 때문이다.

사모스 F-1 시리즈 발사 이후부터 1962년 6월 18일

▲ 토르 로켓은 ASSET(공기열역학적 탄성 구조 시스템 환경 테스트) 프로그램하에서 궤도 수정이 가능한 삼각주 모양의 지구 대기권 재진입 운반체를 발사하는 데 필요한 시험용 로켓 역할을 했다. 이 시리즈 중 첫 번째 로켓은 1964년 9월 18일 토르 로켓에 의해 대서양 미사일 사격 연습장Atlantic Missile Range으로 발사됐다.
(자료 제공: USAF)

➤ ASSET 대기권 재진입 운반체 테스트 프로그램은 델타 프로그램으로 계속 이어져 1964년과 1965년에 이 운반체로 다섯 번의 발사가 이루어졌는데, 지구 궤도에서 하강하는 동안 대기권 안에서 이동하면서 겪게 되는 능력으로 우주 환경을 연구하는 것이 그 목적이었다. (자료 제공: NASA)

▼ 아게나 A 로켓 단은 디스커버러 위성 프로그램에서 특히 사진-정찰 위성을 지구 궤도 위로 쏘아 올려 보내는 목적으로 개발됐는데, 이 프로그램에서는 지구 대기권 재진입에서 살아남을 경우 필름 포드film pod를 회수할 수 있었다. 그리고 그 필름 포드의 모양은 Mk 2 탄두에 적용된 열보호 물리학 원칙들이 그대로 적용됐다. (자료 제공: USAF)

F-2 시리즈가 발사될 때까지, 추가로 디스커버러 호 6기가 성공적으로 발사됐으며, 이후 토르 아게나 B 비행이 추가로 5기 더 발사됐고, 이후 1962년 9월 29일에 과학 위성 프로그램이 시작됐다. 그 과학 위성은 알루엣Alouette 1로 명명됐으며, 캐나다의 드 하빌랜드 항공기 회사De Havilland Aircraft Company와 캐나다 국방연구위원회Canadian Defence Research Board가 손잡고 제작했다. 당시 NASA는 전 세계 여러 나라와 손잡고 우주에서의 과학 연구를 수행했는데, 알루엣 1 위성은 그런 과정에서 만들어진 초기 작품들 중 하나였다. 이 위성은 특히 캐나다에서 아주 큰 관심을 끌었는데, 미국과 러시아 외의 다른 나라에서 제작된 최초의 위성이었기 때문이다. 이렇게 시작된 우주 관련 활동 및 제작과 활용은 캐나다의 자랑스런 전통이 되었고, 오늘날까지도 계속 이어지고 있다.

벨연구소는 아게나 B 개발 의뢰를 받고 1965년 후반에 계약을 맺기 무섭게 새로운 노즐이 장착된 8096 엔진을 이용해 아게나 D를 개발하기 시작했다. 그리고 연속 냉각 방식 대신 팽창 비율 45:1인 티타늄 확장 방식을 택했는데, 이 비율은 아게나 B의 2배가 넘는 것이다. 아게나 D의 추력은 71.17kN이었다. 이후 이 로켓 단은 여러 발사체의 표준이 되며, 또 여러 측면에서 최종적인 아게나 모델이 된다. 아게나 D는 훗날 추력 증강 토르(Thrust-Augmented Thor, TAT) 로켓의 첫 비행에서도 사용된다.

아게나 D의 유도 및 제어 장치는 발사체 앞부분에 갖다 붙인 길이 0.28m의 원통 안에 들어갔다. 용접된 튜브 형태의 프레임이 베릴륨 판에 둘러싸여 있었고, 그 속에 유도 장치, 삼중 자이로스코프 내부 측정 장치, 수평 센서, 속도 센서, 타이머, 원격 측정 장치, 통신 장치 등이 들어 있었다. 아게나 D는 필요하면 얼마든지 다양한 장치를 통합시킬 수 있어, 이전의 모델에 비해 훨씬 더 확장성이 뛰어났다. 나중에는 결국 반도체를 이용한 정교한 전자 장치와 디지털 컴퓨터들이 로켓 상단을 대체하게 되지만, 아게나 D에는 아직 그런 것들은 부족했다. 그리고 토르 로켓으로 쏘아 올리는 아게나 D 모델에는 자체 프로그래머가 있었고 그 안에 6,000초 시계가 장착된 타이머도 있었다.

로켓 후미 섹션은 길이가 약 2m였는데, 필요에 따라 길이 조정이 가능했다. 또한 아게나 D에는 가압 질소 탱크들과 2개의 자세 제어 분사기가 있었으며, 거기에 각기 지구 궤도상에서의 가벼운 움직임과 롤 동작 제어에 필요한 분출구가 6개씩 딸려 있었다. 비밀 임무에 쓰이는 일부 아게나 D 버전은 지구 궤도 진입 뒤에 태양전지들을 작동할 수도 있었다. 또한 일부 비행에서는 기본 프로그램 외에 재프로그래밍 시스템을 갖춰, 로켓 단과 지상 간의 무선 통신이 끊어질 경우 무선 지시를 통해 52가지의 개별적인 활동들을 추가할 수 있었으며, 후에는 업그레이드 작업을 거쳐 자심 기억 장치

▲아게나 로켓 단은 토르 로켓을 우주 발사체로 개발하는 프로그램에서 핵심적인 요소였으며, 재시동이 가능한 상단 로켓 단 아게나 B와 아게나 D에도 응용되는 등 아주 중요한 역할을 했다.
(자료 제공: USAF)

magnetic core memory를 통합시킬 수 있었다.

토르 아게나 D 로켓의 첫 비행은 1962년 6월 28일 KH-4가 장착된 코로나 위성 발사를 통해 이루어졌는데, 이는 이런 조합의 21회 발사 중 첫 발사였으며, 마지막 발사는 1967년 5월 31일이었다.

TAT-아게나 B와 D

1960년대 초에 이르자 미 공군은 보다 큰 탑재 능력을 지닌 로켓이 필요해졌으며, 또한 기존 로켓의 대량 생산을 절실히 원했다. TAT, 즉 추력 증강 토르 로켓에 처음으로 액체 추진제 및 고체 추진제 로켓 단이 동시에 쓰이게 된 것도 바로 이 때문이었다.

토르 로켓의 추력을 늘리기 위해 처음 도입된 것이 TX-33-52 고체 추진제 모터가 장착된 티오콜 캐스터 Thiokol Castror I 고체 추진제 로켓이었다. 이 부착식 추진 로켓은 27초 동안 추력이 240.2kN이었으며, TAT-아게나 D의 총 발사 무게는 67,820㎏이었다. 각 티오콜 캐스터 I는 지름 0.79m, 길이 5.92m였다. 토르 로켓 단 자체에는 MB-3 블록 3 추진제 패키지가 들어 있어, 발사 추력이 756.16kN으로 늘어났으며 150초 동안 연소했다. 부착식 로켓을 토르 로켓 단에 붙여 아게나 비행에 사용한 경우는 거의 모두 군사적 목적 때문이었다.

이런 여건에서 TAT-아게나 D 로켓은 1,000㎏의 탑재체를 극궤도 위로 쏘아 올릴 수 있었다. 이 로켓을 이용해 미 공군은 필름 회수 캡슐 2개가 딸린 KH-4A를 발사할 수 있었고, 그 덕에 한 가지 임무 수행 중 정찰 가능한 지역을 크게 늘릴 수 있었다. 게다가 발사대는 한 달 이내에 준비 가능했으며, 거의 발사 3일 전에 대피소 안에 수평으로 보관할 수 있었다. 일단 발사대 위에 세워지면, 캐스터 고체 추진제 로켓을 발사 이틀 전에 부착할 수 있어, 아주 융통성이 많고 편리했다.

1963년 2월 28일에 처음 발사된 TAT-아게나 D 로켓은 코로나 KH-4 위성을 싣고 날아올랐으나 지구 궤도에 들어가는 데는 실패했다. 3주 후에 KH-6 위성을 싣고 날아오른 TAT-아게나 D 로켓 역시 실패했다. 그러나 5월 18일 마침내 TAT-아게나 D 로켓이 탑재체를 지구 궤도에 안착시키는 데 성공했다. 최초의 TAT-아게나 B 로켓은 1966년 5월 15일에 님버스Nimbus 2 기상 위성을 싣고 발사됐다. 그리고 두 번째 TAT-아게나 B 로켓은 1965년 11월 29일 익스플로러 31 과학 위성과 알루엣 2 위성을 싣고 캐나다에서 날아올라, 그 두

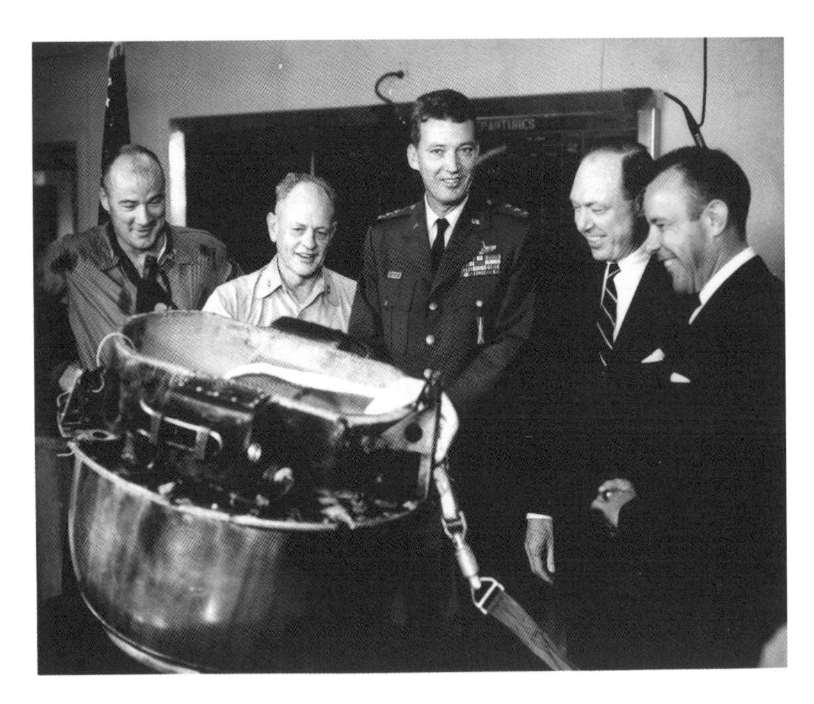

▲ 13번째 비행에 나섰던 디스커버러의 캡슐이 자랑스레 전시되어 있다. 왼쪽부터 6594호 테스트동의 지휘관 '무스' 매티슨 대령, 공군 탄도미사일부의 지휘관 오즈먼드 J. 리틀랜드 소장, 공군 연구개발사령부 지휘관 슈리버 중령과 민간인 두 명이다.
(자료 제공: DoD)

위성을 지구 궤도에 안착시켰다.

미 공군은 모두 61기의 TAT-아게나 D 로켓을 발사했는데, 1965년 10월 14일에 발사된 NASA의 지구과학 위성 OGO-2, 1966년 6월 24일에 발사된 PAGEOS 위성, 1967년 7월 28일에 발사된 OGO-4 위성의 3기 외에는 전부 군사 위성을 싣고 발사되었다. 그리고 1968년 1월 17일에 페렛 위성 C-5를 싣고 날아오른 게 마지막 TAT-아게나 D 로켓이었다. TAT-아게나 B 로켓은 단 2대만 발사됐는데, 1963년 6월 29일에 발사된 사모스 위성과 1966년 5월 15일에 발사된 님버스 2 기상 위성이다.

토르 버너

1960년 앨러게니탄도학연구소Allegany Ballistics Laboratory의 허큘리스 파우더 사Hercules Powder Company에 의해 개발된 토르 버너Thor Burner I은 MB-3 블록 I 엔진이 장착된 토르 DSV-2S 로켓용 고체 추진제 상단 로켓이었다. 뱅가드 3단 로켓(알테어Altair)을 수정 보완한 것으로, 평균 추력 11.12kN에 266초의 비추력을 가진 X-248-A2 모터를 사용했다. 이 로켓의 특징은 로켓 단 통합 의뢰를 받은 보잉Boeing 사에서 제작해 장착한 3축 안정화 및 자세 제어 장치가 있었고 또 1단 로켓 바닥에 삼각형 핀 4개가 있었다는 것이다. 탑재체까지 쌓아올리면 총 높이가 23m였고 무게는 50,000㎏이었다.

토르 버너 I 로켓은 1965년 1월 19일에 첫 비행이 이루어졌지만, 탑재된 위성이 상단에서 분리되는 데 실패했다. 1965년 3월 18일의 두 번째 비행은 성공했다. 총 6기의 토르 버너 I 로켓 중 마지막 로켓은 1966년 3월 30일에 발사됐고, 그 당시에는 극비에 속한 블록Block 1 DMSP 기상 위성들이 탑재됐다. 이 로켓들은 토르 아게나 D 로켓으로부터 DMSP 위성들을 넘겨받은 것이었고, 토르 아게나 D 로켓은 스카우트Scout 로켓으로부터 위성들을 넘겨받은 것이었다.

버너라는 이름은 그대로 이어받았지만 토르 버너 II 로켓은 사실 버너 I의 직계 후손은 아니었다. 1961년 9월 2일, 미 공군 우주시스템부는 보잉 및 그 제휴사인 링-템코-바우트Ling-Temco-Vought(LTV)와 궤도 수정이 가능한 최소형 상단 로켓 개발 계약을 맺었다. 이 로켓의 모터는 구 모양의 스타Star-37B 모터를 토대로 NASA 서베이어Surveyor 우주선에 사용된 고체 추진제 로켓 모터를 발전시킨 것이었다. 구 모양은 최적의 선택이었는데, 그래야 고체 상태의 어떤 모양에서든 표면적 대비 최대 부피가 나오고 또 최소 평균 곡률이 나오기 때문이다.

스타-37B 모터에 쓰인 추진제의 경우 알루미늄과 과염소산암모늄을 혼합해 연료와 산화제로 사용했다. 658㎏의 추진제가 꼭짓점이 8개인 별 모양 안에 공급됐으며, 이것은 모두 직경 91.44㎝의 강철 케이스에 둘러싸여 있었다. 그리고 42초 넘게 43.06kN의 추력이 발생했다. 또한 토르 버너 II 로켓에는 과산화수소 반응 제어 장치가 들어 있어 로켓의 흔들림을 방지해주었다. 이 로켓 단만의 최대 직경은 165㎝, 탑재체 덮개를 제외한 높이는 173㎝, 점화 시 무게는 807㎏, 연료 소진 시에는 143㎏이었다.

토르 버너 I 로켓으로부터 어느 정도 발전했는지, 또 일반적인 상단 로켓 성능들이 어느 정도 발전했는지는 유도 지시들에 대한 이행 수준을 보면 알 수 있었다. 이른바 '스트랩다운식' 관성 항법 장치가 장착된 이 로켓 단은 토르의 1단 로켓, 자세 제어 장치 가스 분출구 등 동력 비행의 모든 부분들을 지시하고 제어할 능력을 갖고 있었다.

토르 LV2F, 또는 토르 DSV2U 버너 II로 불리는 이 같은 방식의 첫 비행은 1966년 9월 16일 DSAP-4A 기상 위성 중 첫 번째 위성, 즉 블록 I DMSP를 탑재한 채 이루어졌다. 그리고 1968년 8월 16일과 1972년 10월 2일에는 토르 버너 II 로켓 단 2기가 아틀라스 발사체에 실려 쏘아 올려졌다. 토르 버너 II 로켓의 12회 비행 가운데 10회는 DSAP 기상 위성 프로그램의 일환이었다. 마지막 토르 버너 II 로켓은 1971년 6월 8일에 발사되었다.

1969년 8월, 미 공군 우주 및 미사일시스템국(Space & Missile Systems Organization, SAMSO)은 보잉 사를 상대로 버너 IIA로 알려진 2단 로켓을 개발하기로 계약했다. 로켓 하단은 버너 II 그대로였지만, 스타-26B 모터가 장착된 로켓 상단은 거의 같은 추진제들을 혼합해 사용하도록 제작되었다. 유도 장치는 이 로켓 단으로 옮겨졌으며, 점화기와 티타늄 케이스가 통합된 모터는 직경이 66㎝에 18초 넘게 39.14kN의 추력을 나타냈다. 상단 로켓에는 238㎏의 추진제가 들어갔다.

총 8회의 토르 버너 IIA 로켓 비행 중 첫 비행은 1971년 10월 14일에 이루어졌으며, 이 비행에선 DSAP 블록 5B 위성이 쏘아 올려졌다. 그리고 이 위성 중 총 5기 외에 추가로 2기의 DSAP 블록 5C 위성이 쏘아 올려지게 된다. 총 20기의 토르 버너 II/IIA 로켓과 2기의 아틀라스 버너 로켓이 반덴버그 공군기지에서 발사됐다.

토르 버너 프로그램은 워낙 비밀리에 시작되어 이 로켓 단 역시 모든 게 베일에 가려져 있었다. 그러나 907㎏의 탑재체를 태양 동조 궤도 안에 안착시킬 수도 있고, 무게 227㎏의 우주선을 화성 궤도보다 바깥쪽 궤도에 있는 외행성까지 보낼 수 있어, 다양한 용도로 두루 활용되었다. 그러나 미 공군은 토르 버너 II 위에 다른 로켓, 그러니까 직경 0.34m에 총 무게 38.1㎏인 구 모양의 티오콜 스타-13A 로켓을 한 단 더 추가해 사용했다. 2단 로켓인 토르 버너 IIA와는 혼동하면 안 되는데, 이 로켓은 1967년 6월 29일에 단 한 차례 발사됐으며, 합친 무게가 39㎏밖에 안 되는 두 과학 위성 오로라Aurora P67 위성과 세코Secor 9 위성을 싣고 쏘아 올려졌다.

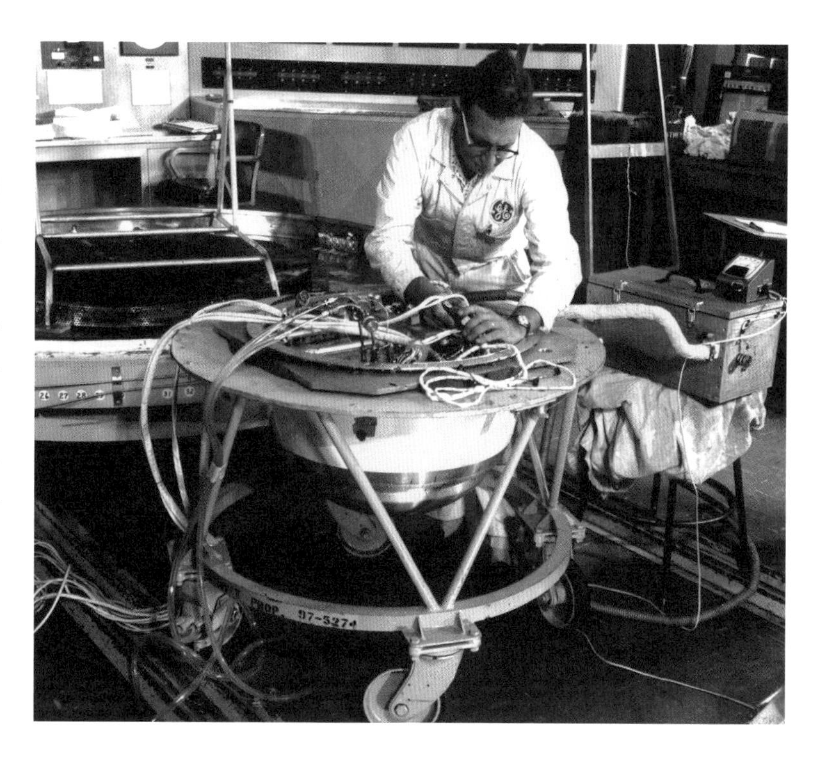

▲ 일명 코로나 프로그램은 베일에 가려 있었지만, 대중들에게는 군에서 말하는 이른바 디스커버러 프로그램으로 그 면면이 소개됐다. 일부 지구 대기권 재진입 운반체들의 경우에는 이 사진에서와 같은 생물 실험들이 실시됐다.
(자료 제공: USAF)

토라드 아게나 D

1966년 1월에 미 공군 우주시스템부는 다시 토르 아게나 D 로켓 단과 함께 사용하면서 토르 발사체 기본형의 성능을 확장하는 수정 보완 작업을 요청했다. 이 로켓은 정식 명칭이 '긴 탱크 추력 증강 토르(Long Tank Thrust Augmented Thor, LTTAT)'였으나 줄여서 간단히 '토라드Thorad' 로켓이라 불렀다.

토르 1단 로켓은 길이가 21.4m로 늘어나 66,639㎏의 추진제를 실을 수 있었고, 그 덕에 연소 시간도 215초로 늘어났다. 부착식 부스터 로켓은 티오콜 TX-354-3 또는 티오콜 TX-353-5 모터와 통합된 보다 강력한 캐스터 II 로켓이었다. 그리고 폴리부티디엔-아크릴산 바인더를 카르복시-터미네이티드 폴리부타디엔으로 교체함으로써 고체 연료의 효율성을 높였으며, 그 결과 비추력이 225초 이하에서 235초 이상으로 늘어났다. 또한 캐스터 II 로켓은 길이가 6.27m로 늘어났지만, 직경은 캐스터 I과 동일했다. 이 캐스터 II 로켓은 1965년 스카우트 발사체에 채용되어 처음 비행에 성공했다.

캐스터 I의 경우 토르의 앞부분 추진제 구획 내 등유(RP-1) 연료 탱크에서 가장 중요하고 혁신적인 변화가 일어났다. 앞으로 갈수록 뾰족해지는 모양 대신 길이 5.4m에 직경이 2.44m로 유지되었다. 연료 탱크가 두

➤ 1970년 2월 3일, 토르 아게나 D 로켓은 부착식 보조 로켓 엔진들을 이용해 SERT (우주 전기 로켓 테스트) 우주선을 지구 궤도 위로 쏘아 올렸다. 공식적으로는 '긴 탱크 추력 증강 토르'로 알려진 토라드 로켓은 1966년에 처음 발사됐는데, 끝으로 가면서 뾰족한 초창기 토르 모델들의 연료 탱크 섹션과는 달리 주 로켓 단의 직경이 일정했고, 부착식 보조 로켓 엔진들로 추력이 보강되는 등, 후에 나오게 될 델타 로켓 시리즈의 선구자 역할을 했다. (자료 제공: NASA)

께 0.63㎝짜리 알루미늄판 3장으로 길게 용접해 붙인 원통형이었던 것이다. 연료 탱크 안쪽 면은 강도 대 무게 비율이 극대화되도록 처리했으며 연료 탱크 양쪽 끝은 볼록한 돔을 볼트로 조이고 용접해 이은 부분에 틈새가 없게 했다. 또한 연료 탱크 안쪽에 칸막이들을 만들어 추진제가 이리저리 출렁거리지 않게 했다. 아래쪽 액체산소 탱크는 길이 8.6m로 구조는 비슷했으며, 위쪽 연료 탱크를 지지하는 0.8m 높이의 세미모노코크 내부 탱크 형태를 취하고 있었다. 그리고 원격 측정 장치가 설치되어 있고 점검문도 달려 있었다.

액체산소 탱크 바닥은 후미 스커트 위에 서 있었는데, 길이가 0.8m인 후미 스커트에는 질소 압력 장치와 탱크들은 물론 산화제 충전 밸브도 있었다. 연료 탱크들이 더 길다는 걸 제외하고는 대체로 토르 중거리탄도미사일 기본형과 아주 흡사했다. 로켓 모터 확장 노즐의 바닥까지 잴 경우, 토라드 아게나 D의 총 길이는 33.8m였다.

토르 로켓의 핵심 단은 MB-3 블록 3 모터(TAT 아게나 로켓 참조)로 추진력을 얻었으며, 토르 로켓 단은 자체 무게가 3,715㎏이었고, 토라드 아게나 로켓의 점화 시 무게는 91,627㎏이었다. 이제 이륙 시 추력은 1,461kN이었으며, 그중 695.9kN은 37초 동안 캐스터 II 로켓 3개에 의해 제공됐다. 또한 토라드 아게나 D 로켓은 핵심 로켓 단과 부착식 추진 로켓 덕에 연소 시간이 늘어나, 탑재 능력도 20%가량 늘었으며, 이제 1,315㎏의 탑재체를 극궤도 안에 안착시킬 수 있었다.

대부분의 비행에서는 캐스터 II 로켓 3개가 39초 만에 연료 소진이 됐고, 102초 만에 폐기되어 캘리포니아주 해안 근처의 안전한 지역에 떨어졌다. 220초 만에 토라드의 주 엔진이 차단된 뒤 다시 9초 동안 버니어 엔진들이 계속 작동되었으며 그 결과 8.9kN의 추력이 발생했다. 또한 아게나 D 로켓은 대개 19초 후에 점화되어 235초 동안 작동되며, 비행 233초 만에 토르 로켓 단이 지시에 의해 분리되었다. 탑재체는 임무에 따라 로켓에서 분리되어 독립적인 궤도에 들어가거나, 아니면 아게나 로켓이 계속 아게나 로켓 앞부분 끝에 부착된 탑재체 섹션(카메라 패키지, 회수 캡슐 등)의 자세와 안정성을 제어했다.

1966년 1월 5일 미 공군은 더글러스 미사일 & 우주 시스템 사에 LTTAT, 즉 '긴 탱크 추력 증강 토르' 로켓 단 21기의 제작을 의뢰했다. 그리고 1967년 4월에는 록히드 사에 벨 8096-39 모터를 통합한 새로운 아게나 D 로켓 단 개발을 의뢰하면서, 아게나 로켓 단의 개선 작업도 이루어졌다. 새로운 로켓 모터는 추진제가 실리콘 오일이 포함된 비대칭 디메틸히드라진과 고밀도 산(농축된 적연질산 안에 14%가 아닌 44%의 사산화질소가 포함)을 혼용했다는 점에서 이전의 아게나 D 모터와는 달랐다. 실리콘 오일은 연료분사 장치 표면과 연소실 내벽에 필름 코팅을 해, 사산화질소 오염으로 인해 더 높아진 연소 온도를 냉각시키는 역할을 했다. 그 결과 추력은 그대로였지만, 추진제 변화로 비추력이 3.5% 가까이 증가한 300초까지 늘어났다.

아게나 D 로켓을 단 토라드 아게나 D 로켓이 처음 발사된 것은 1966년 8월 9일이며, 1972년 5월 25일에는 KH-4B 로켓을 단 토라드 아게나 D 로켓이 마지막으로 발사되어 43회에 이르는 비행을 마감했는데, 그 대부분은 첩보 위성을 지구 궤도 위로 쏘아 올리기 위한 비행이었다. 결국 토르와 TAT, 토라드 로켓을 이용해 위성을 쏘아 올린 것이 총 125회나 됐다. 또한 이후 아틀라스와 타이탄 로켓을 이용해 위성을 쏘아 올린 것도 144회에 이르렀다. 모든 토르 로켓들은 주로 캘리포니아주 산타 모니카의 더글러스 사 시설에서 제조되다가, 후에는 헌팅턴 비치가 주요한 생산 거점이 되었다.

◀ 영국 코스포드의 왕립 공군 박물관에 똑바로 서 있는 토르 로켓. 이 미국 미사일들이 과거 4년간 영국 동부 지역들에 실전 배치됐던 시절을 생각나게 한다.
(자료 제공: RAF Museum)

토르의 유산을 물려받은 로켓은 델타Delta 로켓인데, 앞에서 설명한 것처럼 비군사적 용도의 정부 및 민간 위성들을 지구 궤도 위로 쏘아 올리기 위해 토르 로켓에 적용된 기술들이 거의 모두 델타 로켓에도 그대로 쓰였기 때문이다.

주피터

성공한 최초의 비행: 1957년 3월 1일

중거리탄도미사일로 개발된 주피터 로켓은 미 육군 탄도미사일국이 제작한 것이다. 이 로켓은 훗날 초기 위성 발사체로 쓰여, 1958년부터 1961년 사이에 먼 우주에서의 과학 임무를 수행하는 데 많은 기여를 했다.

➤ 미 공군의 토르 미사일과 함께 육군에서 동시에 개발된 주피터 미사일은 먼저 일시적으로 터키와 이탈리아에 PGM-19A란 이름으로 배치되었다. 이후 미국 대륙에는 아틀라스 미사일과 타이탄 미사일이 전면 배치됐고, 결국 토르 미사일은 우주 발사체로 활용되게 된다.
(자료 제공: USAF)

1954년 말에 이루어진 수소폭탄 기술 발전은 발사체의 무게를 줄이는 데 획기적으로 기여했고, 그 덕에 핵탄두를 실은 장거리 미사일의 개발이 가능해졌다. 그 결과 1955년 초에 한 정부 자문기관은 사정거리가 2,400㎞에 달하는 유도 미사일의 개발을 권하기에 이르렀다. 이 미사일은 레드스톤 같은 준중거리탄도미사일(MRBM)과 아틀라스 같은 대륙간탄도미사일(ICBM)의 중간쯤 되는 중거리탄도미사일(IRBM)로 여겨졌다.

레드스톤 병기창의 유도미사일 그룹은 로켓다인 사에서 개발 중인 추력 667kN의 새로운 엔진 모터를 사용하자고 제안했다. 7월에 이르러 로켓 디자인 팀은 무게가 907㎏인 탄두를 레드스톤 로켓 같은 1단짜리 로켓으로 원하는 사정거리까지 보낼 수 있음을 입증해 보였다. 로켓다인 사의 엔진은 등유/액체산소 추진제로 119초 동안 연소될 수 있었고, 추력이 4.45kN인 버니어 모터 2대로 방향 제어가 가능했으며 반동 추진 엔진 6대로 로켓의 흔들림도 제어 가능했다. 그러나 수직 꼬리날개들은 필요 없었다.

1955년 11월 8일 미 국방장관 찰스 F. 윌슨Charles F. Wilson은 육군의 주피터Jupiter 미사일 개발은 물론 공군의 토르 미사일 개발도 승인했다. 그리고 1956년 2월 1일에 창설되어 3월 14일부터 정식 활동에 들어간 미 육군 탄도미사일국 지휘관에는 J.B. 메다리스J. B. Medaris 소장이 임명됐다. 1956년 11월에 미 육군의 미사일 최대 사거리를 322㎞로 제한한다는 결정이 내려졌지만, 주피터 미사일 개발은 계속 허용됐다. 단, 이 미사일은 실전 배치될 때 공군이 운용하게 되어 있었다.

미 육군은 주피터 미사일을 해군과 공동 개발하기로 방향을 정했다. 해군이 수상 함정에서 이 미사일을 발사하기 위해서였다. 그러나 1956년 12월 8일 해군은 그 계획을 포기했는데, 고체 추진제로 움직이는 잠수함 폴라리스Polaris에서 발사하는 잠수함 발사 탄도미사일 개발에 집중하기 위해서였다. 하지만 육군은 이미 주피터 미사일을 해군의 필요에도 맞게 개발하기로 했으므로 미사일 길이를 27.4m가 아닌 17.67m로 하고 직경도 2.4m가 아닌 2.67m로 제작했다. 결국 육군은 주피터 미사일의 외형을 바꿔, 직경은 2.67m 그대로 두었으나 길이는 18.3m로 늘렸다.

➤ 1961년 4월 20일 주피터 로켓이 하늘을 향해 솟아오르고 있다. 이 날 이 로켓은 사정거리와 성능 면에서 레드스톤과 아틀라스 사이의 중거리탄도미사일로 시험 발사된 것이다.
(자료 제공: USAF)

주피터 미사일의 추진 장치는 토르 미사일에서 시작된 혁신적인 방식을 그대로 따랐다. 로켓다인 사의 S-3D 엔진은 근본적으로 아틀라스 추진 로켓용으로 개발되었지만, 토르 미사일과 마찬가지로 보다 긴 연소 시간에 맞춰 추력은 줄어들었다. S-3D 엔진의 비추력은 247.5초였고(2.43kN.s/㎏), 소모율이 초당 284.7㎏(284.7㎏/sec)이었으며, 연소 시간은 2분 37초였다. 또 미사일의 자체 무게는 6,221㎏, 연료를 채운 무게는 49,353㎏으로, 그중 액체산소 무게가 31,189㎏, 등유 무게가 13,796㎏이었다. 그러나 토르 로켓 모터에 그대로 남아 있던 버니어 엔진 2개는 주피터 로켓에서 2.22kN짜리 고체 추진제 부스터 로켓 모터 1개로 교체됐다. 이 부스터 로켓 모터는 S-3D 엔진이 셧다운되고 후미의 추력 장치가 제거된 뒤 작동됐다.

주피터 관성 유도 플랫폼은 레드스톤 로켓에 맞춰 개발된 것이었다. 그래서 미 육군 탄도미사일국의 프리츠 뮐러Fritz Mueller는 크기를 줄이고 정확도는 높여, ST-90 유도 플랫폼이 보다 뛰어난 성능을 발휘할 수 있게 했다. 주피터 중거리탄도미사일은 발사 이후 최고 고도 630㎞까지 올라갔고 사정거리 2,400㎞ 지점까지 하강해, 동력 차단 상태에서도 13.7g의 가속도를 냈고 시속 17,131㎞의 속도로 날았다. 탄두의 정확도는 원형 공산 오차(CEP)가 1,500m로 신뢰도가 높았다. 표준적인 탄두는 1.45MT W49로, 그 무게는 충격 신관을 포함해 750㎏이었다.

ST-90 유도 플랫폼이 개발된 것은 치밀한 수정 보완 작업의 결과였다. 로켓 발사 전에 진자들에 부착된 공기 베어링 자이로스코프 2개가 두 축 안의 수평 지역을 감지해 플랫폼을 조정했다. 비행 중인 로켓의 제어를 위해서는 추가된 가속도계 3개가 주 엔진에 있는 서보모터 제어 짐벌 각도들에 고도, 사정거리 등에 대한 가속도 신호들을 보내 로켓의 흔들림을 제어했다. 지구 대기권 밖에서, 그리고 엔진 가동 중단 이후에는 로켓 앞 섹션이 분리되고 부스터 로켓 모터가 작동됐으며, 병에 든 질소로 움직이는 8개의 제트 분출구에 의해 로켓의 자세가 제어됐다. 유도 장치의 전체 무게는 136㎏도 안 돼 토르 로켓의 317㎏에 비해 훨씬 가벼웠으며, 그래서 주피터 로켓의 정확도 또한 더 높아졌다.

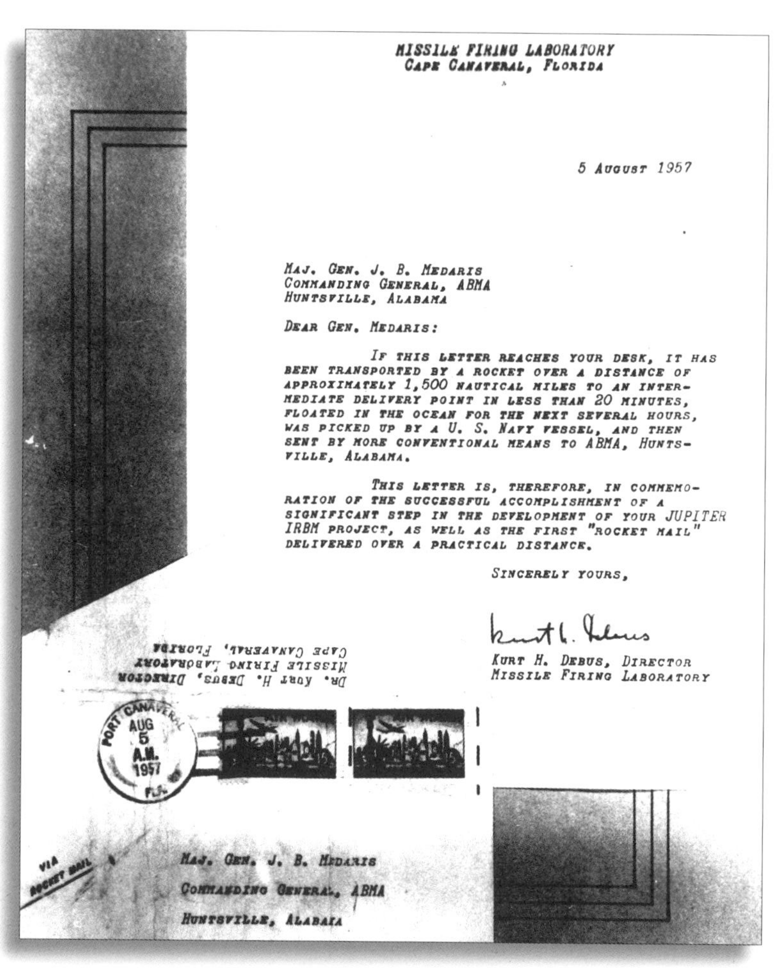

MISSILE FIRING LABORATORY
CAPE CANAVERAL, FLORIDA

5 AUGUST 1957

MAJ. GEN. J. B. MEDARIS
COMMANDING GENERAL, ABMA
HUNTSVILLE, ALABAMA

DEAR GEN. MEDARIS:

IF THIS LETTER REACHES YOUR DESK, IT HAS BEEN TRANSPORTED BY A ROCKET OVER A DISTANCE OF APPROXIMATELY 1,500 NAUTICAL MILES TO AN INTERMEDIATE DELIVERY POINT IN LESS THAN 20 MINUTES, FLOATED IN THE OCEAN FOR THE NEXT SEVERAL HOURS, WAS PICKED UP BY A U. S. NAVY VESSEL, AND THEN SENT BY MORE CONVENTIONAL MEANS TO ABMA, HUNTSVILLE, ALABAMA.

THIS LETTER IS, THEREFORE, IN COMMEMORATION OF THE SUCCESSFUL ACCOMPLISHMENT OF A SIGNIFICANT STEP IN THE DEVELOPMENT OF YOUR JUPITER IRBM PROJECT, AS WELL AS THE FIRST "ROCKET MAIL" DELIVERED OVER A PRACTICAL DISTANCE.

SINCERELY YOURS,

KURT H. DEBUS, DIRECTOR
MISSILE FIRING LABORATORY

DR. KURT H. DEBUS, DIRECTOR
MISSILE FIRING LABORATORY
CAPE CANAVERAL, FLORIDA

PORT CANAVERAL
AUG 5 A.M. 1957
FLA.

VIA ROCKET MAIL

MAJ. GEN. J. B. MEDARIS
COMMANDING GENERAL, ABMA
HUNTSVILLE, ALABAMA

▲ 1957년 8월 5일에 주피터 미사일의 노즈 콘에 실렸던 편지. 상당히 먼 거리까지 전달된 최초의 이 '로켓 메일'은 상징적인 것으로, 실제로 사용을 목적으로 한 건 아니었다.

(자료 제공: US Army)

◀ 우주 발사체로 채택되어 주노 II로 명명된 주피터 미사일은 길이가 늘어나 연소 시간도 늘었으며, 주노 I 로켓에 실어 나른 서전트 고체 추진제 로켓들의 3단 로켓 조립에도 적합했다. 1959년 10월 13일 특수 용도의 주노 II 로켓이 NASA의 익스플로러 7호를 쏘아 올릴 준비를 하고 서 있다.

(자료 제공: NASA)

➤ 4단 로켓 주노 II의 조합은 미사일과는 확연히 달라 위성 및 우주 발사체를 탑재하는 데 중점을 두었지만, 지지자들의 낙관적인 기대를 충족시키는 데는 실패했다. 그럼에도 주노 I부터 적용되기 시작한 로켓 상단 부분의 완전한 패키지화 덕에 강력한 1단 로켓을 집어넣을 수 있었고, 그 결과 나머지 2-4단 로켓의 성능까지 향상시켰다. 어떤 이들에게는 그런 주노 II가 우주 프로그램에서 더 많은 역할을 하지 못했다는 게 놀랍겠지만, 결국 모든 것은 돈 때문이었다. 레드스톤 로켓은 주피터 로켓에 비해 제작비가 훨씬 적게 들었고, 역시 경제적인 측면에서 토르 로켓이 주피터 로켓보다는 훨씬 유리했다. 결국 주피터 로켓을 쏘아 올리려던 머큐리 프로그램이 취소되는 데 큰 영향을 준 건 돈이었다.
(자료 제공: JPL)

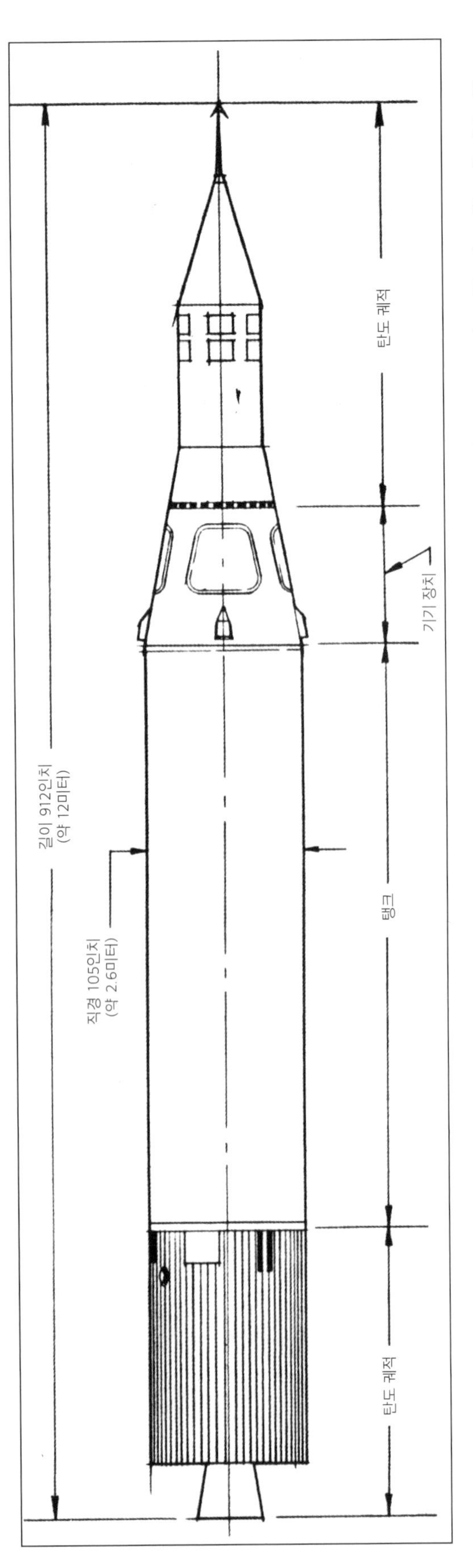

주피터 로켓 테스트 프로그램은 1957년 3월에 시작되어 총 29회 발사됐는데, 그중 22회는 성공으로, 그리고 2회는 실패로 평가됐다. 레드스톤 로켓에 비하면 큰 발전을 이뤘으나, 새로운 문제들도 발견됐다. 가장 눈에 띄는 문제는 연료 탱크들 안에서 추진제들이 출렁이는 문제로, 결국 액체 추진제 속에 빈 깡통들을 넣고, 그 다음엔 다시 그 깡통들을 고정된 칸막이들로 교체하는 것으로 해결됐다.

레드스톤 로켓의 경우와 마찬가지로 크라이슬러 사는 미사일을 제작해 1959년부터 육군에 공급하기 시작했는데, 그중 60기는 이탈리아와 터키에 배치한 뒤 미 공군이 통제했다. 그러다가 1960년 7월부터 1961년 7월 사이에는 이탈리아 미사일 발사 요원들이 미국 나토군 동료들로부터 미사일 30기에 대한 통제권을 넘겨받았다. 그러나 탄두들은 여전히 미군의 통제하에 있었고 발사대 위에서 로켓들로부터 분리됐는데, 이는 이탈리아보다 상당히 늦게 배치됐던 터키에서도 마찬가지였다. 터키에서는 IBRAHIM 2라는 암호명으로 1961년 11월에 최초의 미사일 기지가 운영되기 시작했고, 1962년 3월에 이르면 30기 모두가 배치됐다. 그러나 이 모든 사실은 민간인에게는 비밀에 부쳐져, 사람들은 그 미사일들을 사원의 첨탑으로 알았다.

흐루시초프는 유럽에 배치된 이 중거리탄도미사일들을 보면서 쿠바에 러시아 미사일들을 배치하고자 했다. 그래서 1962년 10월에 그 유명한 쿠바 미사일 위기가 일어난다. 주피터 미사일 해체는 1963년 4월 1일에 시작됐지만 그때쯤에는 완전히 구식이 되었고, 그래서 미국은 다시는 이 미사일을 제작하지 않았다. 결국 주피터 미사일은 배치됐던 장소에서 분해되어, 반원형 동체 부분은 오늘날에도 정원 창고로 쓰이고 있고 다른 부분들은 임자 없는 폐기물로 녹슬어가고 있다.

주노 II

주피터 미사일은 로켓에 탑승한 동물들의 반응을 통해 생체 의학 연구에도 일조했는데, 고르도Gordo라는 이름의 남미 다람쥐원숭이를 싣고 최고 고도 555㎞까지 올라가는 총거리 2,092㎞의 비행에 나서기도 했다. 그러나 고르도는 로켓 낙하산이 펴지지 않는 바람에 목숨을 잃었다. 두 번째 비행은 1959년 5월 28일에 이루어졌으며, 이 비행에서는 남미 다람쥐원숭이 에이블Able과 붉은털원숭이 베이커Baker가 최고 고도 483㎞까지 올라가 거의 2,600㎞에 달하는 하강 비행에도 살아남았다. 40g의 최고 감속과 9분간의 무중력 상태에서도 살아남은 이 두 원숭이는 곧 유명세를 타 전 세계 뉴스와 잡지에 소개됐다. 그런데 불행히도 에이블은 6월 1일 전극 장치를 제거하는 과정에서 마취에서 깨어나지 못하고 죽었다.

그러나 이것이 과학 연구에 활용된 최초의 주피터 미사일은 아니었다. 앞서 나온 레드스톤 로켓과 마찬가지로, 미사일 기본형들은 이미 위성 발사체로 활용되고 있었던 것이다. 우주 발사체 미션을 수행하는 과정에서 레드스톤 로켓은 주노 I 로켓으로 발전했고, 비슷한 상황에서 주피터 로켓은 주노 II 로켓으로 불리게 되었다. 그리고 레드스톤의 경우와 마찬가지로, 주노 II에는 미국 제트추진연구소(JPL)에서 개발한 3단짜리 고체 추진제 상단 로켓 단이 사용됐다. 주피터 미사일 기본형(1단짜리)을 수정 보완하면서 길이가 0.9m 늘어났고, 추진제 용량도 커지면서 연소 시간도 176초로 늘어났다. 1단 로켓 꼭대기에는 각종 장치들이 들어가는 섹션이 있었고, 로켓 2단부터 4단까지는 공기역학적 보호 덮개 역할을 하는 보호막 안에 들어 있었다. 주노 II는 전체 높이가 23.16m였고 직경은 주피터 기본형 그대로였다.

미 육군 탄도미사일국과 미국 제트추진연구소에서 개발된 첫 주노 II 로켓은 1958년 12월 6일 자정 직후에 발사됐다. 이는 NASA가 창설된 지 두 달 후의 일로, 주노 II 로켓 개발은 이제 새로 생긴 이 우주국이 주관하고 있었다. 이 주노 II 로켓에는 파이오니어 III 우주 탐사선이 탑재되었는데, 무게 5.7㎏, 높이 51㎝, 밑바닥 직경이 23㎝인 원추 형태의 이 탐사선에는 각종 장치들이 들어 있었다. 처음 두 파이오니어 탐사선은 토르 에이블 로켓에 실려 쏘아 올려졌다. 이 탐사선들의 미션은 발사 33.75시간 후에 달 근처를 날면서 2개의 가이거-뮐러 튜브로 우주 환경을 측정하고, 그 과정에서 밴앨런 방사선대의 범위를 알아내는 것이었다.

그런데 주피터 로켓의 1단 로켓에서 사소한 문제가 발생해 3.6초 일찍 S-3D 엔진이 셧다운됐고, 필요한 속도에서 단 364m/sec가 모자라 탈출 속도(escape velocity, 물체가 천체의 표면에서 탈출하는 데 필요한 최소한의 속도-옮긴이)에 도달하지 못하게 됐다. 로켓 상단들이 조금씩 늦게 작동하면서, 계획대로 4분 28초 경과한 뒤 400rpm의 회전 속도에서 로켓 4단 꼭대기에서 분리될 때 파이오니어 III 탐사선은 속도가 더 떨어졌고, 계획된 속도에 못 미치자 108,700㎞에서 정점에 도달한 뒤, 이륙 후 38시간 6분 만에 지구로 다시 떨어지게 된다.

파이오니어 III 탐사선에는 달 표면을 지나치면서 달의 이미지를 촬영해 전송해줄 광학 장치가 장착되어 있었는데, 그 광학 장치는 기본적으로 파이오니어 III과 똑같은 임무를 띤 파이오니어 IV에도 그대로 장착됐다. 무게 6㎏의 우주 탐사선을 탑재한 주노 IIB 로켓은 1959년 3월 3일 케이프 커내버럴에서 발사됐으며, 이번에는 탈출 속도에 도달해 지구의 중력에서 탈출한 최초의 인공 물체가 되었다. 파이오니어 탐사선은 이륙 후 33시간 동안 비행하여 59,530㎞ 떨어진 달을 지나쳤다. 그리고 광학 센서가 작동되기에는 너무 먼 거리에 있었지만, 82시간 동안 비행하여 지구에서 655,000㎞ 떨어진 거리에서도 계속 신호를 보내왔다.

주노 II 프로그램의 1단계가 군에서 초창기 우주 비

▼ 크라이슬러 사는 레드스톤(주노 I)과 주피터(주노 II) 로켓 단들을 제작했는데, 둘 다 미국 최초의 대량 생산 로켓들이 된다.
(자료 제공: Chrysler)

▲1959년 3월 3일 주노 II 로켓이 이륙하고 있다. 이 비행에서는 우주선 파이오니어 4호를 지구 궤도에 안착시키는 데 성공했다. 이는 지구 중력을 탈출한 최초의 탐사선으로, 59,530㎞ 이내의 거리로 달 표면을 지나갔다. (자료 제공: NASA)

▼왼쪽은 당시 앨라배마주 헌츠빌에 있던 레드스톤 병기창 미 육군 탄도미사일국 개발작전부를 이끌고 있던 베르너 폰 브라운, 가운데는 제트추진연구소의 존 카사니, 그리고 오른쪽은 아이오와 대학교 물리천문학 교수 제임스 반 앨런 박사. 세 사람이 1959년 3월 1일 파이오니어 4호의 부품을 검사하고 있다. 우주 탐사선에는 무선 송신기, 우주광선 계측기 등 여러 장치들이 들어 있었다. (자료 제공: US Army)

행을 주관하던 시기에 미 육군 탄도미사일국과 미국 제트추진연구소가 진행한 프로그램의 연장이었다면, 2단계는 NASA에서 세운 목표들을 중심으로 진행됐다. 그러나 주노 미사일은 군에서는 이미 도태됐다. 1958년 5월 1일에는 미 국방부 고등연구계획국이 주노 로켓 개발 통제권을 넘겨받아, 야심에 찬 달 비행에서 방향을 틀기 시작했다. 그러나 10월 1일부터는 다시 NASA가 미 국방부 고등연구계획국의 우주 프로젝트를 관장하게 된다. 그리고 NASA가 달과 행성 탐사에 대한 새로운 지침들을 세우기 전까지 그 야심 찬 목표들은 원상 복구되지 못했으며, 원상 복구됐을 때는 이미 주노 II 로켓이 용도 폐기된 뒤였다. 그래서 주노 II 2단계 프로그램은 지구 궤도를 도는 위성들에 집중하게 된다.

보다 무거운 탑재체(로켓이 탑재하고 비행할 수 있지만, 이전에는 주노 I 로켓에서 가져온 로켓 상단 지지물에 의해 제한됐던)를 싣기 위해, 주노 II 2단계 발사체에는 로켓 3단에 강화된 지지 튜브가 추가됐다. 최초의 익스플로러 S1 위성은 1959년 7월 16일에 발사됐지만, 로켓과 41.5㎏ 무게의 그 위성은 전기 장치에 발생한 문제로 폐기되어야 했다. 8월 14일의 그다음 발사 역시 유도장치의 결함으로 실패했다. 이 비행에서는 지구 궤도를 도는 데 필요하지 않았기 때문에 4단 로켓은 제거됐다.

10월 13일에 있었던 다섯 번째 주노 II 우주 발사는 성공으로, 41.5㎏ 무게의 익스플로러 7호를 지구 궤도에 안착시켰다. 그다음 발사는 1960년 3월 23일이었으나, 그다시 실패했고, 10.2㎏ 무게의 위성은 파괴됐다. 이후 1960년 11월 3일에 있었던 익스플로러 8호 발사는 위성을 타원형 궤도에 집어넣는 데 성공했으나, 1961년 2월 24일에 있었던 대기 전리층 관측 위성 발사는 다시 실패로 끝났다. 4월 27일은 주노 II 로켓의 마지막에서 두 번째 발사였는데, 익스플로러 11호를 지구 궤도에 안착시켜 감마선을 측정하는 데 성공했다. 그러나 1961년 5월 24일의 마지막 발사에서는 34㎏ 무게의 대기 전리층 관측 위성을 지구 궤도에 안착시키는 데 실패했다. 주노 II 로켓 프로그램의 총 비행 성공률은 30%에 불과했다.

R-7 세묘르카/소유스

성공한 최초의 비행: 1957년 5월 15일

러시아 최초의 대륙간탄도미사일로 설계된 R-7은 위성 발사체로 개발되어, 1957년 10월에 스푸트니크 1호를 지구 궤도 위에 안착시켰으며, 이후 로켓 상단은 유인 우주선 보스토크, 보스호드, 소유스로 개발됐다. R-7은 또한 다양한 군사용, 민간용, 상업용 위성으로 활용되어왔다.

▲ 세르게이 코롤료프가 이끄는 한 디자인 기관에서 개발된 R-7 탄도 미사일은 추진제 저장이 불가능해 효과적인 군용 무기로는 사용할 수 없었고 결국 우주 발사체로 전용됐는데, 60년 전에 설계된 조합을 그대로 유지했다. 액체 추진제를 사용하는 주력 로켓 단과 4개의 부스터 로켓은 기본적으로 같은 엔진을 사용했고, 4개의 연소실이 터보펌프들을 공유했으며, 각 부스터 로켓에는 자세 제어를 위한 버니어 엔진이 2개씩 달려 있었고 주력 로켓에는 버니어 엔진이 4개 달려 있었다.
(자료 제공: ESA)

러시아 군은 사정거리가 최소 8,000㎞인 3,000㎏ 중량의 탄두를 실어 나를 미사일을 원했고, 1953년부터 R-7 로켓을 개발하기 시작했다. 1년도 안 되어 러시아 로켓 기술 개발자 세르게이 코롤료프Sergei Korolev가 제시한 디자인이 최종 확정됐는데, 그것은 2차 세계대전 당시 생포해온 독일 과학자들의 로켓 디자인과는 달리 아주 혁신적인 아이디어들이 반영된 러시아의 독자적인 디자인이었다.

R-7 로켓은 주력 로켓에 부스터 로켓 4개가 부착됐고, 그 5개의 로켓은 모두 거의 같은 타입의 모터를 사용했다. 그리고 이전의 미사일과 로켓은 배기가스 배출구 내 흑연 날개들이 만들어내는 추력으로 자세 제어를 했으나, R-7은 버니어 엔진으로 추가 추력을 만들어내 자세 제어를 했다. 이는 모든 로켓 단이 발사대 위에서 점화되는 이른바 평행식 연소 로켓으로, 당시 미국에서 개발 중이던 아틀라스 미사일의 콘셉트와 비슷했다.

공식 명칭이 8K71이었던 이 미사일은 크기가 컸고, 길이가 33.5m였으며, 액체산소와 등유 추진제를 가득 주입했을 때 무게가 279,100㎏이었다. 동력은 발렌틴 글루시코Valentin Glushko가 설계하고 RD-108로 명명된 주력 엔진으로부터 나왔고, 또한 터보펌프들을 공

◀ 레일을 따라 발사대까지 이송이 가능한 건물 내에서 소유스 로켓이 수평 상태에서 조립되고 있다. 소유스 로켓은 주력 로켓과 부스터 로켓 부품들을 대칭적으로 조립하고 로켓 내부의 직경을 줄여 공기역학적으로 효율성을 높였다.
(자료 제공: ESA)

▲서로 다른 발사체지만 이름은 같은 소유스 로켓과 소유스 우주선의 핵심 요소들. 로켓 상단과 주력 로켓이 일렬로 놓여 있으며, 그 옆에 소유스 우주선이 놓여 있다.
(자료 제공: NASA)

동으로 사용하고 산화제와 연료 혼합비 2.39 상태에서 작동되는 버니어 엔진 4개가 딸린 4실 로켓 모터에서 713.4kN의 추력이 나왔다. 4개의 부스터 로켓은 RD-107로 명명된 버니어 엔진 2개가 딸린 4실 모터 하나씩을 갖고 있었고 추력이 793kN이었다. 부스터 로켓 4개에 부착된 버니어 엔진 8개가 이륙 후 약 2분 뒤 로켓 단이 분리되는 지점까지 올라가는 동안 자세 제어를 했고, 주력 버니어 엔진 4개가 마지막 로켓 분리 단계가 1분 50초 더 지속되도록 궤적을 제어했다.

각 부스터 로켓은 길이 18m, 직경 2.68m이며, 주력 로켓 단은 길이 28m, 직경 2.88m였다. 또한 발사 시 추력은 3,900kN으로, 최고 1,000㎞ 높이까지 올라간 뒤 목표물을 향해 날아갔다. 이론상 이 로켓의 힘이면 인공위성을 지구 궤도에 올려놓을 수 있었다. 이 로켓이 첫 비행에 나서기도 전에, 코롤료프는 이 로켓을 러시아 과학기술의 쾌거를 널리 알리는 선전 도구로 이용하려 했으며, 또 러시아가 이제 미국 본토의 표적에 핵무기를 날려 보낼 수 있는 미사일을 확보했다는 메시지를 내보내려 했다. 그러나 이 로켓의 첫 비행은 부분적으로만 성공했다. 높은 고도에서 부스터 로켓들 중 하나에 불이 붙어 예정보다 일찍 분리된 것이다. 7월 12일의 두 번째 비행 역시 제어 장치 오작동으로 비슷하게 실패했다. 그러다 8월 21일에 드디어 처음으로 비행에 완전히 성공했으며, 이후 9월 7일에는 두 번째로 성공했다. 1957년 10월 4일에는 드디어 세계 최초의 위성 스푸트니크 1호를 쏘아 올리는 데 성공한다. 흐루시초프는 그의 성향과 달리 이 스푸트니크 1호의 발사 성공을 선전 도구화하는 걸 승인했으며, 그 효과를 보고는 로켓이 이데올로기 전쟁에서 더없이 효과적인 무기로 쓰일 수 있다는 사실을 인정하게 된다.

➤ 부스터 로켓 4개와 RD-107 엔진 조합에 버니어 모터 2개가 딸려 있다.
(자료 제공: ESA)

➤➤ 아직 인공위성을 탑재하지 않은 소유스 발사체가 수직으로 세워지고 있다. 이 로켓은 수직으로 세워진 뒤 지지 팔 4개에 의해 블래스트 핏(blast pit, 폭발 구덩이) 위에 떠 있는 상태가 된다. 발사 지지대 팔들이 수직으로 올라가 비행 준비 중인 발사체를 감싸 안고, 발사체가 발사될 때 다시 내려지게 된다.
(자료 제공: ESA)

스푸트니크 1호는 무게가 83.5㎏이었으나, 그해 11월 3일에 발사된 스푸트니크 2호는 무게가 508㎏까지 늘었다. 스푸트니크 2호는 1호처럼 여전히 주력 로켓 단에 부착되어 지구 궤도 상에서의 총 무게는 7,480㎏이었다. 1958년 5월 15일에 발사된 1,327㎏ 무게의 스푸트니크 3호는 독립된 위성으로 주력 로켓 단에서 분리되어 최대 궤도 선회 능력을 선보였다.

R-7 로켓(NATO군의 암호명으로는 SS-6 '샙우드Sapwood')의 디자인은 서방 세계에는 완전히 알려지지 않았다. 그러나 서방 국가의 정치 지도자들은 쏘아 올린 위성의 무게로 계산해본 R-7 로켓의 위력에 엄청난 충격을 받았고, 그 바람에 미국은 서둘러 NASA를 설립하고 유인 우주 비행 프로그램에 박차를 가하게 된다. R-7 로켓은 또한 미국 우주 발사체들의 뒤처진 탑재 능력을 부각시켰다. 당시 핵무기 개발 및 소형화에 앞서가고 있던 미국은 스푸트니크 위성의 발사 이후 새턴Saturn 발사체의 개발을 서둘게 된다.

R-7과 비슷했던 미국의 아틀라스 로켓은 추진제 저장 능력이 없는 데다 발사 전 준비 시간이 길어 핵 억지력으로 쓰기에는 부적절했다. 다음 단계는 처음엔 흐루시초프도 주저했던 우주 경쟁에 뛰어들 로켓을 개발하는 것이었다. 상단 로켓을 추가하면서 8K72 모델이 탄생했는데, 이 모델은 세묜 코스베르그Semyon Kosberg에 의해 액체산소/등유 엔진으로 개발된 것으로, 추력 49.7kN에 비추력 316초, 연소 기간이 440초였다. 이는 진공 상태의 우주에서만 사용하려고 만든 최초의 러시아 로켓 모터로, 1958년 9월부터 1960년

◀ 프랑스령 기아나 쿠루의 발사대에서 소유스 로켓이 발사되고 있다. 비행을 위해 짐이 덜어지면서 로켓의 균형을 잡아주는 4개의 팔들이 원상 복귀된다. 이 로켓은 지금 유럽의 아리안스페이스 사에 의해 마케팅되고 있다.
(자료 제공: ESA)

◣ 소유스의 프레갓 상단 로켓 모델. 이 모델은 최근 소유스 발사 장치에 적용되고 있으며, 위성이나 탑재체가 필요한 위성 궤도에 자리 잡을 때 다중 재발사될 수 있는 장점을 갖고 있다.
(자료 제공: ESA)

▼ 한 아티스트의 상상화 속에 나오는 프레갓 상단 로켓이 제 위치로 이동하고 있는 상업용 인공위성에 부착 중이다.
(자료 제공: ESA)

➤ 소유스 2.1v의 경우 소유스 기본형의 주력 로켓 단을 활용하지만, 엔진 4개 묶음 대신 N-1 달 로켓(성공한 적은 없지만)을 위해 제작된 NK-33 단일 엔진을 사용한다. 그리고 로켓 상단은 소유스 2.1b 위성 발사체에 쓰였던 것과 같다. 최초의 비행은 2013년 12월 28일에 이루어졌다.
(자료 제공: Energia)

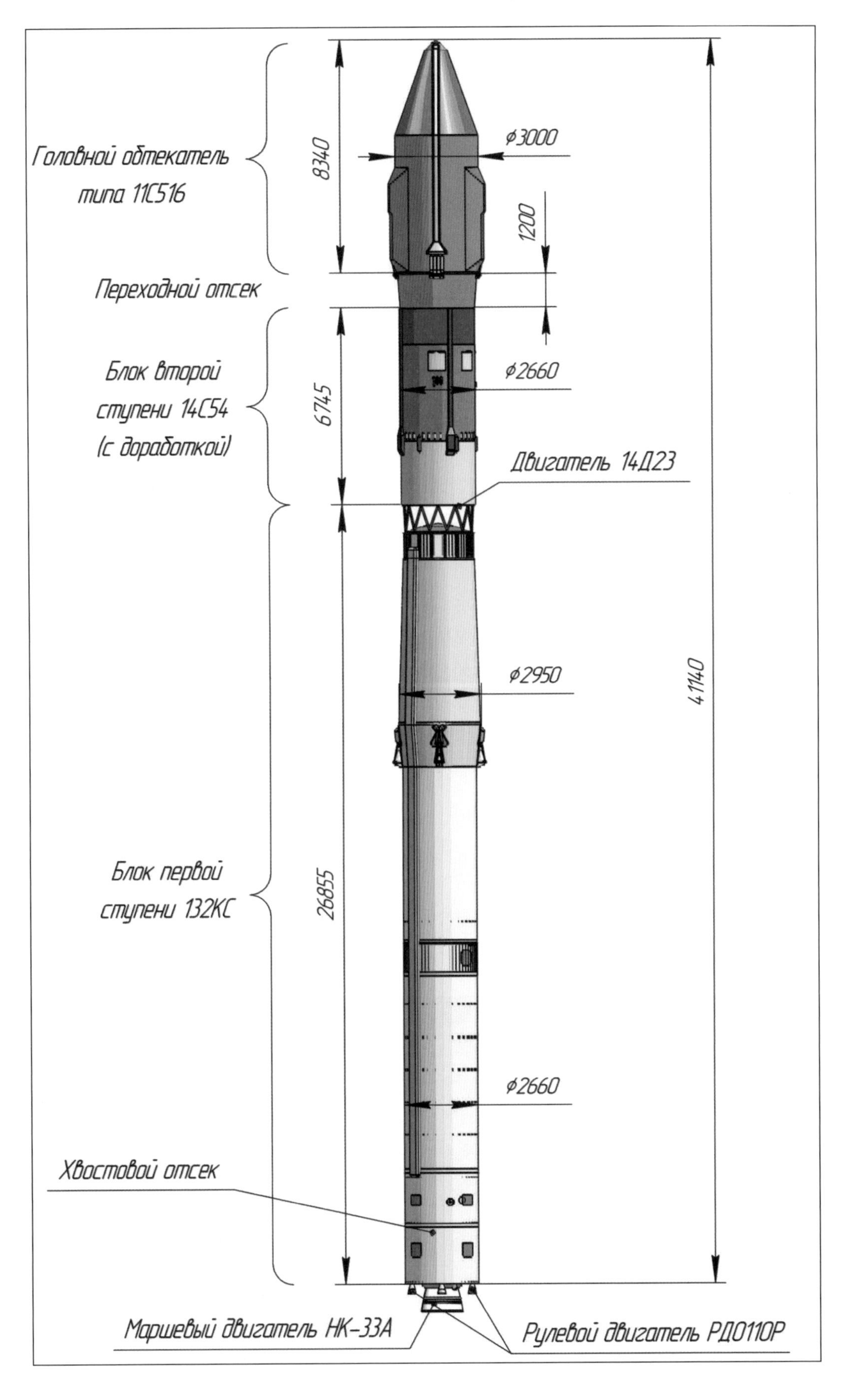

4월까지 총 9회(최초의 달 탐사용 우주선 발사 포함)의 발사에 이용되었으며, 그중 여섯 번은 실패로 끝났다.

이는 RD-0109 모터가 실린 8K72 로켓 개발의 토대가 되었으며, 최초의 우주비행사들을 지구 궤도 안에 올려놓는 데 사용됐다. 8A92 로켓 단으로 알려져 있고 RD-0109 모터가 장착된 이 로켓은 추력 54.5kN, 비추력 324초, 연소 시간은 430초였다. 이 상단 로켓은 이제 8K72K 발사체로 불리게 된 로켓에 실려 1961년부터 1963년까지 여섯 차례의 보스토크 유인 우주선 미션에 성공했다.

거기서 더 발전된 모델인 보스토크 2 발사체는 유인 우주선 보스토크와는 관계없는 로켓으로, 1962년에 완성되어 1967년까지 마흔다섯 차례 비행했으며, 실패로 끝난 경우는 다섯 번밖에 없었다. 보스토크 2 발사체에는 주력 로켓 단과 부스터 로켓 단 내에 업그레이드된 엔진이 장착돼 있었고, RD-0109 엔진은 보스토크 우주선을 토대로 제작된 제닛Zenit 첩보 위성들을 쏘아 올리는 상단 로켓으로 쓰였다.

점점 더 강력한 상단 로켓들을 도입하면서 더 발전된 로켓들이 나왔는데, 그중 가장 유명한 것은 11A57 보스토크 로켓으로, 이제 995.4kN의 추력을 내는 RD-107-8D74K 부스터 로켓 엔진과 941.1kN의 추력을 내는 RD-108-8D75K 주력 엔진이 장착됐다. 로켓 상단은 RD-0108 모터로부터 294.2kN의 추력이 나왔고, 비추력은 330초였다. 총 이륙 추력은 4,924kN이었다. 약 300회의 비행 가운데 첫 번째 비행은 1963년에 있었고 마지막 비행은 1976년이었으며, 성공률이 무려 95.7%에 달했다.

업그레이드된 소유스-U2 로켓의 경우 기존에 쓰던 등유 대신 신틴syntin, 즉 탄화수소를 추진제로 썼는데, 합성물질인 탄화수소는 연소될 때의 밀도도 열량도 더 높다. 이 로켓은 1982년부터 1995년까지 비행했으며, 주력 로켓 단과 부스터 로켓 단의 성능이 개선되어 7,050㎏의 탑재체를 지구 궤도에 올릴 수 있었다. 그러나 신틴 추진제는 너무 비싸 소련 연방 해체 이후 생산이 중단됐다.

2001년 5월에 첫 선을 보인 소유스-FG 모델은 더 업그레이드되어, 프레갓Fregat을 상단 로켓 단으로 쓰면서 탑재 능력이 7,800㎏까지 늘어났다. 프레갓 3단 로켓은 비대칭 디메틸히드라진/사산화질소 추진제를 사용했고, 비추력이 327초, 연소 기간이 25회 재시동에 1,325초 가까이 됐다. 새로운 버전인 소유스-2 로켓에는 많은 변화가 있었고 주력 로켓과 부스터 로켓들 조합도 업그레이드됐으며 주로 프레갓 로켓 단과 함께 쓰였다. R-7 로켓과 그 파생 모델은 1957년 이후 1,750회 넘게 발사되어 전체적인 성공률이 93.55%였다. 가장 흔히 사용된 모델인 소유스-U 로켓의 성공률은 97.4%였다. 그러나 이로 인해 몰리야 및 소유스-U 타입으로 알려진 변형 우주선인 보스호드가 1,320회 발사되어 총 성공률이 95.53%였다는 건 잘못된 얘기라는 게 밝혀졌다.

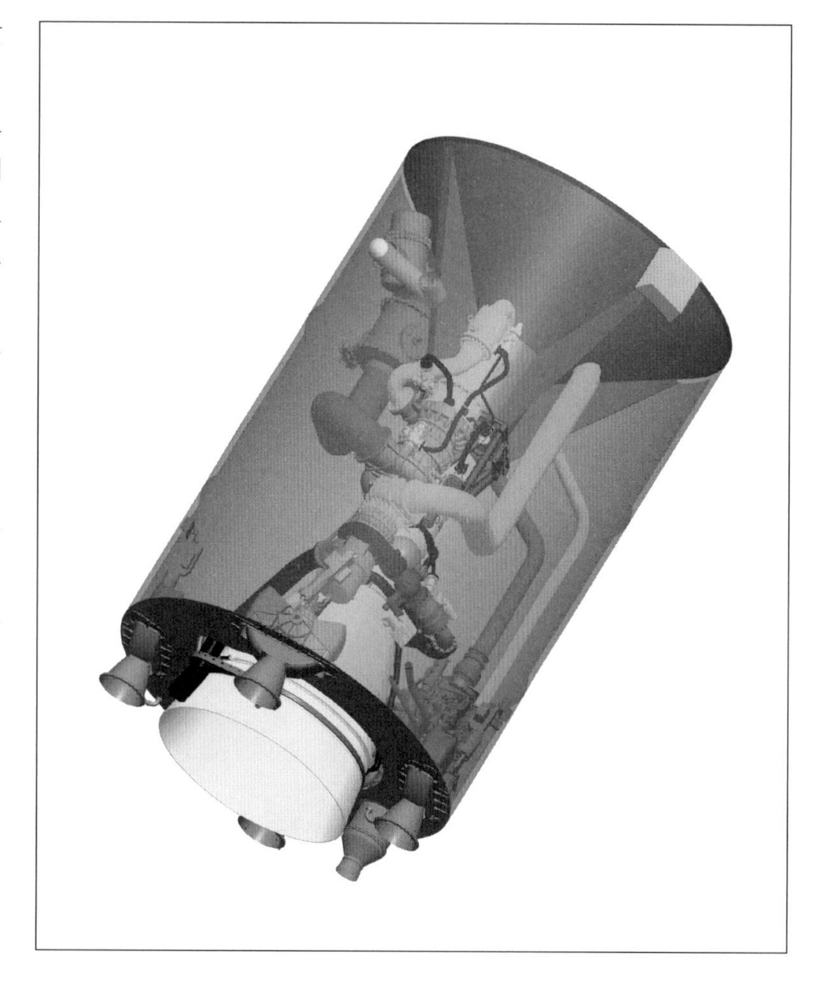

▲ 소유스 2.1v의 주력 로켓 단은 비행 중에 추력을 바꿀 수 있는 NK-33 엔진으로 움직이는데, 이 엔진의 추력은 1.543kn이며, 그림에서 보듯 중앙에 안정화 장치 및 유도 장치가 있어 RD-0110R 엔진과 4개의 노즐로 제어된다.
(자료 제공: Energia)

➤ 아틀라스 대륙간탄도미사일은 미국에서 1과 1/2로켓 단 형태로 운용되는 유일한 대륙간탄도미사일이었다. 중앙 지속 엔진 양 옆에 한 쌍의 부스터 로켓 모터들이 붙어 있고, 그 모터들이 하늘로 올라가며 떨어져나갈 부분에 연결되어 있었으며, 중앙 모터는 추진제가 고갈될 때까지 계속 움직였던 것이다. 총 8개의 A 시리즈 아틀라스 로켓들이 중앙 지속 엔진 없이 비행했으며, 세 번째 엔진이 추가되기 전에 로켓의 기본적인 작동들을 점검했다. #4A 로켓은 실패한 A 시리즈 넷 중 하나였다.
(자료 제공: USAF)

➤ 중앙 지속 엔진이 없는 A 시리즈 아틀라스 로켓이 케이프 커내버럴 기지의 발사대에서 이륙하고 있다.
(자료 제공: USAF)

아틀라스

성공한 최초의 비행: 1957년 12월 17일

미국 최초의 대륙간탄도미사일인 아틀라스Atlas는 핵 억지력으로서 비교적 짧은 생을 마쳤다. 그러나 우주 발사체로서 어떤 발사체보다 힘들고 극적인 임무를 수행하게 된다.

1951년 1월 23일 미 공군은 콘베어Convair 사와 무게 3,629㎏의 탄두를 싣고 9,252㎞를 날아가 457m 오차로 표적을 타격할 수 있는 대륙간탄도미사일 개발 계약(MX-1593)을 맺었다. 콘베어 사는 그런 로켓을 만들려면 길이 49m에 직경 3.65m가 되어야 하며, 커다란 로켓 모터가 5~7개 필요할 것으로 예상했다. 또 모터로는 총 추력 3,736kN을 내기 위해 나바호 크루즈 미사일용으로 개발된 추력 533.7kN의 로켓 모터가 필요했다.

그러나 당시의 상황에서 이는 거의 불가능한 일로 보였고, 어떻게 하면 그런 목표를 달성할 수 있을지 알아보기 위해 상당한 노력을 기울여야 했다. 그때 1920년대에 미국으로 이민 온 벨기에인인 콘베어 사의 카렐 J. 보사르트Karel J. Bossart가 V-2 로켓 기본형의 추력 대 무게 비율을 획기적으로 개선할 아이디어를 생각해 냈다. 그는 또 배기가스 배출 방향으로 비행 중인 미사일의 방향을 제어할 수 있는 스위블-노즐 로켓 모터의 아이디어도 떠올렸다. 이는 로켓다인 사가 토르 및 주피터 로켓용으로 고안해낸, 전체 모터를 회전하게 만드는 짐벌 디자인과는 전혀 다른 혁신적인 방식이었다.

보사르트는 짐발식 모터와 함께 아주 얇은 모노코크 추진제 탱크라는 새로운 아이디어도 선보였다. 그러니까 각종 프레임과 스트링거와 별도의 외피를 덧붙인 재래식 구조가 아니라 압축가스로 추진제 탱크를 강화하는 모노코크 디자인을 도입한 것이다. 모노코크 디자인은 훨씬 가벼웠고, 따라서 로켓 그 자체의 건조 중량(dry weight, 건조한 상태에서의 무게-옮긴이)도 재래식 디자인에 비해 훨씬 덜 나갔다.

그러나 한 대륙에서 다른 대륙까지 탄두를 날려 보

낼 추진력을 만들어내기 위해 쓸 수 있는 방법이 또 하나 있었다. 1950년대 초까지만 해도 다단식 로켓이라는 아이디어는 너무 위험한 아이디어로 여겨졌다. 먼저 주력 로켓 단 엔진이 매번 확실히 점화되리라는 보장이 없었다. 그리고 비행 중에, 또 대기권 위로 올라가는 중에 2단 로켓 모터가 반드시 점화되어야 했으므로 그만큼 위험이 더 컸다.

그래서 보사르트는 1과 1/2 로켓 단 방식이라는 획기적인 방식을 제안했다. 부스터 로켓 모터들이 주력 지속 모터들처럼 같은 연료 탱크 2개에서 추진제를 갖다 쓰지만, 기존의 로켓 단 분리 시간에 맞춰 셧다운되고 떨어져나가는 방식이었다. 이 경우 미사일의 모든 엔진이 발사대 위에서 작동되며, 따라서 모든 엔진이 정상 작동될 때에만 날아오른다는 장점이 있었다. 이 모든 것이 합쳐져 대륙간탄도미사일은 무게와 성능과 신뢰도가 한꺼번에 개선됐다. 그렇게 해서 1951년 1월 16일에 암호명 MX-1593 프로젝트가 탄생했고, 7일 후에 미 공군은 공식 계약을 맺어 콘베어 사에 그 프로젝트를 맡겼다.

1953년 8월 12일 구소련이 최초의 수소폭탄 시험을 했고, 그 다음 달에는 유명한 미국 수학자 존 폰 노이만John von Neumann 박사가 전략미사일평가위원회(SMEC)를 이끌고 전략 미사일의 가능성을 검토하게 된다. 노이만 박사는 그 다음 달 더 작은 위원회의 위원장 자격으로 미국의 핵폭탄 개발 과정을 면밀히 들여다봤으며, 획기적인 설계 방식을 통해 훨씬 가볍고 강력한 미사일을 만들 수 있다는 걸 확신했다. 결국 1954년 2월 전략미사일평가위원회 팀은 1960년에서 1962년 사이에는 이 획기적인 설계 방식으로 만든 탄두들을 실전 배치할 수 있다는 보고서를 내놓았다.

미사일의 크기가 커지면 동일한 표적을 동일한 파괴력으로 정확히 타격하는 게 힘들어지는데, 수소폭탄 탄두를 소형화한 덕에 미사일 크기가 줄어들었다. 또한 이제 정확도도 4.8㎞로 완화될 수 있어, 아주 정확한 유도 장치에 대한 부담도 덜게 되었다. 전략미사일평가위원회는 이 미사일 개발 프로젝트는 한 회사가 감당하기엔 벅찬 프로젝트라고 생각했다. 그래서 콘베어 사 외에 라모-울드리지 사를 끌어들여 독립적인 기술 감독

◀ 1958년 1월 10일 성공적으로 날아올라 비행에 나선 발사체 #10A. 2개의 부스터 로켓 엔진이 작동되면서 버니어 엔진들이 왼쪽과 오른쪽으로 불길을 내뿜고 있다.
(자료 제공: USAF)

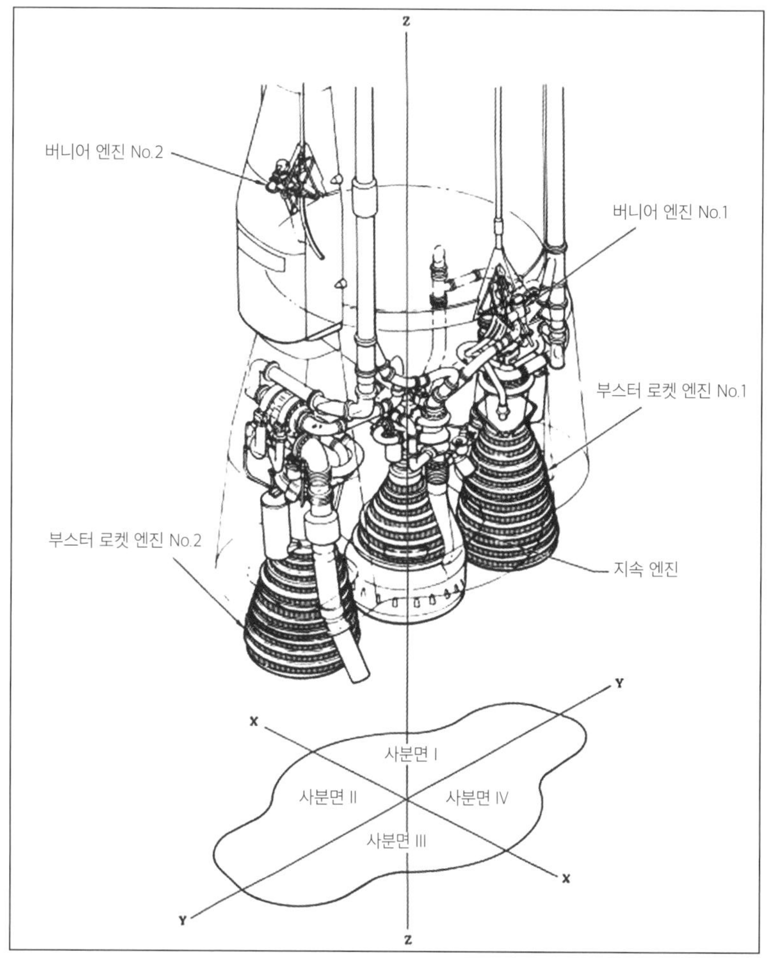

▼ 중앙 지속 엔진 하나와 부스터 로켓 엔진 2개가 딸린 로켓의 맨 끝부분. 버니어 엔진들이 정반대 쪽에 장착돼 있다.
(자료 제공: Convair)

▶ 부스터 로켓 엔진들과 지속 엔진들을 돌릴 별도의 가스 발생기들이 장착된 아틀라스 로켓의 추진 시스템 도해.
(자료 제공: Convair)

▼ 이 도해에서 보듯, 1개의 지속 엔진과 버니어 엔진들의 패키지를 통해 통합적인 추진 시스템을 이루고 있다.
(자료 제공: Convair)

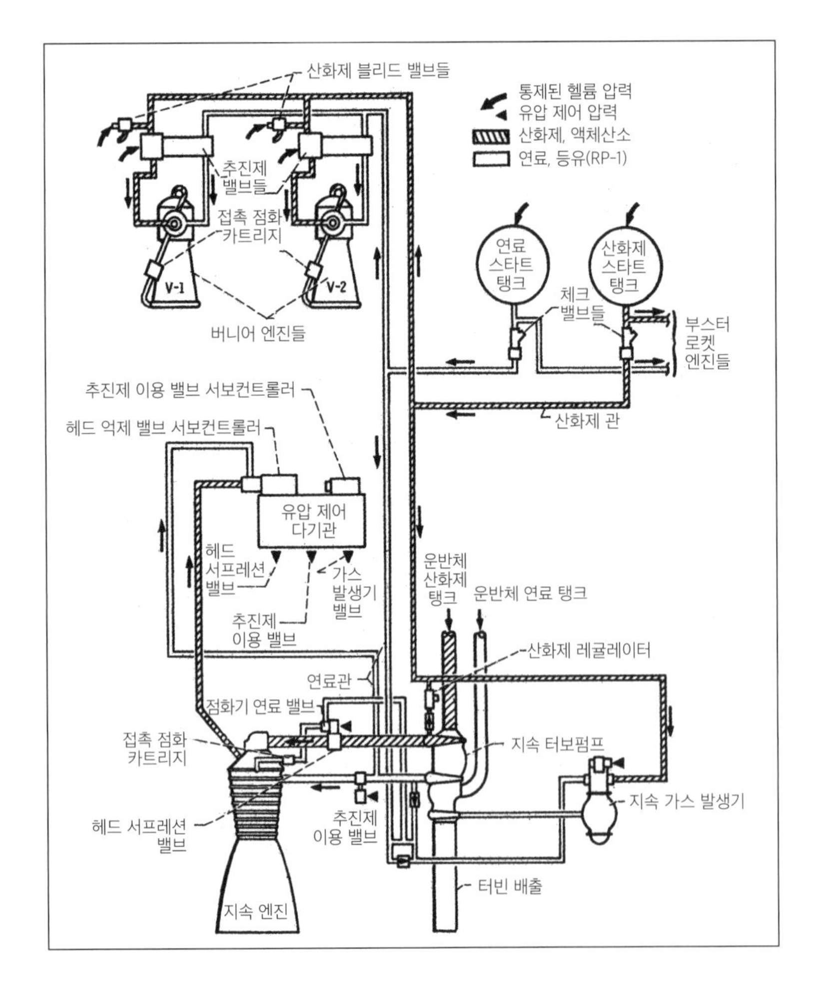

및 관리 평가를 하게 했다.

미사일 디자인은 이미 1951년에 나온 최초의 콘셉트(당시 몇몇 평가에선 발사 추력이 5,337kN로 나왔었음)에서 많이 다듬어진 데다가, 1954년 내내 MX-1593에 대한 추가 개선 작업이 이루어졌으며, 그해 10월 25일에는 마침내 새로운 디자인이 버나드 슈리버Bernard Schriever 장군에 의해 승인됐다. 그 결과 미사일은 길이가 27.4m에서 22.8m로 줄었고 직경도 2.65m에서 3m로 줄었다. 그리고 2,891kN의 총 추력을 낼 것으로 예상됐던 이전의 엔진 5개는 1,735kN의 발사 추력을 내는 엔진 3개로 대체됐다.

1954년 12월에 미 공군은 로켓다인 사와 계약을 맺고 MA-1 추진 시스템 개발을 맡겼다. 부스터 로켓 모터들은 가운데 구멍이 나 있어, 그것을 통해 로켓 단 밑바닥에 부착되어 있던 추진 엔진에 연결되어 있었다. 부스터 로켓 엔진들은 이륙 후 145초쯤 지나 떨어져나갔고, 그 결과 지속 엔진이 연소 단계 끝까지 추력을 책임졌다.

1955년 1월 6일 미 공군과 콘베어 사는 이제 무기 체계 107A-1 하에서 전략 미사일 65(SM-65)로 불리고 있

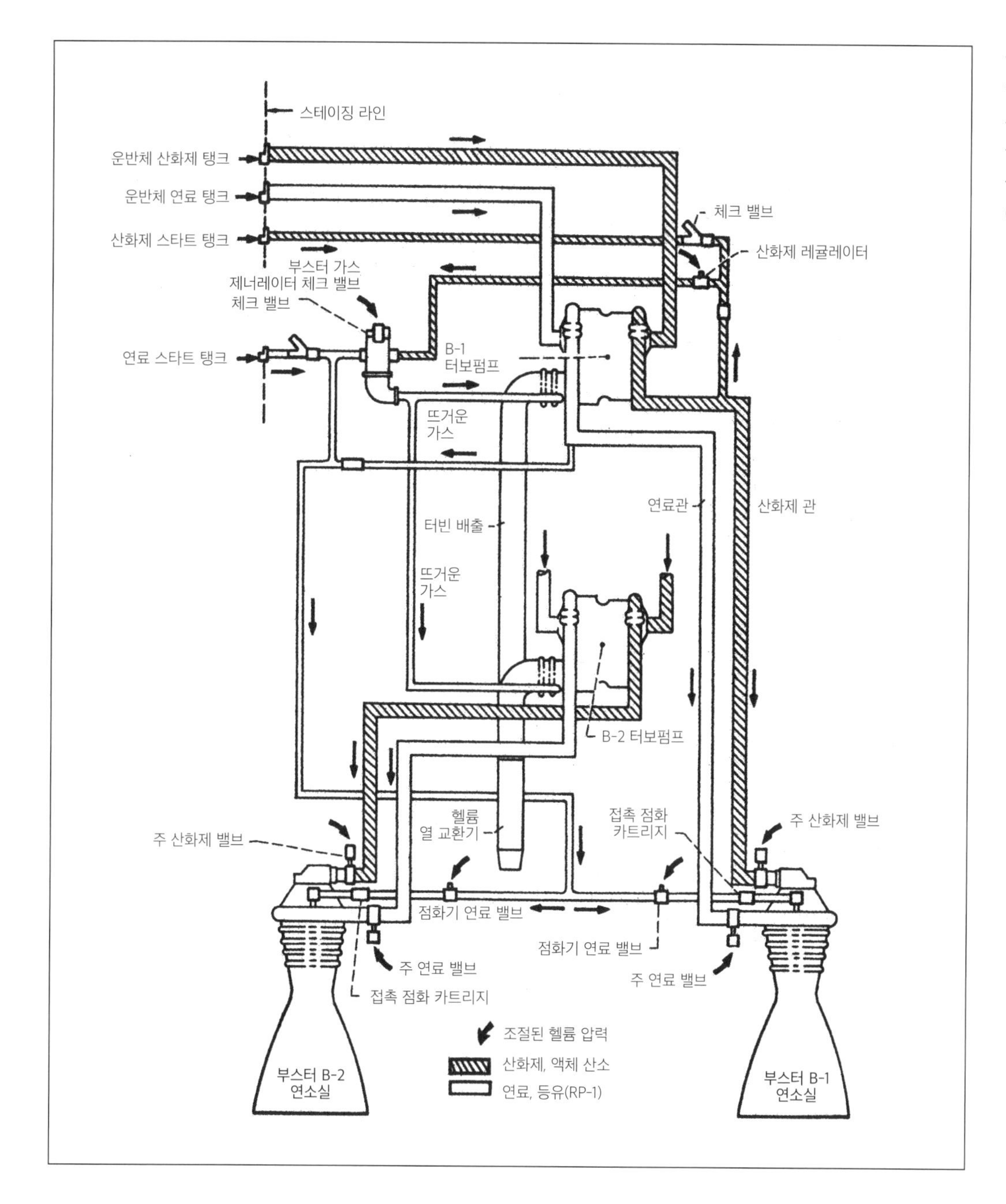

◀ 부스터 로켓 엔진 2개는 공통된 구조를 취하고 있었으며, 지속 엔진과는 별개의 추진제 공급선과 터빈 배출구를 가진 독립된 엔진들이었다.
(자료 제공: Convair)

던 미사일 개발 계약을 맺었는데, 이 미사일은 후에 '아틀라스 미사일'로 불리게 된다. 카렐 보사르트가 그리스 신화에 나오는 신 아틀라스에서 따온 이름으로, 당시 콘베어 사를 소유하고 있던 회사가 아틀라스 사이기도 했다. 그러나 1953년 제너럴 다이내믹스General Dynamics 사가 콘베어 사의 최대 주주가 되면서 콘베어 사의 독점 체제가 계속 이어지지는 않았다.

아틀라스 로켓의 경우, 하부 탱크에는 실온 상태의 등유(RP-1)가 들어가고 상부 탱크에는 초저온 상태의 액체산소가 들어갔다. 아틀라스의 주요 원통형 섹션은 직경이 3m로, 등유 탱크에는 추진제 43.64m³가 들어가고 액체산소 탱크에는 액체산소 70.83m³가 들어갔으며, 두 탱크는 공통의 칸막이로 나뉘었다.

애초의 아이디어는 리벳들을 사용해 두 탱크를 연결하는 것이었지만, 연료 누출을 막아줄 밀폐제를 찾는 게 불가능했고, 그래서 콘베어 사는 특수 제작된 냉연 오스테나이트강 그레이드 301에서 해답을 찾았다. 그 철강은 최저 인장 강도가 1,379,000kPa(킬로파스칼)

▶ MK 3 터보펌프는 토르와 주피터 추진 장치는 물론 아틀라스 대륙간탄도미사일에도 두루 사용되어, 토르와 주피터 부스터 엔진들의 경우 아틀라스 부스터 엔진들과 디자인도 같았다.
(자료 제공: Rocketdyne)

이었다. 또한 용접에 뛰어난 품질을 자랑했고 힘이 좋았으며 중량비도 뛰어났고 온도 변화에도 내성이 강해, 강철 풍선 구조에 안성맞춤이었다.

강판은 제작 과정에서 내성을 높이기 위해 롤러로 밀었고, 그런 뒤 91.44㎝ 폭으로 둘둘 말아 콘베어 사에 납품됐다. 길이 3m짜리 강판 조각들을 서로 맞대 용접을 했으며, 강화된 백업 조각의 양면에 스폿 용접을 했다. 그런 다음 이 원형 밴드를 고리 모양의 구조물 속에 넣고 겹치기 용접을 했다. 작업은 통합된 두 연료 탱크를 구성하고 있는 23개 섹션을 앞쪽 끝에서부터 시작해 뒤로 가며 용접하는 식으로 진행됐다. 강판 두께는 콘 노즈 부분은 0.25㎜, 탱크 아래쪽은 1㎜로 차이가 있었고, 전방 칸막이벽은 서로 맞대고 용접한 강판으로 이루어져 있었다. 그리고 후방 칸막이벽은 탱크 옆면에 사용된 밴드와 비슷한 밴드들로 이루어져 있었지만, 지속 엔진의 하중을 덜어줄 수 있게 외부를 강화했다.

외피 제작을 마친 뒤 로켓 구조물에 68.95kPa의 압력을 가해 주름지고 찌그러진 곳들을 곧게 폈으며, 그런 다음 원 모양의 고리들을 제거해 압력 테스트를 실시했다. 압력 테스트는 탱크에 물을 가득 채우는 방식으로 이루어졌다. 그러니까 상단 액체산소 탱크에는 413.7kPa의 압력을 가하고, 하단 등유 탱크에는 179.27kPa의 압력을 가한 것인데, 둘 다 로켓이 비행 전이나 비행 중에 겪게 될 압력보다 훨씬 높은 압력이었다. 이 같은 연료 누출 점검을 통해 로켓 외피가 로켓과 한 몸처럼 결합해 관련 장치와 잘 연결되고, 또 압력이 절대 41.37kPa 아래로 떨어지지 않는다는 것이 확인됐다. 그리고 대부분의 장치들이 다른 미사일처럼 탱크 안쪽이나 탱크 사이에 설치된 게 아니라 길다란 풍선 같은 로켓 본체 바깥쪽에 부착됐다.

초창기의 아틀라스 미사일은 Mk2 탄두를 달 경우 전

▶ 지속 엔진이 없는 상태에서 스커트에 한 쌍의 부스터 로켓들이 장착된 미사일 꼬리의 바닥 끝 부분. (자료 제공: USAF)

체 길이가 23.1m였고, Mk5 탄두를 달면 24.1m, Mk3나 Mk4 탄두를 달면 25.1m였는데, 어떤 경우든 탄두(또는 대기권 재진입 운반체)의 모양은 탑재체의 목적과 장치의 디자인에 따라 달라졌다. 또한 아틀라스 미사일은 부스터 로켓 스커트의 최대 폭이 4.87m였고, 탑재체를 가득 실었을 때 아틀라스 D의 경우 115,668㎏, 아틀라스 E와 F의 경우 117,936㎏이었다. 그리고 아틀라스 미사일의 자체 무게는 약 9,072㎏이었다.

개발 과정

아틀라스 대륙간탄도미사일 개발은 단계적으로 이루어졌다. 아틀라스 A의 경우 MA-1 추진 장치가 부착된 부스터 로켓 엔진이 2개밖에 없었고, 그래서 주로 제한된 사정거리에 맞춘 기본형 디자인 테스트용으로 쓰였다. 반면에 아틀라스 B는 지속 엔진이 추가되어 미사일로서의 군사적 잠재력을 모두 테스트하는 용도로 쓰였다. 아틀라스 C는 추진 장치가 제대로 다 장착되고 유도 장치도 개선된 데다가 보다 날렵해진 탱크들까지 추가되어 실전 배치용 미사일인 아틀라스 D를 검증하기 위한 목적으로 쓰였다.

한 쌍을 이룬 로켓다인 사의 XLR-43-NA-3 부스터 로켓 엔진들은 총 245초의 비추력에 추력은 총 1,334.4kN이었고, 아틀라스 B의 XLR-43-NA-5 지속 엔진은 210초의 비추력에 240.2kN의 추력을 갖고 있었다. 그리고 토르와 주피터 미사일 엔진의 경우와 마찬가지로, 아틀라스 미사일 엔진은 고장이 잦은 데다가 개발상의 문제와 세부 디자인상의 결함도 많아, 많은 시행착오를 겪은 뒤에야 모든 문제를 해결할 수 있었다.

그리고 아틀라스 미사일 엔진은 고압 터보펌프들을 사용해 터빈에서 나오는 동력을 고속 기어열을 통해 전달했다. 또한 토르와 아틀라스 미사일 모두 Mk-3 터보펌프를 사용했는데, 이 터보펌프는 고도에서 오작동되는 경우가 많았고, 그 원인은 알고 보니 윤활유가 부족한 것이었다. 이 문제는 결국 터보펌프를 재디자인하고 새로운 롤러 베어링을 쓰면서 해결됐다. 그다음에는 터빈 날개들이 진동과 흔들림에 의해 금이 가고 약화되는 것이 문제였다. 이 문제는 터빈 날개를 재디자인해 고유 진동수와 게인(gain, 출력에 대한 입력의 비-옮긴이)을 바꿈으로써 해결됐다.

또한 고주파 음파로 인해 연소가 불안정해지는 문제가 있었고, 그 결과 진동과 열전사가 심해져 바로 엔진들이 정지됐다. 이 문제를 해결하기 위해, 직사각형 칸막이들이 연료분사 장치 중앙 근처의 링 부분에 세워졌고 플랜지(flange, 관과 관, 또는 관과 다른 부분의 장치들을

▼아틀라스 미사일 제작은 모노코크 구조를 만들기 위해 강판 덩어리들로 똘똘 말아 원통을 만드는 일로 시작된다. (자료 제공: Convair)

▲ 둘둘 만 강판들로 원통형을 만든 뒤 매끄럽게 용접하면서 아틀라스 미사일이 모습을 드러내고 있다.
(자료 제공: Convair)

결합할 때 쓰는 부품-옮긴이)를 이용해 연소실 벽면들까지 확대됐다. 이런 식으로 연료는 칸막이와 링을 통과하면서 냉각제 역할을 했다. 물론 복잡한 배관을 쓰지는 않았지만, A-4(V-2) 안에서 18개의 연소실도 냉각기 역할을 했다. 그 외에 연료분사 장치 패턴을 변화시킨 것도 연소 불안정성 문제를 완화하는 데 큰 도움이 됐다.

앞서도 언급했듯, MA-1 추진 장치는 아틀라스 A, B, C 모델에 다 적합했지만, 실전 배치용인 아틀라스 D 타입에는 보다 단순화된 MA-2 추진 장치가 사용됐다. MA-2 부스터 로켓 엔진의 경우 터보펌프 조합도 같고 펌프 2개로 가스 발생기 1개를 움직이는 방식도 같았지만, 추력이 총 1,374.4kN이었고 비추력은 더 높아져 248초였다. 그리고 1개의 지속 엔진이 253.5kN의 추력에 213초의 비추력을 냈다.

아틀라스 E와 F 모델은 MA-3 추진 장치를 쓰면서 더 많이 개선되었는데, 이 추진 장치의 경우 각 부스터 로켓 모터와 지속 엔진에 독특한 터보펌프들과 가스 발생기들이 달려 있었다. 단순화 및 신뢰성 개선 작업을 통해 성능이 나아지고 고장률이 줄었으며 단 한 번의 전기 신호로 엔진 시동이 걸리는 등의 변화도 생겼다. 이는 효율적인 방법으로, 자동 점화 연소실 카트리지를 점화하고 주 연소실에 자동 점화 유체를 밀어 넣어 행해진다.

추진제 흐름은 주 연료분사 장치를 통해 산소가 주입되는 걸로 시작된다. 그다음에는 산소가 점화 장치 카트리지 안에서 유체(트리에틸 알루미늄과 트리에틸 붕소)와 만나면서 자동으로 점화되며, 그 결과 뜨거운 가스들이 생겨나 터보펌프를 돌리게 된다. 그리고 그 사이에 주요 추진제들이 계속 연소실 안으로 흘러 들어간다. 독일 A-4 모터 이후 초창기의 로켓 모터들은 과산화수소를 이용해 터보펌프를 돌렸는데, 이는 주 엔진에 추진제를 펌프질해 넣은 방법으로는 그리 효율적이지 못했다.

MA-3 추진 장치가 개선되면서 부스터 로켓 엔진의 총 추력은 1,468kN, 비추력은 250초(고도에서 22초)로 늘어났다. 지속 모터의 경우 추력은 MA-2 추진 장치의 지속 모터와 같았다. 그러나 비추력은 해수면에서는 214초, 고도에서는 그보다 훨씬 높은 308초였는데, 이는 진공 상태에서 최적화되도록 특수 제작한 노즐 덕이었다.

◀ 압력 안정화 탱크들이 추력 장치와 부스트 스커트를 비롯한 후미 부품들을 기다리고 있다.
(자료 제공: Convair)

그런데 여러 가지가 개선되면서 문제도 생겨났다. 각 엔진당 별도의 펌프를 쓴 MA-3 추진 장치가 그 예이다. 아틀라스 E와 F 모델의 엔진에서는 재생 냉각(regenerative cooling, 연료 또는 산화제를 연소실에 사용하기 전에 엔진 주위에서 코일 모양으로 순환시켜 엔진을 냉각시키는 것-옮긴이) 튜브에 물을 쓰지 않았다. 여러 엔진이 공통으로 한 터보펌프를 사용한 초창기 추진 장치들의 경우, 시동이 몇 밀리초(millisecond, 1,000분의 1초-옮긴이) 동안 자연스레 점진적으로 걸렸다. 그런데 MA-3 추진 장치는 폭발적인 동시 점화로 상당한 충격이 생겨났고, 그 결과 테스트 비행에도 계속 실패했다. 이 문제는 비행체에 약간의 보강 작업을 하면서 어느 정도 해결됐으나, 이번에는 단열엔 문제가 발생해 단열재가 찢겨 나가면서 아주 중요한 장치들을 덮어버리는 일이 발생했다. 그러나 이 문제는 엔지니어들이 냉각관에 추진제보다 먼저 액체를 주입해 점화 펄스의 충격을 완화시킴으로써 상황은 다소 나아졌다. 그러나 완전한 해결책은 추진제 공급 라인의 조합 자체를 바꿔야 한다는 에드워드 J. 후즈색Edward J. Hujsack의 창의적인 제안에서 나왔다. 그렇게 해서 결국 분리되는 부스터 로켓 엔진쪽에 추가 차단 밸브를 설치하면서 문제가 해결됐다. 연소되지 않은 추진제는 부스터 스커트가 분리된 뒤에도 로켓의 아랫부분에 갇혀 지속 엔진이 아직 가동 중인 지역에 공급됐다. 이미 다 쓴 부스터 로켓 엔진에서 뿜어져 나오는 길 잃은 추진제를 제거하자 모든 문제가 사라졌다.

아틀라스 미사일에 동력을 제공하는 세부적인 구조들과 추진 장치가 미사일 성능을 좌우하는 열쇠였지만, 미사일이 제대로 작동하려면 그 외에 정확하면서도 신뢰도 높은 관성 유도 장치도 필요했다. 1954년 초에 콘베어 사는 IMT 공대 계기연구소Instrumentation Laboratory와 하도급 계약을 맺어 몇 가지 연구를 의뢰했고, 그중 일부는 제너럴 모터스 사의 AC 스파크 플러그AC Spark Plug와 공유됐다. AC 스파크 플러그는 토르와 타이탄 미사일에 유도 장치를 제공한 팀이었지만, 1950년대의 유도 장치가 갖고 있던 어느 정도의 원시적인 성격 때문에 아틀라스 미사일은 다른 길을 가게 된다.

미사일 분야에서 명성을 떨치던 존 폰 노이만 박사의 영향을 받아, 미사일 개발 총 책임자였던 벤자민 P.

블래신게임 중령은 무선 유도 방식(토르 참조)을 선호했고, 그래서 MIT 공대 계기연구소에 무선 유도 장치에 대한 연구를 의뢰했다. 그런데 1955년 2월 24일 제너럴 모터스와 별도의 계약을 맺어, 무선 유도 방식을 이용해 아틀라스 미사일에 각종 지시를 전송하는 3가지 지상 설치 장치를 개발하게 된다. 초기에 개발된 아틀라스 미사일 모델은 각종 센서에서 들어오는 속도 및 진로 정보가 미사일에서 지상 통제소로 전송되어 수정 보완되는 무선-관성 유도 장치를 사용했다. 그러면 특수 제작된 버로우스Burroughs 사의 컴퓨터가 그 신호들을 처리해 수정된 값들을 미사일의 자동 조정 장치로 재전송하고, 거기서 다시 짐벌들로 신호가 보내져 비행 방향을 조정했다.

연소 시간은 유도 제어 장치의 조정을 받게 되어 있었는데, 유도 제어 장치는 기본적으로 무선 유도 단계가 끝난 뒤부터 미사일을 제어했다. 그러니까 유도 제어 장치가 수정된 비행 위치와 속도 정보를 전면적인 관성 지시 장치로 대체하면, 이후에는 그 관성 지시 장치가 노즈 콘 분리를 비롯한 로켓의 모든 동작을 제어하고, 그 노즈 콘이 표적을 향해 탄도 비행을 하는 식이었다. 무선과 관성을 활용하는 이 방식은 효과적이었지만, 한 지상 통제소에서 미사일을 한 번에 1발씩만, 그것도 15분 간격으로 발사해야 한다는 한계가 있었다. 아틀라스 미사일은 대륙간탄도미사일로 개발됐기 때문에, 이런 한계로 인해 융통성 있는 운용이 불가능해졌고 또 모든 미사일을 발사하는 데 너무 많은 시간이 들게 됐다.

그럼에도 수많은 테스트 결과들이 보여주듯, 무선-관성 유도 방식은 미사일을 표적까지 유도하는 데 아주 신뢰할 만하고 정확한 수단임이 입증됐다. 1963년까지 시험 발사된 모든 미사일 가운데 약 80%가 탄두를 표적의 1.6㎞ 반경 안에 명중시켰던 것이다. 미사일들이 지상 유도 장치에 너무 가까이 있게 되자, 1958년 미 공군은 100% 관성으로 움직이는 유도 장치를 개발하기로 결론 내렸다. 이번에 선정된 회사는 아메리칸 보쉬 아마 사American Bosch Arma Corporation였다. 계약은 1955년 4월 12일에 체결됐는데, 이번 연구는 MIT 공대 계기연구소에서 이미 진행한 무선-관성 유도 장

▼ 이 사진에서 보듯, 마지막 조립 및 점검을 앞두고 조립 라인의 한쪽 끝에서부터 아틀라스 로켓에 엔진과 꼬리 부분의 부품들이 장착되고 있다. 앞에서 두 번째 미사일을 보면, 부스터 로켓 섹션과 후미 스커트 부분이 마치 우주로 날아오르면서 본체로부터 스르르 떨어져 나올 때처럼 로켓의 본체와 떨어져 있다. 일반적으로 부스터 로켓 엔진은 이륙 후 2분 16초경에 작동이 중단되어 7초 후 떨어져나간다. 지속 엔진은 그 뒤에도 4분 48초 동안 계속 작동한다.
(자료 제공: Convair)

치 연구에 대한 추가 보완 작업이나 다름없었다.

이후에 나올 미사일들의 표준이 된 100% 관성 유도 장치에는 복잡한 트윈-자이로스코프와 직각 축들에 가속도계 3개가 장착된 짐벌 3개짜리 안정화 장치가 포함되어 있었다. 통합형 가속도계들은 미사일의 좌우상하 움직임의 변화에 반응하면서, 관련 정보를 디지털 형태로 필요한 엔진에 보내 정확한 비행이 가능하게 했다.

비행을 앞두면 진자(pendulum, 어떤 점 주위를 일정한 주기로 진동하는 물체-옮긴이)들이 미사일이 공간 기준 관성 좌표계의 영점 위치에 똑바로 서 있는지, 또 광학 정렬 장치가 미리 프로그램화된 표적 방향의 방위각에 제대로 맞춰져 있는지를 확인하게 되어 있었다. 그리고 진자에서 나오는 정보를 토대로 움직이는 플랫폼 짐벌이 플랫폼을 표적 쪽으로 돌렸다. 그렇게 일단 비행을 시작한 미사일은 내장된 컴퓨터에 의해 조정됐으며, 방위각과 고도를 표적에 도달하는 데 필요한 궤적에 맞추었다.

기본적으로 유도 장치는 플랫폼 내에 정해진 코스대로 미사일을 유도했다. 미사일은 발사대를 떠나는 순간부터 스스로 움직였고, 어떤 신호도 그 움직임을 방해하거나 정해진 코스에서 벗어나게 할 수 없었다. 이런 시스템을 개발하는 과정에서 미사일 무게가 크게 줄어들었고, 1960년 3월 8일 아틀라스 미사일의 마흔여섯 번째 비행에서 100% 관성으로 움직이는 유도 장치에 대한 테스트가 이루어졌다. 지상 통제소에서는 비행 중인 미사일들을 추적했는데, 아주사AZUSA 장치 덕에 로켓으로부터 전송된 자료를 분석할 수 있었다. 아주사 장치라는 이름은 그 장치의 제조 회사가 위치한 도시의 지명에서 따온 것이다. 로버트 위버Robert Weaver와 짐 크룩스Jim Crooks가 발명한 이 장치를 이용하면, 지상 통제소는 미사일에 장착된 수동 응답기를 통해 아주 효과적으로 미사일 궤적을 추적할 수 있었다.

시험 비행

첫 번째 시험 비행은 1957년 6월 11일 케이프 커내버럴에서 이루어졌는데, 그때 발사된 아틀라스 A(미사일 #4A)는 아직 지속 엔진이 없던 초기 모델이었다. 당시 이 미사일은 이륙 직전 발사대에 서 있는 상태에서 10초간 부스터 로켓 모터 2개의 성능 점검을 받았다. 그런데 이륙 후 채 1분도 안 돼 엔진 고장으로 미사일의 자세 제어가 제대로 안 되자 안전 전문가가 파괴 버튼을 눌러 공중 폭파시켰다. 9월 25일의 시험 발사도 비슷한 실패로 끝났다. 아틀라스 로켓(#12A)은 결국 12월 17일에 비행에 성공해 총 804㎞를 날았다. 총 8기의 아틀라스 A 모델 가운데 4기가 시험 비행에 성공했고, 마지막 모델은 1958년 6월 3일에 발사됐다.

이후 1958년 7월 19일부터 1959년 2월 4일 사이에 지속 모터가 장착된 아틀라스 B 로켓 총 10기가 발사됐고, 그중 6기가 비행에 성공했다. 8월 2일에는 사정거리가 짧은 로켓의 첫 시험 비행이 있어 #4B 로켓이 804㎞ 거리를 날았고, 8월 28일에는 풀 사정거리 로켓의 시험 비행에서 #5B 로켓이 8,045㎞ 거리를 날았다. 이는 모두 연구 및 개발 목적의 비행으로, 이 로켓들은 결국 초기에 실전 배치된 대륙간탄도미사일로 발전했는데, 대체로 아직까지는 신뢰할 만한 미사일 및 우주 발사체로 진화 중인 로켓에 불과했다.

막 시작된 우주 프로그램에 아틀라스 로켓을 사용하자는 아이디어는 개발 초기부터 나왔고, 아틀라스 #10B 모델은 정치적 선전 수단으로 쓰이기도 했다. 1958년 12월 18일에 발사된 아틀라스 #10B 모델은 겨우 열여섯 번째 시험 비행에 나섰으며, 그 이전의 시험 비행 15회 중 성공은 8회에 불과했다. 그럼에도 일명 '프로젝트 스코어Project SCORE'에 따라 아틀라스 #10B 모델은 가벼운 탑재체를 싣고 지구 궤도에 올라갔으며, 거기서 미리 녹음된 드와이트 D. 아이젠하워 미국 대통령의 크리스마스 축하 메시지가 재생되어 지구로 전송됐다. 우주에서 전송되어 온 최초의 인간 목소리였다.

아틀라스 C 로켓의 경우 유도 장치가 개선됐고 연료 탱크들이 더 날렵해졌으며, 이전의 비행을 통한 여러 가지 다른 변화도 있었다. 1958년 12월 23일부터 1959년 8월 24일 사이에 총 6회의 시험 비행이 있었고, 그중 3회가 성공리에 끝났다. 이 시험 비행 기간 중인 1959년 4월 14일에 최초의 아틀라스 D 모델이 발사됐는데, 총 117기 가운데 27기만 비행에 성공했다. 1960년 5월 20일에 기본 장치들만 장착한 아틀라스 D 모델

➤ 아틀라스 로켓이 위성과 우주 비행체로 전용될 때 전체적인 조합에는 거의 변화가 없었다. 여러 해가 지난 뒤에야 주력 로켓 단의 길이가 늘어났고, 센토Centaur 로켓 상단의 직경은 처음부터 끝까지 일정해졌다.
(자료 제공: General Dynamics)

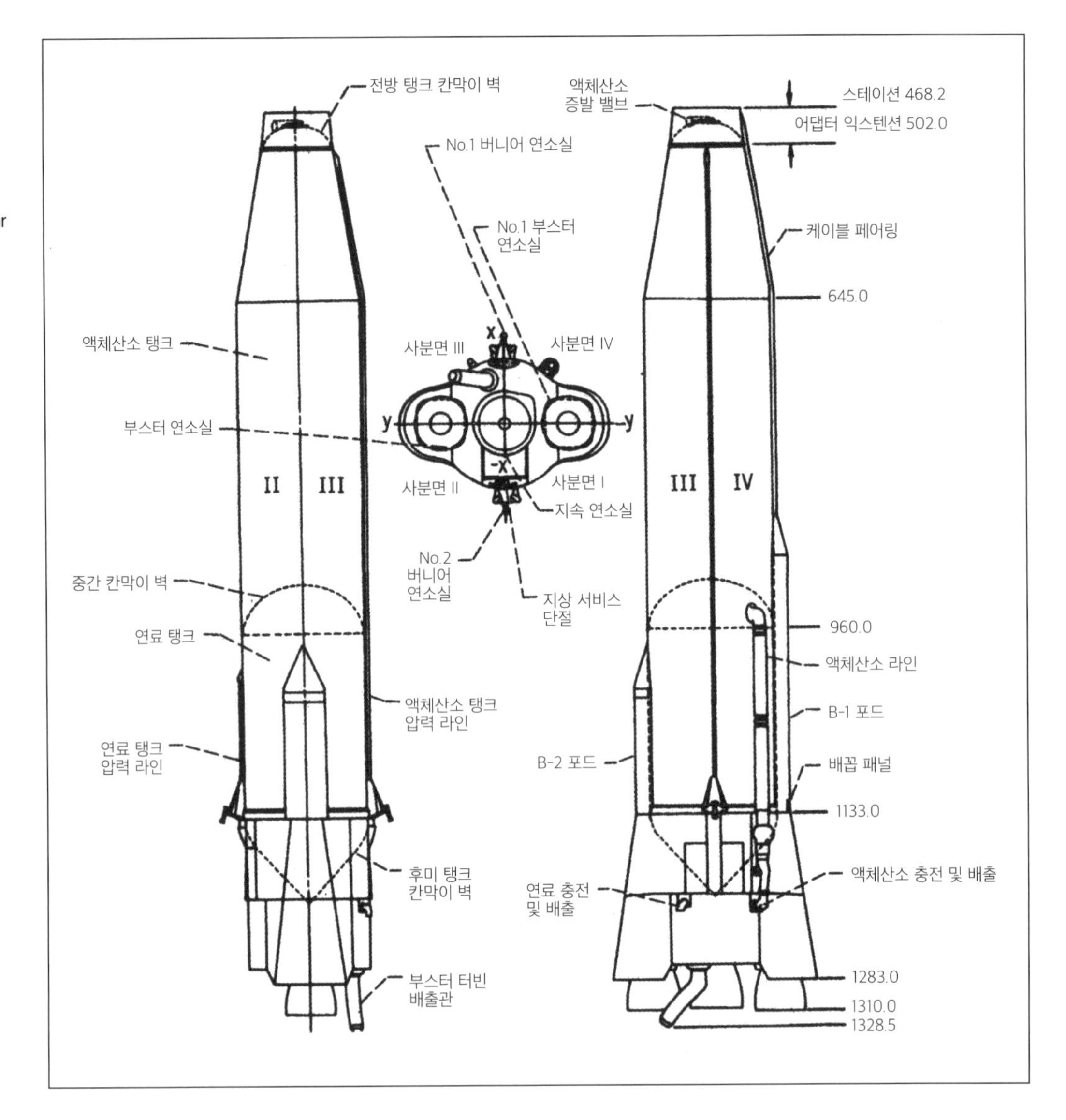

이 케이프 커내버럴에서 발사되어 총 14,545㎞의 사정거리를 날아갔다. 미사일은 캘리포니아 반덴버그 공군기지에서도 발사됐는데, 최초의 미사일은 1959년 9월 9일 576 전략미사일 비행중대에서 발사됐다.

아틀라스 D 미사일에 대한 통제권은 지상 및 공중 핵 억지력을 갖고 있던 미 전략공군사령부(SAC)에 있었다. SAC는 1959년에 처음 아틀라스 D 미사일 6기를 대륙간탄도미사일로 실전 배치했으며, 10월 31일에는 그중 첫 번째 미사일에 핵탄두가 장착됐다는 걸 공식 인정했다. SAC의 일지에 따르면, 아틀라스 미사일은 1960년에는 12기로 늘어났으며, 1961년에는 62기(그중 32기는 아틀라스 E 모델), 1962년에는 142기, 1963년에는 140기(그중 79기는 아틀라스 F 모델), 그리고 1964년에는 118기였다. 그러나 1965년에 이르면 아틀라스 미사일은 타이탄 미사일과 함께 완전히 자취를 감추게 된다.

아틀라스는 대륙간탄도미사일로서의 역할을 다하자, 다양한 특수 임무에 활용된다. 그렇게 해서 1963년부터 1974년 사이에 보다 발전된 탄도미사일용 대기권 재진입 장치를 개발하기 위해 총 54기의 아틀라스 E와 F 모델 로켓들이 시험 발사됐다. 그리고 이른바 '고성능 탄도 재진입 시스템' 개발을 위해, 1967년 6월부터 1971년 6월까지 총 19기의 개선된 아틀라스 F 로켓들이 반덴버그 공군기지에서 '트라이던트Trident' 미사일 프로그램용 상단 로켓을 탑재한 채 발사됐다.

아틀라스 로켓은 시간이 지나며 여러 가지 독특한

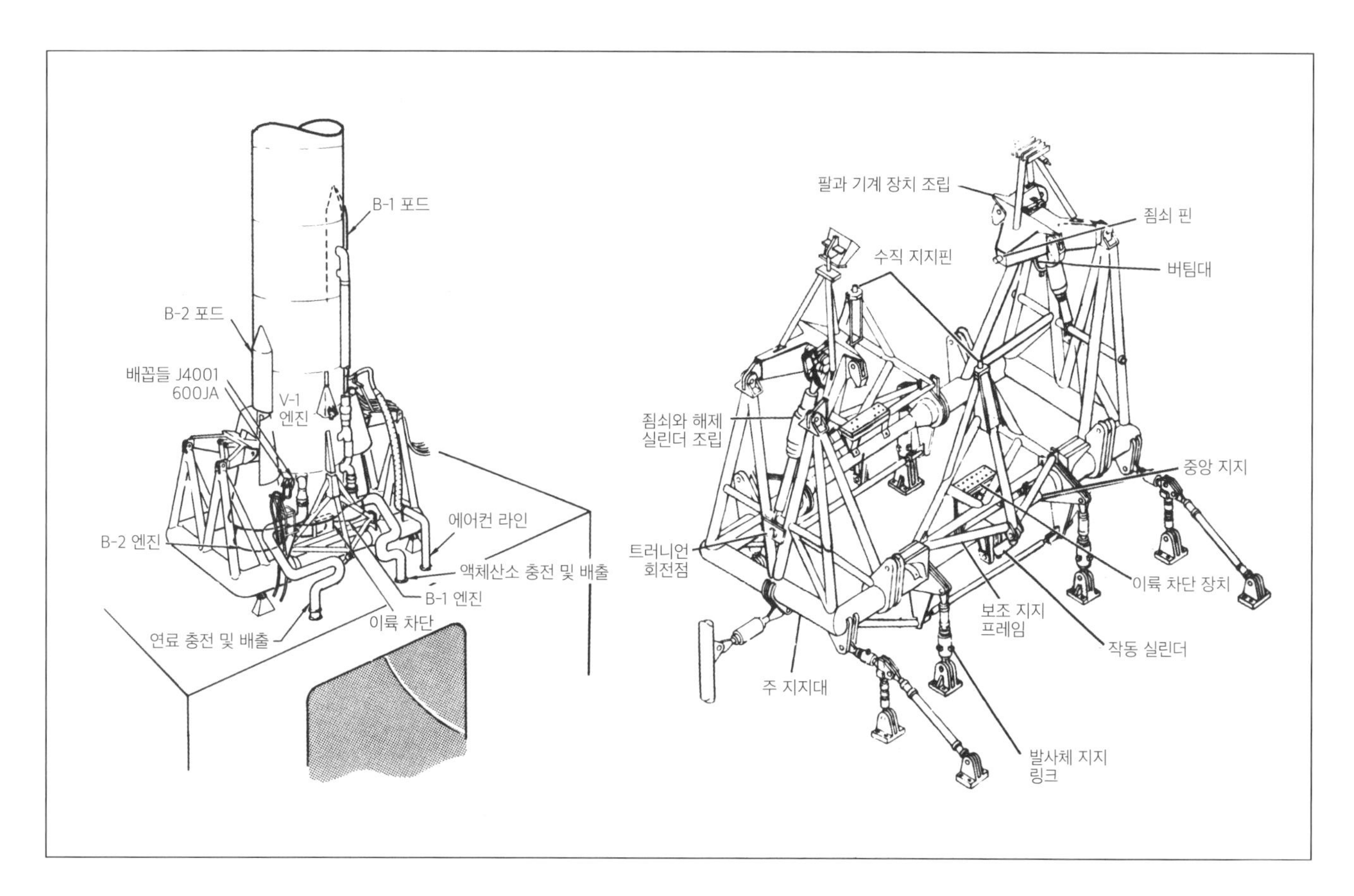

▲ 아틀라스 로켓은 발사대 위에 세워둔 상태에서 대륙간탄도미사일용으로 개발된 케이지와 같은 케이지를 활용해 주 엔진들이 점화된 뒤 제대로 작동되는지 확인을 거쳤다. 표면 바로 아래쪽 '관coffin' 안에 고정되어 있다가 유압 펌프들에 의해 수직 위치로 들어 올려지는 이전 디자인은 그대로였다. (자료 제공: General Dynamics)

모델들이 추가되었고, 각종 연구 및 시험, 개발 프로그램용으로 다양한 시험 비행에 동원되었다. 그중 상당수는 여전히 비밀 무기로 분류됐지만, 일부는 아틀라스 H라는 이름으로 불렸다.

1957년 6월의 첫 시험 비행 이후 믿기 어려울 만큼 시험 비행 횟수가 늘어 1961년 11월에 100회를 기록했고, 1963년 12월에 이르러서는 200회, 1966년 8월에는 300회를 기록했다. 뒤이어 1972년 3월에 400회, 1991년 12월에 500회를 기록했다. 그 과정에서 아틀라스는 많은 변화를 겪었으며, 특히 아틀라스 III 모델부터는 주 로켓 단 추진 장치가 완전히 달라졌다. 2004년 8월 31일에는 부스터 로켓 엔진 2개에 지속 엔진 1개로 이루어진 모델이 마지막 비행에 나섰는데, 이는 전통적인 아틀라스 모델(아틀라스 II 모델 참조)의 573회째 비행이었다.

➤ 아틀라스는 이동식 직립기에 실려 수평 상태로 발사대까지 옮겨졌으며, 죔쇠 러그들에 부착된 뒤 억제 케이지까지 들어 올려졌다. 그런 다음 미사일이 빙글 돌려져 똑바로 세워졌다. (자료 제공: General Dynamics)

➤ 아틀라스 미사일에는 종종 기술적, 과학적, 군사적 목적의 탑재체들이 실렸다. 그림에서 보듯, 이 아틀라스 F 모델의 맨 끝부분에는 시뮬레이션용 핵연료(위쪽)와 생물의학적 실험 대상인 원숭이(아래쪽)를 싣기 위한 공간이 있다.
(자료 제공: David Baker)

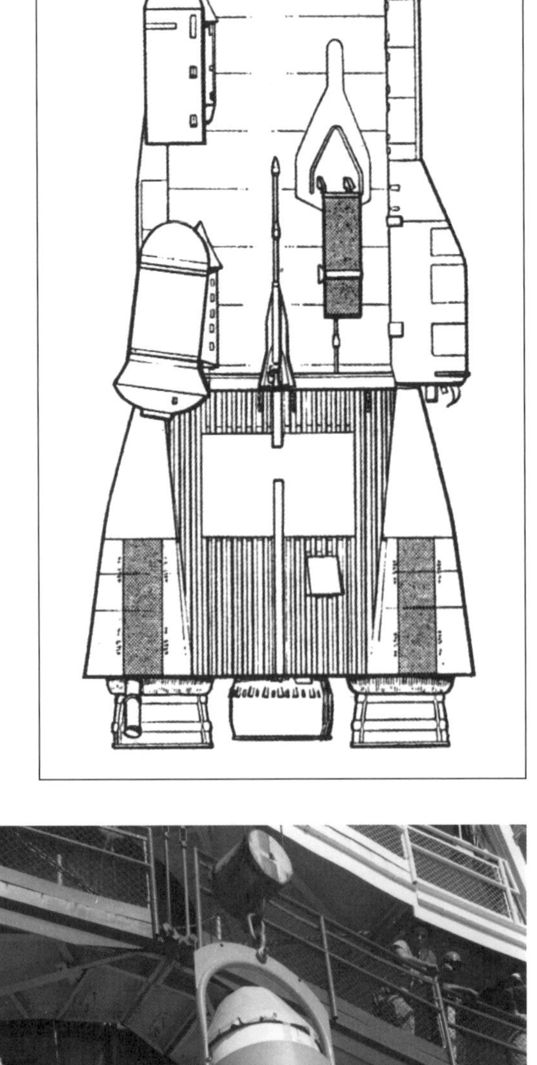

▼1960년 1월 26일에 발사된 아틀라스 44D 모델에 장착됐던 최초의 대기권 재진입용 RV4-X 헤드. 서부시험장으로 알려진 반덴버그 공군기지 시설물인 동부시험장으로의 발사를 앞두고, 케이프 커내버럴에서 로켓 꼭대기로 들어 올려지고 있다.
(자료 제공: USAF)

아틀스 우주 발사체

아틀라스 로켓은 1958년 12월 17일에 '프로젝트 스코어'의 일환으로 우주 개발 프로그램을 위한 첫 비행에 나서, 약 3,992㎏ 무게의 탑재체를 저궤도에 올려놓았다. 아틀라스 #10B 로켓의 전방 끝부분에 탑재된 68㎏의 기술 관련 장치는 그 무게가 위성 하나의 무게와 맞먹었는데, 이는 이전에 지구 궤도에 쏘아 올리는 데 성공한 미국의 위성 4개를 합친 것보다 더 무거운 것이었다. 당시 러시아는 이미 총 1,918㎏ 무게의 위성을 지구 궤도에 쏘아 올렸는데, 이는 떨어져 나간 로켓 단들의 무게는 제외된 무게였다. 아틀라스 #10B 로켓에서 분리된 몸체는 1959년 1월 21일 대기를 뚫고 지구로 떨어졌다.

아틀라스 로켓을 유인 우주 비행 프로그램용으로 선택한 것은 대담한 시도였으나, 인간을 지구 궤도 위로 쏘아 올릴 만한 다른 발사체가 없는 상황에서 불가피한 선택이기도 했다. 그러나 개발 초기 단계에서는 시험 발사의 절반이 실패로 끝났고, 아틀라스는 군사용으로 제작된 미사일이어서 가끔씩 문제가 생기는 건 허용되는 일일 뿐 아니라 어느 정도는 예상되는 일이기도 했다.

당시 유인 비행에 안전하다는 걸 입증한다는 뜻을 가진 'man-rating'은 예외적으로 높은 신뢰도 기준을 뜻하는 말로 널리 쓰였는데, 아틀라스 로켓의 경우 그런 기준에 맞추기 위해 일련의 수정 보안 작업을 거쳐야 했다. 이는 군사용 미사일 개발에는 꼭 필요하지 않지만, 유인 우주 개발 프로그램을 위해서는 반드시 필요한 작업이었다. 그래서 우주 개발용 아틀라스 로켓에 대한 NASA의 수정 보완 작업은 미 공군에 그대로 전수됐다. 물론 NASA와 미 공군은 서로의 체제에 익숙치 않았으며, 따라서 아틀라스 대륙간탄도미사일에 대한 NASA 과학자와 엔지니어들의 작업과 미 공군 미사일 전문가들의 작업은 전혀 달랐다.

머큐리Mercury 우주선을 지원하기 위한 첫 번째 발사는 암호명이 '빅 조Big Joe'로, 1959년 9월 9일에 이루어졌다. 당시 아틀라스 #10D 로켓(겨우 30번째로 발사된 아틀라스 로켓이었음)은 머큐리 우주선을 153㎞ 높이까지 쏘아 올렸으며, 시속 23,905㎞의 속도로 2,405

㎞의 거리를 날았다. 머큐리 우주선의 두 번째 열차폐 테스트는 취소됐다. 이어 1960년 7월부터 1961년 11월 29일 사이에 총 다섯 차례의 아틀라스 로켓 비행이 있었으며, 마지막 로켓(MA-5) 비행에는 침팬지 '에노스 Enos'를 태우고 지구 궤도 두 곳을 비행했다. 두 차례의 비행은 실패했지만, 1962년 2월 20일부터 1963년 5월 15일 사이에 4기의 머큐리-아틀라스 로켓이 미국인 우주조종사 4명을 지구 궤도 위로 올려보냈으며, 그것으로 머큐리 프로그램은 마감됐다.

1968년 토르 아게나 D 로켓 단에 이른바 SLV-3A(우주발사체-3A) 조합이 도입되어, 추진제 탱크들의 길이를 2.97m 늘리면서 주요 로켓 단의 길이가 21m에서 24m로 늘어났고 점점 뾰족해지는 부분의 길이는 그대로 3.63m로 유지했다. 이로 인해 21,773㎏의 추진제를 더 넣을 수 있었고, 부스터 로켓 엔진의 총 추력이 1,494kN이 되어 더 작은 아게나 상단 로켓 옵션들을 가진 표준형 LV-3에 비해 추력이 26.69kN 늘어났으며, 지속 엔진의 추력은 257.9kN으로 늘어났다. 조합-3A 조합에서는 유도 장치용 자동 조정 장치도 개선됐다.

아게나 D 로켓은 총 길이가 36.27m였고, 버너 Burner II 로켓 단의 높이는 32.24m였으며, OV1 상단 로켓은 그 길이가 30.27m였다. 가장 많이 쓰인 로켓은 아게나 D 로켓인데, SLV-3A 조합으로 151,203㎏ 무게의 탑재체를 쏘아 올릴 수 있었다.

1968년에는 SLV-3C 조합에 센토 상단 로켓을 추가하면서 길이가 더 늘어나, 아틀라스 탱크의 길이가 1.295m씩 길어졌으며, 끝으로 갈수록 가늘어지는 노즈를 버리고 로켓 단 전체의 직경을 3m로 유지해, 센토 로켓 단의 직경과 같아 서로 호환이 되게 됐다. 그리고 그 결과 아틀라스 로켓은 9,526㎏의 추진제를 더 실을 수 있게 됐다.

아틀라스-에이블

아틀라스 로켓을 순수한 우주 개발 프로그램에 활용하려는 노력은 1958년 6월, TRW(Thompson-Ramo-Wooldridge, Ramo-Wooldridge의 후신) 사가 미 국방부 고등연구계획국에 토르 미사일에 이미 활용 중이던 에이블 상단 로켓을 금성 탐사 미션에 활용해보자고 제안하여 시작됐다. 1958년 10월에 NASA가 설립된 이후 토르 에이블 시리즈에 이어 이 아틀라스-에이블Atlas-Able 조합이 달 미션에 활용되기 시작했다. 물론 로켓에 실을 탑재체 무게도 더 늘어났다. 이후 총 4기의 아틀라스-에이블 로켓이 발사됐는데, 그 목표는 달 궤도에 탐사선을 진입시키는 것이었다.

아틀라스-에이블 로켓에 '에이블'이란 이름을 쓴 데

▲아틀라스 로켓에 무거운 탑재체를 싣기 위한 초창기의 노력은 1958년 말 뱅가드 위성 발사체의 1단 로켓을 상단 로켓으로 활용하자는 NASA의 제안으로 시작됐다. 베가Vega로 알려진 이 로켓은 극저온 센토 로켓 전에 임시로 활용될 예정이었다가 1960년 8월에 도입이 연장됐으나, 1959년 12월 11일 이미 성능이 입증된 토르 아게나 B 로켓을 쓰기로 최종 결정되면서 계획이 아예 취소됐다.
(자료 제공: JOL)

◀토르 로켓에도 활용된 에이블 상단 로켓은 파이오니어 달 탐사선용으로 아틀라스 로켓에도 활용됐다. 보다 작은 로켓으로는 쏘아 올릴 수 없는 보다 무거운 탑재체들을 쏘아 올리기 위해서였다. 사진은 2개의 로켓 추진기 가운데 하나로, 우주선 몸체 안에 구 모양의 모터가 들어 있었다.
(자료 제공: US Army)

➤ 에어로젯 사 기술자들이 지켜보는 가운데, 뱅가드 위성 발사체에서 가져온 에이블 상단 로켓이 발사 직전 들어 올려져 제 위치로 가고 있다. (자료 제공: USAF)

에는 여러 가지 의미가 함축돼 있었다. 토르 에이블 로켓을 살펴볼 때 보았듯, 에이블 로켓 단은 뱅가드 위성 프로그램에서 그대로 가져온 상단 로켓 단 형태로 처음 그 모습을 드러냈다. Able은 원래 ablation의 줄임말로, ablation은 장거리 탄두를 대상으로 한 열차폐 테스트 과정을 뜻한다. 그러나 후에 이 '에이블'이란 말은 토르 미사일 꼭대기에 장착되는 상단 로켓의 이름으로 굳어졌다. 그리고 달 탐사 미션에 3단 로켓이 추가되면서, 에이블이란 이름은 하나의 로켓 단으로 공식화된다.

➤ 아틀라스-에이블 로켓의 첫 비행은 1959년 11월 26일에 이루어졌으나, 이륙 후 채 1분도 안 돼 덮개가 떨어져나가고 공기역학적 힘에 의해 발사체에 문제가 생기면서 실패로 끝났다. (자료 제공: USAF)

그러나 3단 로켓을 만든 업체인 앨러게니탄도연구소(ABL)는 에이블이란 이름에 더 집착했다. 3단 로켓이 추가된 뒤에는 뱅가드 위성 프로그램에서 그랬던 것처럼 종종 알테어Altair 로켓이라 불리기도 했고 또 ABL 로켓 단이라 불리기도 했다. 아무튼 에이블은 계속 로켓 단과 프로그램의 이름으로 쓰였다. 이런 식으로 아틀라스 상단 로켓에는 토르 로켓의 경우와 마찬가지로 뱅가드 위성 이후의 요소들이 활용됐고, 에이블이란 이름도 사용됐다. 그러나 아틀라스-에이블 로켓은 역사적으로 다른 중요성을 갖고 있다.

아틀라스-에이블 로켓으로 발사될 달 탐사선들은 우주 탐사 전용으로 만들어진 세계 최초의 로켓 모터에 맞춰 제작됐다. 또한 아틀라스로 쏘아 올릴 파이오니어 시리즈 우주선들에는 단일 추진제 히드라진 모터와 타원형 탱크의 반대쪽 끝부분에 있는 추진 노즐들이 통합됐다. 우주선을 감속시켜 달 궤도 안에 안착시키는 역할을 하는 로켓 노즐은 두 차례 발사될 수 있었고, 다른 노즐은 추진 및 이동을 위해 네 차례 발사될 수 있었다. 주요 탱크는 직경 99㎝짜리 구체에 싸여 있었고, 그 구체에서 노 모양의 태양전지판 4개가 나오게 되어 있었다.

앨러게니탄도연구소의 X-248 로켓(알테어)을 3단 로켓으로 활용해 발사된 최초의 대륙간탄도미사일은 아틀라스-에이블 IVa라 명명됐으나, 이 미사일은 1959년 9월 24일 정적 점화 테스트 직후 연료관 파열로 발사대 위에서 폭발했다. 이후 교체된 아틀라스 로켓(#20D)이 1959년 11월 26일에 아틀라스-에이블 IVb 형태로 발사됐으나, 이륙 후 45초 만에 파이오니어 P-3 우주선 덮개가 떨어져나갔고, 그 결과 동압력(dynamic pressure, 유체의 운동을 막았을 때 생기는 압력-옮긴이) 때문에 상단 로켓과 탑재체가 분리되면서 공중에서 폭발했다.

이후에도 시험 비행이 두 번 더 있었다. 아틀라스-에이블 Va 모델은 1960년 9월 25일에 발사됐으나, 2단 로켓이 오작동되면서 상단 장치들에 문제가 생겨 예정보다 일찍 작동이 중단됐다. 결국 3단 로켓이 점화되어 40초간 작동되면서 파이오니어 P-30 우주선이 분리됐으나, 에너지가 부족해 지구 궤도까지 올라가지 못하고 인도양으로 떨어졌다. 아틀라스-에이블 Vb 모델도 1960년 12월 15일 비슷한 문제로 인도양으로 떨어졌다. 이륙 후 단 66.7초 후에 가속도계들이 결렬한 움직임을 보이더니 로켓이 폭발해버린 것이다. 그 과정에서 위성 파이오니어 P-31도 파괴됐다.

이 같은 뱅가드 로켓 단의 활용은 더 이상 시도되지 않았다. 그리고 아틀라스-에이블 로켓 4기의 시험 발사는 전부 실패로 끝났지만, 그것은 아틀라스 로켓 자체의 문제 때문이었다. 그러나 TRW 사에 의해 제작된 파이오니어 히드라진 추진제 장치가 우주 공간에서 P-30 우주선을 인양하려는 과정에서 작동됐고, 그래서 오래전에 잊혀진 최초의 추진제 장치로 역사에 기록됐다.

아틀라스-아게나 A, B 그리고 D

아틀라스 로켓에 활용된 다음 상단 로켓은 토르 로켓을 다룬 부분에서 언급됐던 아게나 A였다. 이 발사체를 도입한 최초의 프로그램은 1960년 2월 26일에 발사된 최초의 Midas('미사일 방어 경고 장치'라는 뜻의 Missile Defense Alarm System의 줄임말) 조기 경고 위성이었다. 코로나 첩보 위성이 토르 아게나 로켓에 실려 쏘아 올려진 것과 마찬가지로, 미다스 1은 아게나의 일부나 다름없었다. 아틀라스-아게나 A 모델은 반덴버그 공군기지에서 무게 1,860㎏의 탑재체들을 극궤도 안에 안착시킬 수 있었으며, 토르 로켓에 비해 아틀라스 로켓이 무거운 탑재체를 탑재할 수 있었던 덕에 더 크고 성능도 뛰어난 첩보 위성을 개발하는 게 가능해졌다.

케이프 커내버럴에서의 첫 로켓 비행은 실패로 끝났는데, 아게나 로켓이 아틀라스 로켓에서 분리되지 못했기 때문이다. 그러나 1960년 5월 24일의 두 번째 비행에서 아틀라스-아게나 로켓은 무게 2,300㎏의 미다스 2 조기 경고 위성을 지구 궤도에 안착시키는 데 성공했다. 그것은 케이프 커내버럴에서 있었던 아틀라스-아게나 A 로켓의 마지막 비행이었다. 그 다음에 있었던 두 번의 시험 비행은 반덴버그 공군기지 남쪽에 있는 포인트 아르게요에서 이루어졌지만, 시험 비행과 관련된 모든 사항을 여전히 공군이 관리했다. 1960년 10월 11일 아틀라스-아게나 A는 사모스(Samos, 위성 및 미사일 관측 시스템의 뜻인 Satellite and Missile Observation

▲아틀라스 로켓은 비행 실패율이 높았다. 1960년 3월 10일 이륙 후 몇 초 만에 폭발한 51D 모델이 그 예이다.
(자료 제공: USAF)

◀아틀라스의 꼭대기에 실려 비행에 나설 최초의 아게나 A 로켓이 1960년 2월 26일 발사 직전 제 위치로 올라가고 있다. 아틀라스-에이블 로켓의 첫 비행 이후 꼭 3개월 만의 일이었다.
(자료 제공: USAF)

▶ 아틀라스-아게나 우주 발사체의 구조.
(자료 제공: General Dynamics)

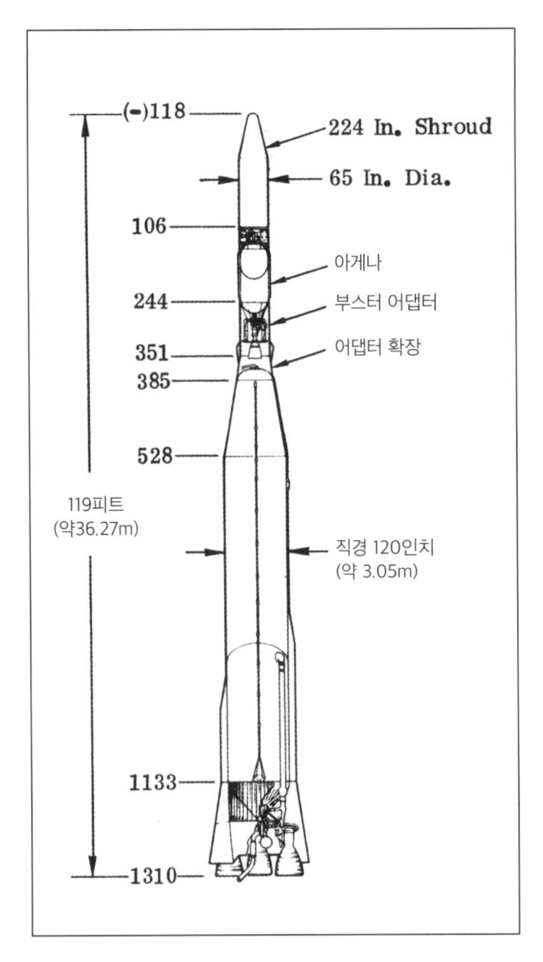

System의 줄임말) 1 위성을 지구 궤도에 안착시키는 데 실패했는데, 로켓 이륙 과정에서 연결이 잘못되는 바람에 제어 제트 장치에 문제가 생겼기 때문이다.

사모스 프로그램은 첩보 위성 장치에 대한 암호명 같은 것으로, KH-7 갬빗Gambit 정찰 위성의 개발을 은폐하고 보다 발전된 발사체와 거기에 장착될 광학 장치들에 쓸 각종 센서를 테스트하기 위한 것이었다. 사모스 2는 1961년 1월 31일에 포인트 아르게요에서 시험 비행에 성공했으며, 이는 군사용 위성 등이 아틀라스-아게나 B 로켓에 탑재되기 이전에 이루어진 네 차례의 아틀라스-아게나 A 비행 중 마지막 비행이었다. 그리고 그 네 번의 비행 중 단 두 번만 성공했다.

아틀라스-아게나 B의 비행은 1961년 7월 12일 반덴버그 공군기지에서 미다스 3의 발사와 함께 시작됐지만, 위성을 계획된 곳에 안착시키는 데는 실패했다. 태양전지가 동력을 공급하지 못한 데다가 적외선 망원경도 원하는 대로 작동하지 않았기 때문이다. 이 비행은 아틀라스-아게나 로켓이 궤도 내 재시동에 성공한 첫 비행이었다. 그러나 아틀라스 로켓을 이용해 아게나 상단들을 쏘아 올리는 것은 이제 NASA의 민간 우주 미션

▶ 아틀라스 #29D 모델에 실려 쏘아 올려질 미다스 조기 경고 위성이 최초의 아게나 A 로켓에 부착된 탑재체 덮개 안에 들어 있다. 아틀라스 #29D 모델은 오늘날까지 이 로켓을 포함해 총 45기가 발사됐는데, 그중 18기는 시험 비행에 실패했다.
(자료 제공: USAF)

▶▶ 사모스가 아틀라스-아게나에 실려 발사되고 있는데, 액체산소 탱크로부터 얼어붙은 응축액이 흘러내리고 있다.
(자료 제공: USAF)

들을 위한 계획 속에 확고히 뿌리를 내려, 아틀라스-아게나 B 로켓을 활용한 첫 비행 역시 '레인저 문Ranger Moon' 프로그램을 위한 비행이었다.

1961년 8월 23일의 첫 비행에서 아게나 로켓은 재시동을 걸어 지구 궤도를 벗어나는 데 실패했고, 우주선 레인저 1호도 무용지물이 되어버렸다. 그해 11월 18일에 있었던 비행 후에도 비슷한 문제가 발생해 레인저 2호 역시 무용지물이 되었다. 1962년 1월 26일에 발사된 레인저 3호는 발사 직후 경로를 잘못 잡아 상당한 차이로 달을 비껴 날아갔다. 반면 4월 23일에 발사된 레인저 4호는 계획된 궤적대로 날아갔으나, 미션을 제대로 수행하는 데는 실패했다.

1962년 8월 27일 아틀라스-아게나 B는 전달에 마리너Mariner 1호로 실패를 맛본 뒤 탐사선 마리너 2호를 금성으로 쏴 보내면서 첫 행성 간 미션을 성공적으로 끝냈다. 마리너 1호의 경우 유도 장치가 고장 나 하늘로 날아오르는 로켓을 공중에서 폭발시켜버렸다. 아틀라스-아게나의 성능은 점점 나아지고 있었으며, 이는 비행에 나섰던 마지막 14기의 아틀라스-아게나 B 가운데 첫 실패 사례였다. 처음에는 NASA 측에 자신들의 미사일 관련 노하우를 알려주는 걸 꺼리던 미 공군도 나중에는 점점 더 협조적이 되어, 미사일을 보다 다양한 용도로 활용하면서 얻은 지식을 NASA와 공유했다. 그렇게 해서 아틀라스 로켓은 NASA의 손안에서 우주 발사체로서의 새로운 삶을 살게 된다. 1962년 5월 17일에는 모든 추가 안전 장치와 수단들을 하나로 통합한 보다 표준화된 로켓 조합인 일명 SLV-3 모델이 제시되는데, 그 이전 비행에 쓰인 모델은 LV-3이었다.

아틀라스-아게나 B 로켓은 이후에도 계속 레인저 우주선을 쏘아 올렸는데, 1962년 10월 18일에 발사된 레인저 5호는 제대로 계획된 궤적 안에 들어갔으나 전력 유지에 실패했고, 레인저 6호부터 9호까지는 목적지인 달까지 가는 데 성공했다. 마지막 레인저 3기만 탄착 지점까지의 TV 영상들을 보내왔으며, 레인저 9호는 1965년 3월 21일에 발사됐다. 총 29기의 아틀라스-아게나 B 로켓 가운데 마지막 로켓은 1966년 6월 7일에 발사됐고, 그중 22기가 성공했고 2기는 부분적으로 성공했으며, NASA의 여러 위성들 역시 미다스 프로그램과 사모스 프로그램에서 많은 비밀 방위 임무를 수행했다.

◀1960년 5월 24일 또 다른 아틀라스 로켓에 탑재된 또 다른 아게나 로켓이 미다스 2 위성을 지구 궤도 안으로 쏘아 올릴 준비를 하고 있다. 토르 로켓에서 바꾼 아게나 로켓을 더욱 강력한 아틀라스 로켓으로 바꿈으로써, 이 상단 로켓의 일부로 제작된 군사용 위성 등은 이제 무게도 늘리고 성능도 더 높일 수 있게 되었다.
(자료 제공: USAF)

아게나 D 로켓의 성능이 대폭 향상되면서, 이 로켓 단을 아틀라스 로켓에 접목시키고 후에 더 개선된 것으로 교체하자, 토르 로켓의 꼭대기에 접목시켰을 때보다 훨씬 무게가 나가는 적재체를 쏘아 올릴 수 있게 되었다. 또한 아게나 D 로켓은 연소 시간이 265초인 벨 8096 엔진을 써서, 이전 아게나 모델들에 비해 신뢰성이 더 높아졌다.

▼이 세 가지 상단 로켓 조합을 보면, 아게나 A와 미다스 미사일 탐지 위성(왼쪽), 아게나 A와 사모스 첩보 위성(가운데), 그리고 아게나 B와 NASA 레인저 우주선의 조합을 알 수 있다.
(자료 제공: David Baker)

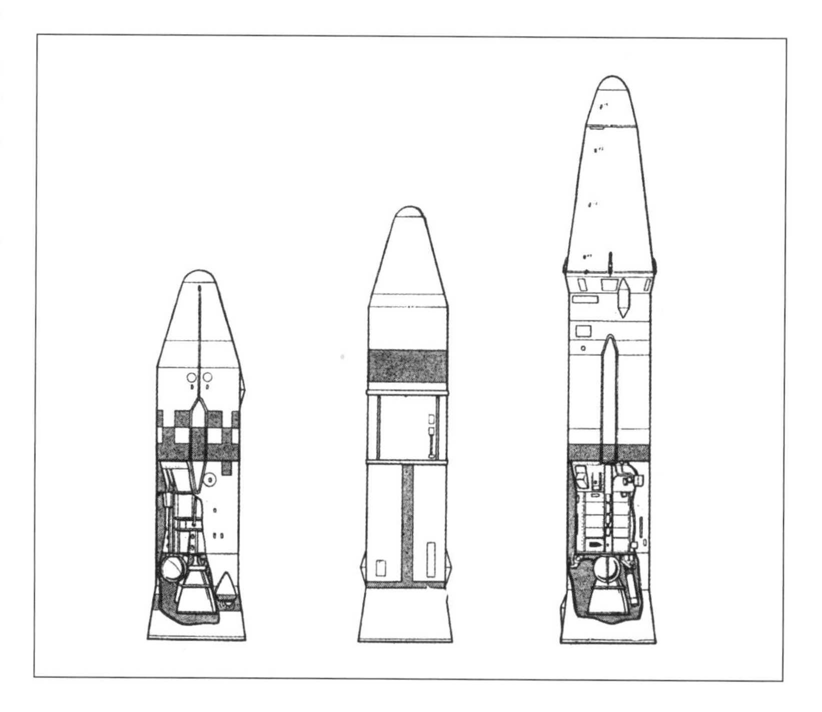

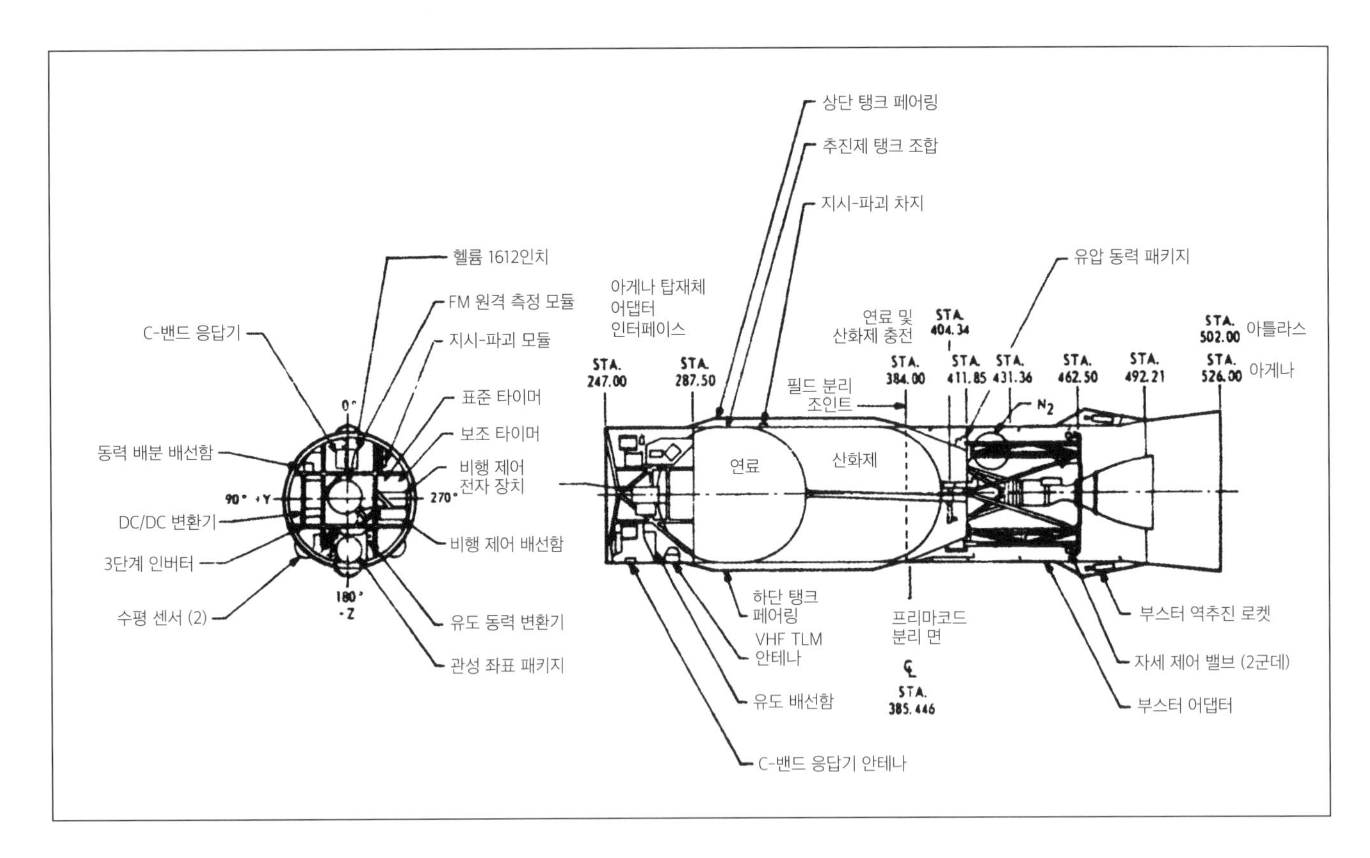

▲ 1963년 7월 12일에 처음 비행에 나선 아틀라스 아게나 D 로켓은 군대 및 민간 우주 임무 양쪽 모두에 강력한 수단이 되었으며, 특히 상단 로켓은 오랫동안 지연됐던 극저온 연료 방식의 센토 로켓이 도입되기 전까지 상당한 역할을 했다. 아게나 D 로켓은 또 1965년과 1966년에 2인승 제미니 우주선과 여러 행성 탐사 임무에 쓰여, NASA의 유인 우주선 프로그램에 크게 기여했다.
(자료 제공: General Dynamics)

▼ 아게나의 장점은 폭넓은 임무를 수행할 수 있게 해준 3각축 안정화 장치에 있었다. 상단 로켓들을 안정된 플랫폼으로 삼아 우주 공간 안에서 다양한 활동을 할 수 있었던 것이다. 그리고 그에 필요한 것들은 토르 로켓에 활용되는 아게나 로켓을 설계하는 데 기본적인 토대가 되었다.
(자료 제공: General Dynamics)

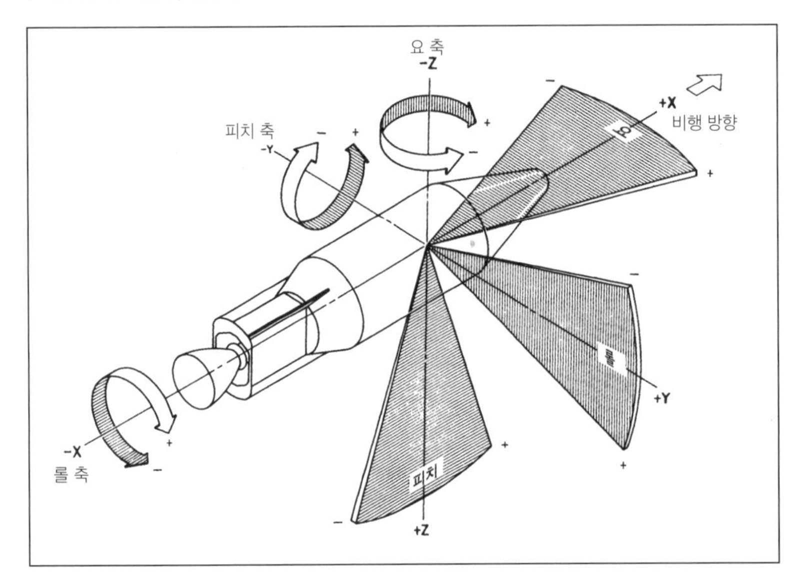

최초의 토르 아게나 D 로켓이 발사된 지 1년 남짓 지난 1963년 7월 12일 최초의 아틀라스-아게나 D 로켓이 KH-7 정찰 위성을 싣고 반덴버스 공군기지에서 성공리에 발사됐다. 공군은 또 이 로켓 조합을 활용해 벨라Vella 핵 탐지 위성 중 첫 번째 위성도 쏘아 올렸는데, 1963년 10월 17일에 발사된 첫 2기는 확대된 핵실험 감시용 시리즈들 중 일부였다.

또한 NASA는 1964년에 마리너 우주선 2대를 화성으로 보낼 때도 보다 강력한 이 아틀라스-아게나 D 로켓을 활용했다. 11월 5일에 발사된 첫 번째 마리너 우주선은 탑재체 덮개가 분리되지 않으면서 실패로 끝났다. 그러나 11월 28일에 발사된 마리너 4호는 화성 탐사 미션에 성공한 첫 우주선이 되었으며, 1965년 7월에 화성을 스쳐 날아가면서 21장의 사진을 찍어 지구로 전송했다. 그 무렵 NASA는 아게나 D 로켓 단의 디자인을 변경해 2인승 제미니Gemini 우주선에 사용할 준비를 하고 있었다. 그런 목적으로 록히드 사는 주력 추진 장치로 쓸 8247 로켓 모터를 제공했는데, 이 로켓 모터는 우주 안에서 열다섯 차례까지 재시동을 거는 게 가능했다.

제미니 우주선을 지원하기 위한 아틀라스-아게나 D 로켓의 비행은 1965년 10월 25일 제미니-아게나 타겟 발사체(GATV-5002)의 발사로 시작됐다. 그러나 아게나 로켓 단은 이륙 후 6분 만에 폭발했고, 이후 예정되었던 제미니 6호 발사도 취소됐다. 1966년 3월 16일에 발사된 GATV-5003 로켓은 제미니 8호를 실어 나를 발사체가 되었고, 한 궤도 후에 발사되어 NASA 역사상 최초로 도킹에 성공했지만, 우주선이 추진 로켓 고장을 일으켜 예정보다 빨리 지구로 되돌아와야 했다.

그해 5월 17일에 발사된 GATV-5004 로켓은 아틀라스 로켓의 고장으로 파괴됐고, 7월 18일에 발사된 GATV-5005 로켓은 제미니 10호를 실어 날랐다. 이후 9월 12일에 GATV-5006 로켓이 발사되어 제미니 11호와 도킹했고, 1966년 11월 11일에 발사된 GATV-5001 로켓은 제미니 12호와 도킹했다. 또한 GATV-5006 로켓에 장착된 주 추진 장치는 제미니 11호를 1,372㎞ 높이까지 쏘아 올리는 데 쓰였는데, 이는 지구 궤도 내에서 유인 우주선이 세운 최고의 기록으로, 그 기록은 지금까지도 유지되고 있다.

아틀라스-아게나 D 로켓은 달 궤도 탐색 위성인 루나 오비터Lunar Orbiter 5기를 쏘아 올리는 데 쓰였는데, 5기 모두 달 궤도를 돌면서 생생한 달 표면 사진들을 찍었다. 아틀라스-아게나 D 로켓의 행성 간 비행 미션은 1967년 6월 14일에 금성을 향하는 마리너 5호의 발사로 막을 내렸지만, NASA 측에서는 응용기술위성(ATS) 프로그램에 따른 첫 세 차례 비행에도 아틀라스-아게나 조합을 활용했다. 응용기술위성 프로그램은 당시로서는, 그리고 초기 아게나 상단 로켓 단의 역사를 감안하면 첨단이라고 생각되는 기술들을 받아들였다. 그러나 아틀라스 로켓은 1963년에 이미 과거 그 어느 때보다 훨씬 더 강력한 상단 로켓 단의 힘으로, 그러니까 현재까지도 아틀라스 로켓의 핵심 기술로 쓰이는 극저온 연료 방식의 센토 로켓 단의 힘으로 비행했다.

아틀라스-센토

센토 로켓은 극저온 액체수소/액체산소 추진제를 사용하는 아틀라스 로켓의 강력한 상단 로켓 단 용도로 등장했다. 1958년 8월 29일 미 국방부 고등연구계획국은 항공연구 & 개발사령부(ARDC)를 상대로 애드번트Advent라 불리는 통신 위성 10개를 쏘아 올릴 수 있는 아틀라스 상단 로켓 개발을 의뢰했는데, 그 통신 위성 하나의 무게는 아게나 로켓으로는 쏘아 올릴 수 없는 무게였다. 애드번트 위성 개발 계획은 취소됐지만, 극저온 연료 방식의 상단 로켓 아이디어는 계속 살아남았으며, 크라프트 에흐리케Krafft Ehricke의 영감을 받아 콘베어 사에서 제작됐다.

에흐리케는 아틀라스 로켓의 경우와 마찬가지로 강화된 프레임들이 없고 압축을 통해 구조적 견고성이 유지되는 얇은 벽의 모노코크식 탱크 구조를 고안했다. 극저온 상태를 유지하기 위해 얇은 철판 2장이 1.27㎝ 간격으로 세워진 칸막이 벽을 사이에 두고 추진제 탱크

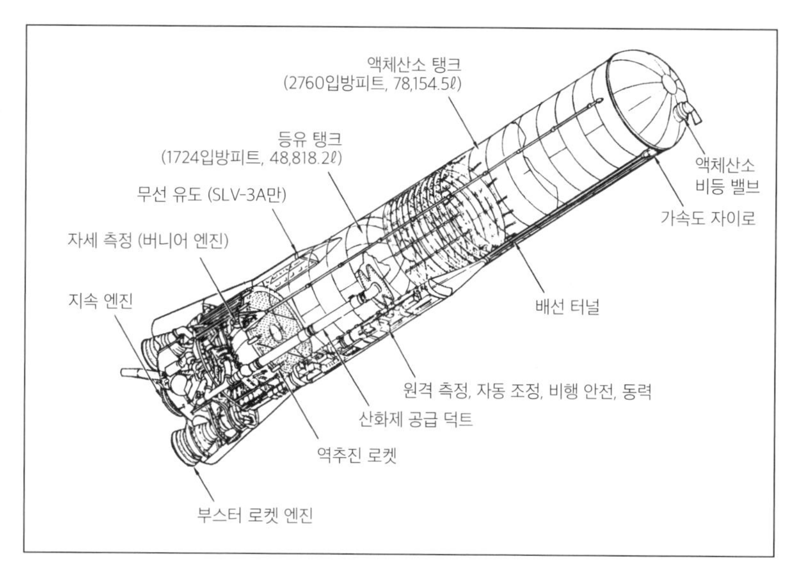

▲▲ 극저온 연료 방식의 센토 로켓이 가진 더욱 강력한 에너지 잠재력을 활용하고자 이 로켓의 상단 로켓 단을 실을 아틀라스 로켓에도 변화가 일어났고, 로켓 단의 앞부분이 직경 3m로 늘어났다.
(자료 제공: General Dynamics)

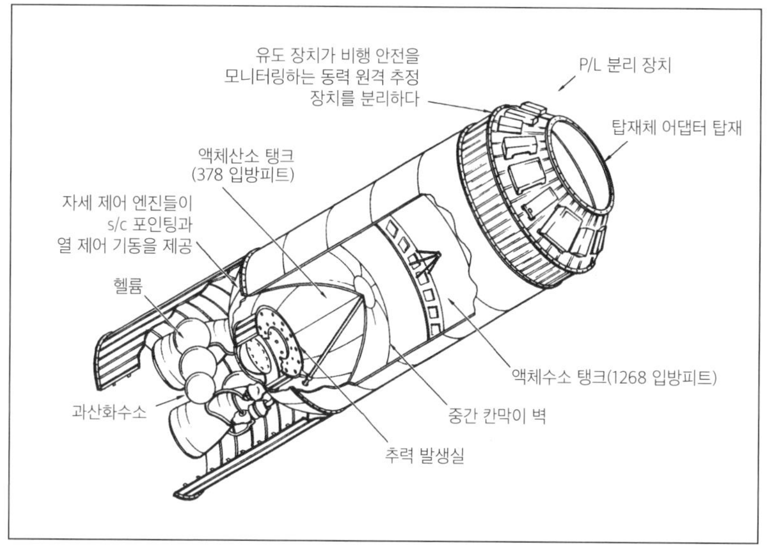

▲ 극저온 연료 방식의 센토 로켓은 초기에 문제가 있어 루이스연구소로 옮겨졌으며, 거기에서 개발되어 첫 선을 보였다. 센토의 LR-115 엔진은 새턴 S-IV 로켓 단에 추진력을 제공했다.
(자료 제공: General Dynamics)

▶ 아틀라스-센토 우주 발사체의 일반적인 조합은 아틀라스 로켓이 대륙간탄도미사일로 탄생한 이후 처음으로 아틀라스 기본형 핵심 로켓 단에 맞게 고쳐졌다.
(자료 제공: General Dynamics)

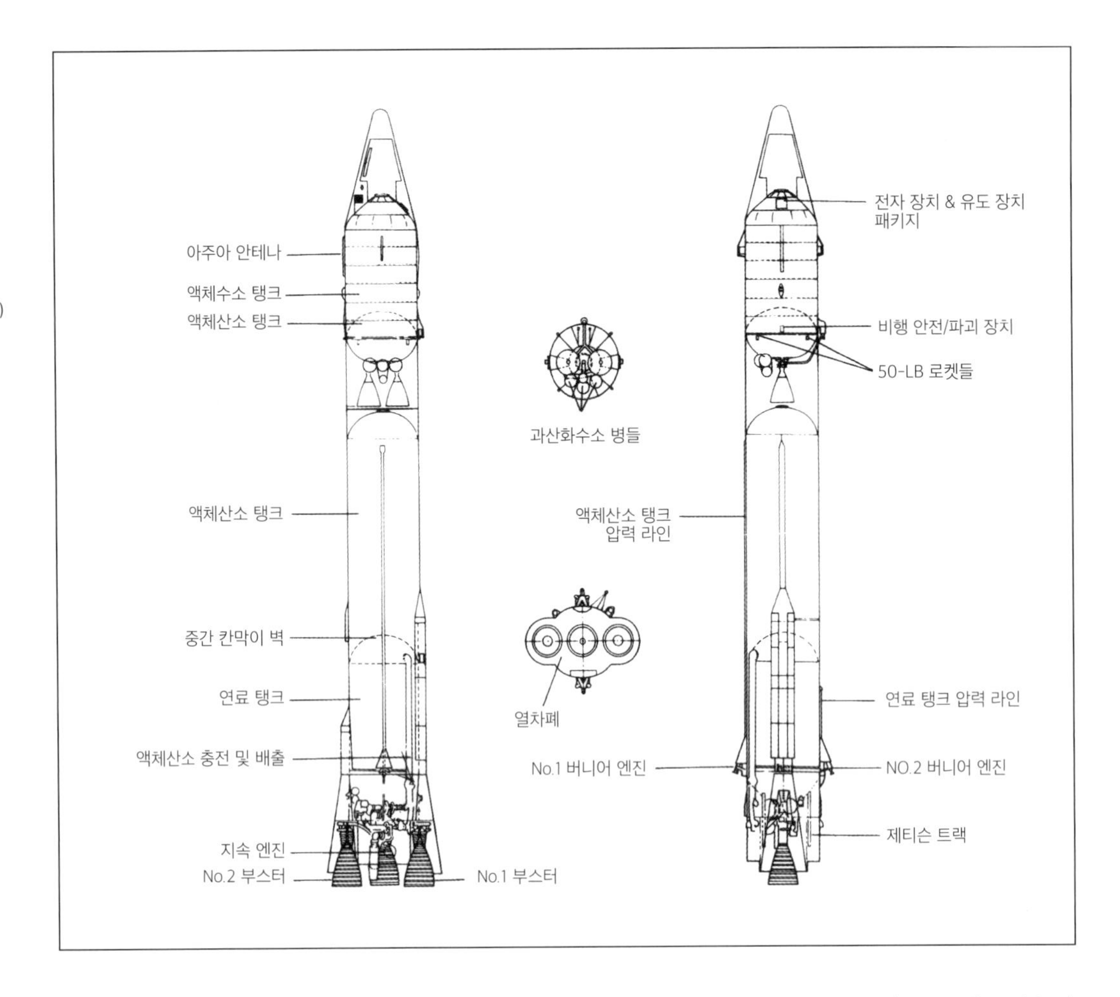

2개가 분리되는 형태였다. 온도가 무려 70℃나 차이 나는 액체로 채워진 2개의 극저온 구조물이 나란히 놓이게 되어 보통 큰 문제가 아니었다. 훨씬 더 차가운 액체 수소 때문에 바로 옆 탱크에 있는 액체산소가 언제라도 기화되어 증발할 수 있었던 것이다.

에흐리케가 이처럼 두 탱크가 분리된 로켓 단을 설계하기로 결정함으로써, 로켓의 전체 길이는 1.2m 늘어나게 되었다. 이는 기술적으로 아주 어려운 문제가 많은 설계였다. 스티로폼 단열재로 채우고, 두 철판 사이의 빈 공간에 공기를 완전히 빼낸 뒤 질소를 채워 넣었다. 극저온 추진제가 연료로 공급되면, 수소는 얇은 철판을 통해 낮은 온도를 전도해 질소가 밀려나게 되며, 그 결과 거의 완벽한 진공 상태가 만들어지게 된다. 산소 탱크는 수소 탱크 위에 있어, 볼록한 횡단면 안에 있는 산소 탱크의 아래쪽 부분이 끝이 반구형 돔 모양인 아래쪽 원통형 수소 탱크와 딱 맞아떨어지게 되어 있었다.

센토 로켓은 1961년부터 비행에 나설 계획이었고, 2개의 프랫 & 휘트니 LR-115 엔진으로부터 동력을 얻었는데, 한 엔진당 66.72kN의 추력에 420초의 비추력을 갖고 있었다. 연소실은 2,068kPa의 압력 상태에서 작동됐고 연소실의 비율은 1:40이었다. 센토 로켓의 경우 재생 터보펌프가 탱크 압력으로 작동됐고, 고에너지의 전기 장치는 우주 공간 안에서 여러 차례의 재시동도 걸 수 있었고 짐벌 장치를 이용한 비행 제어도 가능했다. 수소 연료는 2단 로켓 원심 펌프와 연소실 냉각 재킷을 지난 뒤 터빈으로 흘러갔고, 거기에서 팽창되면서 주 연소실로 들어갔다. 엔진은 높이 1.73m에 스커트 직경이 99㎝, 건조 중량이 135㎏이었으며, 초당 16㎏의 속도로 흘러갔고, 433초의 비추력을 냈다.

연료의 낮은 임계온도와 압력, 높은 비열, 낮은 초기 온도 때문에 냉각 재킷 안에서 연료로 가지 못하는 열은 스스로 운동 에너지를 만들어내 터보펌프를 돌렸고, 그 덕에 가스 발생기가 따로 없어도 됐다. 터보펌프가 돌아가기 시작하면 연료분사 장치로 흘러간 추진제가

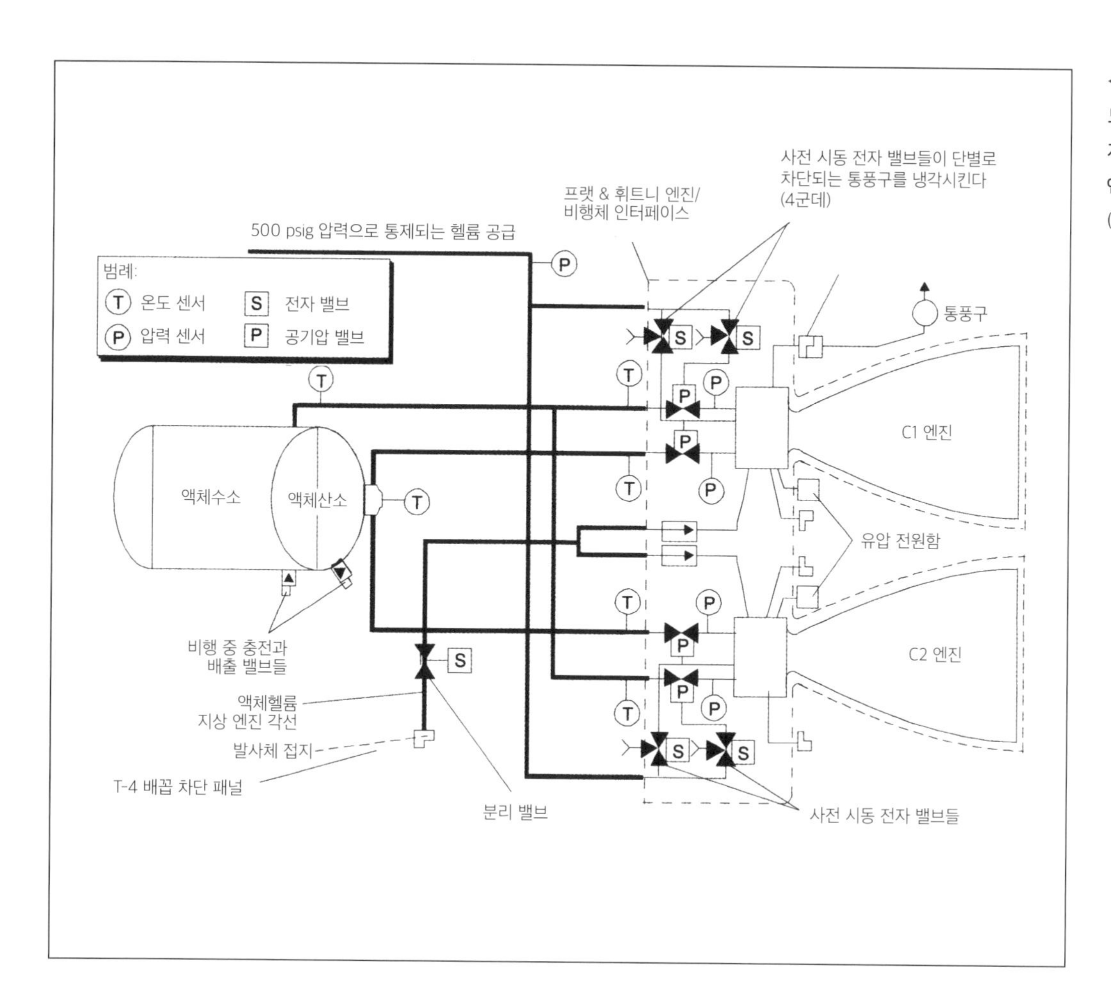

◀이 로켓 단 추진 장치의 도해를 보면, 발사 이전의 지상 지원 장비와의 연결들은 물론 엔진 인터페이스도 알 수 있다.
(자료 제공: General Dynamics)

전기 작용에 의해 점화되고, 엔진 돌아가는 속도가 지속적인 작동에 필요한 수준까지 자동으로 가속화되며, 그러다 연료 공급 밸브들이 잠기면서 연소가 끝나게 됐다. 액체산소 펌프는 터빈 축에서 기어에 의해 움직였으며, 그렇게 해서 생겨난 액체산소는 스로틀 밸브를 통과해 발사 전까지 필요한 혼합 비율을 유지했다.

디자인상의 큰 변화는 신축성 있는 파이프 및 도관 섹션들을 없앤 것이었다. LR-115 모델의 디자인에서는 고무 및 플라스틱 실이 금속 실로 대체됐다. 점화용 고에너지 전기 시동 장치는 J57 터보젯 엔진의 부품과 요소들을 많이 활용했는데, 당시 J57 터보젯 엔진은 수소 연료로도 작동 가능한지 테스트 중이었다. 그리고 한 가지 신호로 센토 로켓 단 내 두 엔진을 점화시킴으로써 시동 걸리는 시간이 같았는데, 이는 두 모터에 서로 다른 시동 장치를 사용할 경우에는 실현 불가능한 일이었다.

1960년에 이르러 미 공군은 센토 로켓을 타이탄 로켓에 활용하려고 생각했고, NASA는 센토 로켓을 새턴 I 로켓의 극저온 상단 로켓 단에 통합시킬 계획을 갖고 있어, 프랫 & 휘트니 사에 추력 77.84kN의 보다 강력한 로켓 버전 RL-119의 제작을 의뢰했다. 그리하여 센토 로켓과 아틀라스 로켓의 조합은 곧 레인저 시리즈와 아게나 B 로켓의 조합에 이어 달을 비롯한 행성 탐사 임무에 쓰이게 되었다. 1960년대 말, NASA가 계속 센토 로켓에 관심을 보이는 상황에서 LR-115로켓은 RL-10으로 이름이 바뀌었다. 그러나 기술적인 문제와 관리 차원의 문제들이 생겨나면서, 이 프로그램은 진행이 둔화되고 지체되기 시작했다.

최초의 아틀라스-센토(AC-1)는 원래의 발사 날짜보다 많이 늦어진 1962년 5월 8일에 발사됐다. 그리고 그 무렵에 이미 극저온 연료 방식의 RL-10 엔진들은 700회의 점화 테스트를 거쳤으며 총 누적 운용 시간도 6만 시간에 달했다. 탑재체의 무게를 덜기 위해 추진제 탱크들은 40%만 채워졌고, 비행 중의 액체 연료 움직임을 파악하기 위해 각종 센서들이 설치됐다. 100kw의

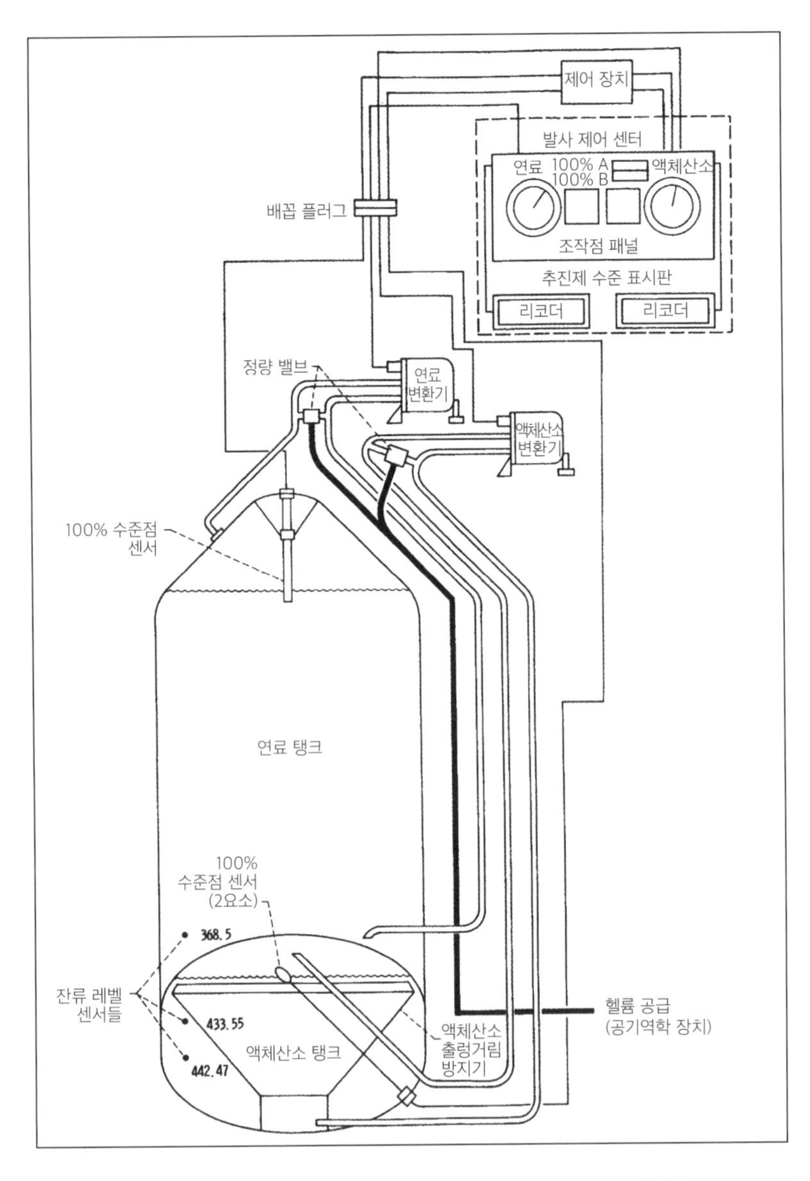

◀ 레벨 센서들의 위치 및 로켓단 제어 장치와의 인터페이스, 발사 제어센터 등, 센토 로켓의 추진제 이용 장치
(자료 제공: General Dynamics)

섬광등이 로켓 내부를 비춰, 그 모습이 2초 간격으로 녹화 테이프에 녹화되어 동영상으로 만들어졌다.

최초의 아틀라스-센토 로켓은 이륙 후 57초도 안 돼 비행을 마쳤다. 외부 기상 보호 덮개들이 찢겨져나갔고, 그 바람에 수소 탱크가 과열돼 압력이 증가하면서 폭발해버린 것이다. 개발 팀은 기상 보호 덮개가 로켓이 발사대 위에 서 있거나 막 날아오르기 시작할 때 액체수소의 가열을 막기 위해 필요하다고 생각했지만, 이 덮개가 로켓 단 표면에 냉간 용접(cold-welding, 열이 아닌 압력에 의한 용접-옮긴이)되는 걸 막기 위해 헬륨 정화 장치를 설치하여 늘어난 무게를 상쇄하는 대로 612㎏ 무게의 보호판 덮개가 곧바로 떨어져나가도록 했다.

3개월 후 NASA는 센토 로켓 단에 대한 관리권을 폰 브라운에 의해 운영되던 마셜우주비행센터에서 자신들의 루이스연구센터로 이전시켰다. 극저온 연료 사용을 내켜 하지 않던 폰 프라운은 센토 로켓 사용 중단을 강력히 밀어붙이면서 동시에 자신의 새턴 로켓 상단에 RL-10 모델을 사용할 수밖에 없다는 사실을 받아들였다. 센토 로켓 단 관리권은 루이스연구센터로 넘어갔지만, RL-10 관리권은 여전히 마셜우주비행센터에 남아 있었다. 그래서 센토 로켓 단 개발 프로그램은 마셜우주비행센터에서 그대로 진행되었고, 센토 A, B, D 모델들의 첫 시험 비행도 여러 차례 이루어졌다.

아틀라스-센토 로켓(AC-2)의 두 번째 시험 비행은 1963년 11월 27일에 있었으며, 비행이 성공리에 끝나자 1964년 6월 30일에 추가 시험 비행이 있었다. AC-2 로켓에는 개선된 엔진인 RL-10-A-3이 쓰였으며, 추력은 65.6kN으로 조금 줄었지만 444초의 비추력을 보였다. 스커트 개량으로 팽창 비율은 40:1에서 57:1로 늘어났으며 엔진 길이는 2.49m였다. 1965년 8월 11일에 발사된 AC-6 로켓의 경우 센토 D 로켓이 처

◀ 센토 로켓 단은 제작 과정에서 크라프트 에흐리케의 엔지니어링 철학의 영향을 받아, 얇은 벽을 쓰는 모노코크식 구조 등 아틀라스 로켓의 특징이 그대로 도입됐다.
(자료 제공: General Dynamics)

▶ 프랫 & 휘트니 LR-115 로켓의 엔진들. 이 엔진들은 탱크 압력으로 움직이는 재생 터보펌프를 통해 추진제가 공급된다. (자료 제공: General Dynamics)

음 활용됐는데, 이 센토 D 로켓은 확고한 로켓 단 모델이 되어 이후 몇 년간 더 다양한 버전들이 나오게 된다.

달 탐사선 서베이어Surveyor를 무사히 달에 연착륙시켜야 한다는 압박감 속에서 아틀라스-센토 로켓 개발 일정은 일정대로 진행되어, 1965년 3월과 8월에 두 번의 시험 비행이 더 있었고, 1966년 5월 30일에는 드디어 달 탐사선 서베이어를 싣고 달로 날아갔다. 이것이 센토 로켓이 실전에 투입된 첫 비행이었으며, 이후 센토 로켓은 달 탐사선 서베이어를 싣고 여섯 차례 더 달 비행에 나섰고 1968년 1월 7일에 마지막 비행을 하게 된다. 그 7기의 서베이어 가운데 2기는 로켓 단 분리 후 한참 지나 실패로 끝났지만, 아틀라스-센토 로켓은 그 후 1969년과 1971년, NASA의 중요한 우주선 및 마리너 호 2기의 화성 미션에 맞춰 수정 보완됐는데, 그중 1기는 발사체 내 기능 이상으로 인해 실패로 끝났다.

1972년 말까지 총 29기의 아틀라스-센토 로켓이 발사됐는데, 그 가운데 6기만 실패로 끝났으며, 처음 5번의 시험 비행 중 3번이 개발 문제들로 인해 실패했다. 그리고 그 무렵 루이스연구센터는 센토 D-1A(A는 Atlas를 뜻하고 T는 Titan을 뜻함) 로켓 모델을 개발했다. 센토의 초기 버전은 제너럴 프리시즌General Precision 사의 회전식 드럼 컴퓨터를 이용했으나, 이제 표준이나 마찬가지가 된 이 새로운 모델에는 저장 용량이 5배 높고 무게도 훨씬 더 가벼운 텔레다인Teledyne 사의 컴퓨터를 이용했다. 또한 센토 로켓의 유도 및 내비게이션 패키지는 아틀라스 로켓과 센토 로켓에서도 두루 쓰일 수 있게 제작되었다.

센토 로켓의 유도 및 내비게이션 패키지는 허니웰Honeywell 사에 의해 개발됐으며, L-31 리브라스코프Librascope(제너럴 프리시즌 사의 한 부문) 디지털 컴퓨터는 떠다니는 자이로스코프 3개에 의해 안정되는 짐벌 4개짜리 플랫폼에 설치된 자이로-가속도계 3대로부터 각종 정보를 받아 처리했다. 또한 L-341은 미리 프로그래밍된 설정치들과 실제 방향 및 위치를 비교함으로써 각종 비행 지시를 내려 아틀라스-센토 로켓이 올바른 방향으로 날아가게 했으며, 엔진에 때맞춰 셧다운 지시나 점화 지시를 보냈다. 셧다운과 점화 사이에 로켓이 관성으로 움직이는 동안에는 시스템 자체가 셧다운되고 시계만 움직여 필요한 시점에 컴퓨터를 다시 깨웠다.

센토 D-1A 로켓의 경우 아틀라스 로켓이 설치되고 제어되는 방식에 큰 변화가 있었다. 그러니까 아틀라스 로켓에서 모든 자동 조정 장치와 프로그래밍 장치, 원격 측정 장치를 제거하고 센토 로켓에 통합시킨 것이다. 그리고 새로 개발된 보다 강력한 텔레다인 사 컴퓨터는 발사 뒤 날아오르는 과정에서 기상 변화들에 맞춰 궤적을 수정할 수 있었고, 각종 알고리즘을 통해 최신

▼ 짝을 이루는 LR-115 엔진들은 133.44kN의 추력에 440초의 비추력을 냈으며, 아틀라스 비행체에 비해 아틀라스-센토 로켓의 탑재 능력을 크게 높였다. (자료 제공: General Dynamics)

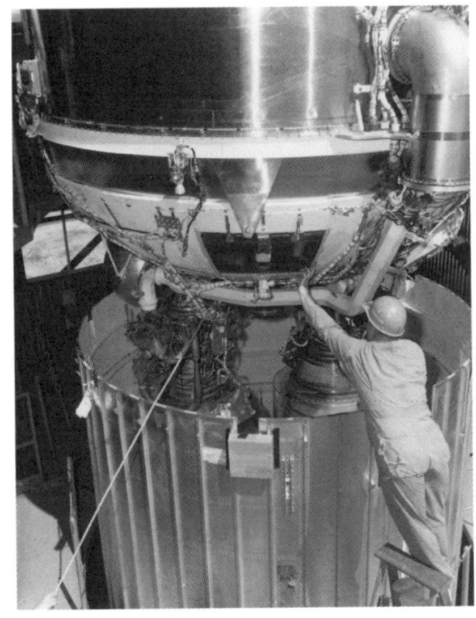

▲ 아틀라스 로켓 단이 먼저 발사대 위에 세워진 뒤 센토 로켓 단이 거기에 맞춰 내려지고 있다.
(자료 제공: General Dynamics)

▼ 1962년 5월 8일에 있었던 아틀라스-센토 로켓의 첫 시험 발사는 참담한 실패로 끝났다. 기상 보호 덮개들이 찢겨지면서 탱크가 폭발하고 나머지 부품들이 땅으로 떨어졌다.
(자료 제공: NASA)

기상 자료를 받아들여, 로켓은 덕분에 고도에 따라 변화되는 바람에 적절히 적응할 수 있었다.

아틀라스 SLV-3D 시리즈에 통합된 센토 D-1A 로켓 모델은 3중 연소 기능을 가졌으며, 이는 1973년 4월 6일의 파이오니어 11호 비행에서 처음 활용되었다. 이 비행과 1972년 3월 3일의 파이오니어 10호의 비행은 스타-37B 고체 추진제 로켓 모터를 추가 상단 로켓 단에 통합한 유일한 아틀라스-센토 비행으로, 이때 센토 D-1A 로켓 모델의 3중 연소 기능은 목성으로 향하는 우주선의 가속도를 높이는 데 활용되었다.

컴퓨터로 제어하는 새로운 배출구, 주 탱크들 내 추진제 압력을 보다 효율적으로 관리하고 통제해주는 압력 배분 장치 등이 새로 도입됐고, 새로운 자세 제어 추진 엔진들이 설치됐으며 옵션으로 보다 큰 탑재체 페어링도 제공됐다. 이런 변화들은 타이탄 로켓에 실려 쏘아 올려진 센토 로켓 단에서 채용해온 것으로, 1975년 9월 26일의 첫 비행에서부터 적용됐으며, 이런 변화들이 반영된 새로운 센토 로켓을 센토 D-1AR이라 불렀다. 1983년 말에 이르러 총 61기의 아틀라스-센토 SLV-3D 로켓이 발사됐는데, 그중 마지막 33기는 센토 D-1AR 로켓이었다. 실패율은 13%였으며, 그 이전 19회의 비행에서는 실패가 전혀 없었다.

1984년 6월 9일 NASA는 최초의 아틀라스 G 모델을 쏘아 올렸는데, 거기에는 센토 D-1R 상단 로켓이 실려 있었지만, 아틀라스 로켓 단 자체도 아틀라스-센토 SLV-3D 로켓보다 2.06m 더 길어졌다. 또한 이륙 시 추력이 1,948kN으로 훨씬 더 강력해진 MA-5 추진 장치가 장착되어 있었다. 센토 로켓에 장착된 부스터 펌프들은 제거됐는데, 추진제 펌프의 압력은 올라가고 이제 146.8kN의 추력을 내는 RL-10-A3-3A 엔진의 주입구 압력은 낮아졌기 때문이었다. 팽창 비율은 57:1에서 61:1로 늘어났고, 자세 제어 추진 엔진에는 이전에 사용되던 과산화수소 대신 히드라진이 사용됐다.

아틀라스 G 모델의 첫 발사는 부분적인 성공으로 끝났다. 인텔샛Intelsat V 통신 위성을 지구 궤도 위로 올리는 데는 성공했지만, 그 위성에 균열이 생겨 수소가 새어 나가면서 문제가 생겨 제 경로에서 이탈해버렸다. 이후 이어진 여섯 차례의 발사에서 두 번째 실패가 나왔는데, 날아오르던 로켓에 번개가 내리쳐 잘못된 전기 신호가 발생하고, 그로 인해 오작동이 일어나면서 로켓이 폭발해버린 것이다. 이 비행은 아틀라스 G 모델의 마지막에서 두 번째 비행이었으며, 1989년 9월 25일 미 해군의 통신 위성(FLTSATCOM 8)을 싣고 비행에 나선 것이 마지막 비행이었다. 아틀라스-센토 로켓은 이후 제조업체인 제너럴 다이내믹스 사에 의해 아틀라스 I이란 이름으로 주로 상업적인 용도로 쓰이게 된다.

◀ 아틀라스-센토 로켓은 1966년 5월 30일 우주선 서베이어 1호를 싣고 첫 비행에 나섰다. 발사체와 우주선 모두 예상보다 몇 해 늦게 발사됐지만, 임무를 완전히 수행하여 달 표면에서 활동한 NASA의 첫 우주선으로 기록됐다. (자료 제공: NASA)

아틀라스 OV-1

많은 인공위성들이 여러 기의 OV-1, 즉 궤도 발사체 타입 1(Orbital Vehicle Type 1) 상단 로켓 단들에 의해 쏘아 올려졌다. 이 OV-1은 길이가 4.9m, 직경 2.1m로, 2개씩 나란히 캡슐 안에 든 채 탑재체 덮개로 씌워져 있었으며, 전통적인 방식으로 용접된 알루미늄 구조로 되어 있었다. 또한 OV-1 로켓 단은 25.48kN의 추력에 284초의 비추력을 가진 유나이티드 에어크래프트 사 United Aircraft Corporation의 고체 추진제 로켓 모터 FW-4S 2대로 이루어져 있었다. 아틀라스 로켓과 OV-1 로켓의 조합은 총 높이가 30.26m였다. 이 모델은 무게 363㎏의 탑재체를 지구 저궤도 안에 쏘아 올릴 수 있었다.

1965년 1월 21일부터 1967년 7월 27일 사이에 아틀라스 D 로켓을 이용해 첫 7회의 OV-1 로켓 비행이 있었는데, 그중 3회는 완전한 성공으로, 나머지 4회는 부분적이거나 완전한 실패로 끝났다. 이후 1968년 4월 6일부터 1971년 8월 6일 사이에 다시 아틀라스 F 로켓을 이용한 4회의 OV-1 로켓 비행이 있었는데, 그 비행은 전부 성공했다. 미 공군은 이 OV-1 로켓으로 총 119회의 시험 비행을 해 대성공을 거두었다. 한 시험 발사에서는 OV-1 로켓 3대가 실리기도 했다.

OV-1 패키지는 아틀라스 로켓 개발 프로그램 특유의 패키지로, 소형 위성을 쏘아 올리는 데 필요한 단순하고도 믿음직한 방법이 적용됐다. 또한 아틀라스 어댑터 구조로부터 분리되면서 과산화수소 추진 엔진 12개가 영향력을 발휘해 자세 및 방향 제어가 가능해졌고,

▼ 아틀라스 로켓은 성능 향상에 발맞춰 군사용·민간용 탑재체의 수용 능력도 확대됐다. 또한 센토 로켓을 도입함으로써 아게나 로켓은 방위용 탑재체만 싣는 로켓으로 전락했다. (자료 제공: General Dynamics)

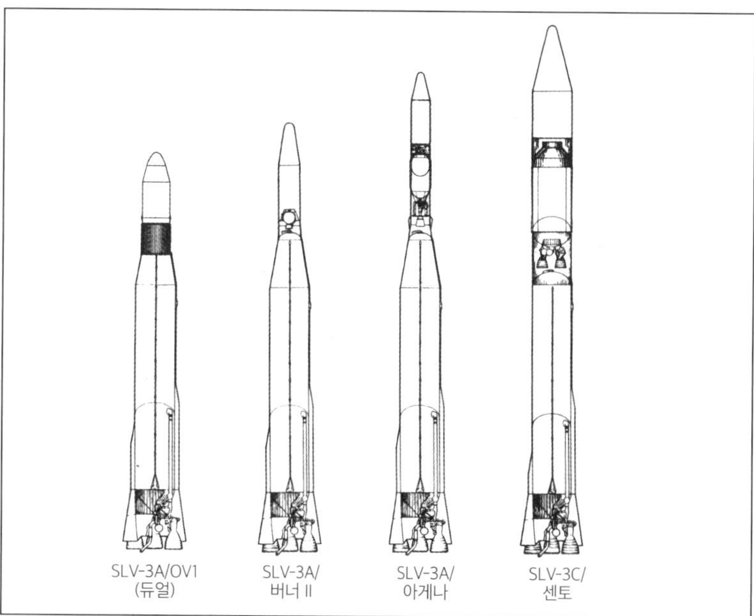

고체 추진제 모터가 가동되는 동안 탑재체들이 운반체로부터 배분되었다.

아틀라스 버너 II

로켓 조합 상태가 토르 로켓과 대체로 비슷한 아틀라스 버너 II 로켓 단은 아틀라스 SLV-3A와 함께 두 번 사용됐는데, 그중 한 번은 1972년 8월 16일 반덴버그 공군 기지로부터 일련의 소형 탑재체 13개와 마이크로 위성

▼ OV-1 로켓 단은 고체 추진제 로켓에 부착된 디스펜서들 안에 인공위성 하나 또는 둘을 탑재할 수 있었다.
(자료 제공: General Dynamics)

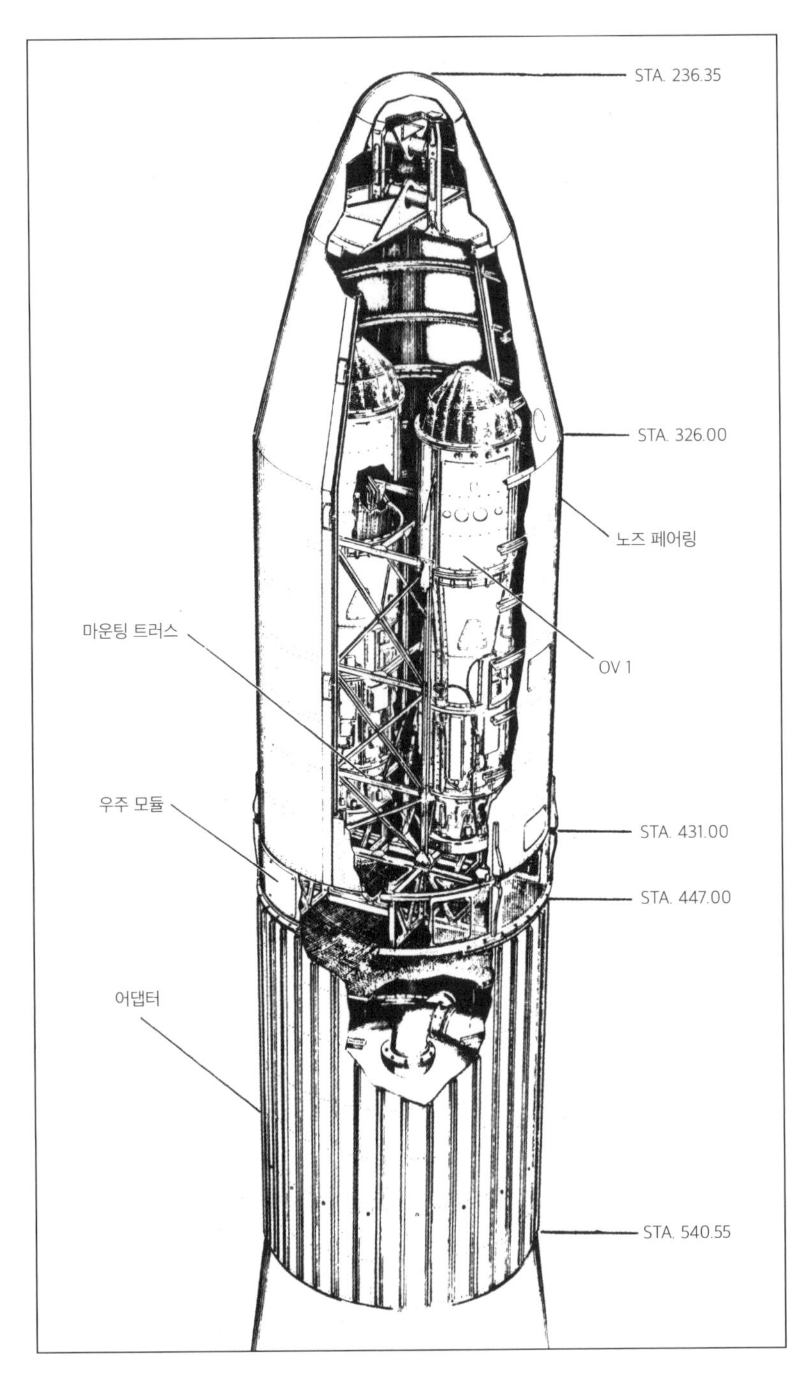

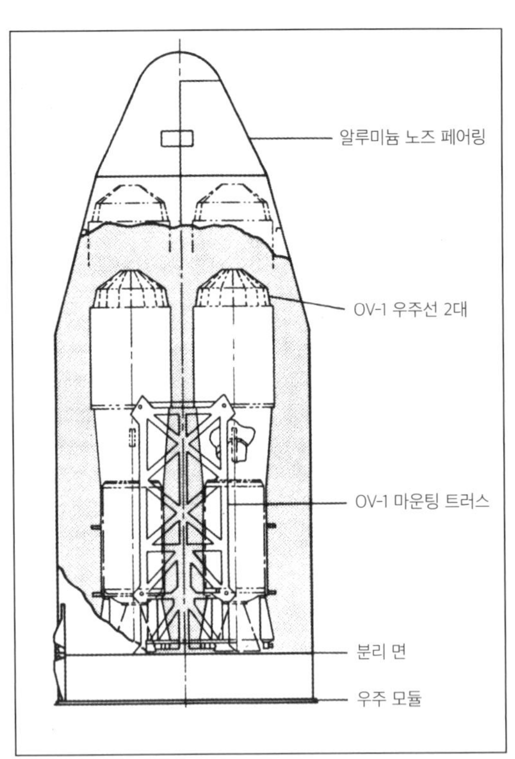

▲ 인공위성 2대가 아틀라스 로켓 꼭대기에 부착된 마운팅 트러스 위에서 캡슐에 싸여 발사를 기다리고 있다.
(자료 제공: General Dynamics)

▼ 아틀라스-OVT 발사체는 1965년 1월 21일에 처음 발사됐는데, 기본 길이의 주 로켓 단 원래의 조합이 그대로 활용됐다.
(자료 제공: General Dynamics)

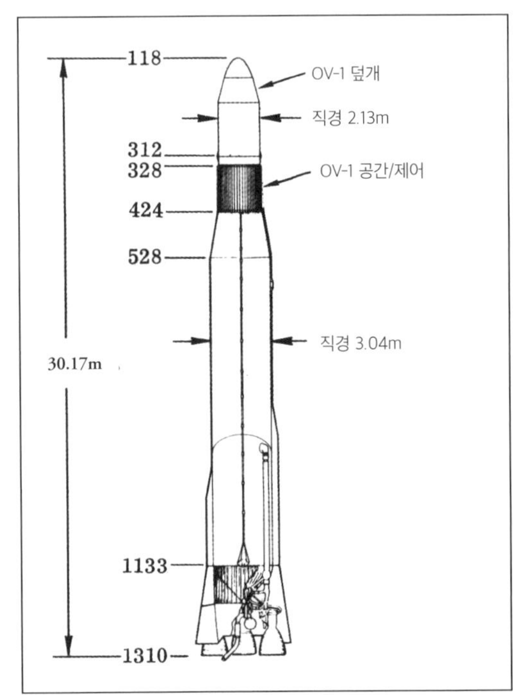

들을 쏘아 올릴 때였다. 그해 10월 2일에는 역시 반덴버그 공군기지에서 아틀라스 E 로켓과 버너 II 로켓을 이용해 조그만 공군 탑재체들이 쏘아 올려졌다. SLV-3A 로켓과 버너 II 로켓 조합은 총 높이가 32.24m였고, 길이 7.37m, 높이 1.65m의 덮개 안에 상단 로켓 단과 탑재체가 들어갔다.

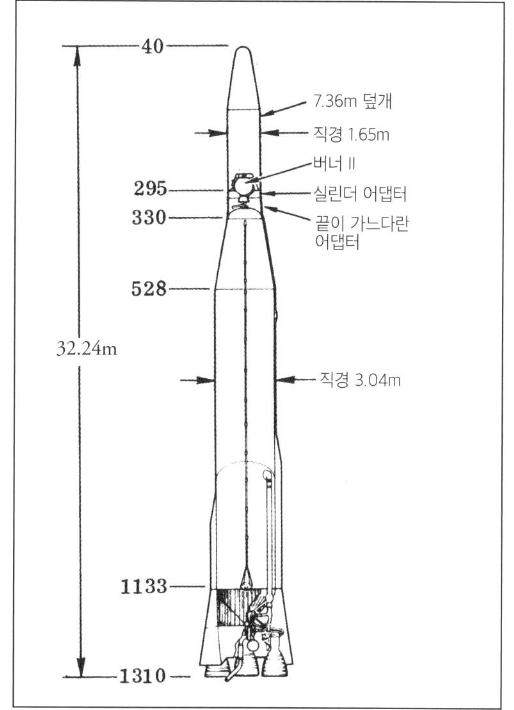

◀ 1972년 8월 16일 미 공군은 반덴버그 공군기지에서 2기의 아틀라스-버너 II 미션 로켓 중 첫 번째 로켓을 쏘아 올려, 작은 탑재체 2개를 지구 궤도 안에 안착시켰다.
(자료 제공: General Dynamics)

아틀라스 I

1987년 1월, 미 공군은 그 전 해에 우주비행사 7명 전원이 사망한 우주왕복선 챌린저Challenger 호의 대참사를 겪은 뒤, 발사 능력을 일신해줄 새로운 중형 발사체를 찾고 있었다. 아이러니컬하게도 제너럴 다이내믹스 사가 중형 발사체(MLV) 개발 경쟁에서 계약을 따내는 데 실패하면서 아틀라스 I 로켓이 생겨나게 됐다. 원래 우주왕복선은 고체 추진제 로켓 스카우트Scout를 제외한 모든 1회용 로켓을 대체할 것으로 기대되었지만, 챌린저호의 대참사 이후 우주 과학 및 우주정거장 조립 작업에만 사용하기로 결정됐고, 그 바람에 1회용 로켓 시장이 전례 없는 부흥기를 맞게 된다.

1987년 6월 제너럴 다이내믹스의 우주 전담 사업부는 아틀라스 I 로켓을 2,336㎏ 무게의 위성들을 정지 천이 궤도(GTO, 인공위성의 궤도 중 하나. 정지 궤도에 이르는 중간 단계의 궤도로, 지구에서 가깝게는 250㎞, 멀게는 35,786㎞의 타원형임-옮긴이)로 쏘아 올릴 상업용 발사체로 만들기 위해 전사적인 노력을 기울일 거라는 성명을 발표했으며, 관련 업체들과 로켓 개발 계약을 맺었다. 그리고 1988년 5월, 미 공군은 중형 발사체 개발 프로그램에 따라 나브스타Navstar 항행 위성을 발사하기로 제너럴 다이내믹스 사와 계약을 맺었는데, 그로 인해 생기는 수익으로 더욱 강력한 아틀라스 II, IIA 그리고 IIAS의 개발이 가능해졌다. 아틀라스 I은 아틀라스 G/센토 D-1의 조합을 토대로 제작됐는데, 아틀라스 I이라는 이름은 이것이 이전에 정부가 소유하고 있던 아틀라스 로켓의 상업용 버전임을 보여준다.

아틀라스 주력 로켓 단은 MA-5 추진 장치로 동력을 얻었고, 부스터 로켓 엔진 2개로 각기 839.5kN의 추력을 냈으며 지속 엔진 1개로 269kN의 추력을, 그리고 버니어 엔진 2개로 각기 2,975N의 추력을 냈다. 총 이륙

◀ 아틀라스 IIA 모델은 아틀라스 I 모델의 확장 버전으로, 미 공군이 우주왕복선 챌린저호 대참사 이후 1회용 로켓을 이용해 군사용 탑재체를 쏘아 올리기로 결정한 뒤 제작되었다. 두 로켓 단 모두 길이가 더 길어졌으며, 아틀라스 IIAS 로켓에 장착된 캐스터 고체 추진제 로켓들 덕에 탑재 능력도 더 좋아졌다.
(자료 제공: Lockheed Martin)

시 추력은 1,953kN이었고, 아틀라스 주력 로켓 단 탱크들에는 137,530㎏의 추진제가 들어갔다. 또한 부스터 로켓 엔진의 비추력은 이제 259.1초였으며, 지속 엔진은 220.4초의 비추력을 냈다. 아틀라스 로켓의 높이는 표준적인 중형 페어링이 장착될 경우 42m였고, 큰 페어링이 장착될 경우에는 43.9m였다.

아틀라스 I 로켓은 RL-10-A3-3A 로켓 모터 2대가 장착된 보다 향상된 센토 로켓을 활용했으며, 총 추력 146.8kN에 444.4초의 비추력을 보였고, 산화제 대 연료 비율 5:1 상태의 극저온 추진제 13,790㎏을 사용했다. 그리고 센토 로켓은 원하는 궤적을 따라 똑바로 치솟아 올라갈 때 473초 동안 연소되거나, 또는 대기 궤도(parking orbit, 최종 미션 궤도로 천이하기 전에 비행체가 머무는 임시 궤도-옮긴이)로 갈 때 372초와 108초 동안 두 번 연소된다. 로켓 분리 시에 아틀라스 로켓 단의 충격을 완화하기 위해, 1단 로켓 아래쪽 주변에 총 8대의 고체 추진제 역추진 로켓들이 있었는데, 이 로켓들은 40도 각도로 비스듬히 놓여 배출물이 위쪽으로 흘러 올라가 탑재체 섹션을 오염시키는 것을 방지했다. 그런데 로켓이 치솟아 오르는 이때쯤 탑재체는 공기역학 탑재체 페어링이 없는 상태가 되어 배출물에 노출되면 그대로 오염된다.

아틀라스 I 로켓은 비교적 수명이 짧아 오래가지 못했지만, 그럼에도 아틀라스-센토 발사체의 상업적 마케팅 분야에서 선구자적인 역할을 했다. 아틀라스 I 로켓은 1990년 7월 25일 방출 및 방사선 효과 통합 위성(CRRES)을 싣고 첫 비행에 나서 정지 천이 궤도에 안착시켰다. 그러나 그 위성은 센토 로켓으로부터 성공적으로 분리된 뒤 동력 상실 상태에 빠졌다. 1991년 4월 18일에 있었던 두 번째 비행 역시 센토 로켓의 터보펌프 고장으로 실패로 끝났다. 그러나 1992년 3월 14일의 세 번째 비행은 아틀라스 I 로켓과 그에 실려 있던 상업용 위성 모두 제대로 작동하여 성공으로 끝났다. 그러나 다음 두 비행은 다시 실패했는데, 첫 번째 비행에선 센토 터보펌프가 제대로 작동되지 않았고, 두 번째 비행에서는 아틀라스 로켓이 엔진 고장을 일으켰다. 이후 여섯 번의 비행은 성공리에 끝났으며, 1997년 4월 25일 마지막 비행 이후 아틀라스 I 로켓은 퇴역했다.

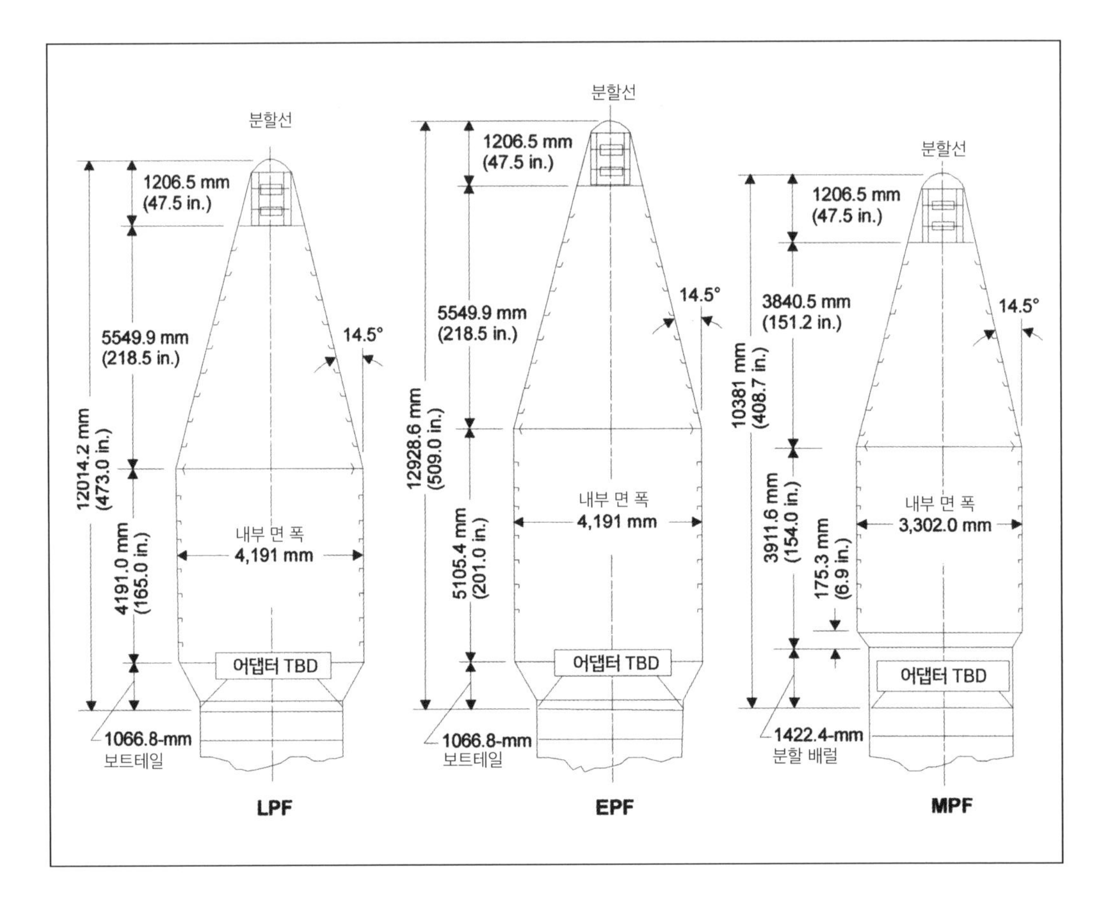

➤ 상업적 필요성에 따라 제공되는 탑재체 페어링 옵션들이 원거리통신과 직접 방송 위성 시장의 급성장에 따라 아주 다양해졌다.
(자료 제공: Lockheed Martin)

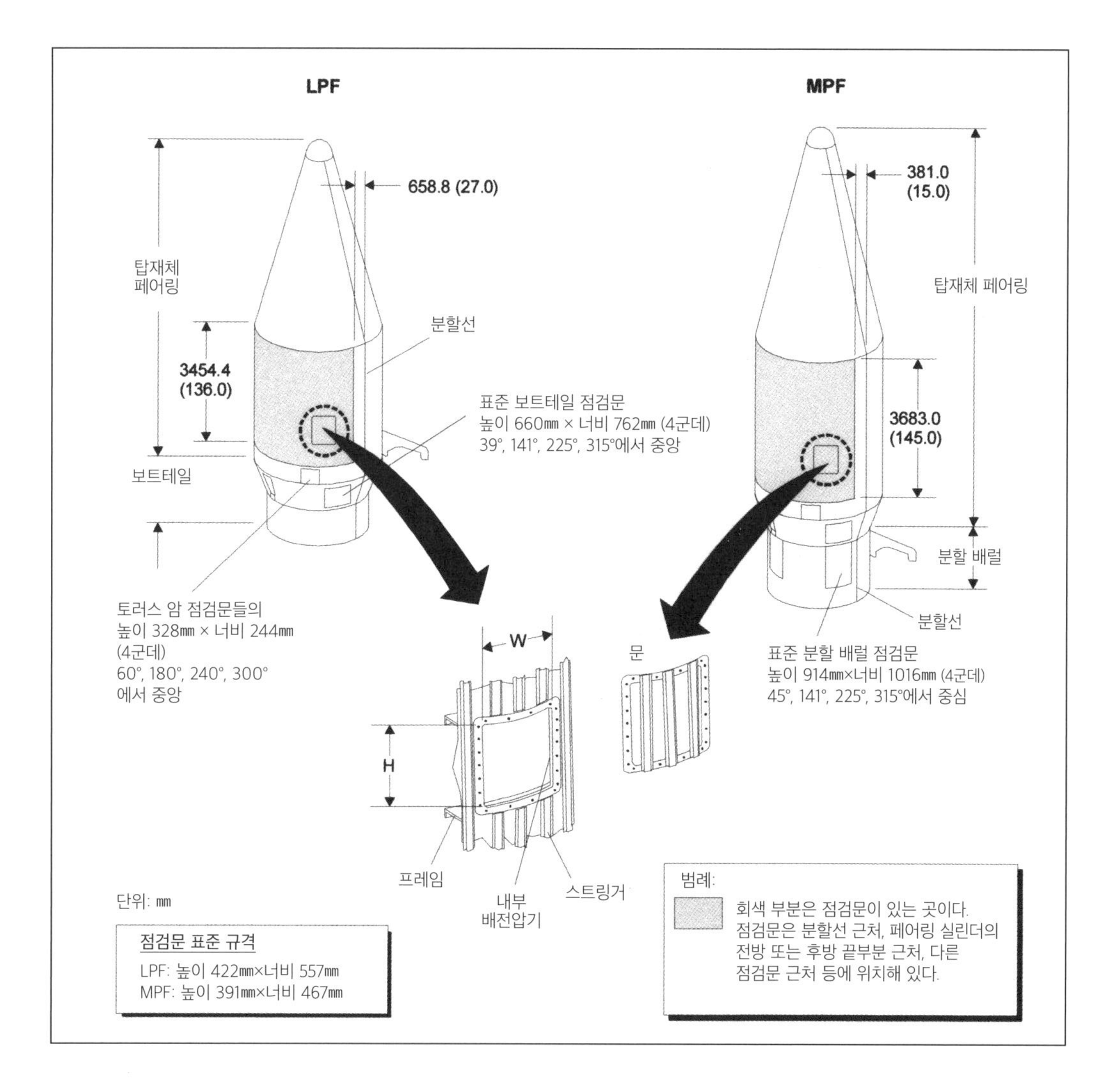

◀ 아틀라스 II 로켓에 자신의 위성을 올린 소유주들은 발사체가 발사대에 올라가 있는 동안 자신의 위성에 접근할 수 있었는데, 사용자 매뉴얼의 이 페이지를 보면 접근할 수 있는 지점들을 알 수 있다.
(자료 제공: Lockheed Martin)

아틀라스 II

아틀라스 I 로켓을 업그레이드한 이 아틀라스 II 모델은 1988년 5월 DSCS-III 군사 통신 위성을 정지 천이 궤도로 쏘아 올릴 발사체를 선정하는 과정에서 미 국방부에 의해 최종 선정됐다. 그 군사 위성은 무게가 2,767㎏으로, 아틀라스 G/I 로켓의 적재 용량보다 거의 454㎏ 더 무거웠다. 아틀라스 I 로켓이 여러 번 실패한 데다 이 상업용 로켓의 생명은 전적으로 그 성능에 달려 있었으므로, 이 로켓의 성능을 높이고 신뢰성을 최대한 확보하고자 특수 엔지니어링 팀이 구성됐다.

보다 무거운 탑재체를 싣기 위해 제너럴 다이내믹 사는 로켓 단을 늘려 아틀라스 II 로켓을 만들었다. 로켓 1단은 연료와 산화제를 156,260㎏까지 넣을 수 있게 추진제 탱크들의 길이를 늘려서 전체 길이를 22.2m에서 24.9m로 늘렸다. 액체산소 탱크의 길이는 1.702m, 등유 탱크는 1.041m 늘어났고, 그 결과 1단 로켓의 에너지는 초당 2,585kN이 추가됐다. 그래서 탑재체 페어링 크기에 따라 조금씩 달랐지만, 아틀라스 II 로켓의 전체 길이는 47.5m 정도가 됐다.

아틀라스 II 로켓에서 가장 크게 달라진 점들 중 하나는 새로 제작된 로켓다인 사의 MA-5A 추진 장치였다. 기존의 부스터 로켓 엔진들이 RS-27 엔진들로 교체됐는데, 엔진당 추력은 920.74kN이었고, 지속 엔진은 아틀라스 I 로켓 그대로 썼다. 그 결과 아틀라스 II 로켓은 추력이 2,108kN으로 8% 이상 높아졌다. 비추력은 아틀라스 I 로켓과 거의 같았지만, 아틀라스 로켓 역사상 처음으로 버니어 모터들이 제거됐다. 또 롤 제어 장치 roll control가 로켄 단 중간 섹션의 공기역학 모듈 안의 히드라진 추진 엔진 두 쌍으로 대체됐는데, 그 추진 엔진은 각각 0.444kN의 추력을 냈다.

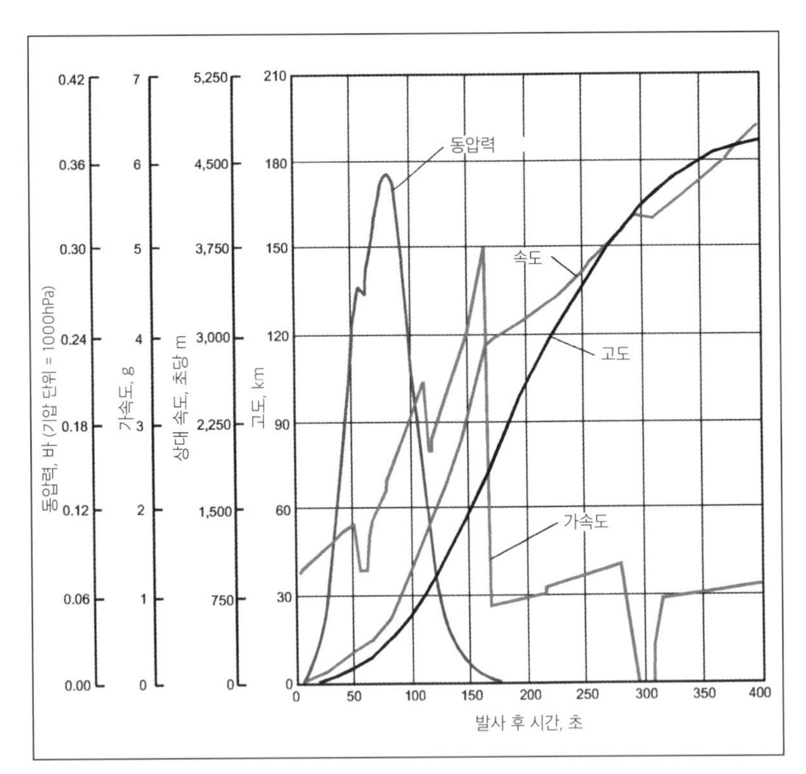

▲ 캐스터 IV 고체 로켓 부스터 로켓들이 장착된 아틀라스 IIAS 로켓의 성능 차트. 지구 궤도를 향해 발사된 이후의 동압력, 속도, 고도, 가속도를 보여준다.
(자료 제공: Lockheed Martin)

센토 로켓 단의 길이도 늘어나 액체산소 탱크는 33.8㎝, 액체수소 탱크는 57.7㎝ 늘어, 추진제가 거의 22% 늘어난 16,780㎏까지 들어갈 수 있게 되었다. 로켓 단의 전체 길이는 10.1m로 늘어났지만, 센토 로켓 단에 들어가던 4장의 단열판을 제거하고 밀폐 기포형 PVC 폼 패널을 탱크 외부에 붙여 무게는 줄었다. 여러 탑재체에 쓸 수 있는 중대형 페어링 덕분에 아틀라스 II의 최대 탑재 용량은 2,767㎏ 가까이 됐다.

LMV-2 계약과 거기에서 오는 수입으로 제작된 아틀라스 IIA 로켓의 경우 센토 로켓 단에 보다 개량된 RL-10-4 엔진을 장착하여 민간 부문 고객에게 제공됐는데, 엔진의 추력은 180.2kN으로 늘어났고 비추력도 448.9초로 늘어났다. RL-10-4 엔진에 장착된 50.8㎝ 길이의 컬럼븀 스커트는 아틀라스 로켓에서 분리된 후 쓰였으며, 그 덕에 엔진 성능이 향상되어 실을 수 있는 탑재체의 무게도 최대 2,900㎏까지 늘었다.

1993년 제너럴 다이내믹스 사는 아틀라스 IIAS 모델을 내놨는데, 아틀라스 IIA 모델과 대부분 동일했지만 주력 로켓 단에 부착식 캐스터 IVA 고체 추진제 부스터 로켓 엔진을 추가해 탑재 능력이 크게 향상되었다. 각 캐스터 IV 엔진은 추력이 433kN이었으며 길이 11.28m, 직경 1m였다. 아틀라스 주력 로켓 단을 강화하기 위한 특수한 구조 때문에 부착식 엔진 4개를 추가했고, 그중 2개는 발사 시에 점화되어 총 2,976kN의 이륙 시 추력을 냈는데, 이는 이전보다 41% 늘어난 것이었다. 고체 엔진 2개는 점화 후 54초간 연소된 뒤 떨어져나갔으며, 이후 3.5초 만에 공기 시동 형태로 점화되어 54초간 연소된 뒤 다시 또 떨어져나갔다.

1994년부터는 아틀라스 블록Block I 업그레이드 버전이 도입됐는데, 이 로켓에는 추력이 198.4kN으로 늘어난 센토 RL-10A-4-1 엔진이 장착되었다. 그 결과 아틀라스 IIA와 IIAS 로켓을 쓸 경우 탑재 능력이 8% 늘어났으며, 아틀라스 블록 II 업그레이드 버전은 탑재체 페어링이 더 커져 로켓 앞부분이 볼록 튀어나오게 됐다. 아틀라스 IIAS 기본형은 중간 크기의 페어링 사용 시 3,630㎏, 그보다 큰 페어링 사용 시 3,490㎏의 탑재체를 정지 천이 궤도로 쏘아 올릴 수 있었다.

아틀라스 II 로켓은 1991년 12월 7일부터 1998년 3월 16일 사이에 발사됐고, 아틀라스 IIA 로켓은 1992년 6월 10일부터 2002년 12월 5일 사이에, 그리고 아틀라스 IIAS 로켓은 1993년 12월 16일부터 2004년 8월 31일 사이에 발사됐다. 총 63회의 발사가 모두 성공함으로써, 아틀라스 II 로켓 시리즈를 새로운 상업용 위성 발사체로 사용한 제너럴 다이내믹 사의 결정이 전적으로 옳았다는 것이 증명됐다.

아틀라스 III

아틀라스 로켓 제조사인 제너럴 다이내믹스 사는 마틴 마리에타Martin Marietta 사에 팔렸고, 훗날 다시 록히드 마틴 사에 흡수되어 오늘에 이르고 있다. 아틀라스 로켓의 중요한 라이벌이던 델타 로켓(현재 보잉 사 소유)은 챌린저호의 대참사 이후 상업용 로켓 분야에서 아틀라스와 비슷한 길을 걸었으며, 1990년대 중반 경에 델타 III 로켓을 새로 선보일 계획을 세우는데, 이 델타 III는 실패작으로 끝났고, 보잉 사는 이 로켓을 재설계해 그 유명한 델타 IV를 내놓게 된다.

1995년 록히드 마틴 사는 상업용 로켓 시장에서의 입지를 다지기 위해 아틀라스 주 로켓 단을 대대적으로 재설계했으며, 이를 위해 아틀라스 로켓의 기계공학적 디자인에 대한 전략적인 변화가 필요했다. 부스터 로켓 엔진 2개와 지속 엔진 1개로 구성되던 전통적인 MA 엔진 시리즈는 새로운 러시아식 엔진에 자리를 내줘야 했다. 그 엔진은 RD-180이라 불렸으며, 연소실이 2개인 RD-170 버전이었다. 그리고 이 RD-180 엔진은 러시아의 부란Buran 우주왕복선 발사에 사용된 거대한 에네르기아Energia 발사체용 부스터 로켓 엔진으로 발전하게 된다. 이 엔진은 액체산소와 등유 추진제를 썼고, 액체산소 대 등유의 비율이 2.72:1이었으며, 로켓 단별 고압 연소 사이클 디자인으로 되어 있었다. 그러나 즐겨 쓰던 미국제 엔진에서 탈피해 산소 함량이 높은 프리 예비 버너를 장착하고 있어 추력 대 무게 비율이 더 향상됐다.

RD-180 엔진의 가장 큰 장점은 정격 추력의 40%에서 100%까지 조절될 수 있다는 것이었는데, 이 엔진의 정격 추력은 해수면에서는 3,827kN, 진공 상태의 우주에서는 4,152kN이었다. 또한 비추력은 해수면에서 311.3초, 우주 공간에서는 337.8초였다. 엔진 높이는 3.6m, 직경은 3.15m였으며, 건조 질량은 5,480㎏, 팽창 비율은 36.87:1이었다. 짐벌 제어는 엔진 추진식 액추에이터(actuator, 유체 에너지를 이용해 기계적인 작업을 하는 기기-옮긴이)와 통합된 유압장치에 의해 제공됐다.

1995년 11월 7일에 공식 발표됐지만, 이렇게 업그레이드된 아틀라스 모델은 아틀라스 IIAR(여기서 R은 re-engining을 뜻함)이라 불렸으며, 중간 크기에서 보다 큰 탑재체를 쏘아 올리는 데 쓰이는 대표적인 로켓으로 자리매김한다. 1995년 록히드 마틴 사는 아틀라스 통합형 및 최종 조립품을 미국 콜로라도주 덴버로 보냈으며, 거기에서 주 로켓 단에 대한 재설계 작업이 이루어졌다. 그리고 1998년 4월 8일 록히드 마틴 사는 아틀라스 IIAR 모델은 아틀라스 IIIA로 이름을 바꿀 것이며, 고객들의 요청에 따라 또 다른 모델인 아틀라스 IIIB에는 RL-10-A-4-2 엔진이 1~2개 장착된 확장형 센토 로켓이 통합될 거라고 선언했다.

미 국방부와 맺은 발사 협정 조항에 따라, 로켓에 사용되는 모든 부품은 미국에서 제조되어야 했기에, RD-180 엔진을 사용하기 위해서는 그 모터를 미국에서 제작해야 할 필요가 있었다. 록히드 마틴 사는 러시아 기

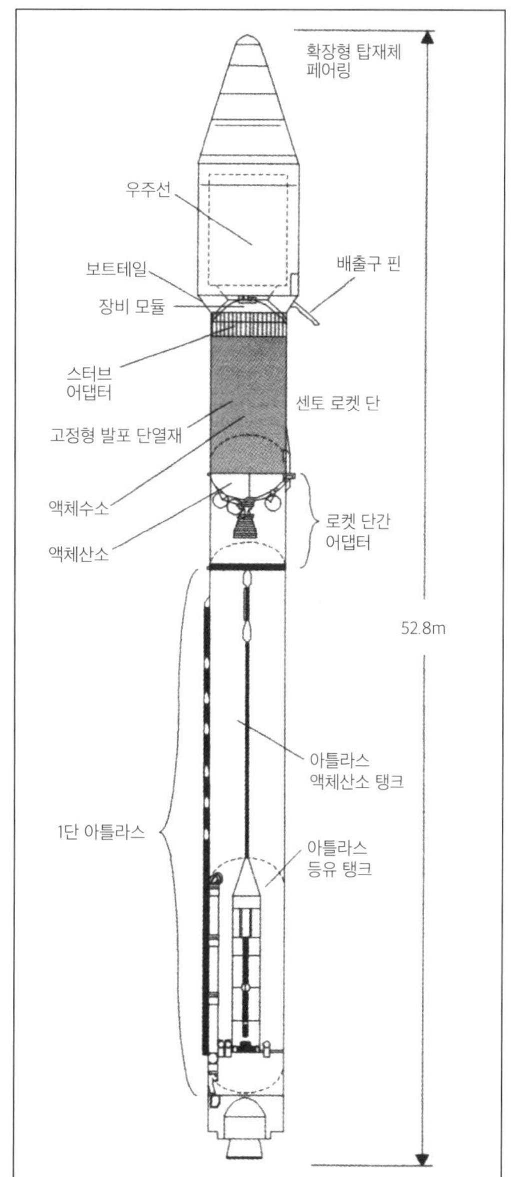

◀ 아틀라스 III 로켓은 원래의 디자인 조합과는 아주 다르게 부스터 로켓 엔진 2개와 지속 엔진 1개로 구성되던 전통적인 MA 엔진 시리즈 대신 연소실이 둘인 RD-180 엔진을 썼는데, 이 엔진은 구소련 붕괴 이후에 있었던 거래로 러시아에서 가져온 것이었다.
(자료 제공: NASA)

◀ NASA의 스테니스우주센터에서 성능 테스트 중인 RD-180 엔진. 당시 미국에는 이에 필적할 만한 로켓 모터가 없었기 때문에, 이 국제적인 거래를 통해 아틀라스의 탑재 능력을 향상시켜 상업적 로켓 분야의 시장 점유율을 높일 수 있었다.
(자료 제공: NASA)

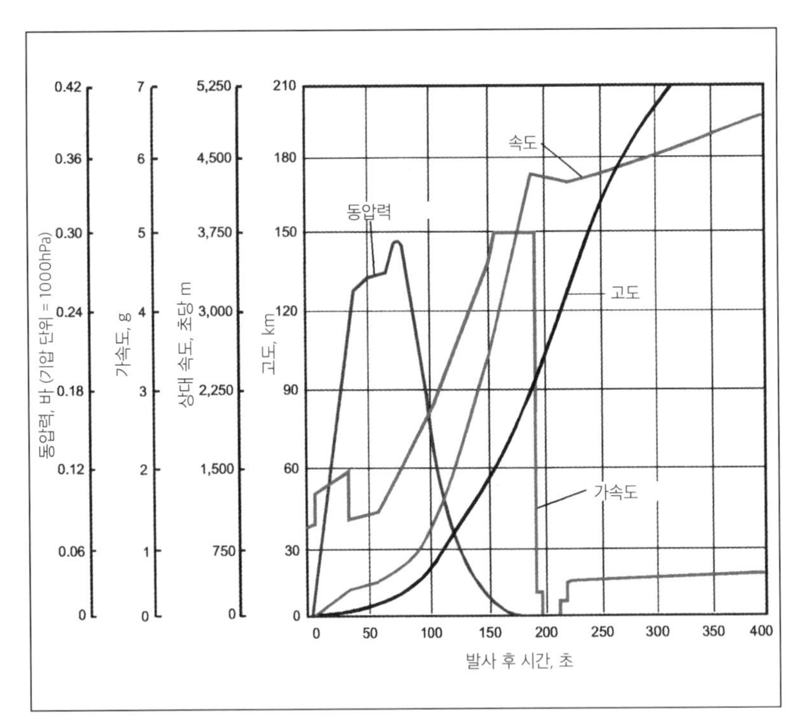

▲ 원래의 아틀라스 조합을 갖고 있던 마지막 모델(아틀라스 IIAS)과 아틀라스 III 로켓의 성능 비교표.
(자료 제공: Lockheed Martin)

업 NPO 에네르고마시NPO Energomash와 프랫 & 휘트니(록히드 마틴 사와의 계약 하에 엔진을 제작하는 유나이티드 테크놀로지 사의 자회사)의 합작 투자회사인 RD AMROSS LLC와 손을 잡았다.

미국 정부와 러시아 정부 간의 오랜 협상과 협약을 거쳐 NASA는 RD-180 엔진을 시험 가동했으며, RD-180 엔진 공급망도 구축됐다. 미국에서 RD-180 엔진에 대한 첫 시험 가동은 1998년 7월 29일 마셜우주비행센터의 고급엔진시험시설에서 아틀라스 IIIA 로켓 단에 실제 장착된 상태에서 실시되었고, 엔진은 아틀라스 III 로켓에 사용할 목적으로 떼내졌다.

아틀라스 III 로켓의 주 로켓 단은 조금 더 길어졌는데, 그것은 새로운 RD-180 엔진과의 혼합비를 바꾸기 위해 액체산소 탱크가 2.6m 길어졌기 때문이다. 1단 로켓의 총 높이는 28.91m였고, 직경은 3.05m로 이전 아틀라스 모델들의 직경과 같았다. 로켓 단은 비활성 무게가 13,725㎏이었고, 점화 시에는 183,200㎏의 추진제가 들어갔으며, 연소 시간은 3분 4초였다.

아틀라스 IIIA 모델의 센토 로켓 단은 기본적으로 아틀라스 IIAS 모델에서 사용된 로켓 단과 다를 바 없었지만, 99.2kN의 추력을 내는 RL-10A-4-1 엔진 1개가 장착됐고 여러 차례의 점화가 가능해 점화 시간이 651초 정도 됐다. 로켓 앞쪽의 탑재체 페어링은 아틀라스 IIAS 모델처럼 몇 가지 크기가 옵션으로 제공됐다. 아틀라스 IIIB 모델은 센토 로켓 단의 길이가 11.74m로 더 길어졌고 RL-10A-4-2 엔진 1~2개가 장착될 수 있다는 점만 달랐다. 또한 추진제를 20,830㎏까지 넣을 수 있어, 연소 시간이 단발 엔진을 쓸 경우 907초로, 쌍발 엔진 옵션을 쓸 경우 354초로 늘어났다.

아틀라스 IIIA 모델은 3,810㎏ 무게의 탑재체를 정지

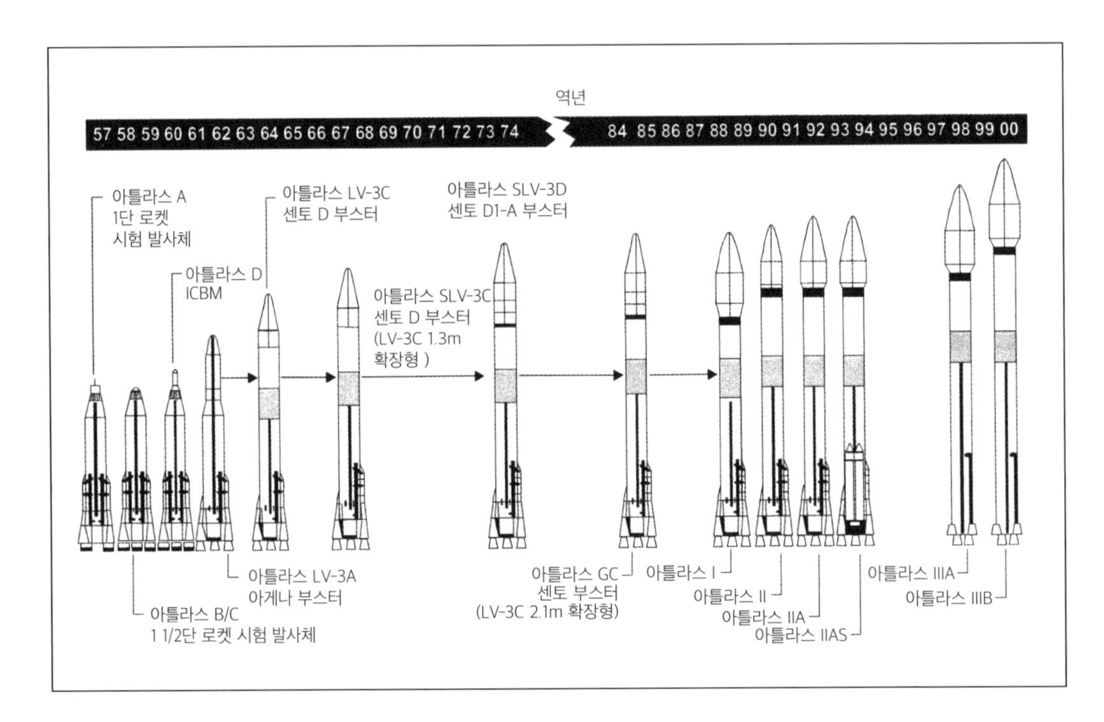

▶ 원래의 대륙간탄도미사일에서부터 아틀라스 III까지의 아틀라스 로켓의 발전사. 상당한 기술적 발전과 탑재 능력 향상이 눈에 띈다.
(자료 제공: Lockheed Martin)

◀ 아틀라스 V는 계속 발전하고 있는 아틀라스 로켓의 최종 모델이다. 사진에 핵심 로켓 단에 한 쌍의 RD-180 엔진 모터들이 장착되어 있는 게 보인다. (자료 제공: NASA)

천이 궤도로 쏘아 올릴 수 있었고, 엔진 2개짜리 센토 로켓 단으로 움직이는 아틀라스 IIIB 모델의 경우 탑재체 페어링을 늘려 최대 4,477㎏의 탑재체를 쏘아 올릴 수 있었다. 아틀라스 IIIA 모델은 발사대 위에서 총 높이가 52.8m였고, 아틀라스 IIIB 모델은 높이 54.5m, 발사 무게가 225,440㎏이었다.

아틀라스 IIIA 모델은 2000년 5월 24일 유털샛Eutelsat W4 통신 위성을 싣고 처음 비행에 나섰고, 아틀라스 IIIB 모델은 2002년 2월 21일 접시안테나를 단 미국의 각 가정에 직접 송신해주는 에코스타EchoStar 7 통신 위성을 싣고 처음 비행에 나섰다. 더욱 강력한 아틀라스 IIIB 로켓들 중 첫 번째 로켓은 2004년 3월 13일에 처음 발사됐고, 마지막 로켓은 2005년 2월 3일에 발사됐다. 또한 아틀라스 III는 총 여섯 차례의 비행을 완벽한 성공으로 끝냈으며, 특히 RD-180 엔진을 보다 광범위하게 활용하는 길을 여는 과정에서 역사적이고 선구자적인 일을 해냈다. 그 덕에 아틀라스 III는 더욱 자주 발사되는 다른 어떤 로켓들만큼이나 중요한 역할을 하고 있다.

아틀라스 V

1998년 10월 록히드 마틴 사는 일명 '진화된 확장형 발사체(EELV)' 프로그램을 진행 중이던 미 공군과 계약을 맺고 당시 개발 중이던 가장 큰 아틀라스 로켓 개발에 전사적인 노력을 쏟아붓기 시작했다. 목표는 2005년까지 그 로켓으로 아틀라스 III 모델을 대체하는 것이었다. 그렇게 탄생한 로켓은 센토 로켓 단을 제외하면 이전의 아틀라스 로켓들과는 달랐다. 이름만 아틀라스지, 다른 아틀라스들과는 아주 달랐던 것이다.

그럼에도 이 로켓은 연소실 2개짜리 RD-180 엔진이 장착된 아틀라스 III 로켓 단에서 직접 진화한 것으로, 1999년 2월 2일 아틀라스 V로 명명된다. 그리고 로켓을 한 가지 디자인에 고정시킨 게 아니라, 고객 요구에 따라 다양한 부품 옵션을 조합해 크기와 탑재 능력이 다른 고객 맞춤형 로켓을 제작하는 방식을 택했다. 그 결과 성능 향상이 필요할 때마다 새로운 발사체를 설계하고 제작할 필요 없이, 다양한 성능을 가진 로켓을 보다 신속하게 공급할 수 있게 되었다.

아틀라스 V 로켓은 초기에는 2가지 버전, 즉 400시리즈와 500시리즈로 공급됐다. 록히드 마틴 사는 그와 함께 특별 용도의 아틀라스 V 모델을 구분할 수 있도록 로켓에 부착되는 각 요소를 알 수 있게 하는 새로운 작명법을 도입했다. 즉 첫 번째 숫자는 탑재체 페어링의 직경(4m 또는 5m)를, 두 번째 숫자는 부착형 부스터 로켓 엔진의 수(0에서 5까지), 세 번째 숫자는 RL-10A-4-2 엔진의 수(1 또는 2)를 나타냈다.

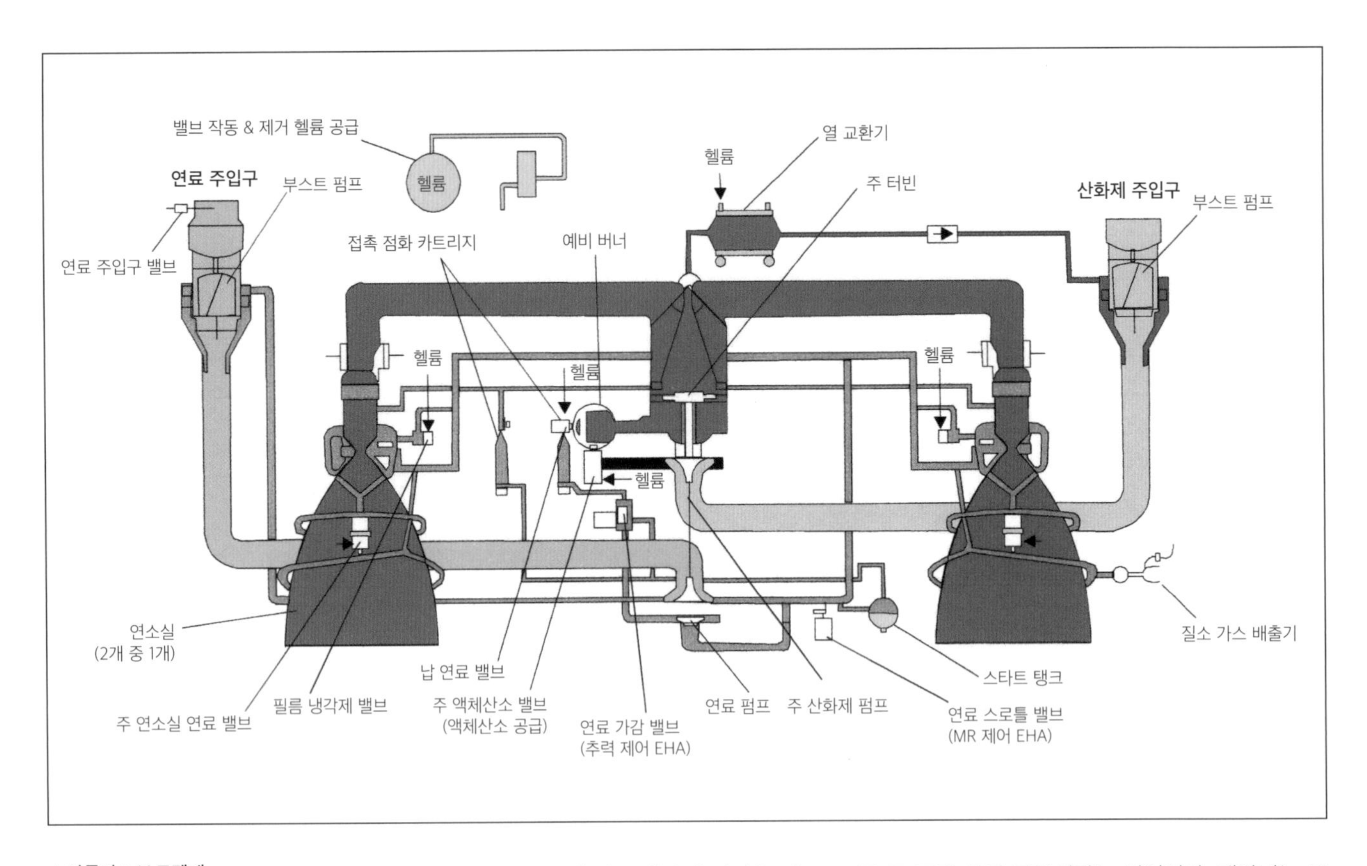

▲ 아틀라스 V 로켓에 사용되는 러시아제 RD-180 엔진은 부란 우주왕복선을 지구 궤도 위로 쏘아 올리는 데 쓰인 RD-170 엔진을 업그레이드한 것으로, 연소 사이클 디자인 안에서 공통된 터보펌프를 사용하는 연소실 2개짜리 디자인을 따르고 있다. 정격 추력을 40%에서 100%까지 조절할 수 있게 되어 있다.

(자료 제공: Energia)

아틀라스 V 로켓의 주 로켓 단은 재설계 과정을 거쳐 구조적으로 더 견고해졌으며, 더 이상 이전의 모델처럼 강도를 높이는 데 공기 압축에 의존하지 않았다. 구조적으로 안정된 로켓 단은 용접된 배럴 섹션들로 만들어진 알루미늄 추진제 탱크들로 이루어져 있었고, 용접된 배럴 섹션들은 각기 4장의 패널들로 이루어져 있었다. 이제 주력 로켓 단은 범용 핵심 부스터(Common Core Booster, CCB)라 불렸으며 길이는 33m, 직경은 일정하게 3.81m, 자체 무게는 20,743㎏, 추진제를 넣었을 때 무게는 284,089㎏이었다. 2개의 RD-180 엔진은 연소 시간이 3분 56초였고, 해수면에서의 추력은 여전히 3,827kN이었다. 그리고 셧다운과 분리 시에 로켓 단을 감속시키기 위해 8개의 고체 추진제 로켓 모터들이 장착됐다.

센토 로켓 단은 아틀라스 III 로켓에 쓴 소켓 로켓 단과 같았다. 그러나 단발 모터 버전과 쌍발 모터 버전 간에 약간의 차이는 있었지만, RL-10A-4-2 엔진과 확장형 노즐을 사용해 성능이 향상됐다.

아틀라스 V 로켓의 장점 중 하나는 비행 환경이 보다 개선되고, 따로 쓰든 고체 부스터 로켓 5개와 함께 쓰든 주 로켓 단이 공용이라는 것이었다. 제작되는 모든 로켓 단은 모든 변형 아틀라스 V 로켓들과 관련된 부품을 갖고 있어, 특정 조합을 위해 굳이 생산 라인을 변화시키지 않아도 됐다. 변화는 발사대 위에서 조합대로 로켓 단을 조합할 때나 필요했지, 제조 공장에서는 달리 필요하지 않았던 것이다.

에어로젯Aerojet 사에서 제작한 AJ60 고체 부스터 로켓들은 모두 동일하게 그래파이트 에폭시 복합체 케이스와 정해진 카본-페놀 노즐로 이루어져 있으며, 모두 지상에서 점화된다. 400시리즈의 아틀라스 V 로켓은 고체 부스터 로켓 3개까지 장착 가능하고, 500시리즈는 5개까지 장착할 수 있다. 각 고체 부스터 로켓은 길이 20.4m, 직경 1.58m짜리 케이스 안에 고체 히드록실-말단 폴리부타디엔(HTPB) 추진제가 들어가며, 부착 장치들과 노즈 캡을 비롯한 부스터 로켓 엔진 무게가 456.697㎏이다. 또한 각 부스터 로켓 엔진은 99초 동안 1,688.4kN의 추력을 내며 279.3초의 비추력을 낸다. 또한 고정된 노즐들은 바깥쪽으로 3도 기울어져 있고, 궤도 제어를 위한 모든 지시는 짐벌 설치가 된 RD-180 엔진을 통해 내려진다. 주 로켓 단의 추력은

아틀라스 V 로켓은 일련의
부품과 로켓 단들을 고객
필요에 맞춰 제공할 수 있는데,
오른쪽 사진에 보이는 모델의
경우 GPS 항법 위성을 쏘아
올릴 수 있다.
(자료 제공: NASA)

▶ 일부 맞춤형 아틀라스 V 모델은 60년 전 처음 아틀라스 로켓을 만든 사람들의 예상을 훨씬 뛰어넘는 탑재 능력을 갖고 있으며, 성능 면에서 델타 4 로켓과 대조된다.
(자료 제공: Lockheed Martin)

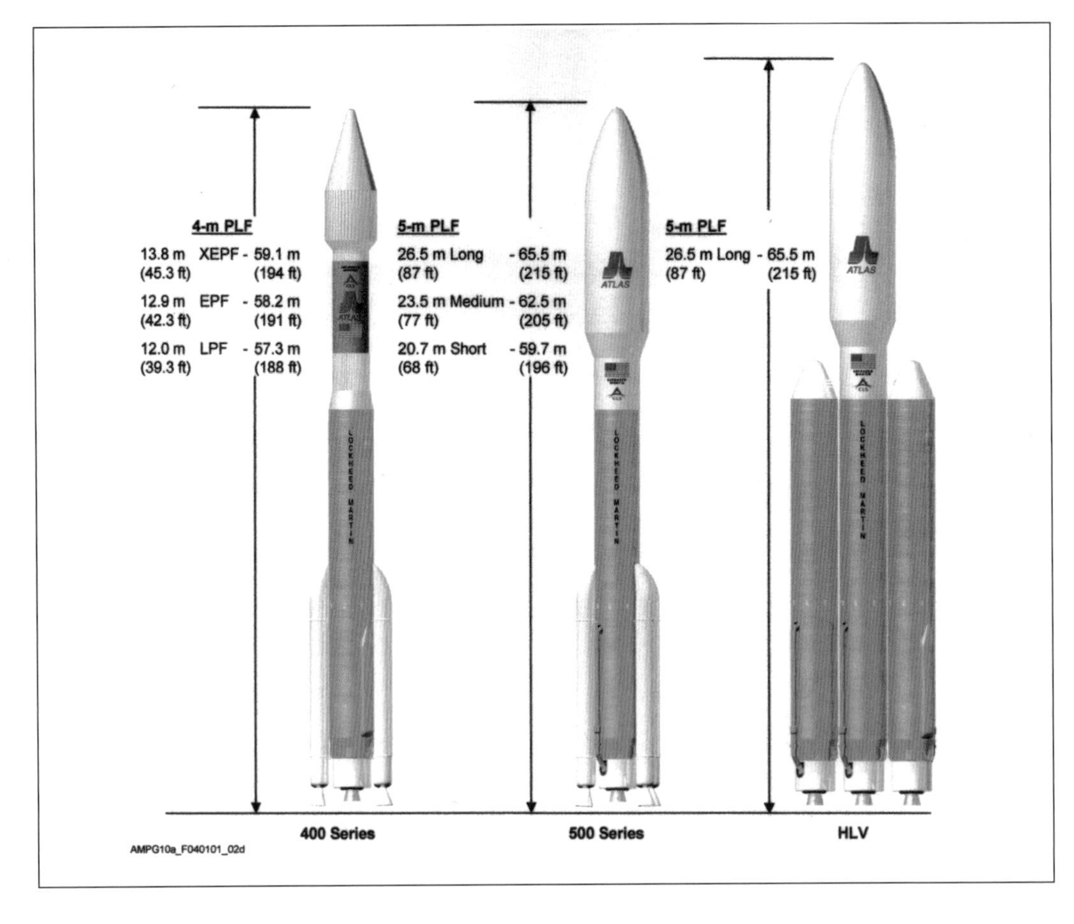

3,827kN이고, 고체 부스터 로켓 5개가 장착된 아틀라스 552 모델의 경우 이륙 시 추력이 거의 12,268kN이다. 또한 431 모델(최대 3개의 고체 부스터 로켓 장착)의 경우 무게 7,640㎏의 탑재체를 정지 천이 궤도로 쏘아 올릴 수 있고, 552 모델은 8,670㎏의 탑재체를 정지 천이 궤도로 쏘아 올릴 수 있다.

아틀라스 V 로켓이 처음 비행에 나선 것은 2002년 8월 21일이었다. 아틀라스 V 401 모델을 이용해 핫 버드Hot Bird 6 통신 위성을 쏘아 올린 것이다. 또한 500 시리즈가 처음 비행에 나선 것은 2003년 7월 17일로, 이때는 521 모델을 이용해 레인보우Rainbow 1 위성을 쏘아 올렸다. 2005년 8월 12일에는 NASA의 화성 정찰 위성Mars Reconnaissance Orbiter이 401 모델에 실려 쏘아 올려졌다. 또한 2006년 1월 19일에는 고체 부스터 로켓 5개가 장착되고 로켓 앞부분에 5m짜리 대형 탑재체 페어링이 부착된 첫 번째 551 모델이 NASA의 우주선 뉴 호라이즌New Horizons 호를 싣고 명왕성까지 날아갔다. 이 우주선은 2015년 7월에 명왕성을 1만 ㎞ 정도 거리에서 스쳐 지나갈 예정이었다. 또한 당시 아틀라스 V 551 로켓에는 스타-48B 고체 추진제 3단 로켓이 실려 있었는데, 뉴 호라이즌 호는 강력한 추진력을 갖고 있는 이 3단 로켓 덕에 역사상 가장 빠른 시속 59,000㎞의 탈출 속도로 지구를 벗어날 수 있었다.

일단 신뢰할 만한 발사체라는 것이 입증되면서, 아틀라스 로켓은 여러 가지 군사 목적으로 쓰였다. 아틀라스 V의 501 모델은 X-37B 우주왕복선 2대를 쏘아 올렸는데, 그중 1대는 3가지 극비 방위 미션을 위해 사용되었다. X-37B 우주왕복선은 각 미션 때마다 지구 궤도 비행 시간이 늘어나, 지구 궤도에 1년 이상 있다가 지구로 귀환했다.

아틀라스 로켓은 2017년에는 또 다른 미션을 떠맡아, 보잉 사에서 제작한 CST-100 우주비행사 귀환용 발사체를 싣고 첫 비행에 나섰으며, 그 후 곧 우주비행사들을 정기적으로 국제우주정거장까지 데려다주고 데려오는 일을 했다. 1963년 5월 15일 머큐리-아틀라스 로켓의 네 번째 유인 우주선 미션을 통해 우주비행

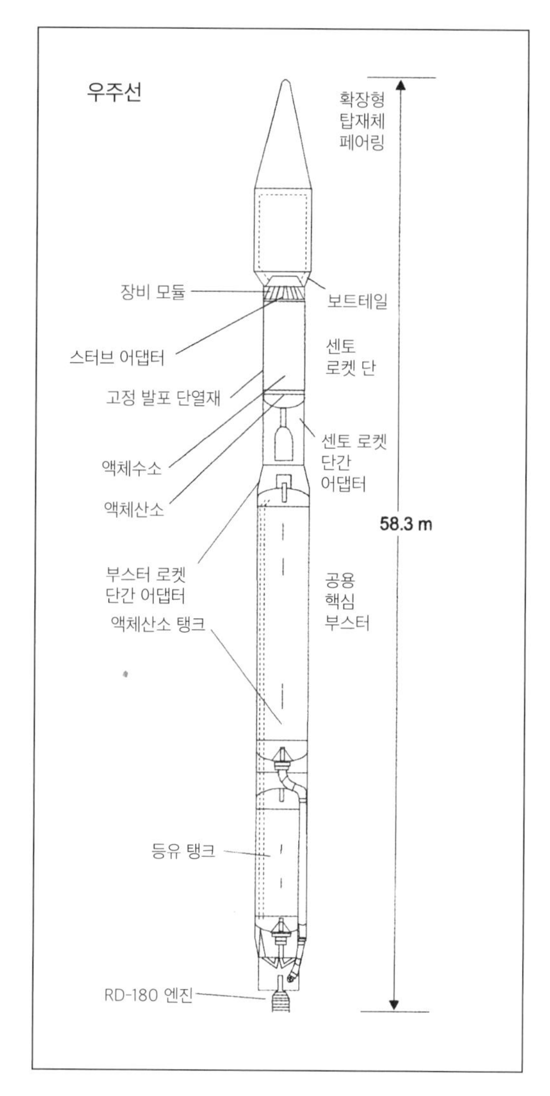

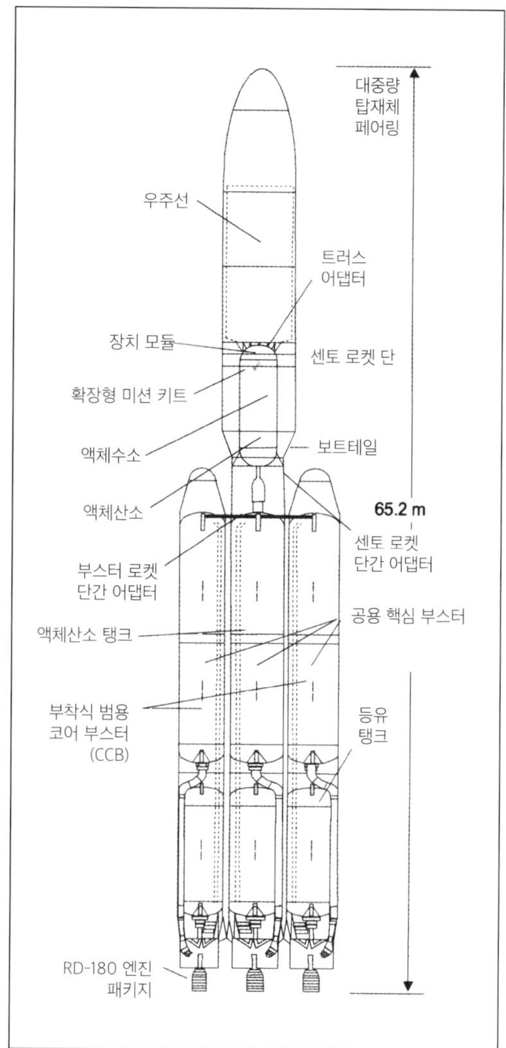

◀◀ 핵심 로켓 단 1개짜리 아틀라스 V 기본형.
(자료 제공: Lockheed Martin)

◀ 무거운 탑재체를 싣기 위해 센토 로켓 꼭대기에 얹은 3개의 공용 핵심 부스터 로켓 단들.
(자료 제공: Lockheed Martin)

사 고든 쿠퍼Gordon Cooper를 지구 궤도 위로 올려 보낸 이후, 아틀라스 로켓으로 사람을 우주로 보낸 적은 없었다. 그러나 이제는 아틀라스 로켓이 미국 정부로부터 그런 역할을 떠맡게 된다. 국제우주정거장이 유지되는 한 상업용 로켓으로 우주비행사들을 그곳에 올려보내고 다시 데려오는 일을 하게 된 것이다.

2014년 9월까지 아틀라스 V 로켓의 총 49회의 비행 중 29회는 군사적 목적이었고, 8회는 NASA의 미션 수행, 나머지는 상업용 위성 운용사를 위한 비행이었다. 아틀라스 V 로켓은 군사용과 상업용 탑재체 모두에 최적화된 발사체이므로, 이런 비행 비율도 이상할 게 없었으며, 그 비행은 모두 성공적이었다. 아틀라스 로켓은 2014년 9월 말까지 총 628회 비행했는데, 그 가운데 55회의 비행에서는 아틀라스 로켓이 처음 제작된 뒤 사용되어온 부스터 로켓 엔진 2개, 지속 엔진 1개 대신 RD-180 엔진이 사용됐다. 그러나 새로운 시장 요구에 따라 아틀라스는 이후 또 다른 목적에 쓰이게 된다.

보잉 사(델타 로켓)와 록히드 마틴 사(아틀라스 로켓) 같은 발사체 제공업체들은 서로 치열한 경쟁을 벌이고 있는 게 사실이지만 미국 정부의 우주 미션을 뒷받침하면서 비용을 절감해야 하므로 서로 협력하지 않을 수 없었다. 그래서 상업용 발사체 시장 특유의 협력 체제가 구축됐으며, 정부용 발사체를 위한 미국 시장은 하나로 통합되었다.

2005년 5월 2일 보잉 사와 록히드 마틴 사는 합작 투자회사 유나이티드 론치 얼라이언스(United Launch Alliance, ULA)의 설립을 발표한다. 이제 아틀라스 로켓과 델타 로켓의 제작 및 조립 작업은 전부 앨라배마주 디

▲ 아틀라스 V 551 모델이 우주선 뉴 호라이즌 호를 태양계의 소행성이자 마지막 목적지이기도 한 명왕성으로 쏘아 올릴 준비를 하고 있다. (자료 제공: NASA)

▼ 2015년 7월, 아틀라스 V 로켓이 명왕성을 근접 비행할 뉴 호라이즌 우주선을 싣고 이륙하고 있다. (자료 제공: NASA)

▼▼ 2011년 11월 26일, NASA의 큐리오서티Curiosity 호 화성 미션을 수행하기 위해 아틀라스 V 541 로켓이 발사대로 이동 중이다. 1961년 아틀라스 로켓이 우주선을 금성으로 보내는 미션을 처음 성공한 뒤 꼭 50년 만의 일이었다. 아틀라스 로켓은 이후 1964년에 화성으로의 첫 비행에 성공하고, 1966년에는 미국 최초로 달 연착륙에 성공하며 1972년에는 목성, 1973년에는 수성으로의 첫 미션에 성공한다. (자료 제공: NASA)

케이터 공장에서 하기로 된 것인데, 실제 디케이터 공장은 2006년 12월 1일부터 공식 가동되었다. 두 회사가 이처럼 자원을 합침으로써 이제 군사용 탑재체들을 놓고 벌이던 치열한 경쟁은 사라지게 된다. 지금 두 회사는 2개의 발사체를 옵션으로 가진 단일 업체로 마케팅을 하면서, 다른 한편으로는 아리안 로켓을 보유한 유럽우주기구(ESA)의 아리안스페이스Arianespace나 팰콘Falcon 9 로켓을 보유한 스페이스X, 안타레스Antares 로켓을 보유한 오비털 사이언시스Orbital Sciences 같은 미국 업체들과 함께 경쟁을 벌이고 있다.

러시아제 RD-180 엔진을 미국에서 조립하기로 한 협약은 아틀라스 로켓에 큰 힘이 되었다. 그러나 러시아와의 거래가 영원히 계속될 수는 없는 데다, 2014년 우크라이나 사태로 양국 간에 정치적 긴장감이 높아지자, RD-180 엔진을 다른 엔진으로 대체해야 한다는 압박감이 더 커졌다. 그런데 그해 9월 아마존Amazon 설립자 제프 베조스Jeff Bezos가 그의 우주 로켓 기업 블루 오리진Blue Origin이 보잉과 록히드 마틴 사의 합작회사인 유나이티드 론치 얼라이언스와 손잡고 RD-180 대체 엔진을 개발한다고 발표했다. 이 제휴로 인해 베조스가 2011년부터 개발해온 BE-4 액체산소/메탄 엔진에 대한 기대치가 커졌다. 그리고 미 국방부의 승인하에, 베조스는 그야말로 극비리에 2019년까지는 아틀라스 V에 쓸 새로운 엔진을 개발하기로 한다.

메탄은 등유보다 농도가 낮기 때문에, 아틀라스 1단 로켓은 리모델링되어야 했지만, 힘은 더 강력해져 아틀라스 V 로켓 400시리즈의 탑재 능력 향상이 기대됐다. 또한 베조스의 BE-4 엔진은 2,446kN의 추력을 내, 아틀라스 로켓 1단에 2개가 장착되게 될 경우 현재 고체 부스터 로켓 1개가 장착된 411 로켓보다 성능이 좋을 것으로 기대됐다. 그러다가 에어로젯 로켓다인 사에 의해 또 다른 대안이 제시됐다. 바로 이 회사의 AR-1 액체산소/등유 엔진이었는데, 이 엔진은 2,224kN의 추력을 내며 BE-4 엔진처럼 한 번에 2개가 사용될 예정이었다.

뱅가드

첫 비행: 1958년 3월 17일

뱅가드Vanguard는 인공위성들을 쏘아 올릴 용도로 특별히 개발된 세계 최초의 로켓으로, 미국 정부가 위탁한 첫 탑재체를 지구 궤도 안에 안착시키고자 열한 차례 시도했으나 실패했다. 그러나 상단 로켓들을 위해 개발된 기술들은 이후 델타 로켓과 아틀라스 로켓, 스카우트 로켓 등에 그 흔적을 남기게 된다.

뱅가드는 1957년부터 1958년까지 이른바 '국제지구물리관측년' 기간을 지원하기 위해 미국 인공위성을 지구 궤도 위로 쏘아 올릴 3단 로켓으로 설계됐으며, 참담한 실패만 거듭했지만 우주 로켓 역사에 아주 큰 족적을 남겼다. 이 로켓에 대한 아이디어는 1955년 7월 5일 미 해군연구소에서 〈과학 위성 프로그램A Scientific Satellite Program〉이란 보고서를 발행하면서 처음 등장했는데, 당시 해군연구소(NRL)는 바이킹 로켓을 소형 위성을 지구 저궤도까지 쏘아 올릴 수 있는 옵션형 상단 로켓들이 부착된 1단 로켓으로 활용하자는 제안을 했다.

미 국방부는 1955년 9월 9일 그 보고서를 입수해, 해군연구소에 로켓 개발을 위탁했고 결국 밀튼 로젠Milton Rosen이 기술 감독이 되었다. 1956년 3월에는 세부적인 로켓 디자인이 나왔고, 그해 9월 16일에는 로젠의 아내 조세핀이 로켓 이름을 뱅가드(Vanguard, '선봉'의 뜻-옮긴이)로 정했는데, 달과 다른 행성들을 탐사하기 위해 우주선을 실어 보내는 로켓들 가운데 선봉장이 되라는 의미였다. 이처럼 뱅가드는 바이킹 로켓을 발전시킨 로켓으로, 위성 프로그램을 지원하기 위한 바이킹 로켓 시리즈 중 마지막 두 로켓이 활용됐다.

뱅가드 1단 로켓의 경우 개량된 바이킹 로켓이 장착됐는데, 액체산소와 등유 혼합물을 연소시키는 제너럴 일렉트릭 X-403 모터가 동력원이었고, 134.8kN의 추력에 248초의 비추력을 냈으며 연소 시간은 2분 25초였다. 그리고 로켓에 시속 5,950㎞ 속도의 추진력을 제공했다. 2단 로켓의 경우 에어로비Aerobee 모터의 변

◀ 뱅가드 로켓은 1957년부터 1958년까지 이른바 '국제지구물리관측년' 기간 중 미국이 개발한 로켓이지만, 애초부터 우주 개발 경쟁용으로 쓰일 계획은 전혀 없었다. 그리고 또 미국 최초의 인공위성을 쏘아 올리는 역할도 레드스톤 로켓에서 차용해온 주피터-C 로켓에 뺏겼지만, 이 뱅가드 로켓은 우주 개발 프로그램 초기 2년간 중요한 역할을 하게 된다.
(자료 제공: NASA)

◀ 뱅가드 로켓에 맞춰 재제작된 이 발사대 받침대는 1958년 미 해군에 의해 개발됐으며, 지금 발사대에서 점검 중이다.
(자료 제공: US Navy)

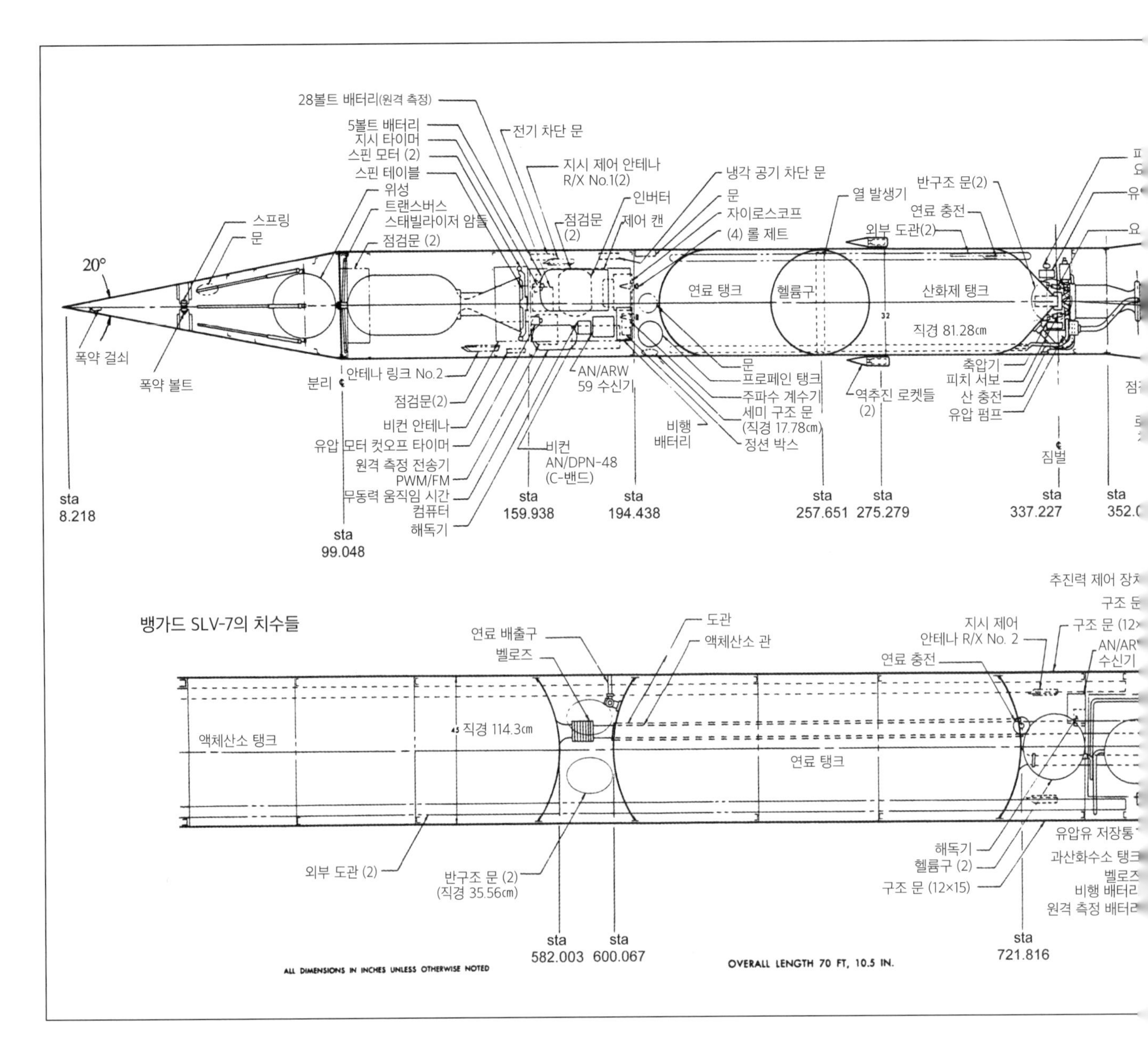

▲ 뱅가드의 이 도해를 보면, 1959년 9월 18일 뱅가드 III 위성을 지구 궤도에 안착시킨 SLV-7을 위해 제작됐던 뱅가드 로켓의 조합을 알 수 있다. 모든 뱅가드 로켓의 하단에는 2개의 액체 추진제 로켓 단이, 상단에는 고체 추진제 로켓 단이 있었다. (자료 제공: US Navy)

형인 에어로젯 AJ10-37 모터가 동력원이었고, 추력은 33.8kN이었으며, 1분 55초 동안 백연질산/비대칭 디메틸히드라진 추진제를 연소시켰고 261초의 비추력을 냈으며 부스팅 속도는 시속 14,480㎞였다. 3단 로켓에는 그랜드 센트럴 로켓 컴퍼니Grand Central Rocket Company에서 제작한 고체 추진제 회전 안정식 모터가 사용됐다. 이 모터는 31초간 11.6kN의 추력에 230초의 비추력을 냈으며, 거의 시속 29,000㎞의 속도로 지구 궤도 안에 안착했다. 후에 뱅가드 로켓에는 앨러게니탄도학연구소에서 개발한 X-248 알테어Altair 로켓(후에 다시 티오콜Thiokol FW-4 로켓으로 이름이 바뀜)이 사용됐다.

다른 로켓들과 비교해보면, 뱅가드 로켓은 다른 부속기관이나 핀이 없으며 가늘고 길었다. 총 길이는 23m, 1단 로켓의 직경은 1.14m, 2단 로켓의 직경은 0.8m, 그리고 3단 로켓의 직경은 0.5m였다. 발사대 위에서 잰 로켓과 탑재체의 무게는 10,050㎏, 지구 궤도 위로 쏘아 올릴 계획인 구 모양의 뱅가드 1 위성의 무게는 1.4㎏이었다. 뱅가드 로켓의 최대 탑재 용량은 9㎏이다.

이 뱅가드 시리즈 가운데 처음 나온 로켓은 뱅가드 TV-0(Test Vehicle Zero)으로 명명됐는데, 바이킹 13호와 통신 및 추적, 시험 장비들로 이루어졌으며, 1956

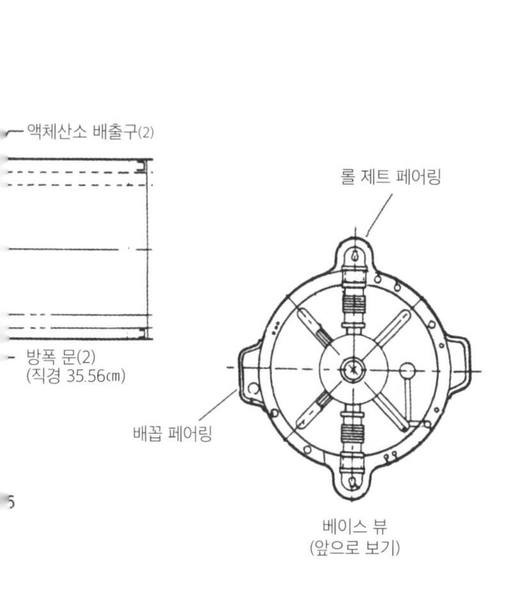

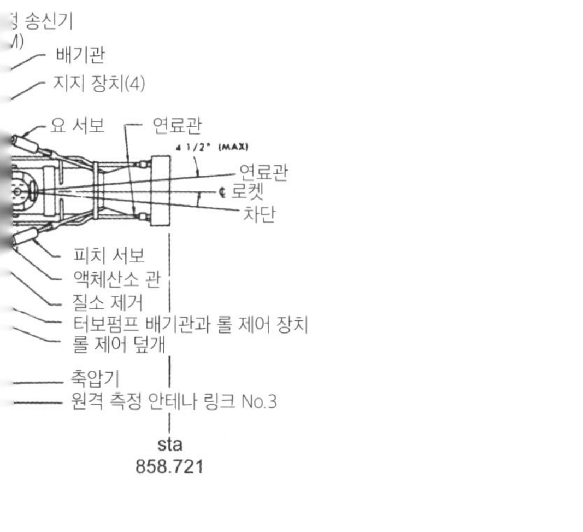

년 12월 8일 케이프 커내버럴 발사대에서 이륙해 203㎞까지 올라간 뒤 295㎞까지 날아갔다. 바이킹 14호는 1957년 5월 1일에 발사됐다. 그 로켓은 뱅가드 TV-1이라 명명됐으며, 고체 추진제 알테어 3단 로켓을 싣고 724㎞를 시험 비행했다. 뱅가드 TV-2의 비행은 뱅가드 로켓의 공식적인 첫 비행으로, 모형 상단 로켓과 탑재체 덮개를 탑재한 채 1957년 10월 23일에 성공적으로 발사되어, 175㎞까지 올라간 뒤 531㎞를 날아갔다. 10월 4일 러시아가 세계 최초의 인공위성 스푸트니크Sputnik 1호를 발사하는 데 성공하고 채 3주도 지나지 않았을 때의 일이다.

▲ 1957년 10월 23일 발사를 앞두고 케이프 커내버럴의 격납고 안에 있는 뱅가드 TV-2. 모형 상단 로켓과 탑재체가 장착되어 있다.
(자료 제공: NASA)

12월 6일 뱅가드 TV-3 로켓을 이용한 미국 최초의 인공위성 발사 시도가 있었으나, 이륙 후 2초 만에 로켓에 문제가 생겨 폭발했고, 그 바람에 인공위성은 땅바닥에 내동댕이쳐졌다. 당시 크게 실망한 미국 매스컴에서는 이 뱅가드 TV-3 로켓을 'flopnik(실패작이란 뜻의 flop에 러시아 스푸트니크Sputnik 1호의 nik을 갖다 붙인 말-옮긴이)'라 부르며 조롱했다. 그 이듬해 2월 5일 뱅가드 TV-3BU(이때의 BU는 back-up, 즉 예비의 뜻)로 명명된 두 번째 로켓이 위성을 싣고 이륙했으나 역시 실패로 끝났다. 로켓은 경로를 이탈해 겨우 5.5㎞ 상공에서 폭발해버렸다. 미 육군이 주피터 C 로켓에 미국 최초의 인공위성 익스플로러 1호를 싣고 비행에 성공한 지 5일 뒤였으므로, 이 실패로 뱅가드 로켓 팀이 맛본 당혹감과 좌절감은 이루 말할 수 없었다.

그러나 이후 3월 17일 뱅가드 TV-4 로켓 발사로 뱅가드 로켓 팀은 자신감을 회복한다. 직경 15㎝, 무게 1.5㎏인 뱅가드 I 시험 위성을 652/3,960㎞ 지구 궤도 안에 안착시키는 데 성공한 것이다. 다섯 차례의 시험 비행 중 마지막 비행에 나선 뱅가드 TV-5 로켓은 그해 4월 28일에 발사됐지만, 3단 로켓이 점화되지 않으면서 직경 51㎝에 무게 9.75㎏이었던 인공위성은 그대로 인도양으로 떨어졌다. 이 로켓은 뱅가드 시리즈 중 국제지구물리관측년을 위해 제대로 제작된 로켓이기도 했

▶ 한 기술자가 에어로비 관측 로켓을 업그레이드한 뱅가드 2단 로켓의 전기 장치들을 점검 중이다.
(자료 제공: NASA)

▶▶ 발사팀 요원들이 탑재체 페어링을 안테나들이 접혀 있는 인공위성 위로 조심스레 내리면서 맞추고 있다.
(자료 제공: NASA)

다. 그해 5월 27일에는 시험용이 아닌 최초의 '실전용' 뱅가드인 뱅가드 SLV-1(Space Launch Vehicle-1, 즉 우주 발사체-1의 줄임말) 로켓이 발사됐으나, 2단 로켓이 제대로 셧다운되지 않으면서 3단 로켓이 점화될 때 수직으로 날아올랐고, 그 바람에 포물선 궤도를 그리며 3,926㎞ 높이까지 올랐다가 남아프리카공화국 부근 대서양으로 떨어졌다.

1958년 6월 26일에 발사된 뱅가드 SLV-2 로켓은 SLV-1 로켓과 비슷한 위성을 싣고 있었는데, 역시 2단 로켓이 너무 일찍 셧다운되면서 실패로 끝났다. 그해 9월 26일에 발사된 뱅가드 SLV-3 로켓 역시 비슷한 운명을 맞아 인도양에서 생을 마쳤다. 이처럼 실패를 거듭하는 가운데 기존의 미국 항공자문위원회(National Advisory Committee for Aeronautics, NACA)가 NASA, 즉 미국항공우주국(National Aeronautics and Space Administration)으로 바뀌었고, 뱅가드 프로그램 역시 1958년 10월 1일에 공식 출범한 새로운 민간 기구 NASA로 이전됐다.

1959년 2월 17일에 발사된 뱅가드 SLV-4 로켓은 무게 9.75㎏짜리 뱅가드 II 위성을 559/3,320㎞ 궤도에 안착시키는 데 성공했다. 그러나 우주에서 날씨 패턴을 분석하기 위해 제작된 뱅가드 II 위성은 위성 내 흔들림 현상으로 인해 임무를 제대로 수행하지 못했다. 이후 4월과 6월에는 뱅가드 SLV-5와 뱅가드 SLV-6 로켓이 비행에 실패했다. 이후 뱅가드 시리즈의 마지막 로켓인 뱅가드 SLV-7은 1959년 9월 18일 뱅가드 III 위성을 511/3,750㎞ 궤도에 안착시키는 데 성공했다.

뱅가드 로켓은 총 열한 차례의 시험 비행 중 단 세 차례

▶ 케이프 커내버럴의 발사대 위에서 탑재체 페어링이 3단 로켓과 인공위성 위에 얹혀지고 있다.
(자료 제공: NASA)

▶▶ 히드라진은 독성이 강하므로, 유해 화학물질의 피해를 방지하기 위해 기술자들은 연료를 다룰 때 방호복을 착용해야 한다.
(자료 제공: NASA)

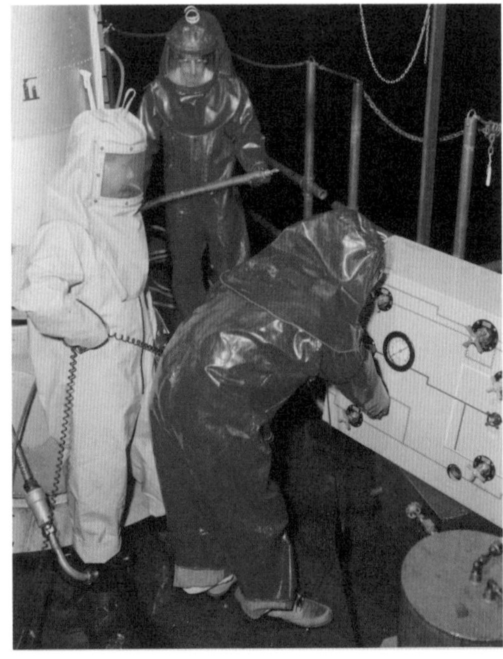

◀ 1958년 9월 26일의 발사를 앞두고 뱅가드 SLV-3 로켓이 탑재체를 실을 준비를 하며 서 있다. 그러나 이 비행은 2단 로켓이 너무 일찍 셧다운돼 대서양으로 떨어지면서 실패로 끝났다. 뱅가드는 열한 번의 시험 발사 가운데 단 세 번만 성공을 거둬, 로켓 엔지니어들과 기술자들에게 많은 학습 효과를 준 사례로 더 잘 기억되지만, 훗날 큰 성공을 거둔 델타 로켓에 많은 영향을 주게 된다.
(자료 제공: NASA)

만 인공위성을 탑재한 채 발사됐지만, 교훈을 얻을 만한 전례가 없었던 로켓 엔지니어들에게 초창기의 시행착오를 거치면서 많은 걸 배우게 해주었을 뿐 아니라, 유용한 자료를 많이 넘겨주었다. 이후의 로켓 개발 프로그램에서 뱅가드의 상단 로켓들은 물론 그 개발 과정에서 얻은 관련 기술을 유용하게 활용할 수 있었던 것이다.

바이킹과 뱅가드 로켓 개발 프로그램은 미국 로켓 과학 역사상 가장 중요한 시기들 중 하나에 진행됐으며, 10년 넘게 각종 시험 비행이 이루어졌다. 뱅가드 로켓이 남긴 또 다른 중요한 유산은, 모든 시대를 통틀어 가장 큰 성공을 거둔 미국 인공위성 발사체들 중 하나인 델타 로켓에 지대한 기여를 했다는 것이다.

➤ 1959년 5월 4일 타이탄 I 로켓이 케이프 커내버럴에서 발사대를 떠나 이륙하고 있다. (자료 제공: USAF)

타이탄

첫 비행: 1959년 2월 6일

종래의 로켓들과는 달랐던 아틀라스 대륙간탄도미사일의 대체품으로 개발되었고 디자인도 다소 새로웠던 타이탄 로켓은 핵 억지력의 삼각축 중 하나로 발전했으며, 미국의 2인승 우주선 제미니에 많은 도움을 주었고, 정부의 위탁을 받아 무거운 탑재체들을 실어 나르는 발사체로 성장하는 등 2005년에 퇴역할 때까지 많은 활약을 했다.

타이탄Titan 로켓은 1954년 10월부터 개발되기 시작했는데, 버나드 슈리버 장군이 당시 일부 엔지니어들이 너무 급진적인 로켓이어서 성공하기 힘들 거라고 봤던 아틀라스 로켓을 대체할 만한 보다 온건한 로켓으로 추천한 것이 그 계기였다.

아틀라스 로켓의 경우 부스터 로켓 엔진과 지속 엔진들이 발사대 위에서 점화되게 함으로써 비행 중에 2단 로켓이 점화되면서 생겨날 수 있는 문제들을 피하려 했다면, 타이탄 로켓은 구조적으로 견고해진 로켓 단들 안에 액체산소/등유 추진제를 넣는 2단 로켓으로 그 문제를 해결하려 했는데, 그럴 경우 아틀라스 로켓과는 달리 견고함을 유지하기 위한 추진제 가압이 불필요했다. 게다가 버나드 슈리버 장군은 한정된 수의 기업들과 너무 많은 일을 하게 되는 상황을 만들지 않으려고 제2의 계약업체를 찾으려 했다.

미 공군은 1955년 5월 2일에 타이탄 프로그램을 승인했다. 이는 로켓다인 사에서 개발한 아틀라스 로켓용 엔진들의 대체 엔진으로 필요할지도 모를 액체산소/탄화수소 엔진 개발 계약을 에어로젯 사와 맺은 지 4개월 후의 일이었다. 그 엔진들은 타이탄 로켓의 표준적인 추진 장치가 된다. 5월 6일 5개 업체가 타이탄 로켓 개발 제안서를 제출했으며, 결국 그해 10월 27일 록히드 마틴 사가 최종 계약업체로 선정돼 SM-68로 명명된 미사일을 개발하게 됐다. 미사일 사양 등은 아틀라스 로켓의 경우와 거의 동일했다.

연소실이 2개인 에어로젯 사의 LR87-AJ-1 1단 로켓 엔진은 보다 규모가 작은 2단 로켓용 LF91-AJ-1 엔진의 경우와 마찬가지로 짐벌이 장착되어 있었고, 각 엔진은 터보펌프로 액체산소/등유 추진제를 공급했으며 연속 필름 냉각 방식을 취했다. 또한 상단 로켓 엔진의 경우 진공 상태에서 움직이려면 보다 큰 팽창 비율이 필요했다. 그래서 에어로젯 사의 엔진지니어들은 처음에는 연속 냉각 방식을 선호했으나, 그렇게 하자 냉

▼ 처음 구상 당시 타이탄 I 미사일은 '관' 안에 수평 상태로 넣어진 채 콘크리트 문 아래 지표면 밑에 묻혀 있다가, 필요할 때 그 문들이 열리면서 수직으로 세워져 발사될 예정이었다. 타이탄 I과 II의 모든 시험 비행은 실제 관 안에 넣어진 채 실시됐지만, 그 관은 지표면 밑이 아닌 위에 놓인 채였다. (자료 제공: USAF)

◀◀ 발사대를 세우는 장치가 원래의 보관 위치로 되돌아간 뒤, '관' 안쪽에서 바라본 타이탄 I 로켓의 모습. 하늘을 향해 똑바로 서 있다.
(자료 제공: USAF)

◀ 타이탄 로켓의 경우 연소실이 2개인 연속 냉각 방식의 LR-87 로켓 엔진으로 동력이 제공됐고, 터보펌프 장치는 가스 발생기로 움직였는데, 이는 액체 추진제 로켓 모터들 가운데 가장 단순한 형태였다.
(자료 제공: USAF)

각 재킷과 터보펌프들의 크기 문제가 발생했다. LR87 1단 로켓 엔진의 경우 연소실이 2개였고, 해수면에서는 1,334kN의 추력을 냈고 고도에서의 비추력은 250초에서 290초로 올라갔으며, 또한 엔진은 고도에서 1,530kN의 추력을 냈다. LR91 로켓 엔진의 경우 진공 상태에서 355.8kN의 추력에 310초의 비추력을 냈다.

엔진들이 설계 단계에서 시험 단계로 넘어가면서, 로켓의 효율성과 신뢰도를 높이기 위한 여러 가지 변화들이 도입됐다. LR87-AJ-1 엔진의 경우 애초에는 내부에서 공급되는 액체산소와 등유를 통해 가스 발생기를 돌리고, 그 결과 점화가 일어나면서 터빈을 돌리는 방식을 쓰려 했다. 그러나 이 방식을 쓰려면 외부로부터 복잡한 장치들과 많은 공급 라인을 미사일까지 끌어들여야 했다. 그래서 설계를 바꿔 연료로 질소 가스를 쓰기로 했으며, 추진제에 압력을 가해 터보펌프의 아래쪽 라인을 통해 그걸 배출시켰고, 그걸 다시 가스 발생기로 보냈다. 그래서 일단 점화되면 가스 발생기가 독립적으로 움직이게 됐다.

2단 로켓 안에 장착된 LR91 엔진에 압력을 가하기 위해 헬륨 가스를 보조 터보펌프로 보냈고, 터보펌프가 다시 추진제들을 가스 발생기로 보내 주력 터보펌프를 돌려 추진제를 탱크에서 끌어내렸다. 여기서 다시 변화가 생겨, 섬유유리 헬륨 탱크가 티타늄으로 만들어진 탱크로 교체됐다. 그리고 가스 발생기에 연료가 잔뜩 들어가면서 터보펌프에 코크스 침전물이 끼는 걸 피하기 위해 다기관 입구에 소용돌이 발생기를 부착해 소용돌이를 일으키게 했고, 그 결과 연료와 산화제가 더 잘 섞이게 됐다.

엔진 시험 가동을 하면서 또 다른 문제들이 불거졌다. 과중한 업무에 쫓긴 한 공급업체가 또 다시 하도급을 주면서 기어박스 부품에 고장이 일어난 것이다. 그러니까 한 공급업체가 에어로젯 사에 공급하는 피니언 기어(pinion gear, 큰 기어와 맞물리는 작은 기어-옮긴이) 내의 경유 및 연마제들을 제대로 처리하지 못해 문제가

▼ LR91-AJ-11 엔진의 엔진 벨 안쪽을 밑에서 올려다본 모습. 연소실 꼭대기에 연료분사 장치가 달려 있다.
(자료 협조: Tim Bell)

능했으며, 그 결과 가공된 롤에 복잡한 패턴이 나타났다. 또한 로켓 표면은 수산화나트륨 용액에 담겨, 분당 0.00762㎝의 비율로 원하는 수준까지 부유물이 처리됐다. 납작한 패널들은 깨끗이 헹궈진 뒤 수평 상태의 용접 장치로 옮겨졌고, 12개의 1단 로켓 탱크 패널로 원통형의 주 로켓 섹션이 형성됐다. 이후 각 용접 라인에 대해서는 X레이로 결함 유무를 검사했으며, 물로 압력을 가해 새는 부분이 없나 확인했다.

1단 로켓의 경우 탱크 조립에 내부 죔쇠들이 추가로 필요했다. 또한 1단 로켓은 길이 17.25m에 직경 3.05m였으며, 엔진 무게는 3,511㎏이었다. 그리고 53,545㎏ 무게의 액체산소와 23,443㎏의 등유를 넣을 수 있었다. 2단 로켓은 길이가 7.74m로 더 짧았고, 내부 죔쇠는 필요 없었으며, 직경은 2.44m였다. 또한 비활성 무게는 2,034㎏이었고, 12,913㎏ 무게의 액체산소와 5,643㎏의 등유를 넣을 수 있었다. Mk 4 대기권 재진입 운반체 또는 탄두가 장착된 타이탄 미사일은 길이 29.7m, 총 중량 101,248㎏이었다.

타이탄 로켓의 비행은 먼저 1단 로켓이 140초 동안 작동되면서 미사일을 탑재한 채 64㎞ 높이까지 오른 뒤 다시 내려와 시속 8,850㎞의 속도로 72㎞의 거리를 날아간다. 이후 로켓이 분리되고 2단 로켓이 점화돼 155초 동안 연소되고, 278㎞ 높이에서 셧다운되면서 954㎞를 날아간다. 이어 탄두가 분리돼 시속 2,574㎞라는 최대 속도로 지구로 떨어지지만, 공기 밀도가 높은 대기권을 지나면서 속도가 떨어져, 결국 탄두는 시속 1,850㎞의 속도로 표적을 타격하게 된다.

로켓과 유도 미사일의 초기 개발 단계에서 특히 중요했던 건 유도 장치였으며, 미 공군은 1955년 10월에 벨연구소와 계약을 맺은 덕에 유도 장치 개발에 빠른 진척을 볼 수 있었다. 원래는 타이탄 로켓에 보쉬 아르마Bosch Arma 사의 관성 유도 장치를 쓸 수 있다고 기대됐으나, 1957년 4월 미 공군은 벨연구소의 무선 유도 장치를 도입하기로 결정한다. 그 유도 장치의 경우, 미사일에 장착된 응답기가 지상 통제소로부터 업데이트된 정보를 받아 계속 비행 방향을 수정해가는 방식을 썼다. 1958년 3월에는 타이탄 로켓에 장착됐던 관성 유도 장치가 아틀라스 로켓으로 이전됐다. 그리고

▲ 타이탄 로켓의 제조는 아틀라스 로켓의 모노코크식 구조보다는 항공기 제조에 더 가까웠다. 사진은 록히드 마틴 사의 볼티모어 공장 안 모습. 1단 로켓과 2단 로켓이 분리되어 있고 그 사이에 중간 단이 끼어 들어가 있는 타이탄 II 로켓 1기가 보인다.
(자료 제공: Martin Company)

발생한 것이다. 일견 사소해 보이는 그 문제를 확인해 해결하자 기어박스 부품이 더 이상 고장 나지 않았다. 이는 고장 원인을 파악할 때 로켓 제조 및 검사, 부품 이력 작성이 얼마나 정확하고 세심해야 하는지를 잘 보여주는 사례였다. 로켓 개발 과정에서 이렇게 많은 변화가 일어나면서 엔진 이름도 바뀌어, 1단 로켓 엔진은 LR87-AJ-3, 2단 로켓 엔진은 LR91-AJ-3으로 변하게 된다.

아틀라스 로켓의 외피는 스테인리스강으로 만들어진 데 반해, 타이탄 로켓의 경우 구리가 5% 함유된 2014 알루미늄으로 만들어졌다. 또한 이리다이트라고 알려진 크롬 화학물질로 코팅되어 있어, 특정 패널들의 세부 내용물에 따라 눈에 띄는 녹청색을 띠었고, 그 결과 타이탄 로켓의 겉면은 다른 로켓의 겉면과는 아주 달라 보였다. 또한 패널의 외피는 록히드 마틴 사의 로켓 개발 팀에 의해 용접됐는데, 원래 2014 알루미늄은 용접이 불가능하다고 알려져 있던 금속이어서, 이 같은 용접 기술은 그야말로 독보적인 기술이었다. 그리고 그런 기술을 갖고 있는 업체가 전무했기 때문에, 2014 알루미늄은 록히드 마틴 사가 몽땅 다 사들여야 했다.

타이탄 로켓은 추진제 탱크를 화학적으로 처리하여 무게는 최소화하고 힘은 최대화했다. 이는 화학적 내성이 강한 아스팔트 물질로 일정 부분을 덮음으로써 가

◀ 케이프 커내버럴의 발사대 위에 서 있는 A1 타이탄 I 발사체. 로켓 단들의 직경이 눈에 띄게 다르다.
(자료 제공: USAF)

◀◀ 록히드 마틴 사의 볼티모어 공장에서 타이탄 II의 1단 로켓이 주요 장치의 점검을 위해 50.3m 높이의 수직 시험대 위로 올려지고 있다.
(자료 제공: Martin Company)

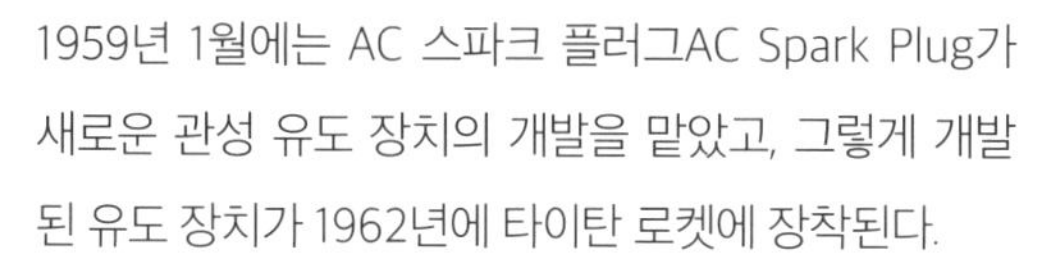

1959년 1월에는 AC 스파크 플러그AC Spark Plug가 새로운 관성 유도 장치의 개발을 맡았고, 그렇게 개발된 유도 장치가 1962년에 타이탄 로켓에 장착된다.

더 나은 로켓

에어로젯 사에서 개발한 타이탄 로켓의 첫 엔진은 1957년 11월에 록히드 마틴 사에 인도됐고, 보다 향상된 AJ-3 1단, 2단 로켓 엔진 개발은 첫 시험 비행 이후인 1959년 3월에 시작됐다. 1958년 6월 17일에는 엔진을 제외한 로켓 동체에 대해 미 공군의 승인이 떨어졌고, 여러 단계의 시험 비행 일정이 서면으로 결정됐다. 1단계 시험 비행은 1단 로켓을 조립하고 모형 상단 탱크에 물을 가득 채운 상태에서 1959년 2월 6일부터 5월 4일 사이에 네 차례 실시됐다. 아틀라스 로켓의 경우와는 달리 네 번의 비행은 다 성공적으로 끝났다.

그러나 2단계 시험 비행에는 운이 따르지 않았다. 완전한 로켓들을 발사했는데, 2단 로켓의 연소 시간이 줄었던 것이다. 3단계 시험 비행은 비행 거리를 확 줄이고 탄두를 분리한 상태에서 로켓의 모든 장치들이 얼마나 잘 통합됐는지를 보는 게 목적이었다. 이후 5회의 비행이 더 있었지만, 완전히 성공한 것은 단 2회뿐이었다. 그러나 전반적으로 봤을 때, 타이탄 로켓은 성공적이었다. 최초의 20회 비행 가운데 15회의 비행은 완전한 성공이었으며, 그 결과 미사일들은 그대로 실전 배치에 들어가게 됐다.

로켓 단 분리 시도가 처음으로 성공을 거둔 것은 1960년 2월 2일이었으며, 이후에도 다양한 로켓 조합 상태에서 시험 비행이 계속 확대됐다. 1960년에는 로켓이 20회 발사됐고, 1961년에는 22회 발사됐으며, 1962년에는 6회 발사됐다. 이 과정에서 거의 모든 시험 비행은 반덴버그 공군기지에서 준비됐으며, 최초의 타이탄 로켓 역시 1961년 5월 3일 반덴버그 공군기지에서 날아올랐다. 또한 아틀라스 로켓의 경우와 마찬가지로, 타이탄 미사일의 실전 배치 전 시험 비행이 이루어진 것도 반덴버그 공군기지였고, 타이탄 미사일은 각종 수정 및 개선 작업이 이루어지는 상황에서 실전 배치에 들어갔다.

아틀라스 미사일은 1959년 10월 31일에 반덴버그 공군기지에 실전 배치됐는데, 반덴버그 공군기지는 아틀라스 미사일이 배치될 미국 내 12개 시설 중 하나였다. 타이탄 미사일은 1962년 4월 18일 타이탄 미사일이 배치될 5개 시설 중 첫 번째 시설인 콜로라도주 로리 공군기지에 실전 배치됐다.

타이탄 미사일은 총 54기가 배치됐으며, 마지막으로 배치된 것은 1962년 9월 28일이었다. 이렇게 해서 이제 미 전략공군사령부는 미국 대륙에서 발사해 러시아

▲ 추진력 테스트 중인 타이탄 I 로켓의 분리된 로켓 단들.
(자료 제공: Martin Company)

내 표적들을 타격하는 데 큰 역할을 할 두 번째 미사일을 수중에 넣게 됐다.

그러나 미사일의 생존에 대한 우려들이 있었고, 아틀라스 미사일에서 배운 경험(보관 장소가 지상에서 수평 상태의 지하 '관'으로, 거기서 다시 지하 저장고로 바뀌었음) 덕에 보관 및 발사 방식에 변화가 있어, 타이탄 미사일은 처음부터 바로 지하 저장고에 보관하는 방식을 택했다. 미사일을 지하에 보관했다가 수직으로 세운 뒤 승강대에 실어 지상으로 올려 보낼 때는 그 상태에서 15분간 추진제를 주입해야 하는데, 그 경우 그 대륙간탄도미사일이 발사되기도 전에 먼저 핵 공격을 받을 가능성이 여전히 남았다.

▼ 터보펌프가 연료 라인 및 산화제 라인들에 연결되어 있는 1단계 로켓 엔진의 도해.
(자료 제공: Pratt & Whitney)

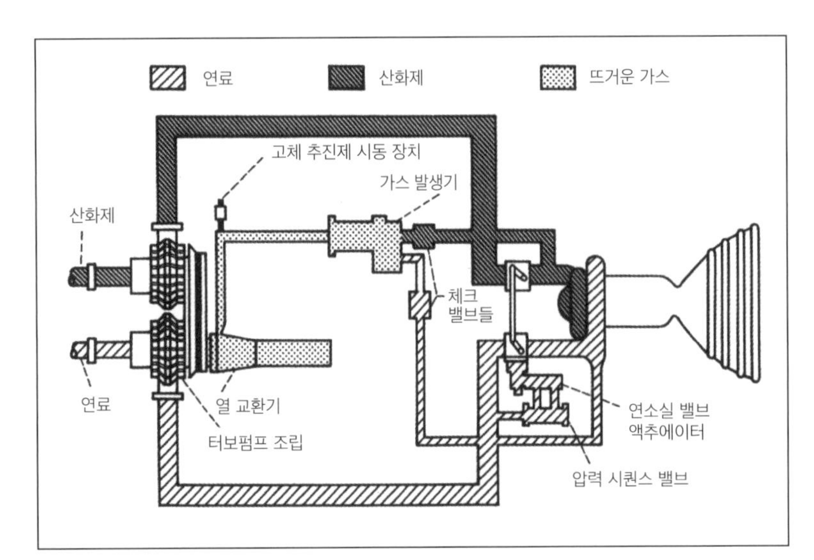

영국은 블루 스트리크Blue Streak 중거리탄도미사일과 관련해 훨씬 더 심각한 문제를 안고 있었다. 미국의 대륙간탄도미사일 발사대보다는 러시아의 대륙간탄도미사일 발사대와 훨씬 더 가까워, 러시아의 핵 공격에 미리 대비할 시간이 채 4분도 되지 않았던 것이다. 미국은 블루 스트리크 중거리탄도미사일과 관련해 생각해낸 영국의 새로운 디자인 콘셉트에서 지하 저장고 발사대에 대한 힌트를 얻었다. 그러니까 지상에 미사일을 세울 필요를 없앤 디자인 콘셉트에서 아이디어를 얻은 것이다. 영국은 U자형 튜브를 만들어 1단 로켓 엔진에서 나오는 불길과 가스를 빼내 180도 위로 올려 보내 지하 저장고 인근 굴뚝으로 내보냈고, 그렇게 미사일이 지하 저장고에서 올라온 뒤 몇 초 만에 열과 로켓 배기가스를 제거하여 미사일을 보호했다.

이 때문에, 그리고 또 저장 가능한 추진제의 필요성 때문에, 미국은 타이탄 미사일을 훨씬 더 효율적인 무기로 개발하기로 마음먹는다. 그 결과 원래의 타이탄은 타이탄 I으로 발전했고, 곧이어 더 업그레이드 된 버전인 타이탄 II가 나왔다. NASA와 미 국방부를 위해 40년 넘게 무거운 위성과 우주선을 쏘아 올리는 강력한 발사체 역할을 해준 것도 바로 이 타이탄 II였다. 그리고 이 모든 일은 1958년 8월 미 공군이 보다 강력한 엔진, 보다 큰 2단 로켓, 저장 가능한 추진제, 지하 저장고 발사대, 100% 관성 유도 장치 등 다양한 변화 가능성을 모색하면서 시작됐다.

1959년 3월 미 공군은 타이탄 미사일에 액체산소/등유 추진제 조합 대신 비대칭 디메틸히드라진/사산화질소 추진제 조합을 쓰라는 권고를 받았고, 그래서 그 해 10월에 에어로젯 사에 그 일을 맡겼다. 실제로는 비대칭 디메틸히드라진과 히드라진 추진제의 조합이 된 일명 에어로진-50(Aerozene-50)은 사산화질소와 접촉하면 저절로 점화하도록 되어 있었는데, 이 추진제 조합의 경우 저장도 가능했고 별도의 점화 장치를 장착할 필요도 없었다.

1960년 4월에 타이탄 개발 프로그램이 정식으로 발표됐다. 새로운 타이탄 로켓에서 1단 로켓의 엔진은 LR-87-AJ-5라 명명됐는데, 연소실 2개에서

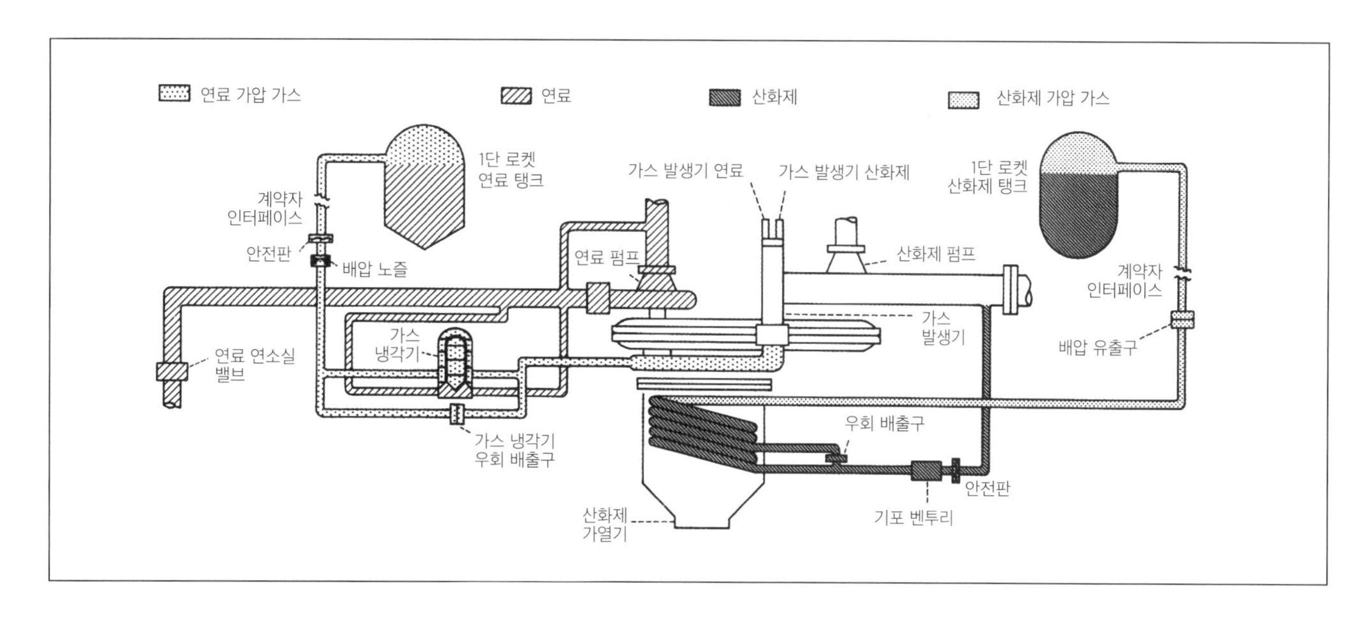

1,912.6kN의 추력과 296초(진공 상태에서)의 비추력을 내게 되어 있었다. 2단 로켓의 엔진은 LR-91-AJ-5로 명명됐으며, 점화 시 444.8kN의 추력에 316초의 비추력을 내게 되어 있었다. 또한 공식 성능에 따르면, 무게 3,629㎏의 탄두를 장착한 채 10,185㎞까지 날아가거나 아니면 무게 2,041㎏의 탑재체를 싣고 15,739㎞까지 날아갈 수 있었다. 이런 목표를 달성하기 위해, 타이탄 I 프로그램과 타이탄 II 프로그램은 동시에 진행됐다.

타이탄 II 로켓은 타이탄 I 로켓과 그리 크게 다르지는 않았다. 타이탄 II는 1, 2단 로켓이 직경이 3.05m로 일정했으며, 1단 로켓의 길이는 21.38m였고 2단 로켓의 길이는 5.87m였다. 더 긴 1단 로켓은 이제 추진제 110,619㎏을 실을 수 있어 타이탄 I에 비해 43% 길었다. 또한 2단 로켓에는 탄두를 포함해 추진제 26,264㎏을 실을 수 있어 타이탄 I 로켓에 비해 41.5% 늘어났다. 타이탄 I의 길이는 31.52m였으며, 자체 무게는 10,461㎏이었고 발사 시에는 148,381㎏으로 늘어났다.

구조적인 변화로는 우선 로켓 표면 두께가 달라졌다. 또한 추진제의 농도가 높아져 추가로 링 형태의 프레임들이 추가됐고, 지하 저장고 발사 환경도 달라졌다. 세로대들을 덧붙여 점화 후와 이륙 전에 발사체를 발사대에 고정시킨 것도 달라진 점이었다. 이런 것들은 누수가 되는 경향을 보였으므로 타이탄 II의 세로대는 용접 방법을 달리했고 특수 장치들도 추가했다. 타이탄 I의 2단 로켓에는 작은 로켓들이 달려 있었고, 그래서 엔진이 점화되기에 앞서 분리된 1단 로켓으로부터 가속도를 내 멀어지게 되어 있었다. 그러나 타이탄 II는 폭발성 시동이 걸리게 제작되어, 아직 1단 로켓이 붙어 있는 상황에서 2단 로켓이 점화됐고, 배기가스 등은 로켓이 분리되기 전 몇 초 동안 로켓 단 사이의 어댑터 안에 있는 틈새들을 통해 밖으로 빠져나가게 되어 있었다.

에어로젯 사의 타이탄 II 로켓 엔진에는 포괄적인 이름들이 붙었지만, 타이탄 I 로켓용으로 제작된 엔진과는 많이 달랐다. 예를 들어 타이탄 I 엔진은 제어 부품 수가 125개였는데 타이탄 II 엔진은 30개밖에 안 됐고, 파워 제어 장치의 수도 107개에서 21개로 줄었다. 게다가 타이탄 I 엔진의 경우 움직이는 부품 수가 245개였

▲ 각기 연소실과 터보펌프, 그리고 가스 발생기를 갖고 있어 동시에 작동이 되는 독립된 두 부품 조립을 1단 로켓 엔진 하나가 모두 지원하고 있다. 하위 부품 조립 2 역시 자생 장치라고 알려진 추진제 탱크 가압 장치에 필요한 에너지원을 제공한다.
(자료 제공: NASA)

▼ 2단 로켓 도해를 보면 단순성과 운용 효율성이 중시되는 것을 알 수 있지만, 근본적으로는 1단 로켓과 비슷하다.
(자료 제공: Pratt & Whitney)

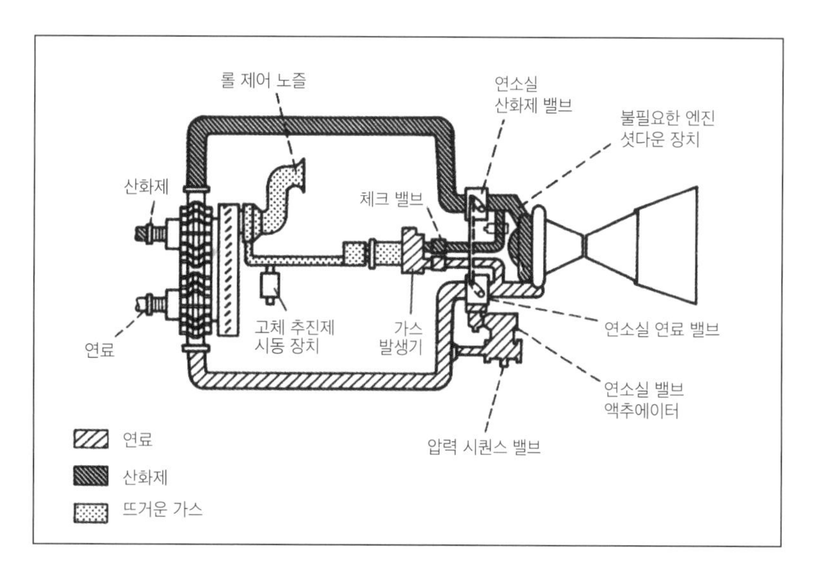

➤ 타이탄 II 2단 로켓의 자생 가압 장치.
(자료 제공: Pratt & Whitney)

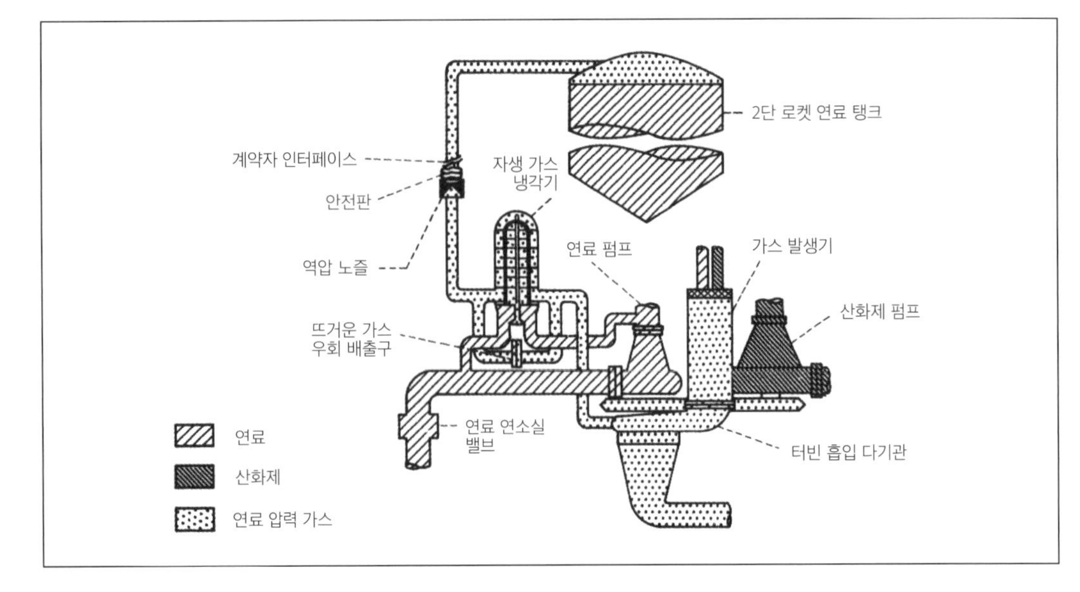

▼ 유인 비행에도 안전하다고 인정된 타이탄 로켓의 경우, 관성 유도 장치의 3축 기준 장치에 무선 유도 장치까지 추가됐다. 또한 탠덤 액추에이터가 설치됐고, 각 섹션에는 전기유체식 서보가 장착됐으며, 전환 밸브가 있어 주 시스템이 작동 중일 때는 보조 시스템이 정지되고 보조 시스템이 작동 중일 때는 주 시스템이 정지됐다.
(자료 제공: NASA)

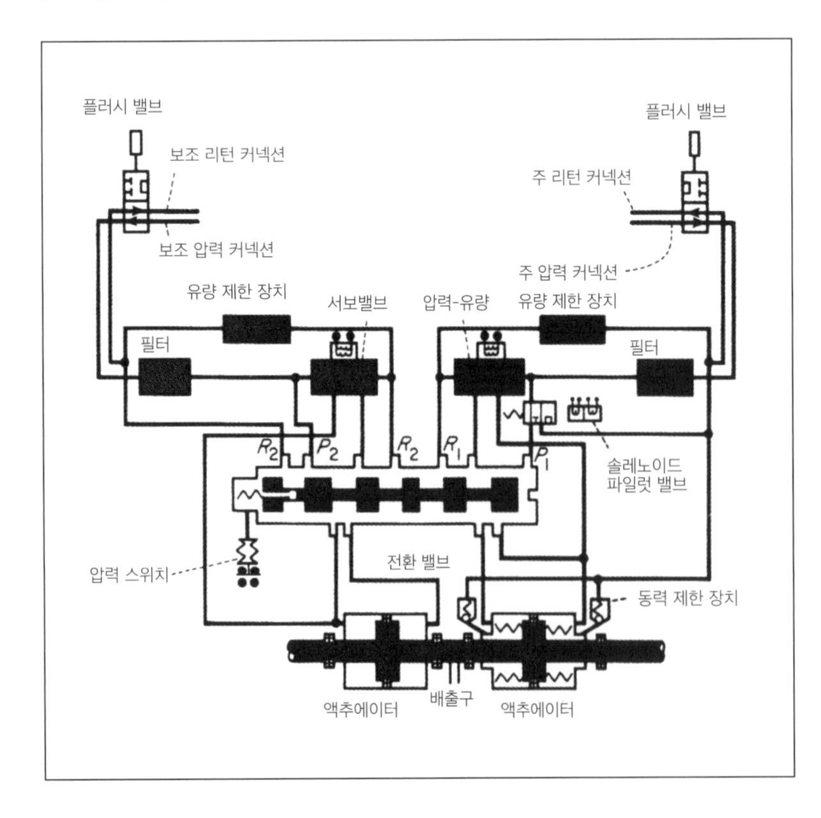

는데 타이탄 II 엔진은 111개뿐이었고, 타이탄 I 엔진은 계전기, 밸브, 조절기 등이 172개였던 데 반해 타이탄 II 엔진의 경우 27개뿐이었다. 그 결과 타이탄 II 엔진은 성능과 신뢰도가 눈에 띄게 향상됐으며, 추진제 탱크 압력을 유지하는 데도 미리 저장된 헬륨과 질소 대신 터빈 배출물로부터 나오는 냉각 가스를 이용했다. 또한 타이탄 I 엔진은 연소실 연료분사 장치들이 일체 단조품들로 만들어졌으나, 타이탄 II의 연료분사 장치는 용접된 판들로 조립되어 제작 비용과 시간이 크게 줄었다. 그 외에 기포 벤투리, 가스 발생기 제어용 음속 노즐, 가압 장치 등 새로운 장치도 추가됐다.

끊임없는 테스트와 변경, 업그레이드를 거친 뒤 1961년 3월에 드디어 LR91-AJ-5 엔진에 대한 첫 전면적 연소가 실시됐고, 그해 8월에는 미 공군이 그 엔진을 미사일용 1, 2단 로켓의 엔진으로 받아들였다. 그러나 그 상황에서도 각종 원자재 및 세부 디자인에 대한 변화는 계속되었으며, 소금기 밴 케이프 커내버럴의 공기 속에서 미사일 테스트가 행해진 뒤에도 몇 가지 변화가 있었다. (참고로 케이프 커내버럴 지역에서는 부식성 있는 습기로 인해 알루미늄 밸브들과 스테인리스강 볼트들에 균열이 생겼다.) 상단 로켓 가스 발생기에도 변화가 필요해 고체 추진제 스타트 카트리지가 전기 점화 장치를 대체했는데, 케이프 커내버럴에서 배어든 공기가 완충제 역할을 해 적절한 추진제 공급으로 가스 발생기가 제 기능을 다하는 데 문제가 생겼다. 이는 칸막이 벽을 만들어 로켓이 고도에 올랐을 때 공기를 가두고 분리하는 것으로 해결할 수 있었다.

타이탄 II는 미리 결정된 발사 모드에 맞춰 제작된 최초의 액체 추진제 미사일로, 보다 발전된 미사일 운용 전략에 잘 부합했으며, 새로운 미사일 배치 방식 덕에 적의 미사일 한 방에 동시에 여러 지하 저장고들이 파괴될 위험성도 최소화됐다. 전체적으로 총 54개의 지하 저장고가 건설됐는데, 각 저장고에는 자체의 통제

센터가 있었다. 지하 저장고 3개가 한 통제 센터에 의해 통제돼, 그 통제 센터가 공격을 받는다면 한 번에 3기의 미사일을 다 못 쓰게 되는 아틀라스 및 타이탄 I 로켓의 경우와는 달랐던 것이다.

1962년 3월 16일 케이프 커내버럴에서 첫 타이탄 II 미사일이 발사됐다. 100% 디자인 된 로켓이 100%의 사정거리를 비행한 것이다. 그해 말까지 9기의 타이탄 II 미사일이 더 발사됐고, 1963년에는 17기, 1964년에는 4기의 타이탄 II 미사일이 더 발사됐다. 대부분의 비행은 성공했지만, 27%는 실패하거나 부분적인 성공이었다. 액체 추진제 미사일이 지하 저장고에서 처음 발사된 것은 1961년 2월 16일이었으나, 미사일이 지하 저장고를 벗어난 뒤 2단 로켓에 문제가 생겨 5,485m 상공에서 공중 폭발했다.

대표적인 핵탄두 운반체인 타이탄 II는 고도에서 148초 동안 1단 로켓 엔진들이 점화되고, 시속 9,059㎞의 속도로 75㎞를 날아간다. 그런 다음 2단 로켓이 180초 동안 연소되어 핵탄두를 싣고 350㎞ 높이까지 올라간 뒤 떨어지면서 시속 24,309㎞의 속도로 350㎞를 날아간다. 또한 분리된 탄두는 아치형을 그리며 탄도 궤도를 날아 발사 후 19분 25초 만에 1,283㎞의 최고 고도까지 도달하며, 그 뒤 대기권을 향해 떨어지기 시작해 15분 49초 후에 시속 25,692㎞라는 최고 속도로 대기권에 재진입한다. 그리고 발사 후 36분 31초 만에 핵탄두의 속도는 시속 735㎞로 떨어진다.

타이탄 I의 수치들과 비교해보면 궤적 자체도 아주 다르고 종단 속도(terminal velocity, 저항력을 발생시키는 유체 속을 낙하하는 물체가 다다를 수 있는 최종 속도-옮긴이)도 훨씬 느리다는 걸 알 수 있는데, 이는 대기권 재진입 발사체의 설계 자체가 크게 변한 데다 대기권 재진입 발사체의 분리 후 움직임 방식도 달라졌기 때문이다. 타이탄 II가 정해진 표적까지 날아가는 데 필요한 사정거리는 미리 정하는 1단 로켓의 연소 시간에 따라 달라졌다. 그리고 작은 버니어 모터들이 2단 로켓 이후의 셧다운 속도를 조정해주었다. 또한 핵탄두의 사전 무장은 대기권 재진입 발사체 분리 직전에 이루어졌다.

핵전쟁 억지 수단으로서의 타이탄 II는 이후 가장 강력한 미국의 미사일 운반체로 발전했고, 결국 가장 강

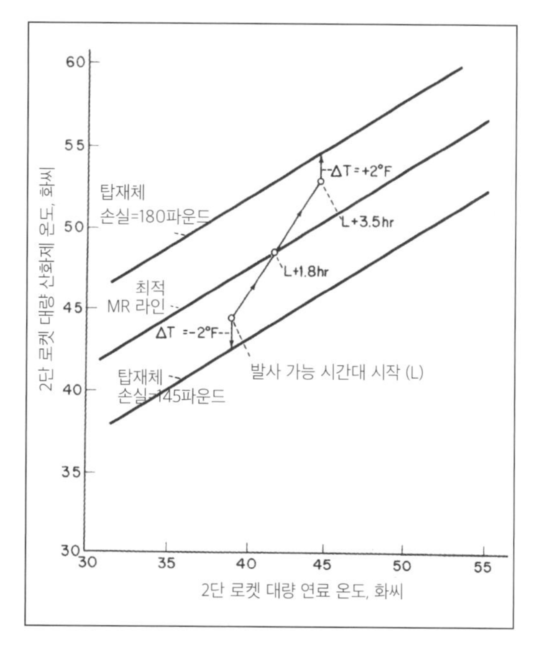

◀ 그래프를 보면, 타이탄 II 로켓이 탑재 능력은 최저 수준인데 추진제 온도가 달라 어떤 결과가 나오는지를 알 수 있다. 대량의 화학물질들이 워낙 예민하게 반응해, 2단 로켓을 폴리에틸렌으로 감싸고 커튼을 여닫아 통풍 상태를 조절함으로써 발사대 위에서 온도를 정해진 수준 내로 유지했다.
(자료 제공: NASA)

◀ 워싱턴 DC의 미국 국립 항공우주박물관에 전시되어 있는 타이탄 I 1단 로켓 엔진.
(자료 협조: Steve Baker)

◀ 연료나 추진제를 가득 채우기 전과 후의 검사가 진행 중이다. 미사일 발사 전에 각 미사일에 대해 엔진 작동 상태는 물론 로켓 단 분리 상태도 점검한다.
(자료 제공: Martin Company)

▲ 아틀라스는 기술적 문제와 시스템 개발상의 문제들로 많은 실패를 경험했으나, 그에 비해 타이탄은 운이 좋았다. 그러나 물론 일부 타이탄 미사일의 경우 운이 따르지 않았다. 위의 사진은 Mk 4 대기권 재진입 발사체를 실은 타이탄 I 미사일로, 발사 직후 바로 폭발했다.
(자료 협조: Joel Powell)

력한 수소폭탄을 장착한 미국제 대륙간탄도미사일이 되었다. 1963년에 처음 선보인 W-53 핵탄두는 9메가톤(TNT 900만 톤의 폭발력)의 폭발력을 지녔고, 1969년 10월에 퇴역했으며, 1987년 7월에 모두 철거됐다.

타이탄 II 미사일도 몇 차례의 사고를 겪었는데, 인부 53명의 목숨을 앗아간 1965년 8월 9일의 사고가 단일 사고로는 가장 규모가 컸다. 용접 작업 중에 유압액에 불이 옮겨 붙으면서 갑자기 큰 화재가 일어나 대규모 인명 사고가 났던 것이다. 타이탄 II와 관련된 또 다른 큰 사고는 1980년 9월에 일어났다. 아칸소주 다마스쿠스의 한 지하 저장고 작업대에서 소켓 렌치 하나가 굴러떨어지면서 미사일의 추진제 탱크를 때렸고 그 바람에 구멍이 났던 것이다. 미사일은 사람들이 피신한 후 폭발했지만, 한 사람이 죽고 21명이 다쳤으며, 대기권 재진입 발사체는 상당 거리까지 날아갔다. 그러나 그 발사체는 회수됐고, 다행히 방사능 누출은 탐지되지 않았다.

타이탄 I 미사일은 총 163기가 제작되었으며, 그중 20기는 반덴버그 공군기지에서 발사됐고, 47기는 케이프 커내버럴에서 발사됐다. 1962년 9월에 이르러서는 총 54기의 미사일 대체 작업이 선언됐고, 마지막 타이탄 I 미사일은 1965년 2월에 폐기됐다. 연구 및 개발용으로, 또 실전 배치될 대륙간탄도미사일용으로 제작된 141기의 타이탄 II 미사일들 가운데 24기는 케이프 커내버럴에서 발사됐고, 9기는 반덴버그 공군기지에서 발사됐다. 나머지 미사일 중 49기는 반덴버그 공군기지에서 공군에 의해 시험 발사됐고, 2기는 사고로 손실 처리됐다.

최초의 타이탄 II 대륙간탄도미사일은 1963년 3월 31일 54개의 지하 저장고와 반덴버그 공군기지의 3개 시험 훈련 장소에 배치됐으며, 그중 반덴버그 공군기지에 배치된 미사일들은 전시에는 실전 사용될 예정이었다. 1981년 10월 2일 미 국방부는 타이탄 II 미사일의 퇴역을 공식 선언했는데, 그 작업은 마지막 미사일이 1987년 8월 18일에 폐기되면서 마무리됐다. 무려 24년간 핵전쟁 억지 수단으로 활약한 것이며, 이는 미사일의 예상 수명보다 14년 더 긴 기간이었다. 이로써 거의 25년에 걸친 타이탄 I과 II의 혼합 활용 시대는 막을 내리게 되며, 이제 50기의 최신 고체 추진제 미사일 피스키퍼Peacekeeper와 1,000기의 미니트맨Minuteman이 육지에 실전 배치된 미국의 주력 핵 대륙간탄도미사일이 된다.

제미니-타이탄

1961년 말 NASA는 타이탄 II를 이용해 2인승 우주선 제미니Gemini를 쏘아 올리는 문제를 놓고 미 공군과

협상을 벌였다. 그 결과 결국 타이탄 II는 실제 우주선 발사에 쓰이게 되며, 몇 개월 뒤 존 글렌John Glenn이 지구 궤도에 올라간 최초의 미국인이 되었다. 제미니는 1인승 우주선 머큐리Mercury의 업그레이드 버전으로, 장시간의 비행, 랑데부 및 도킹, 우주 유영, 우주선 외 활동 등에 필요한 기술을 연구하는 것이 목적이었다. 제미니는 무게가 3,630㎏으로, 머큐리 호를 지구 궤도 위로 쏘아 올렸던 아틀라스 로켓이 쏘아 올리기에는 너무 무거웠다.

타이탄 II 로켓을 우주선 발사체로 쓰려고 한 데는 또 다른 이유도 있었다. 타이탄 II에 쓰이는 자동 점화성 추진제는 아틀라스 로켓에 사용된 액체산소/등유 추진제보다 폭발력이 덜했으므로, 설사 문제가 생겨 폭발한다 해도 타이탄 II가 아틀라스보다는 훨씬 덜 격렬할 것이었다. 따라서 제미니의 경우 우주선 머큐리에 장착했던 무거운 비상 탈출 장치 대신 간단한 비상 탈출 좌석을 설치하는 게 가능해졌다. 자동 점화성 추진제를 쓰는 타이탄 II는 폭발 반응 속도보다 오히려 비상 탈출 좌석의 이탈 속도가 더 빨랐고, 그래서 승무원들이 빠른 속도로 탈출하는 게 가능했다.

타이탄 로켓 II는 유인 우주선을 싣고 날아야 하므로 군사용 미사일과는 비교할 수 없는 높은 수준의 안정성과 신뢰도가 필요했으며, 그래서 여러 가지 중요한 변화를 주어야 했다. 제미니 발사체(GLV)의 전반적인 구조는 타이탄 II 대륙간탄도미사일과 비슷했지만, 제미니 우주선과 가벼운 장치들을 실을 수 있게 2단 로켓의 액체산소 탱크 직경이 3.05m로 확대됐다. 또한 실전 배치 중인 타이탄 대륙간탄도미사일들은 온도 및 습도가 조절되는 지하 저장고에 보관됐으므로, 타이탄 II GLV는 발사 몇 주 전 케이프 커내버럴의 19 발사대에 서 있는 동안 부식 방지용 페인트를 칠해야 했다.

제미니 발사체(GLV)는 '포고 현상(pogo-stick의 통통 튀어 오르는 현상에서 따온 말. 포고-스틱은 우리가 '스카이 콩콩'이라고 부르는 운동기구.-옮긴이)'으로 알려진 수직 진동 문제를 갖고 있었다. 이 경우 2.5g의 수직 가속도가 붙게 되며, 1단 로켓에 2.5g의 수직 가속도가 추가될 경우 우주비행사들은 조종석 계기판이나 제어기를 제대로 읽지 못하게 될 수도 있다. 이 같은 포고 현상은 무인 대륙간탄도미사일 경우에는 별 문제가 없었지만, 유인 제미니 발사체의 경우에는 사산화질소 공급 라인 안에 스탠드파이프standpipe를 설치하고 서지 챔버surge chamber를 이용해 진동 문제를 완화해야 했다. 또한 에어로진-50 라인 안에 용수철 장치가 되어 있는 축압기를 넣어 연료 장치 내에서와 같은 기능을 수행하게 해야 했다. 그러나 이런 조치로 줄어든 제미니 발사체의 수직 진동 문제는 겨우 평균 0.25g밖에 안 됐다.

▲ GT-1(제미니-타이탄Gemini-Titan I) 프로그램으로 명명된 NASA의 새로운 우주선 비행 프로그램은 1964년 4월 8일 무인 시험 비행 형태로 시작됐다. 두 번째 무인 시험 비행 후 1966년 말까지 총 열 번의 유인 우주선 비행이 있었으며, 모두 성공으로 끝났다.
(자료 제공: NASA)

▼ 타이탄 II는 초창기 우주선 발사체로도 활용됐다. 사진은 NASA의 2인승 제미니 우주선을 싣고 이륙 중인 모습. 이로써 타이탄 II는 레드스톤과 아틀라스에 이어 미국의 유인 우주선 프로그램을 지원하는 세 번째 로켓이 되었다.
(자료 제공: NASA)

➤ 각종 센서와 디스플레이, 통신 장치 그리고 조작기들에 대한 승인은 발사체 안전과 관련된 고장 유형들을 자세히 분석하고 또 이 차트에 보이는 비행경로 각도와 중단 과정들을 참고해 이루어졌다. (자료 제공: NASA)

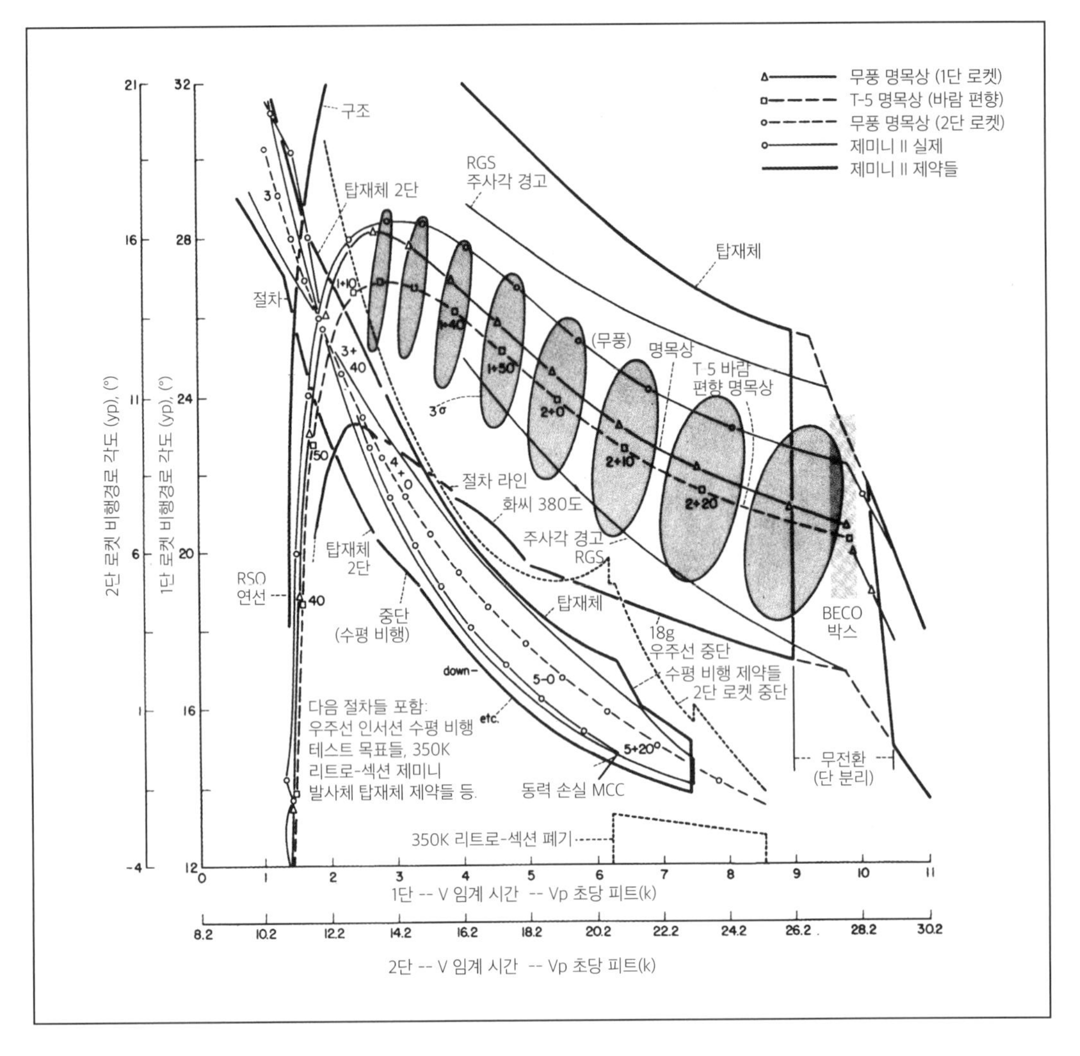

전기 시스템의 경우 400cps, 25vdc의 전원 공급 장치가 다중 장치로 보충됐는데, 이는 배선 및 전력 공급 모듈들 내 안전성을 높이기 위한 다양한 재설계 작업의 일환이었다. 화재 발생 시 피해 예방을 위해 2단 로켓에 예비 셧다운 장치가 설치됐고 1, 2단 로켓에 모두에 대한 추가 보호 조치들도 취해졌다.

또한 발사체 내에서의 모든 절차가 순서와 타이밍에 맞춰 진행되어야 했으며, 승무원용 비상 탈출 좌석이 설치되어 예기치 않은 폭발 사고 시 자동으로 작동하도록 해야 했다. 엔진 동력으로 움직이는 모든 단계에서 제미니 발사체의 움직임을 철저히 모니터링한다는 것은 군사용 미사일과 대륙간탄도미사일 세계에서는 낯선 일이었지만, 인간이 로켓의 안전한 비행에 의존해야 하는 상황에서는 불가피한 일이기도 했다.

제미니 발사체의 고장 감지 장치(MDS)는 타이탄 II 로켓에 장착된 전혀 새로운 장치로, 이를 통해 우주선 내 승무원들은 로켓의 흔들림 상태, 1단 로켓 연소실의 압력 상태, 2단 로켓 연료분사 장치의 압력 상태, 1, 2단 로켓 추진제 탱크의 압력 상태, 유도 및 제어 보조 전환 장치 등을 볼 수 있었다. 또한 승무원들은 세 가지 기능, 즉 보조 유도 장치로의 전환, 주 유도 장치로의 전환, 발사체 셧다운 중 한 가지 기능을 선택해 시작할 수 있었다. 그런데 만일 정해진 로켓의 흔들림이 정해진 한도를 넘을 경우, 제미니 승무원들의 계기판에 빨간 경고등이 들어와, 2단 유도 장치로 자동 전환이 이루어지게 되어 있었다. 제미니 발사체의 총 높이는 33.22m였다.

특별히 SLV, 즉 제미니 발사체를 위해 개발된 기술들 가운데 일부는 타이탄 II 로켓의 연구 및 시험 비행에도 적용되었으며, 제미니 프로그램에서 처음 두 차례의 시험 비행은 무인 우주선을 대상으로 한 것이었다.

◀◀ 타이탄 II는 군사 목적의 유인 궤도 연구소(MOL)를 위한 타이탄 III로 발전했으나, 그 프로그램은 1969년에 폐기됐다. 그러나 새로운 타이탄 로켓에 대한 당시의 아이디어로부터 보다 강력한 타이탄 III 우주 발사체(고체 부스터 로켓 엔진이 장착되거나 장착되지 않은)가 탄생되었다. 사진은 타이탄 III의 스탠드-오프 파이프에서 비대칭 디메틸히드라진(UDMH) 추진제가 분출하는 모습. (자료 제공: USAF)

◀ 타이탄 III의 특징이 된 확장된 형태의 타이탄 II 로켓이 아게나 로켓과 합체된 채 점프시트 비밀 첩보 위성을 쏘아 올리기 위해 반덴버그 공군기지의 발사대에 서 있다. 1971년부터 1983년 사이에 총 6기의 점프시트 비밀 첩보 위성들이 타이탄 III 로켓 기본형에 실려 발사됐다. (자료 제공: USAF)

SLV-1은 1964년 4월 8일 케이프 커내버럴의 19번 발사대에서 발사됐고, 이어 GLV-2는 1965년 1월 19일에 발사됐는데, 모두 성공했다. 또한 1965년 3월 23일부터 1966년 11월 11일 사이에 이루어진 열 차례의 유인 비행 역시 성공적으로 끝났다. 결국 제미니 프로그램은 대성공을 거두었으며, 다양한 목표들을 초과 달성하면서 아폴로Appolo 우주선에 의한 달 미션과 새턴 로켓 미션으로 가는 길의 토대를 닦아주었다.

제미니 발사체의 유연성과 안전성을 입증해 보인 문제가 1965년 12월 12일에 발생했다. 우주비행사 시라Schirra와 스태포드Stafford는 점화 후 1.6초 만에 이륙에 실패했는데, 1단 로켓 엔진이 셧다운되면서 로켓이 발사대 위로 물러앉았다. 방진 덮개가 사고로 가스 발생기로 향하는 흡입구를 가리면서, 산화제 공급이 끊기며 자동적으로 셧다운되어버린 것이다. 순전히 시라가 이젝터 핸들을 잡아당기지 않은 덕분에, 그 미션은 3일 후 다시 계획대로 진행되어 성공적인 발사로 이어졌다.

타이탄 III

1961년 5월 15일, 국방연구 및 공학연구소Defense Research and Engineering 소장 존 H. 루벨John H. Rubel은 타이탄 II를 토대로 새로운 발사체를 개발해 다양한 군사용 탑재체를 실어 나르는 데 사용하겠다고 발표했다. 이를 위해 미 국방부와 NASA는 대형 발사체 계획 그룹Large Launch Vehicle Planning Group을 설립했고, 니콜라스 E. 골로빈Nicholas E. Golovin 박사를 책임자로 임명했다. 골로빈 위원회Golovin Commttee로 알려진 이 그룹은 아주 다른 종류의 민간 및 군사 목적에 쓰일 다양한 발사체를 제안했다.

1961년 10월에 골로빈 위원회는 타이탄 II 로켓의 핵심 부분들에 부착식 고체 추진제 부스터 로켓 엔진을 추가한 로켓을 개발한다는 미 공군의 아이디어를 받아들였다. 민간 및 군사 목적에 두루 쓰일 그 로켓의 부스터 로켓 엔진들은 직경이 3.04m였고 13,600㎏ 무게의 탑재체를 지구 궤도에 쏘아 올릴 수 있었다. 타이탄 III를 하나의 시스템으로 개발하고 1, 2단 로켓의 동체를 제공하는 일은 마틴 마리에타 사가 맡았다. 유나이티드

▲ 2003년 10월 18일 마지막 타이탄 II 로켓인 23G가 케이프 커내버럴에서 군사용 기상 위성을 싣고 날아오르고 있다.
(자료 제공: USAF)

테크놀로지 사는 부착식 고체 부스터 로켓 엔진들을 제공하기로 했다.

대형 고체 추진제 로켓 모터 개발에 대한 이야기를 제대로 다 하자면 책 몇 권을 써도 부족할 테니, 여기서는 최대한 간단히 설명하겠다. 고체 추진제는 그 밀도가 액체 추진제에 비해 적어도 1.5배 더 높은 데다 액체 추진제만큼의 효율성은 부족하지만, 설계와 제작은 물론 이동 및 사용도 훨씬 더 쉽다. 1958년부터 1965년 사이에는 대형 로켓용으로 개발되어 점점 규모가 커져가는 액체 로켓 모터에 대형 고체 추진제 로켓 모터들이 도전장을 내밀게 된다. 그리고 고체 추진제 로켓 모터는 비추력 면에서는 불리했지만 점화 즉시 엄청난 힘을 발휘했고, 그래서 액체 추진제 로켓 단에 부착해 쓰는 부스터 로켓으로 더없이 좋았다.

타이탄 II 로켓 기본형에서 발전된 우주 로켓의 최종 버전은 타이탄 IIIC로, 업그레이드된 1, 2단 로켓에 부착식 부스터 로켓 2개가 장착됐다. 타이탄 III는 단순히 타이탄 II 로켓의 확장 버전이 아니었다. 동체 자체가 완전히 새로웠으며, 길이가 타이탄 II보다 더 긴 것 외에는 외형상 별 차이가 없어 보였지만 실제로는 미세한 차이점들이 있었다. 부착식 부스터 로켓 2개는 로켓이 발사대에 서 있는 상태에서 점화되어 핵심 로켓 단을 고도로 쏘아 올렸고, 거기에서 1단 로켓이 점화되고 곧이어 2단 로켓과 상단 로켓이 점화됐다. 그래서 부착식 부스터 로켓은 0단 로켓이라고 불리기도 했다. 이륙할 때 제일 먼저 부착식 부스터 로켓들이 작동되고, 그 후에 액체 핵심 로켓 단들이 차례차례 작동됐기 때문이다.

트랜스테이지Transtage라는 이름의 별도의 3단 로켓 개발이 계획됐는데, 기존 타이탄 로켓과 비슷하게 1, 2단 가압식 로켓 단에 저장 가능한 자동 점화성 추진제를 쓸 예정이었다. 이 트랜스테이지 엔진(AJ10-138)과 아폴로 서비스 모듈Apollo Service Module 엔진(AJ10-137)의 개발로 어느 정도의 시너지 효과가 기대됐다. 트랜스테이지 엔진은 아폴로 서비스 모듈 엔진에 비해 추력이 절반도 안 됐지만, 두 엔진 모두 공냉각 노즐과 내열 연소실들을 사용했고 같은 추진제를 썼으며 둘 다 비슷한 시기에 등장했다.

트랜스테이지 엔진은 미국 발사체용으로 개발된 최초의 융통성 있는 상단 로켓용 엔진으로, 관성 비행시간이 늘어났고 여섯 차례의 재시동이 가능했으며 연소 시간이 500초나 됐다. 그 결과 이 엔진은 거의 보편적인 스페이스 터그(space tug, 우주선과 우주 정류장 사이의 연락·운반용 로켓-옮긴이) 역할을 하게 되어, 위성들을 마음껏 이동시키고 여러 지구 궤도로 보낼 수 있었으며, 적어도 기능 면에서는 1회용 발사체와 우주왕복선으로 두루 활용할 목적으로 개발된 관성 상단 로켓(IUS)의 선구자나 다름없었다.

타이탄 III의 핵심 1단, 2단 로켓은 길이가 각각 23.96m, 9.14m로 늘었고, 1단 로켓은 이제 117,480㎏의 추진제를, 그리고 2단 로켓은 30,527㎏의 추진제를 실을 수 있었다. 그리고 보다 강력해진 LR87-AJ-9 엔진은 해수면 추력 2,060kN, 고도 추력 2,326kN에 299초의 비추력을 냈으며, LR-91-AJ-9 엔진은 453.2kN의 추력에 316.9초의 비추력을 냈다.

타이탄 IIIC 1단 로켓 엔진에는 신속하게 추진제가 전달될 수 있도록 업그레이드된 시동 장치 카트리지가 필요했다. 또한 부근 고체들로부터 오는 열을 막기 위해 1단 엔진들 주변에 특수한 열 보호 장치가 필요했다. 게다가 지상에서가 아니라 고도에서 점화되기 때문에, 1단 엔진에는 15:1의 팽창 비율을 가진 노즐을 장착해야 했다.

각 고체 추진제 로켓 모터는 길이 25.9m에 직경

이 3.05m였으며, 폴리부타디엔 아크릴산 아크릴로니트릴(PBAN) 암모늄 과염소산염 알루미늄 추진제 192,438㎏을 실을 수 있었고, 총 230,440㎏의 탑재체를 실을 수 있었다. 각 고체 추진제 로켓 모터는 231.8초의 비추력 상태에서 5,204kN의 추력을 냈으며 5,860kPa의 압력에 견딜 수 있게 제작됐다. 전방 끝부분은 꼭짓점이 8개인 별 모양이었으며, 뒤로 갈수록 가늘어져 후방 끝부분은 완벽한 원뿔 모양이었다.

타이탄 III 고체 추진제 로켓 모터의 경우 추력 편향 제어(thrust vector control, 추력 방향을 변화시켜 발사체를 제어하는 것-옮긴이) 장치가 도입되진 않았으나, 6개씩 그룹을 지어 노즐 주변에 설치된 24개의 연료 분사 밸브들로부터 나오는 가스 속으로 주입되는 사산화질소 배기가스의 방향을 바꿈으로써 자세 제어는 할 수 있었다. 유도 및 제어 장치는 신호를 보내 사산화질소가 2,760℃의 배기가스 속으로 주입되게 했고, 그 결과 충격파가 발생해 사산화질소의 흐름 방향을 바꾸고 마치 노즐이 제거된 것 같은 효과를 냈다. 이런 식으로 5도 정도 방향을 바꾸는 게 가능했으며, 이는 모든 방향을 제어하는 데 효과가 있었다. 또한 노즐은 전부 6도 각도로 기울어져 추력 축이 로켓 중심부로 정렬되게 되어 있었다. 또 냉각되지 않은 노즐이 불에 타지 않도록, 노즐은 페놀수지에 흑연 천을 붙이는 방식으로 만들어졌다.

고체 추진제 로켓 모터 개발 초창기에 로켓 제작자들은 모터 사이즈가 점점 커져 공장에서 발사 지점까지 옮기는 일이 만만치 않다는 걸 깨닫게 됐다. 그 결과 부스터 로켓 엔진 부분 제작이라는 새로운 개념이 생겨났다. 각 부분을 원통형 드럼 모양으로 제작해, 필요에 따라 트럭을 이용하거나 레일을 통해 이동할 수 있게 한 것이다. 이 같은 방식 덕에 각 부분 위에 새로운 부분을 쌓아 올려 부스터 로켓 엔진의 힘과 연소 지속 시간을 늘릴 수 있었다.

부스터 로켓 엔진 부분들의 경우 원통형 주변을 클레비스 조인트로 밀봉해 한 부분을 다른 부분 안에 끼워 맞출 수 있게 했으며, 연결 부위 내 홈들 안에는 오-링(O-ring, 누수 현상을 막기 위한 원형 고리-옮긴이)을 넣어 추진제에 불이 붙는 걸 막았다. 각 부분은 237개의 핀들로 다음 부분에 고정됐고, 오-링은 가열을 해 저온 상태에서 경직되거나 굳지 않는 고무로 제작됐다. 그런데 우주왕복선에 사용된 고체 추진제 부스터 로켓 제작 과정에서는 이 같은 특성이 간과됐고, 그래서 1986년 1월에 있었던 챌린저호 대참사의 원인이 됐다. 오-링에 문제가 생겨 클레비스 조인트를 통한 열 방출을 막지 못했고, 그로 인해 외부 탱크가 뜯겨져나가면서 가연성 추진제가 방출된 것이다.

▲ 케이프 커내버럴의 수직통합빌딩 안에서 타이탄 IIIC 로켓이 세워져 조립되고 있다.
(자료 제공: USAF)

3단 트랜스테이지 엔진은 직경 3.05m에 길이 4.51m였고, 그 길이 가운데 꼭대기 1.437m는 자세 제어 모터들과 유도 장치, 추적 장치, 안전 장치, 원격 측정 장치 등이 모여 있는 제어 모듈이었다. 그리고 그 제어 모듈의 안쪽으로 에어로진-50과 사산화질소 추진제용 연료 탱크와 산화제 탱크가 돌출되어 있었고 그 반대쪽엔 구 모양의 헬륨 가압 장치들이 있었다. 트렌스테이지 엔진은 자체 무게가 1,996㎏이고 연료를 채웠을 때 12,497㎏이었으며, 추력 35.58kNW인 에어로젯 사의 엔진 2개가 달려 있었고, 309초의 비추력을 냈으며, 노즐 팽창 비율은 40:1이었다.

타이탄 III와 IV

이 시리즈들 가운데 처음 선보인 우주 개발용 발사체는 타이탄 IIIA 로켓 4기로, 모두 고체 부스터 로켓 엔진들이 장착되지 않았고 1964년 9월 1일부터 1965년 5월

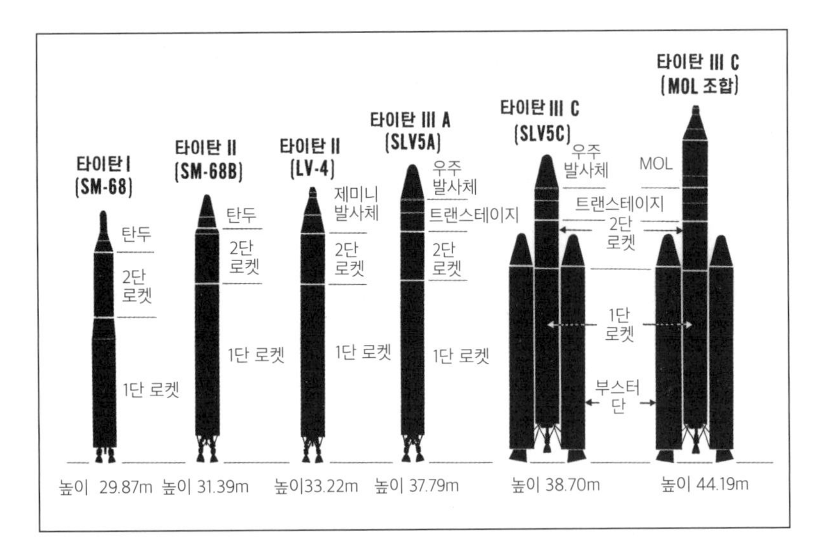

▲ 타이탄 로켓은 아틀라스 콘셉트를 지원하기 위한 대륙간탄도미사일에서 강력한 우주 발사체로 발전됐는데, 그건 타이탄 로켓을 처음부터 반(半) 모노코크 구조로 설계한 덕이었다. 그 경우 벽이 얇은 모노코크 구조로 설계된 아틀라스 로켓과 달리 훨씬 더 큰 고체 추진제 엔진들을 부착할 수 있었기 때문이다. 결국 아틀라스 로켓에 대형 부착식 부스터 로켓 엔진들을 장착할 수 있었던 건 아틀라스의 주 로켓 단이 일체형 보강판 구조의 아틀라스 III 구조로 바뀐 뒤의 일이다.

(자료 제공: Martin Company)

6일 사이에 발사됐는데, 그중 첫 번째 로켓만 빼고 모두 비행에 성공했다. 첫 비행에서는 트랜스테이지 헬륨 압력 밸브가 고장나 예정된 406초간의 연소 시간보다 15초 일찍 엔진이 셧다운됐고, 그 바람에 모의 탑재체가 지구 대기권 안으로 떨어져버렸다. 그러나 두 번째 테스트 비행은 성공이었다. 세 번째 비행에서는 LES-1 군사용 실험 통신 위성을 지구 궤도에 안착시켰고, 트랜스테이지 엔진은 세 차례 점화가 모두 제대로 됐다. 네 번째 비행에서는 LES-2 군사용 통신 위성을 궤도에 안착시켰고, 트랜스테이지 엔진은 세 차례 점화되면서 6시간 반 동안 관성 비행을 해 배터리 수명을 과시한

➤ 이 사진에서 비교해보면, 이 고체 부스터 로켓들이 얼마나 거대한지 짐작할 수 있다. 이 부스터 로켓들은 각기 핵심 로켓 단보다 그 추력이 거의 4배 가까이 크다.

(자료 제공: Martin Company)

뒤 재점화됐다. 다섯 번째 비행은 취소됐다. 타이탄 IIA 로켓 핵심 부품이 타이탄 IIIC 핵심 부품으로 업그레이드됐기 때문이다.

2개의 부스터 로켓 엔진과 2개의 핵심 로켓 단, 그리고 트랜스테이지 엔진을 갖춘 타이탄 IIIC 로켓은 1965년 6월 18일에 첫 비행에 나섰다. 이 로켓의 1단 로켓은 고체 추진제 엔진 동력이 꺼져 부스터 로켓 엔진이 떨어져나가기 전에 점화됐다. 네 번째 궤도에서 트랜스테이지 엔진은 9,707㎏ 무게의 탑재체를 궤도에 안착시키는 데 성공했는데, 그것은 그때까지 미국 로켓이 지구 궤도 위로 쏘아 올린 가장 무거운 탑재체로 기록됐다. 10월 15일에 있었던 두 번째 비행은 트랜스테이지 엔진에 큰 문제가 생기면서 실패로 끝났지만, 1966년 6월 16일에 있었던 세 번째 비행은 45㎏짜리 작은 군사용 통신 위성 7개를 지구 궤도에 안착시키면서 성공리에 끝났다.

오랜 시간 계속된 타이탄 IIIC 로켓 개발 작업은 IIIA 로켓을 비롯한 14종류의 로켓이 열여덟 차례 발사되어 네 차례 실패한 끝에 1970년 4월 8일에 마감됐다. 그러나 타이탄 IIIC는 대단한 성공작이어서, 1982년 3월 6일 마지막 미션을 무사히 마칠 때까지 총 36회의 비행 중 31회 성공했다. 타이탄 IIIC는 비록 군사용 탑재체 전용으로 쓰이긴 했지만, 다양한 탑재체들을 우주로 쏘아 올렸다. 1967년 말에 이르면 사실상 트랜스테이지 엔진을 쓰지 않는 새로운 버전의 타이탄 로켓인 타이탄 IIID 로켓이 개발되어, 12,300㎏ 무게의 군사용 극비 탑재체들을 지구 저궤도에 쏘아 올리게 된다. 이 로켓의 경우 1971년 6월 15일부터 1982년 11월 17일까지 22회 비행에 나서 모두 성공리에 끝났다.

1967년 6월 NASA는 마틴 마리에타 사에 타이탄 III 로켓에 극저온 추진제 방식의 센토 로켓 단을 탑재하는 걸 연구해달라고 요청하며, 그렇게 나온 로켓에 타이탄 IIIE/센토 D-1T란 이름을 붙인다. 이 로켓은 기존의 아틀라스-센토 로켓으로는 쏘아 올릴 수 없는 탑재체를 실어야 하는 행성 간 미션들에 필요했고, 군사용으로는 쓰이지 않았다. 그러나 센토 탑재체들은 직경이 더 컸기 때문에, 전방 쪽에 극저온 추진제 로켓 단과 탑재체를 모두 탑재할 구형 섹션이 필요했는데, 이는 후에 나

온 델타 로켓도 마찬가지였다.

타이탄 IIIE/센토 D1-T 로켓은 3,700㎏의 탑재체를 행성 간 궤적에 쏘아 올릴 수 있었다. 1974년 2월 11일 타이탄 IIIE/센토 D1-T 로켓 성능을 검증하려던 첫 시험 비행은 시작도 못 했는데, 한 엔지니어가 일을 그만두면서 자신이 규정보다 긴 리벳(rivet, 대갈못)을 사용했다는 걸 제대로 전달하지 않았고, 그 바람에 문제가 생겨 시험 비행 자체가 중단됐던 것이다. 1974년 12월 10일에 있었던 두 번째 시험 비행에서는 헬리오스Helios-1 로켓을 태양 궤도에 쏘아 올리는 데 성공했다. 그러나 이 타이탄 IIIE/센토 D1-T 로켓의 가장 중요한 임무는 사실 바이킹Viking 프로그램으로, 1975년 8월 20일과 9월 9일 거의 같은 바이킹 우주선 2대를 화성까지 실어 나르는 데 성공했다.

당시 바이킹 1호와 2호는 화성에 착륙한 최초의 두 우주선이 되어, 화성 표면과 대기권에 대한 광범위한 과학적 분석을 했으며, 화성 궤도에 2대의 궤도 선회 우주선을 남겨 화성의 중요한 특성들을 지도로 만들고 또 측정했다. 1976년 1월 15일에 헬리오스 미션이 뒤따랐고, 1977년 8월 20일과 9월 5일에는 보이저Voyager 우주선이 발사되어 목성, 토성, 천왕성, 해왕성을 방문한 뒤 태양계를 떠나 가장 가까운 별들을 향해 갔다. 이 발사체는 다른 미션을 위해서는 비행하지 않았다.

역설적이게도 가장 많이 제작된 타이탄 우주 발사체는 타이탄 IIIB 로켓으로, 이 로켓은 타이탄 IIIA와 마찬가지로 부착식 부스터 로켓들이 부착되지 않았다. 그 대신 아게나 D 로켓 전방에 핵심 로켓 단과 직경이 같은 3.05m 길이의 탑재체 페어링이나 아게나 D 로켓과 직경이 같은 1.5m 길이의 탑재체가 탑재됐다. 타이탄 IIIB 로켓은 극비 사진 정찰 위성이나 다른 군사 위성들을 쏘아 올리는 데 쓰였으며, 다양한 버전으로 제작됐는데, 모두 아게나 D 로켓의 추가된 추력을 활용해 3,000㎏ 무게의 탑재체를 지구 저궤도까지 쏘아 올릴 수 있었다.

타이탄 23B의 경우 타이탄 IIIC 핵심 로켓 단에 아게나 D가 결합됐고, 타이탄 24B의 경우 더 길어진 타이탄 IIIM 로켓(다이나-소어Dyna-Soar 우주선에 쓸 계획이었으나 1963년에 취소됨)용으로 제작된 보다 긴 로켓 단(23.77m)이 활용됐다. 확장된 1단 로켓은 78,745㎏의 산화제와 41,050㎏의 연료가 실렸고, 연소 시간은 18초 늘었다. 타이탄 33B의 경우 확장된 탑재체 페어링 안에 아게나 D 로켓을 탑재했고, 타이탄 34B의 경우 확장된 핵심 1단 로켓 외에 더 커진 페어링을 갖고 있었다. 타이탄 IIIB는 1966년 7월 29일부터 1987년 2월 12일 사이에 총 68기가 발사됐고, 그중 6기만 실패로 끝났다.

대형 군사용 통신 위성의 발달 속에 1977년, 보다 큰 타이탄 IIIC 버전에 대한 필요성이 대두되면서 록히드 마틴 사는 긴 탱크가 장착된 타이탄 24B의 1단 로켓과

▲부스터 로켓의 부분들이 레일로 이동되고 있다. 이것들은 우주왕복선의 경우처럼 클레비스 조인트들과 오-링 등을 이용해 밀봉되는 수직 구조물 위에 차곡차곡 쌓아 올려지게 된다. 우주왕복선 부스터 로켓들과 달리 타이탄 로켓 부스터 로켓들에는 연결 부위가 얼지 않도록 가열기가 달려있었으며, 그중 하나가 추위 때문에 고장 나면서 1986년 1월 28일 챌린저호의 대참사가 일어나게 된다.
(자료 제공: UTC)

➤부스터 로켓의 한 부분이 들어 올려져 이미 쌓여 있는 부분들 위에 얹어짐으로써 완전한 부스터 로켓이 만들어지게 된다. 가운데 연소면을 주목하라. 조립이 끝나면 그 연소면이 구멍이 되어, 팽창 노즐을 통해 그 구멍으로 배기가스가 빠져나가게 된다.
(자료 제공: UTC)

▶ 이 그림은 쌍둥이 부스터 로켓이 분리되는 순간을 생생히 묘사하고 있다. 고체 추진제 로켓 2대의 머리 부분과 꼬리 부분에서 가스가 분출돼 위로 올라가는 로켓 단을 비켜나가고 있다.
(자료 제공: UTC)

▶▶ 유인궤도연구소용(나중에 계획이 취소됨)으로 제작된 타이탄 IIIC 로켓은 1966년 11월 3일 단 한 차례 발사됐다. 당시 이 로켓은 앞서 열차폐 시험 비행에 나섰던 무인 우주선 제미니 II 캡슐과 모형 구조물을 함께 싣고 비행에 나섰는데, 이는 최초의 유인 우주선 재활용 비행이었다.
(자료 제공: NASA)

5.5개 부분으로 된 부스터 로켓을 결합해 타이탄 IIIC에 쓰이는 5개 부분 고체 부스터 로켓을 10% 확대한 로켓의 제작을 맡게 된다. 새로운 부스터 로켓은 길이 27.55m에 이륙 시 추력이 6,227kN이었다. 그리고 확대된 1단 로켓을 쓸 수 있게 되면서, 고체 부스터 로켓의 동력을 높인 타이탄 34D라는 이름의 발사체를 제작할 수 있게 됐는데, 이 34D 버전은 트랜스테이지 상단 로켓, 천이 궤도 로켓 단(Transfer Orbit Stage, TOS), 관성 상단 로켓(Inertial Upper Stage, IUS) 등과 함께 운용할 수 있었다.

관성 상단 로켓(IUS)은 트렌스테이지 후속 로켓으로 개발됐으며, IUS에서 'I'는 원래 Interim(중간의)의 줄임말로, '스페이스 터그(우주 안에서 자유롭게 움직일 수 있는 유연성 있는 연락 운반용 로켓을 뜻하는 NASA의 용어)'가 나타나기 전까지 간극을 메우는 역할을 한다는 의미였다. 그러나 그런 로켓은 나타나지 않았고, 그래서 그 'I'는 곧 이 로켓 단에 주어진 보다 큰 역할, 그러니까 타이탄 34D와 우주왕복선 같은 1회용 로켓을 가리키는 말이 되었다.

보잉 사에서 제작한 이 관성 상단 로켓은 서로 연동되어 차례차례 점화되는 2개의 고체 추진제 로켓 모터로 이루어져 있었다. 1단 로켓에는 오르부스Orbus-21 모터가 장착되어 있었고, 9,700㎏ 무게의 추진제를 실을 수 있었으며, 190kN의 추력에 295초의 비추력을 냈다. 또한 1단 로켓은 길이가 3.15m, 직경이 2.35m였으며, 총 무게가 10,400㎏이었다. 2단 로켓은 원통형 어댑터가 지지하고 있었고, 80kN의 추력에 289.1초의 비추력을 내는 오르부스-6 모터가 장착됐으며, 2,720㎏ 무게의 추진제가 실렸다.

관성 상단 로켓은 길이가 1.98m에 직경이 1.6m, 무게는 14,700㎏이었다. 그리고 조립이 끝난 관성 상단 로켓은 길이가 5.2m, 직경 2.8m였다. 이 관성 상단 로켓은 1982년 10월 30일 타이탄 34D 로켓에 실려 처음 쏘아 올려졌으며, 2004년 2월 14일에 마지막으로 비행했다. 총 24회의 발사 중에 15회는 우주왕복선에서 시도됐는데, 우주왕복선에서는 탑재체가 전방 끝부분에 부착됐고, 조립물은 탑재체 구역에서 분리될 수 있도록 수평 상태에서 위로 기울어져 있었다. 또한 관성 상단 로켓 1기는 1986년 1월 28일 궤도 선회 우주선 챌린저호와 함께 유실됐다. 관성 상단 로켓 8기는 타이탄 IV에 탑재됐으며, 모두 3기만 목표 궤도에 도달하는 데 실패했다.

우주왕복선 챌린저호의 대참사 이후 1회용 발사체 개발 붐이 다시 일어나면서 델타 로켓과 아틀라스 로켓은 전례 없는 대성공을 거두게 된다. 1988년 마틴 마리에타 사는 케이프 커내버럴에 있는 타이탄 로켓 시설들

을 활용해 타이탄 34D 로켓의 상업용 버전을 쏘아 올릴 수 있는 자격을 획득했다. CT-2로도 알려진 상업용 타이탄 III 로켓은 34D 로켓과 똑같은 조합을 사용했지만, 2단 로켓이 9.9m 더 확장됐고 새로운 LR91-AJ-11 엔진 덕에 추력도 462kN까지 낼 수 있었다. 마틴 마리에타 사는 탑재체 페어링 직경을 4m로 잡았으며, 옵션으로 길이를 16m까지 늘릴 수 있게 하여, 델타나 아틀라스 센토, 또는 유럽의 아리안 로켓에게 갈 고객들을 잡았다.

영국의 스카이넷 4A와 일본의 JCSAT-2 통신 위성을 쏘아 올리는 최초의 발사 계약들이 1987년 9월에 체결됐고, 1990년 1월 1일 타이탄 CT-3 로켓으로 그 두 통신 위성을 지구 궤도에 안착시키는 데 성공한다. 그러나 타이탄 CT-3 로켓은 상업적으로 성공을 거둔 로켓은 아니어서, 이후 세 차례만 더 발사되었다. 그리고 1992년에 NASA의 화성 탐사선 마스 옵저버Mars Observer를 싣고 마지막 비행에 나서는데, 그때 마스 옵저버를 목표 지점으로 보내는 데는 트랜스테이지 상단 로켓이 사용됐다.

타이탄 CT-3 로켓을 이용한 또 다른 유일한 고객은 국제 통신 위성 기구인 인텔샛Intelsat이었는데, 2단 로켓이 오르비스 21S 상단 로켓과 인텔샛 6호 위성의 분리 실패로 지구 저궤도에 표류하게 되면서 첫 비행은 부분적인 성공으로 끝났다. 그 로켓은 결국 우주왕복선을 이용해 상단 로켓을 교체한 뒤 정지 궤도로 옮겨지게 된다.

타이탄 로켓의 마지막 버전은 타이탄 IV로, NASA 측에서 애초의 공언대로 우주왕복선을 이용해 군사용 탑재체를 쏘아 올리지 못할 수도 있다는 우려 속에 1984년(챌린저호 대참사가 있기 2년 전)에 처음 개발 이야기가 나왔다. 그러다 마틴 마리에타 사가 1985년 2월 28일 이 타이탄 IV 제작 계약을 따내면서, 상업용 타이탄 III 로켓을 토대로 2단 로켓을 확장하고 상단 로켓에 다양한 변화를 주는 방식으로 작업이 진행됐다. 가장 큰 변화는 5.5개 부분으로 이루어진 고체 추진제 로켓 부스터들을 7개 부분으로 업그레이드해 전체 부스터를 길

▲ 마틴 사의 한 엔지니어가 티타늄으로 된 트랜스테이지 연료 탱크의 강철 호이스트 링을 조정하고 있다. 각 연료 탱크의 직경은 1.19m, 길이는 4.42m였다. (자료 제공: Martin Company)

◀ 성능의 기복이 심한 것이 문제였으나, 트랜스테이지 엔진은 타이탄 III 로켓 모델의 핵심 요소였다. (자료 제공: Martin Company)

◀ 이 작은 제어 엔진들은 로켓 리서치 사Rocket Research Corporation에서 제작한 것으로, 각기 111.2N의 추력을 냈다. 6개의 모듈이 실렸으며, 각 모듈에는 추진 엔진이 2개씩 붙어 있었다. (자료 제공: Rocket Research Corporation)

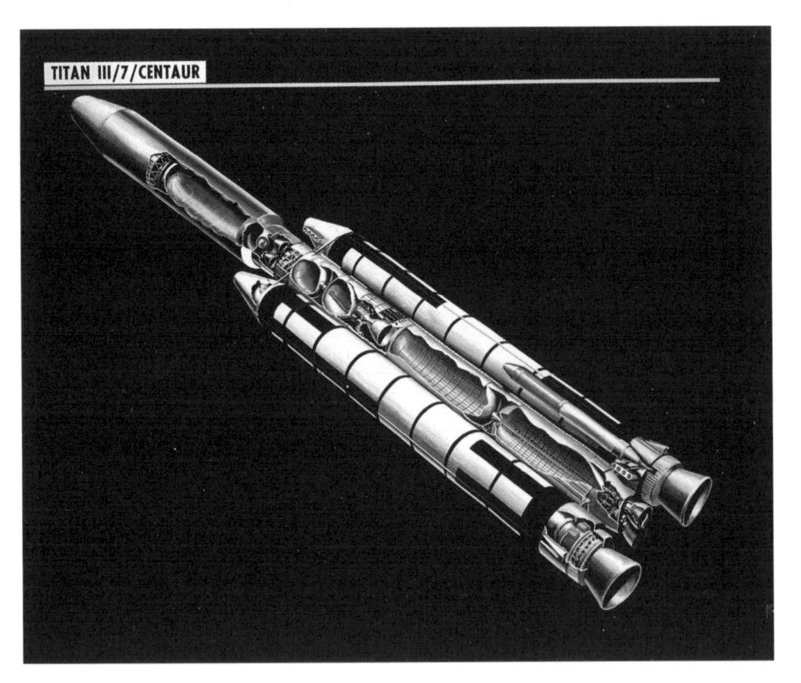

▲ 타이탄 로켓의 결정적인 발전은 센토 상단 로켓과 함께 시작됐다. 이 그림에서는 7개 부분으로 이루어진 타이탄 부스터 로켓 엔진의 단면이 보인다.
(자료 제공: Martin Marietta)

이 34.4m, 무게 316.6㎏으로 늘리고 추력을 120초 동안 7,116.8kN으로 늘린 것이다. 원뿔 모양 배출구도 팽창 비율을 8:1에서 10:1로 늘렸다.

7개 부분으로 이루어진 부스터 로켓은 1965년부터 1970년 사이에 개발되어, 이제는 그 부스터를 사용하는 로켓도 있었다. 고체 추진제 부스터 로켓 제조업체인 마틴 마르에타 사가 늘어난 생산 수요를 맞추지 못할지도 모른다는 우려가 커지는 상황에서, 1987년 허큘리스 에어로스페이스Hercules Aerospace 사가 마틴 마르에타 사와 계약을 맺고 대안을 강구했고, 그 결과 타이탄 IV-B 버전이 탄생한다. 이 버전에서는 부스터 로켓 엔진의 7개 부분이 보다 큰 3개 부분으로 교체됐고, 이전 타이탄 부스터 로켓 엔진들에 쓰인 주입-편향 궤적 제어 장치도 벡터 노즐이 장착된 특수 제작 그래파이트 에폭시 케이스로 교체됐다. 이렇게 제작된 새 모터는 140초 동안 7,561.6kN의 추력을 냈으며 탑재 용량이 25% 늘어났다.

타이탄 IV-A와 타이탄 IV-B 로켓의 핵심 1단 로켓은 길이가 26.36m로 더 늘어났으며, LR91-AJ-11 엔진은 164초 동안 2,428.6kN의 추력을 냈다. 옵션 형태의 상단 로켓들에는 관성 상단 로켓(IUS)과 센토-G 로켓 단이 포함됐는데, 센토-G 로켓 단은 우주왕복선 발사 탑재체용 상단 로켓 단을 실을 목적으로 오리지널 센토 로켓을 업그레이드할 계획이었으나, 그 계획은 탑재체 칸 안에 극저온 추진제 로켓 단을 장착하는 게 힘들어 챌린저호 이후에 취소됐다. 그러나 센토-G는 결국 타이탄 IV 로켓에 옵션형 상단 로켓으로 통합되었다. 그러면서 우주왕복선 탑재체 칸을 최대한 잘 사용할 수 있게 직경이 4.33m로 확대됐고, 길이도 9m로 늘어나 23,880kg㎏ 무게의 탑재체까지 실을 수 있게 되었다.

타이탄 IV 로켓은 상단 로켓과 탑재체 페어링을 장착할 경우 높이가 62.18m까지 늘어났으며, 무게 21,700㎏의 탑재체를 지구 저궤도 위로 쏘아 올리거나 5,800㎏의 탑재체를 정지 천이 궤도(GTO)로 쏘아 올릴 수 있었다.

또한 타이탄 IV-A 로켓은 총 22회의 비행 중 단 2회만 실패로 끝났고 타이탄 IV-B 로켓은 17회의 비행 중 2회만 실패로 끝나는 등 타이탄 IV 로켓은 아주 큰 성공을 거두었고, 1989년 6월 14일 첫 비행에 나서 2005년 10월 19일 마지막 비행을 할 때까지 미국의 가장 강력한 대형 탑재체 발사체로 자리매김했다.

타이탄 II 우주 발사체

타이탄 II는 20년 넘게 대륙간탄도미사일로 사용됐으며, 1986년 9월에 이르러서야 비로소 미 공군과 마틴 사(이제는 록히드 마리에타 사)의 계약에 의해 타이탄 II 동체 13기가 미 공군용 인공위성 발사체로 전환된다. 대륙간탄도미사일 폐기 당시 총 55기의 타이탄 II 동체가 남아 있었으며, 그중 52기는 지하 저장고 안에 들어 있었다.

타이탄 II 대륙간탄도미사일 디자인을 우주 발사체(SLV) 디자인으로 전환하기 위해 2단 로켓의 산화제 돔 꼭대기 부분을 업그레이드했다. 그러니까 탑재체 버스(payload bus, 탑재체를 하나 또는 여러 개 부착할 수 있는 탑재 구조물)가 추가 탑재체 무게를 감당할 수 있게 손을 본 것이다. 1978년에는 AC 스파크 플러그의 유도 장치가 델코 일렉트로닉스Delco Electronics 사의 범용우주유도장치Universal Space Guidance System로 교체됐다. 이 장치는 원격 측정 장치 및 제어 장치 등과 함께 타이탄 III 로켓에도 사용됐다.

타이탄 II 우주 발사체(SLV)는 타이탄 II 대륙간탄도

▲ 1977년 8월 20일 타이탄 IIIE-센토 로켓이 보이저 2호 우주선을 싣고 이륙하고 있다. (자료 제공: NASA)

▶ 궁극의 타이탄 로켓 버전은 타이탄 4B 로켓으로, 7개 부분으로 이루어졌던 구조가 보다 효율적인 3개 부분 구조로 바뀌면서 안전성과 성능이 모두 향상됐다. 마지막 타이탄 4 로켓은 2005년 10월 19일에 발사되었다. (자료 제공: USAF)

미사일과 높이는 같았으나, 탑재체 페어링의 직경은 3.05m였으며 필요에 따라 6.1m, 7.62m 또는 9.14m로 늘기도 했다. 탑재체 페어링의 직경이 7.62m인 경우 다 조립된 로켓의 길이는 37.49m였고, 케이프 커내버럴에서 무게 2,177㎏의 탑재체를 극궤도 위에, 그리고 무게 3,600㎏의 탑재체를 지구 저궤도 위로 쏘아 올렸다. 타이탄 II 우주 발사체는 전부 반덴버그 공군기지에서 발사됐다.

타이탄 II 우주 발사체는 1988년 9월 5일에 첫 비행에 나섰고, 2003년 10월 18일에 13회의 비행 중 마지막 비행이 있었다. 모든 비행은 성공적으로 끝났으며, 그중 7회는 탑재체를 원하는 궤도에 안착시키기 위해 스타-37 고체 추진제 근지점 부스터 로켓 모터를 사용했다. 또한 전체 비행 중 7회는 NASA 및 민간 분야의 과학 및 응용을 위한 것이었고, 나머지 비행은 전부 기밀 군사 임무를 위한 것이었다. 이 우주 발사체들은 타이탄 23G, 타이탄 2(23)G 등으로 불렸으며, 타이탄 II 대륙간탄도미사일 기본형을 이용해 12회의 우주 발사체 비행을 포함해 총 25회 비행했다.

그러나 제작비가 많이 들어가는 타이탄 로켓은 델타 로켓과 아틀라스 로켓의 업그레이드 버전들이 나오면서 역사의 뒤안길로 사라지게 된다. 46년이라는 오랜 기간 이런저런 버전을 합쳐 총 369기가 발사되는 등, 대형 대륙간탄도미사일과 우주 발사체로 눈부신 활약을 벌인 끝에 마침내 퇴역하게 된 것이다.

델타

첫 비행: 1960년 3월 13일

델타 로켓은 50년 넘게 NASA와 다른 미국 정부 기관들의 인공위성을 쏘아 올린 미국의 중추적인 발사체로, 미국 외 다른 여러 국가들이 제작 또는 구입한 과학 위성들도 쏘아 올렸다. 또한 델타 로켓은 상업용 발사체 업계의 발전에 크게 기여했으며 역사상 가장 신뢰할 만한 발사체 중 하나로 손꼽히기도 한다.

▼ 1960년 8월, 토르 로켓을 델타 시리즈 조합으로 바꾼 최초의 로켓이 발사대에서 발사 준비를 하고 서 있다. 이 로켓에서는 에코Echo 1A 인공위성이 외부에 노출돼 있으나 곧 캡슐에 넣어지게 된다.
(자료 제공: NASA)

NASA는 1958년에 설립된 이래 군에서 착수해 관리하던 모든 로켓 프로젝트를 넘겨받았으며, 처음에는 자신들의 모든 위성과 우주선을 레드스톤, 토르, 아틀라스 로켓 버전들을 이용해 쏘아 올렸다. 그러나 설립 후 한 달도 안 돼 NASA는 당시 제공되던 이 다양한 로켓 버전들과 상단 로켓들을 보다 합리적이고 경제적인 방식으로 운용하기로 결정한다. NASA의 이 같은 발사체 선별 작업을 맡게 된 사람은 밀턴 로젠으로, 그는 당시 에이브러햄 '에이브' 실버스타인Abraham 'Abe' Silverstein이 이끄는 우주비행개발국Office of Space Flight Development의 에이브러햄 하얏트 팀에서 일하고 있었다.

밀턴 로젠의 보고서는 1958년 말까지 준비되어 1959년 1월 말경에 아이젠하워 미국 대통령에게 보고됐다. 토르 에이블 2단 로켓을 중심으로 상당한 변화를 주어 '임시' 델타(이는 로젠이 지은 이름임) 로켓을 개발하자는 보고서였다. 그러면서 그는 1단 로켓에는 로켓다인 사의 LR-79-NA-9 엔진이 장착된 MB-3 블록 1 로켓 모터를 이용하자고 했다. 당시 LR-79-NA-9 엔진은 주 연소실과 버니어 모터 2개에서 총 676kN의 추력을 냈다. 그의 제안에 따르면, 2단 로켓에는 에어로젯 사의 AJ10-142 엔진이 장착된 토르 에이블 로켓을 쓰고, 3단 로켓에는 훗날 뱅가드 모델에 장착되는 허큘리스 알테어 X-248-A5 로켓을 쓰는 걸로 되어 있었다.

또한 밀턴 로젠은 벨연구소의 무선 유도 장치를 쓰자고 제안했는데, 당시 미 공군은 AC 스파트 플러그 사에서 제작된 원래의 관성 유도 장치 대신 이 장치를 이용해 우주 탐사선 파이오니어 호의 탑재체들을 쏘아 올리고 있었다. 2단 로켓 연소실은 알루미늄에서 스테인리스강으로 바뀌었으며, 제어용 전자장치들도 재설계되고 업그레이드됐다.

실버스타인은 곧 델타 로켓 디자인을 승인하면서 본격적인 개발에 착수할 것을 지시했고, 곧이어 더글러스 항공은 NASA 측으로부터 12기의 델타 발사체 개발 및 생산에 대한 협약서를 받았다. 델타 로켓 개발 프로젝트가 진행되면서, 여러 델타 로켓들에 대해 아주 다른 일련의 명명법들이 적용됐다. 여기에서 사용되는 명명법은 보다 전통적인 명명법으로, 더글러스 사 또는 맥도널 더글러스McDonnell Douglas(1967년 4월 맥도널과 합병된 이후의 이름) 사 내부에서 쓰이던 명명법은 아니다.

델타 로켓은 1960년 3월 13일에 처음 발사됐는데, 당시 NASA는 케이프 커내버럴에서 66㎏ 무게의 에코 인공위성을 지구 궤도에 올리려 했으나 알테어 로켓 단이 점화되지 않았다. 이는 로켓 발사 시의 진동으로 인해 납땜 자리가 헐거워지면서 순차 제어 장치 내의 반도체에 문제가 생긴 것이 원인으로 밝혀졌다. 에코 인공위성은 팽창되는 풍선 같아서, 지구 궤도 안에서 압력을 받으면 최대 직경이 30.5m까지 늘게 되어 있었다. 이후 1960년 8월 12일 델타 로켓을 이용한 에코 1호 위성의 두 번째 비행은 성공으로 끝났다. 뒤이어 델타 로켓을 이용한 비행이 열 차례 더 있었으며, 1962년 9월 18일 기상 위성 티로스Tiros 6호를 쏘아 올린 게 마지막 비행이었다. 티로스 기상 위성들은 1호만 빼고 전부 델타 로켓으로 쏘아 올려졌으며, 티로스 1호는 1960년 4월 1일에 토르 에이블 2 로켓으로 쏘아 올려졌다.

NASA는 1962년부터 시작해 아주 다양한 델타 로켓 버전들을 쏘아 올렸다. 그리고 토르 로켓과 그걸 활용한 델타 로켓 버전의 신뢰도가 입증되면서, NASA는 이제 델타 로켓을 이용해 극 발사체는 반덴버그 공군기지에서, 지구 정지 궤도 탑재체는 케이프 커내버럴에서 쏘아 올리게 된다. 정지 궤도상의 중요한 지점들에는 통신 위성, TV 위성, 데이터 중계 위성, 기상 위성 등이 자리 잡게 되는데, 이 위성들의 자전 주기는 지구의 자전 주기와 같아 지상에서 보면 정지된 것처럼 보인다. 그러니까 정지 궤도에서는 위성들이 지구가 극축을 중심으로 도는 주기와 같은 주기로 지구 궤도를 돌기 때문에, 늘 지구의 특정 지점에 정지해 있는 것처럼 보이게 되는 것이다.

토르 로켓 기본형은 정지 천이 궤도(GTO)에 45㎏의 탑재체를 쏘아 올릴 수 있었다. 그래서 이를테면 이 로켓으로 쏘아 올린 인공위성은 타원형 궤도상 지구 표면에서 36,200㎞ 정도 떨어진 원지점(apogee, 지구를 도는 위성이 궤도상에서 지구와 가장 멀리 떨어진 점-옮긴이) 정지 천이 궤도에 안착되거나 아니면 322㎞ 떨어진 근

◀ 토르 로켓에 뱅가드 로켓 2단이 결합된 델타 2단 로켓 위에 에코 인공위성이 얹혀지고 있다.
(자료 제공: NASA)

지점(perigee, 지구를 도는 위성이 궤도상에서 지구와 가장 가까워지는 점-옮긴이)에 안착됐다. 인공위성은 3단 로켓에서 분리된 뒤 관성으로 원지점까지 올라가고, 그 지점에서 내장된 모터가 점화되면서 에너지가 강화돼 근지점을 원지점과 같은 고도로 끌어올리게 되며, 그 결과 지구가 360도 자전하는 시간 동안 늘 같은 위치에서 지구 궤도를 돌게 된다.

지상의 위성 운용 업체의 입장에서 가장 유용한 것은 지구 궤도상에서 정확히 한 장소에 고정된 위성을 갖는 것이다. 그러기 위해 지구 궤도의 면은 적도와 마찬가지로 위도가 0도여야 한다. 그래서 발사체가 발사 지점의 위도(케이프 커내버럴의 경우 북위 28° 27′ 20″)에서부터 방향을 조정해 위로 향하는 발사체의 비행경로를 바꾸거나, 아니면 인공위성이 근지점을 원지점과 같은 고도로 끌어올리는 동안 그 인공위성에 장착된 로켓 모터가 그런 일을 해줘야 한다. 모든 지구 궤도는 지구 중심을 관통하는 자신의 면을 갖고 있어야 하며, 또 발사체가 북위 28°에서 발사될 경우 연소가 바뀌지 않는 한 그만큼 기울어지게 된다.

군사용 위성을 쏘아 올린 경험이 많았던 델타 로켓은 토르 로켓이 미 공군에 해준 일들을 NASA를 위해서

▲ 아틀라스와 주피터, 토르 공용으로 개발된 로켓다인 사의 모터에서 가져온 MB-3 추진 장치가 델타 발사체의 1단 로켓에 활용되고 있다.
(자료 제공: Rocketdyne)

◀ 델타 로켓용 토르 1단 로켓의 꼬리 끝부분이 아직 제대로 자리잡지 못한 B-3 로켓 모터에 부착 중이다. 로켓 단 반대쪽에 2개의 버니어 모터가 있다는 점에 주목하라. 그 버니어 모터들은 발사 전에 덮개를 씌우게 된다.
(자료 제공: Douglas)

도 할 수 있었는데, 그런 토르 로켓 가운데 첫 번째가 델타 A였다. 델타 로켓은 정지 궤도에 고작 45㎏ 무게의 탑재체밖에 쏘아 올릴 수 없었지만, 델타 A 로켓은 1단 로켓에 MB-3 블록 II 추진 장치를 장착하고 에어로젯 사의 2단 로켓에 AJ10-118 엔진을 사용함으로써 탑재 용량을 68㎏까지 올렸으며, 토르 로켓 단의 역동작 능력 덕에 로켓 분리 시 상단 로켓에 부딪히는 걸 막을 수 있었다. 3단 로켓에는 X-248-A5D 엔진을 사용해 317㎏의 탑재체를 싣고 지구 저궤도에 오를 수 있었다. 이 델타 A 로켓은 1962년 10월 2일과 27일 두 번에 걸쳐 인공위성 익스플로러 1, 2호를 싣고 비행에 나섰다.

곧이어 델타 B 로켓이 나왔는데, 이 로켓은 에어로젯 사의 2단 로켓을 0.9m 늘렸고 3단 로켓에는 X-248-A5DM 모터를 달았다. 또 기능이 훨씬 개선되고 무게도 가벼워진 벨연구소의 BTL 600 무선-관성 유도 장치를 사용했으며, 역시 더 개선되고 신뢰성도 높인 전자 장치들을 장착했다. 2단 로켓의 경우 이전에 쓰던 부식 방지된 백연질산/비대칭 디메틸히드라진 대신 부식 방지된 적연질산/비대칭 디메틸히드라진을 추진제로 썼다. 델타 로켓이 이제 부식 방지된 백연질산을 사용하는 유일한 발사체였던 데다가, 부식 방지된 적연질산을 쓰면 비추력이 늘어나는 등 성능도 향상됐기 때문이다.

델타 B 로켓은 1962년 12월 13일부터 1964년 3월 19일까지 케이프 커내버럴에서 과학 위성, 기상 위성, 통신 위성 등을 싣고 총 9회의 비행에 나섰는데, 지구 저궤도까지 쏘아 올릴 수 있는 탑재 용량이 376.5㎏까지 늘었다. 또한 델타 B 로켓은 인공위성을 정지 궤도에 쏘아 올린 최초의 로켓으로 역사책에 기록됐다. 1963년 2월 14일에 발사된 최초의 전파 중계용 정지 위성 신콤Syncom I은 위성의 원지점 모터(apogee motor. 지구로부터 가장 먼 지구 궤도 지점에서 점화되는 모터-옮긴이)가 갑자기 동작을 멈춰 그 충격으로 전자 장치가 고장을 일으키면서 전송이 중단됐다. 이후 1963년 7월 26일 업그레이드된 신콤 II가 발사되었고, 정지 궤도에서 전파를 보내는 데 성공했다.

델타 C 로켓의 경우 델타 B 로켓의 AJ10-118D 엔진을 사용했으나, 그 엔진에 100% 고체 추진제를 쓴 스카우트 발사체의 4단 로켓에 쓴 X-258 모터를 썼다. 그 결과 지구 저궤도까지 쏘아 올릴 수 있는 탑재 용량은 408㎏으로, 그리고 정지 천이 궤도까지 쏘아 올릴 수 있는 탑재 용량은 82㎏으로 늘었다.

델타 C 로켓은 총 11회 비행에 나섰는데, 그중 1963년 11월 27일에 있었던 첫 번째 비행에서는 과학 위성 익스플로러 18호를 싣고 날았다. 뒤이어 티로스와 에사ESSA 기상 위성들, 그리고 다시 4기의 태양 관측 위성이 발사됐는데, 그중 마지막 태양 관측 위성은 마지막 델타 C 로켓에 실려 1967년 10월 18일에 발사됐다. 델타 C 로켓의 3단 모터는 유나이티드 테크놀로지스 코퍼세이션과 프랫 & 휘트니 사가 공동 개발한 FW-4 고체 추진제 모터로 바뀌어 스카우트 4단 로켓은 물론 델타 C-1 로켓에도 사용됐다. 델타 C-1 로켓은 1966년 5

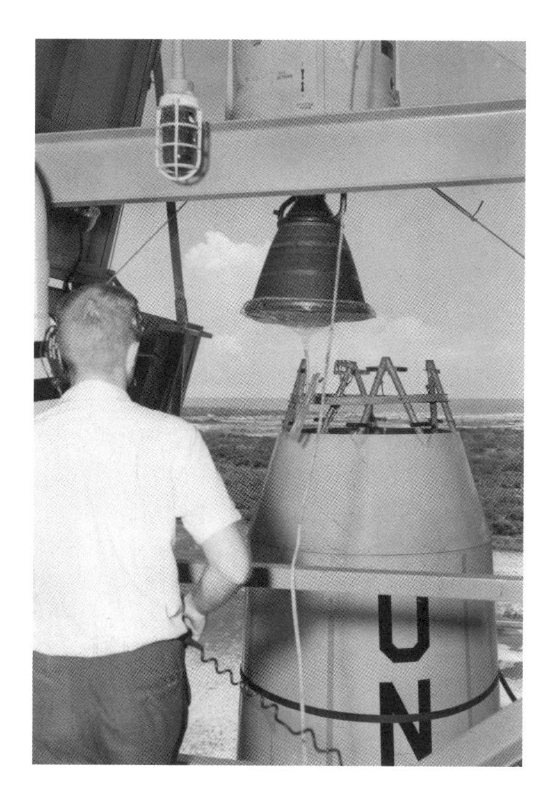

◀ 델타 로켓은 신뢰도가 높고 용도도 다양해 폭넓은 미션과 탑재체 탑재에 이용됐고, 그 결과 탑재체 케이스 구조도 다양했다. 사진은 둥글둥글한 형태의 티로스 기상 위성용 케이스로, 1962년 발사 직전에 찍은 것이다.
(자료 제공: NASA)

◀◀ 케이프 커내버럴의 17번 발사 시설에서 델타 2단 로켓과 토르 1단 로켓을 결합시킬 준비를 하고 있다.
(자료 제공: NASA)

월 25일과 1969년 1월 22일 단 2회만 비행에 나섰다.

FW-4 고체 추진제 모터는 추진 장치 업계에 비교적 새로 등장한 유나이티드 테크놀로지스 코퍼레이션의 제품으로 스카우트 로켓에서 X-258 모터 대체품으로 쓰였으며, 추진제는 타이탄 III 로켓의 대형 고체 추진제 로켓 모터들에 사용되던 폴리부타디엔 아크릴산 아크릴로니트릴(PBAN) 암모늄 과염소산염 알루미늄 추진제가 사용됐다. 이 모터는 온도에 따라 다르지만 최대 추력이 26.5kN이었고, 285초의 비추력을 갖고 있었다. 로켓 모터를 둘러싼 섬유유리 케이스는 오웬즈-코닝 Owens-Corning 사에서 개발하고 제작했으며, 유나이티드 테크놀로지스 코퍼레이션의 경쟁사들이 사용하는 물질보다 35% 더 가벼운 실리카 물질로 되어 있었다. FW-4 엔진에는 혁신적인 특징들이 여럿 있었는데, 특히 점화 장치의 경우 점화 후에 자연 발화되어 추력이 더 강해졌다.

1960년대에는 다양한 과학 위성과 응용 위성들이 대거 선보였는데, 델타 로켓은 그중 중간 규모의 위성들을 전문으로 쏘아 올린 발사체였다. 부착식 부스터 로켓 엔진은 군사용 토르 발사체와 델타 D 로켓의 TAT-아게나 비행에 처음 활용됐는데, 1964년에 이르러 델타 로켓에도 그 부착식 부스터 로켓 엔진이 활용됐다. 또한 델타 로켓의 경우 보다 강력한 MB-3 블록 III 1단 로켓 엔진이 장착됐고, 또 TAT-아게나 로켓으로 쏘아 올린 모터와 같은 TX-33-52 모터를 쓰는 캐스터 1 로켓 3개가 장착됐으나, 에어로젯 사의 AJ10-118D 2단 로켓과 X-258 3단 로켓도 사용했다.

알테어 II라고도 알려진 허큘리스 X-258 로켓의 경우 과염소산암모늄과 HMX(시클로테트라메틸렌-테트라니트라민이라고도 함)를 섞은 추진제를 썼으며, 핵무기의 기폭 장치로도 쓰였다. FW-4 고체 추진제 모터는 X-248 모터에 비해 비추력이 낮았고 연소 시간도 X-248 모터의 43초보다 짧은 24초였지만, 평균 추력이 X-248 모터의 11.52kN보다 큰 26.19kN이었고, 비추력도 255초에서 280초로 늘었으며 총 에너지 양도 더 컸다. NASA는 델타 D 로켓을 단 두 차례 비행에만 이용했다. 그러니까 1964년 8월 19일에 전파 중계용 정지 위성 신콤 3호(동경에서 열린 1964년 올림픽 경기를 중계했음)를, 그리고 1965년 4월 6일에 인텔샛 1호를 쏘아 올린 것. 두 경우 모두 이제 무게 104㎏까지의 탑재체를 정지 궤도로 쏘아 올릴 수 있었다.

다음 델타 로켓 버전은 델타 E와 그 변형인 델타 E1

▲ NASA가 민간 탑재체를 쏘아 올리는 데 사용한 케이프 커내버럴의 17번 발사 시설과 델타 로켓 발사대 2개의 모습.
(자료 제공: NASA)

▼ 17번 발사 시설에 있는 두 로켓 발사대(A와 B)는 지면에서 들어 올려진 철근 콘크리트 구조물로, 그 속에 각종 유압장치와 공기압 장치, 전기 장치, 유체관 등이 설치되어 있다.
(자료 제공: NASA)

으로, 이 두 로켓은 기본적으로 델타 D와 비슷했지만, 직경이 더 커지고 개선된 에어로젯 사의 AJ10-118E 로켓 단을 사용했으며, 연소 시간이 174초에서 398초로 늘어났다. 델타 E 로켓에는 X-258 3단 로켓이 장착됐고 델타 E1 로켓에는 FW-4 모터가 장착됐으나, 두 로켓 모두 케이프 커내버럴에서 204㎏의 탑재체를 정지 천이 궤도까지, 그리고 735㎏의 탑재체를 정동 궤도(due-east orbit)까지 쏘아 올릴 수 있었다. 델타 E 로켓은 1965년 7월 6일부터 1967년 4월 20일까지 6회 발사됐다. 델타 E1 로켓은 총 17회 비행했으며 1966년 7월 1일에 첫 비행에, 그리고 1971년 4월 1일에 마지막

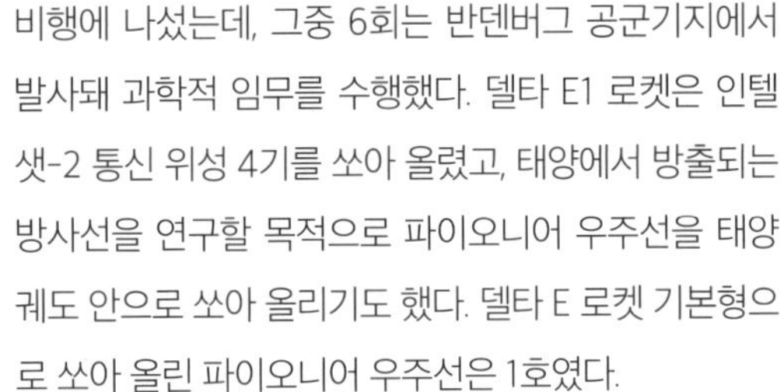

비행에 나섰는데, 그중 6회는 반덴버그 공군기지에서 발사돼 과학적 임무를 수행했다. 델타 E1 로켓은 인텔샛-2 통신 위성 4기를 쏘아 올렸고, 태양에서 방출되는 방사선을 연구할 목적으로 파이오니어 우주선을 태양 궤도 안으로 쏘아 올리기도 했다. 델타 E 로켓 기본형으로 쏘아 올린 파이오니어 우주선은 1호였다.

델타 F와 F1 로켓은 델타 E 및 E1 로켓과 같은 구조로 개발될 예정이었으나, 캐스터 부착식 로켓이 장착되지 않았고 실제 비행에도 사용되지 못했다. 델타 G 로켓은 고체 추진제 3단 로켓이 없는 델타 E 로켓으로, 1966년 12월 14일과 1967년 9월 7일 두 차례 바이오샛Biosat 위성을 쏘아 올리는 데 사용됐다. 바이오샛 위성은 대기권 재진입 운반체 안에 생물 표본을 싣고 비행하는 인공위성으로, 지상에서 회수하게 되어 있었다. 그러나 첫 바이오샛 위성은 고장으로 궤도 안에서 표류하게 됐고, 두 번째 바이오샛 위성 역시 회수 지역에 폭풍우가 치는 바람에 제대로 회수하지 못했다. NASA에 새로 제시된 델타 버전은 델타 H로, 1단 로켓이 조금 더 예전 세대의 것이란 점 빼고는 델타 G와 같았다.

그다음 모델인 델타 J는 1968년 7월 4일 무선 통신 위성 익스플로러 38을 120도 기울기로 지구 위 5,855㎞ 궤도에 쏘아 올리면서 딱 한 차례 사용됐다. 이 델타 J는 델타 E와 똑같았으나, 스타-37D 고체 추진제 3단 로켓에 티오콜Thiokol TE-364-3 모터를 장착했다. 이 모터는 직경 0.93m에 무게가 718㎏, 추력이 평균 43kN으로 다른 상단 로켓 고체 추진제 모터보다 훨씬 컸다. 델타 K는 에어로젯 사의 2단 로켓을 센토 로켓 단용 RL-10 로켓 모터로 움직이는 극저온 로켓 단으로 교체할 계획이었으나, 이 계획 자체가 폐기됐다. 이후 실제 개발된 모델은 델타 L, 델타 M, 델타 M-6 로켓으로, 총 15회의 비행에 사용됐다.

델타 D 로켓에는 지름이 일정한 토르 1단 로켓이 사용되어, 끝으로 갈수록 가늘어지는 등유 탱크가 사라졌고, 전체 길이가 늘어나면서 1단 로켓의 높이가 21.4m가 되었는데, 이런 변화는 1966년 8월에 발사된 미 공군의 LTTAT-아게나 D(토라드Thorad) 발사체에도 그대로 적용되었다. 델타 L에는 FW-4D 로켓 단이, 그리고

◀ 1960년 11월 23일, 기상 위성 티로스 2를 실은 토르 DM-19/델타 3 로켓이 발사되기 직전의 LC-17A 발사대 모습.
(자료 제공: NASA)

델타 M과 델타 M1에는 스타-37D 로켓 단이 장착됐으며, 세 로켓 모두에 캐스터 II 부스터 로켓들이 부착됐다. 델타 L은 1969년 8월과 1971년 1월에 두 번 비행했고, 델타 M은 1968년 9월에 첫 비행에, 그리고 1971년 2월에 마지막 비행에 나섰다. 델타 M은 총 12회에 걸쳐 통신 위성을 쏘아 올렸는데, 그중 8회는 인텔샛 위성, 2회는 NATO 위성, 그리고 2회는 영국의 스카이넷 Skynet 군사용 통신 위성을 쏘아 올린 것으로, 영국의 첫 번째 스카이넷 군사용 통신 위성은 1969년 11월 11일에 정지 궤도에 안착했다.

델타 M-6 로켓은 단 한 차례 비행했는데, M-6라는 이름은 6개의 캐스터 II 부착식 부스터 로켓이 120도 간격으로 쌍을 이루고 장착되어 있는 데서 온 것으로, 총 부스터 추력은 1,391.2kN이며 이륙 시 추력은 1,711.5kN이었다. 1971년 3월 13일에는 288㎏ 무게의 인공위성 익스플로러 43이 발사되어, 1,845×203,130㎞의 고타원 궤도에 안착했는데, 행성 간 환경을 측정하는 프로그램의 일환으로 익스플로러 3대 중 1대가 발사된 것이다. 나머지 두 위성은 그 이후 매년 1대씩 델타 1604 로켓에 실려 발사된다. 델타 L과 델타 M 기본형은 356㎏ 무게의 탑재체를 정지 천이 궤도에, 그리고 최대 1,000㎏ 무게의 탑재체를 정동 저궤도에 쏘아 올릴 수 있었다. 그러나 부착식 로켓 6개를 장착하면 탑재체 무게는 각기 453㎏과 1,293㎏으로 늘어났다.

3단 로켓이 필요 없는 미션에 사용된 델타 N과 델타 N-6는 기본적으로 델타 M과 델타 M-6의 2단 로켓 버전으로, 각기 캐스터 II 부스터 로켓이 3개와 6개씩 부착됐다. 델타 N은 1968년 8월부터 1972년 3월까지 총 6회의 비행에 나섰고, 델타 N-6는 1970년 1월부터 1971년 10월까지 총 3회의 비행에 나섰다.

이 시기 델타 로켓의 변화 중 눈에 띄는 특징은 특정 미션에 대한 섬세한 맞춤형 모델들이 제작되면서 많은 기술 발전이 있었다는 것이다. 이 시기에 각 변형 모델의 비행 횟수가 줄어든 것을 봐도 각 미션이 얼마나 세분화되고 다양화되었는지 알 수 있다. 그 대표적인 예가 1972년에 선보였던 델타 300과 델타 600이다. 두

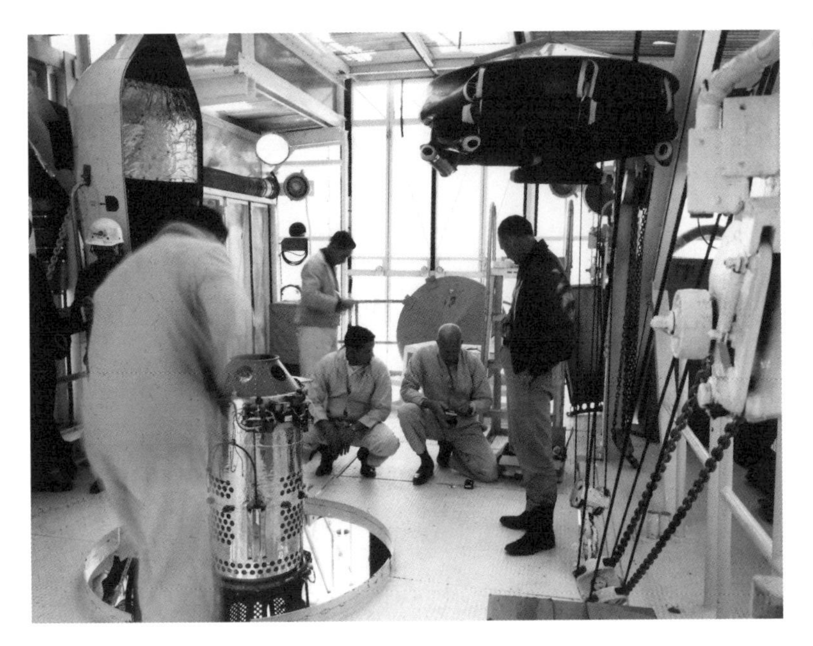

▲ 이어지는 두 대의 발사체는 동일한 적이 없었고, 인공위성 지원 요구 사항들은 아주 다양해 하드웨어들은 계속 독특한 사양을 지원했다. 그러다가 태양 관측 위성이 1965년 2월 3일 델타 C 로켓에 의해 LC-17B 발사대에서 날아올랐다. (자료 제공: NASA)

로켓 모두 타이탄 III 트랜스테이지 모터라고도 불린 에어로젯 사의 AJ10-118F 모터를 썼고, 추진제는 사산화질소/에어로진-50 추진제를 사용했다.

델타 900시리즈에서는 이전의 토르 및 델타 로켓 단의 추력부를 대체할 보편적인 보트테일(boattail, 로켓의 꼬리 부분-옮긴이) 개념이 도입됐고, 필요에 따라 캐스터 II 부스터 로켓을 3개, 6개 또는 9개까지 부착할 수 있었다. 부스터 로켓 9개를 부착할 경우 무게 635㎏까지의 탑재체를 정지 천이 궤도에, 그리고 무게 1,682kg까지의 탑재체를 정동 궤도에 쏘아 올릴 수 있었다. 게다가 델타 900시리즈는 1, 2단 로켓 안의 자동 조종 장치를 대신할 새로운 부착식 관성 유도 장치가 장착됐다. 이는 아폴로 달 착륙선의 보조 유도 장치에 쓰이던 자이로스코프 패키지를 가져온 것으로, 유나이티드 에어크래프트United Aircraft 사의 해밀턴 스탠다드 디비전Hamilton Standard Division에서 개발한 것이었다. 델타 관성 유도 장치(DIGS)로 알려지게 될 장치에 사용되는 디지털 컴퓨터는 센토 상단 로켓에 부착된 텔레다인 사의 것이었다.

그러나 델타 300시리즈는 단 3기, 그리고 델타 900시리즈의 경우 2기만이 1972년 7월부터 1973년 11월 사이에 실제 비행에 나섰다. 그럼에도 이런 순차적인 발전 덕분에 매우 다양한 로켓 단과 조합을 가진 궁극의 델타 로켓이 탄생하게 된다.

중요한 업그레이드

1972년과 1974년 사이에 델타 로켓 개발 프로그램에는 여러 가지 중요한 변화가 일어난다. 특히 1단 로켓 엔진에서 중요한 업그레이드 중 하나가 일어났다.

이 엔진은 토르-주피터 MB-3 1단 로켓 엔진을 단순화하기 위해 1957년부터 1958년 사이에 로켓다인 사가 X-1 엔진이란 이름으로 개발했으며, 당시 폰 브라운 박사의 앨라배마주 헌츠빌의 로켓 개발 팀이 개발 중이던 새턴 1단 로켓에 H-1 엔진이란 이름으로 사용됐다. 이 H-1 엔진은 처음에는 토르 로켓에 사용된 MB-3 블록 II 엔진보다 못한 733.92kN의 추력밖에 못 냈지만, 점차 개선되어 보다 강력한 새턴 I과 새턴 IB용 엔진이 되었다. 그리고 꾸준한 발전으로 곧 당시 가장 강력한 엔진이던 MB-3 블록 III를 능가하면서 836.2kN의 추력을 냈고, 1961년 10월 27일에는 드디어 최초의 새턴 I 로켓을 우주 공간으로 쏘아 올리게 된다.

1971년에 이르러 로켓다인 사는 델타 1단 로켓 내 MB-3 엔진 대신 H-1 엔진을 썼다. 그리고 이 H-1 엔진은 이후에도 계속 업그레이드되어 920.74kN의 추력을 내게 되고, 이름도 RS-27 엔진으로 바뀐다. 그리고 원래의 H-1 엔진의 연소 시간이 155초인 데 반해, 이 새로운 RS-27 엔진의 연소 시간은 227초로 늘어난다. 1단 로켓의 구조적 변화도 상당했다. 원래의 토르 로켓과 델타 로켓에는 알루미늄 탱크 케이스에 스트링거들이 용접돼 있는 구조였는데, 맥도널 더글러스 사는 스트링거는 없이 얇게 편 격자 구조의 알루미늄 합금판을 이용한 와플 패턴 구조를 채택했다.

RS-27 엔진은 연소 시간도 늘어난 데다가 직경이 일정한 1단 로켓의 길이도 0.94m 더 늘려 추진제를 더 넣을 수 있었고, 핵심 로켓 단의 총 길이는 22.4m가 되었다. 델타 로켓은 이렇게 확장되어 이제 그 길이가 LTTRAT-아게나 D 로켓보다 더 길어졌고, 특히 직경이 2.4m인 1단 로켓이 2, 3단 로켓 및 탑재체 덮개에 이어져 유난히 더 길어 보였다.

게다가 추진제 부스터 로켓이 캐스터 II에서 캐스터 IV로 바뀌고 새롭게 강화된 보트테일 덕에 고체 추진제 부스터 로켓을 9개까지 부착할 수 있게 되면서, 이륙 시 추력도 크게 늘어났다. 캐스터 IV 로켓은 길이 9.1m

▶ 발사대에 점검 플러그를 꽂은 채 2단 로켓에 산화제를 주입하고 있다. (자료 제공: NASA)

◀ 1964년 8월 19일에 LC-17A 발사대에서 델타 D 로켓에 실려 쏘아 올려진 통신 위성 신콤 3A의 비행 전 준비 모습. 발사받침대와 기타 안전 조임 장치 등이 자세히 보인다.
(자료 제공: NASA)

에 직경 1.02m였지만, 보다 단순화되고 가격도 덜 비싼 추진제 결합제인 폴리부타디엔-아크릴산을 썼다. 또한 추진제의 전체 양이 캐스터 II 로켓에 비해 거의 50% 늘어나 마케팅 측면에서도 큰 이점이 있었다. 알루미늄/과산화염화 암모늄 추진제는 그대로 쓰였다. 각 캐스터 IV 고체 추진제 로켓은 54초 동안 378.5kN의 추력을 내 추력은 63%, 연소 시간은 46% 늘어났다.

새로운 2단 로켓 엔진은 수년간 토르와 델타 로켓에 장착되어 탑재체를 쏘아 올리는 데 쓰인 에어로젯 사의 무거운 구형 AJ10 엔진으로부터 완전히 탈피하게 된다. 이 엔진은 NASA의 아폴로 달 착륙 프로그램에 쓰인 달 착륙선 하강 엔진(LMDE)에서 발전된 것으로, AJ 엔진은 아홉 차례 재점화가 가능했지만 이 엔진은 다섯 차례 재점화가 가능했다.

TR-201로 명명된 이 자동점화형 엔진의 경우 히드라진과 비대칭 디메틸히드라진을 50 대 50으로 섞어 연료로 사용했고 산화제로는 사산화질소를 썼다. 또한 이 엔진에는 독특한 연료분사 장치가 사용됐는데, 이는 TRW 사의 연구원 엔지니어인 피터 스타우드햄머Peter Staudhammer와 잭 루프Jack Rupe의 작품이었다. 이 엔진에는 또 1950년대 중반에 TRW 사의 게리 엘버럼Gerry Elverum에 의해 개발된 '핀틀pintle' 연료분사 장치 디자인이 사용됐다. 로켓 개발 팀은 이 디자인을 세세한 부분까지 완벽하게 다듬고자 많은 노력과 테스트를 했으며, 그 결과 96~99%라는 아주 높은 효율성과 높은 신뢰도를 갖게 되었다. 실제로 이 핀틀 연료분사 장치는 한 번도 문제를 일으킨 적이 없다.

▶ 비행 횟수가 잦아지면서 미 공군이 쓸 계획이었던 토르 미사일로부터 델타 로켓 단을 그대로 가져와 쓰는 경우가 많아졌다. 사진은 그 당시 미국 내에서 가장 많은 발사체를 생산했던 맥도널 더글러스 사의 헌팅턴 비치 공장.
(자료 제공: McDonnel Douglas)

히 제어할 수 있게 되었으며, 이후 핀틀 연료분사 장치 디자인은 달 착륙선의 달 착륙을 제어하는 데 쓰이게 된다. 그리고 게리 앨버럼은 달 착륙선 하강 엔진(LMDE)의 높은 안정성과 신뢰성을 인정받아, 1972년이 핀틀 연료분사 장치 디자인을 최종 공개할 무렵 특허권을 따냈다.

TR-201 엔진의 연소실은 6A1-4V 티타늄 합금 케이스로 되어 있었고, 주 연소실과 수렴형/분사형 배출부는 단조품들과 별개로 제작되어 좁다란 스로트throat 부분에서 용접이 되었다. 연소실은 팽창 비율이 16:1이었고, 핀틀 연료분사 장치 헤드에는 6.35㎜짜리 강철 볼트들로 죄어졌다. 연소실 온도는 실리카/페놀 합성물질로 만들어진 방열판 물질을 통해 427℃ 또는 그 이하로 유지됐다. 노비움 금속 노즐이 장착된 TR-201 엔진은 135.2㎏으로, AJ10-118F 엔진의 546㎏에 비해 아주 가벼웠으며, 44kN의 고정된 추력을 냈다.

3단 로켓의 총 충격량total impulse은 더 긴 스타-37E 모터의 사용으로 더 커졌으며, 추진제 수용 능력은 스타 37-D 모터의 653㎏에서 1,039㎏으로 늘었고, 추력 또한 43.06kN에서 68.8kN으로 늘었다. 이런 중요한 업그레이드 덕에 새로운 세대의 델타 로켓은 전례 없이 강력한 잠재력을 갖게 된다. 이륙 시에 9개의 캐스터 IV 고체 추진제 부스터 로켓 가운데 6개가 점화되고 새로 개발된 RS-27 엔진을 씀으로써, 이제 발사 추력은 3,192kN이 되었다. 이 조합에서는 RS-27 엔진이 점화되어 속도를 높이면 바로 6개의 캐스터 IV 고체 추진제 부스터 로켓들이 점화되면서 로켓이 순식간에 날아올랐다. 그리고 발사 후 54초에 그 6개 로켓의 연료가 소진됐고, 그러면 남은 로켓 3개가 점화돼 다시 54초 후 연료가 소진되면서 떨어져나갔다.

이 조합에서, 그리고 9개의 부착식 부스터 로켓 덕에 델타 로켓은 703㎏ 무게의 탑재체를 정지 천이 궤도에 올리거나 1,887㎏ 무게의 탑재체를 정동 궤도에 쏘아 올릴 수 있었다. 그러나 이는 어디까지나 이론상의 성능이었고, 미션 종류에 따라 다양한 옵션이 선택 가능했다.

이 모든 변화와 개선과 업그레이드 작업이 동시에 이루어진 건 아니었지만 1970년대 중반에 이르면

▲LC-17B 발사대 위에 서 있는 델타 C 로켓의 위용. 오른쪽에 로켓 지지대가 서 있고 왼쪽에 서비스 마스트가 서 있으며, 1단 로켓에서 나오는 뜨거운 배기가스가 빠져나갈 불길 출구가 또렷이 보인다.
(자료 제공: NASA)

이 핀틀 연료분사 장치 디자인은 원주 고리 모양을 취했는데, 거의 모든 다른 연료분사 장치와 달랐다. 원주 고리 모양을 통해 연료가 분사되면서, 연소실 벽을 보호하는 냉각용 유제 기능이 배가됐기 때문이다. 산화제는 축 방향의 통로를 통해 연료분사 장치 쪽으로 흘러가며, 거기에서 산화제와 연료가 만나는 정확한 방향과 방식은 일련의 등고선과 기계 구멍들에 의해, 또는 슬리브의 모양과 핀틀 끝부분의 기하학적 변화에 의해 제어된다. 간단히 비유하자면, 정원용 분무 호스의 패턴과 파워 제트가 중앙에서 합쳐지는 꼴이다. 산화제와 연료의 비율 및 흐름 조합들은 제어될 수 있었으며, 그래서 이 디자인 덕에 연소 과정에서 불안정하고 불확실한 화학물질 혼합 문제를 가져오는 많은 자동 점화형 엔진 특유의 골치 아픈 문제가 해결됐다.

TRW 사는 이 핀틀 연료분사 장치 디자인을 더욱 발전시켰고, 그 덕에 자동 점화형 추진제로 압력을 정확

NASA 입장에서 다양한 옵션을 갖게 된다. 또 미국 밖에서도 점점 더 많은 고객들이 인공위성을 쏘아 올리려 하게 된다. 그리고 특정 로켓 조합에 영어 알파벳 이름을 붙이는 관행은 1972년에 4자리 숫자 이름으로 바뀌게 되는데, 이 경우 로켓 단과 로켓 모터의 종류는 물론 그 성능이나 특징도 알 수 있었다. 따라서 여러 가지 옵션 중 특정 탑재체에 적합한 발사체를 선택하는 것이 더욱 쉬워졌다.

네 자리 숫자 가운데 첫 번째 숫자는 1단 로켓의 조합을 뜻했다. 먼저 맨 앞에 나오는 숫자 0은 MB-3 엔진과 캐스터 II 부스터 로켓(1968년에는 기본 모델로 간주됨)이 장착된 길다란 탱크 로켓 단 기본형을 뜻했다. 1은 MB-3 엔진과 캐스터 II 부스터 로켓이 장착된 확장형 길다란 탱크 로켓 단을 뜻했고, 2는 RS-27 엔진이 장착된다는 점만 빼고 1과 같았고, 3은 캐스터 IV 부스터 로켓들이 장착된다는 점만 빼고 2와 같았다. 두 번째로 나오는 숫자는 부착식 부스터 로켓의 수(3, 4, 6 또는 9)를 뜻했다. 세 번째 숫자는 2단 로켓의 종류를 뜻하며 0은 AJ10-118F 엔진을, 1은 TR-201 엔진을 뜻했다. 마지막으로 네 번째 숫자는 3단 로켓을 뜻해, 0은 3단 로켓 단이 없는 것, 1은 FW-3 모터, 2는 스타-37D 모터, 그리고 3은 스타-37E 모터를 뜻했다.

발사체의 탑재 능력을 결정짓는 것은 무엇보다 1단 로켓이었으며, MB-3 엔진인지 아니면 RS-27 엔진인지도 중요했다. 그래서 맥도널 더글러스 사는 필요에 따라 정선된 부착식 부스터 로켓과 상단 로켓 단의 수를 가지고 1000시리즈 또는 2000시리즈 조합을 얘기하는 경우가 많았다. NASA는 1960년부터 1972년 말까지 무려 12년간 90기가 넘는 델타 로켓을 쏘아 올렸고, 로켓의 성능은 1960년에는 상상도 못했을 만큼 비약적으로 발전했다. 물론 새로운 모델들은 동시에 나온 게 아니라 순차적으로 나왔지만 말이다.

델타 로켓이 처음 부착식 부스터 로켓 9개를 장착하고 날아오른 것은 1972년 7월 23일이다. 당시 거기에는 지구 자원 탐사 위성 랜드샛Landsat 1호가 실려 있었다. RS-27 엔진은 1974년부터 1단 로켓에 사용됐고, 캐스터 IV 엔진은 1975년 12월 13일에 처음 델타 3914 로켓에 장착되어 RCA 샛콤Satcom 1호를 쏘아 올렸다.

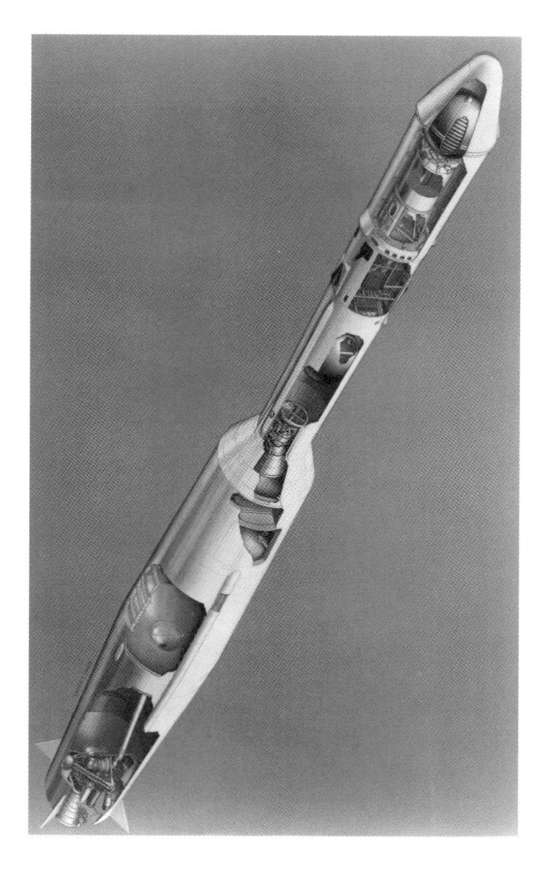

◀ 델타 로켓의 두 주요 액체 추진제 로켓 단의 단면도. 이 로켓의 경우 고체 추진제 3단 로켓이 옵션으로 장착되어 있고, 표준화된 공기역학적 페어링 안에 가상의 탑재체가 들어 있다.
(자료 제공: McDonnell Douglas)

TR-201 엔진은 스타-37E 엔진과 마찬가지로 1972년에 처음 발사됐으며, 이후 계속 개선 작업이 진행됐다.

개선된 성능

1975년부터 1985년 사이에 많은 국가와 기관과 조직에서 인공위성을 필요로 하게 되면서 우주 응용 분야는 폭발적으로 성장했다. 델타 로켓은 특히 각광받는 발사체였는데, 많은 고객의 서로 다른 요구에 맞춤형 로켓을 제공할 수 있었기 때문이다. 게다가 개선 작업과 업그레이드가 지속적으로 이루어져, 1982년에는 에어로젯 사의 AJ10-118K 2단 로켓도 도입됐다.

AJ10-118K 2단 로켓에는 개선된 연료분사 장치가 장착됐다. 이 연료분사 장치는 미 공군의 트랜스테이지 프로그램에 맞춰 개발된 것이었지만, 추진제는 AJ10-118F 엔진의 추진제를 그대로 썼다. 로켓 모델 번호는 같고 끝에 붙은 F와 K만 달랐는데, K가 훨씬 더 개선된 모터였다. K는 무게가 100㎏밖에 안 되면서도 추력은 훨씬 커 320초의 추력을 냈고, 확장 비율 또한 TR-201 엔진의 46:1보다 훨씬 더 큰 65:1이었다. 또한 추력은

▶ NASA는 1964년부터 부착식 캐스터 고체 추진제 로켓들이 장착돼 탑재 능력이 향상된 델타 로켓을 쏘아 올리기 시작했다. 점점 더 무거운 탑재체를 쏘아 올리려 하는 고객들의 수요에 따라, 부착식 캐스터 고체 추진제 로켓을 장착하는 일은 이후 하나의 추세로 굳어갔다.
(자료 제공: NASA)

▶▶ 수요가 늘면서 부착식 부스터 로켓의 수도 늘어나게 된다. 1971년 3월 13일에 NASA의 인공위성 익스플로러 43을 지구 궤도에 쏘아 올린 이 델타 M 시리즈 로켓의 경우 부스터 로켓이 6개 부착됐다.
(자료 제공: NASA)

43.6kN으로 TR-201 엔진의 추력과 별 차이가 없었으나, 무게는 적으면서 효율성은 높다는 장점이 있었다.

델타 로켓에 AJ10-118K 엔진이 장착되기 한참 전인 1970년대 중반에 맥도널 더글러스 사는 NASA부터 업그레이드될 델타 로켓에 쓸 새로운 근지점 모터 개발을 의뢰받았다. 탑재 능력을 향상시켜 1,089㎏ 무게의 탑재물을 정지 천이 궤도까지 쏘아 올리는 게 목표였다. NASA는 전 세계 정지 궤도 3군데에서 우주왕복선(그 당시 막 활용되기 시작한)과 계속 교신을 주고받을 추적 데이터 중계 위성(TDRS)을 개발하고 싶어 했다. 또한 전 세계 여러 나라에 있는 많은 위성 관측소들의 관측에서도 벗어나고 싶어 했다.

맥도널 더글러스 사는 PAM, 즉 탑재체 보조 모듈 Payload Assist Module을 개발하기로 했는데, 이 PAM은 델타 로켓의 3단 로켓이나 우주왕복선의 근지점 로켓 단으로 사용될 수도 있었으며, 또한 우주왕복선의 경우 탑재체 칸 안에 수직으로 쌓아올린 위성들에 PAM 로켓 단을 4개까지 장착할 수 있었다. 그리고 각 PAM은 스핀 테이블에서 용수철처럼 튀어나와 지구 저궤도 안으로 날아가게 되어 있었고, 거기에서 시각 PAM 모터가 점화되어 델타 로켓과 같은 일을 하는 근지점 부스터 로켓 단 역할을 했으며, 그런 이유로 이 PAM은 PAM-D로 불리게 된다.

맥도널 더글러스 사는 생산을 확대하기 위해, 또 우주왕복선 비행에 필요한 PAM 로켓 단들이 시장성이 있다는 사실을 알고, 로켓이 1회용에서 재활용 가능한 우주왕복선으로 넘어가는 추세에 발맞춰 1,995㎏ 무게의 탑재체를 쏘아 올릴 수 있는 보다 강력한 아틀라스급 상단 로켓 개발을 승인했다. 그것이 바로 PAM-A이다. PAM 로켓 단은 1회용 발사체로도 쓸 수 있었지만, 동시에 1회용 로켓에서 우주왕복선으로 옮겨가려는 NASA의 목표에도 부합했다. 심지어 PAM-DII 모델도 개발됐는데, 이 모델에서는 정지 천이 궤도로 쏘아 올릴 수 있는 탑재체 무게를 1,587㎏에서 1,814㎏으로 늘릴 계획이었다.

개발이 완료된 PAM-D의 탑재 능력은 1,247㎏이었다. 모터는 티오콜 스타-48B 모터로 길이 1.83m, 직경 1.24m였으며, 무게는 추진제 2,025㎏을 가득 채울 경우 3,319㎏이었다. 또한 PAM-D의 경우 티타늄 케이스 안에 89%의 고체 히드록실-말단 폴리부타디엔(HTPB) 추진제를 주입해 사용했다. 추력은 66.7kN이었다.

PAM-D는 2단 로켓 꼭대기 유도 섹션 위의 스핀 테이블 위에 얹혀져 있었으며, 2단 로켓이 셧다운되고 약 50초 후에 1초 동안 스핀 로켓들을 점화시켜 위쪽의 위성 무게에 따라 30rpm에서 110rpm의 회전 속도를 냈다. 그리고 로켓 분리 후 약 38초 만에 모터가 점화되어 87초 동안 연소되면서, 탑재체를 정지 천이 궤도 안에 안착시켰다. 또한 우주왕복선에 활용할 경우, PAM-D와 그 탑재체는 궤도 선회 우주선의 탑재칸 내 햇빛 가리개 안쪽에 있는 스핀 테이블 위에 앉혀졌다. 적절한 때가 되면 PAM-D는 회전하면서 스핀 테이블에서 용수철처럼 튕겨져 나갔고, 45분 후 모터가 점화되면서 시속 약 28,157㎞ 속도보다 시속 약 8,779㎞ 더 빠른 속도로 탑재체를 목적지로 쏘아 보냈다.

우주왕복선 비행이 기술적 문제로 계속 미뤄지자, 우주왕복선에 부여하려 한 것과 똑같은 인상력(lifting power, 들어올리는 힘-옮긴이)을 델타 로켓에 부여하기 위해 에어로젯 사의 AJ10-118K 엔진이 도입됐다. PAM-D에 탑재될 상업용 인공위성 운영자들의 탑재체들은 우주왕복선에서 델타 로켓으로 옮겨갔다. PAM-D는 델타 로켓과 우주왕복선의 간극을 메우는 과도기적인 성격의 모듈로 여겨졌지만, NASA의 계획에 따라 모든 인공위성이 재활용 가능한 궤도 선회 우주선에 의해 우주로 쏘아 올려지면서 결국 우주왕복선이 대세로 떠오르게 된다.

PAM-D는 1980년 11월 15일에 첫 비행에 나서, 위성사업시스템스Satellite Business Systems 사의 인공위성 SBS 1호를 정지 천이 궤도로 쏘아 올렸다. PAM-D는 1982년 11월 11일에 최초의 우주왕복선 미션에 나섰는데, 그때까지 델타 로켓을 이용한 총 8회의 PAM-D 비행이 성공리에 끝났다. 1985년 말까지는 총 12기의 PAM-D가 델타 로켓을 이용해 지구 궤도로 쏘아 올려졌고, 18기는 우주왕복선에 실려 지구 궤도까지 올라갔는데, 그중 2기는 1984년 2월 노즐의 제조상 결함으로 배출구가 폭발하면서 미션을 수행하지 못했다. 지구 저궤도에 떠돌던 두 인공위성은 다른 우주왕복선에 의해 회수돼 수리된 뒤 재판매됐다.

1985년 2월에 미 공군은 주로 GPS 항행 위성을 우주왕복선에 실어 쏘아 올릴 목적으로 PAM-DII 28기를 사들였다. PAM-DII의 경우 훨씬 강력해진 스타-63D 모터를 썼는데, 그 모터는 무게가 3,697㎏이었고, 120초 동안 107.2kN의 추력을 냈다. PAM-DII는 우주왕복선 전용으로 제작되어 1985년 11월에 우주왕복선 미션을 처음 수행했고, 1986년 1월에 마지막 우주왕복선 미션을 수행했다. 그런데 바로 그달 28일에 우주왕복선 챌린저호 대참사가 일어난다. PAM-DII 탑재체들은 상업용 통신 위성이었다.

1984년 맥도널 더글러스 사는 NASA로부터 모든 1회용 로켓은 재활용 가능한 우주왕복선으로 교체되니 델타 로켓 생산 라인을 폐기하라는 요청을 받았었지만 챌린저호 대참사로 상황은 급변한다. 이후 2년간 생산 라인이 재가동되고 완전히 사라질 뻔했던 델타 로켓은 다시 생명력을 얻어, 세계에서 가장 강력한 로켓 중 하나로 진화하게 된다.

▲ 델타 로켓이 ASSET 대기권 재진입 시험용 우주선을 쏘아 올리려 하고 있다. NASA는 공기역학적으로 제작된 이 우주선을 통해 재활용 가능한 오늘날의 우주왕복선처럼 대기권을 재진입해 지구로 귀환하는 우주선의 가능성을 타진해보려 했다. 이보다 앞서 또 다른 ASSET 우주선을 쏘아 올린 것은 토르 로켓이었다. (자료 제공: NASA)

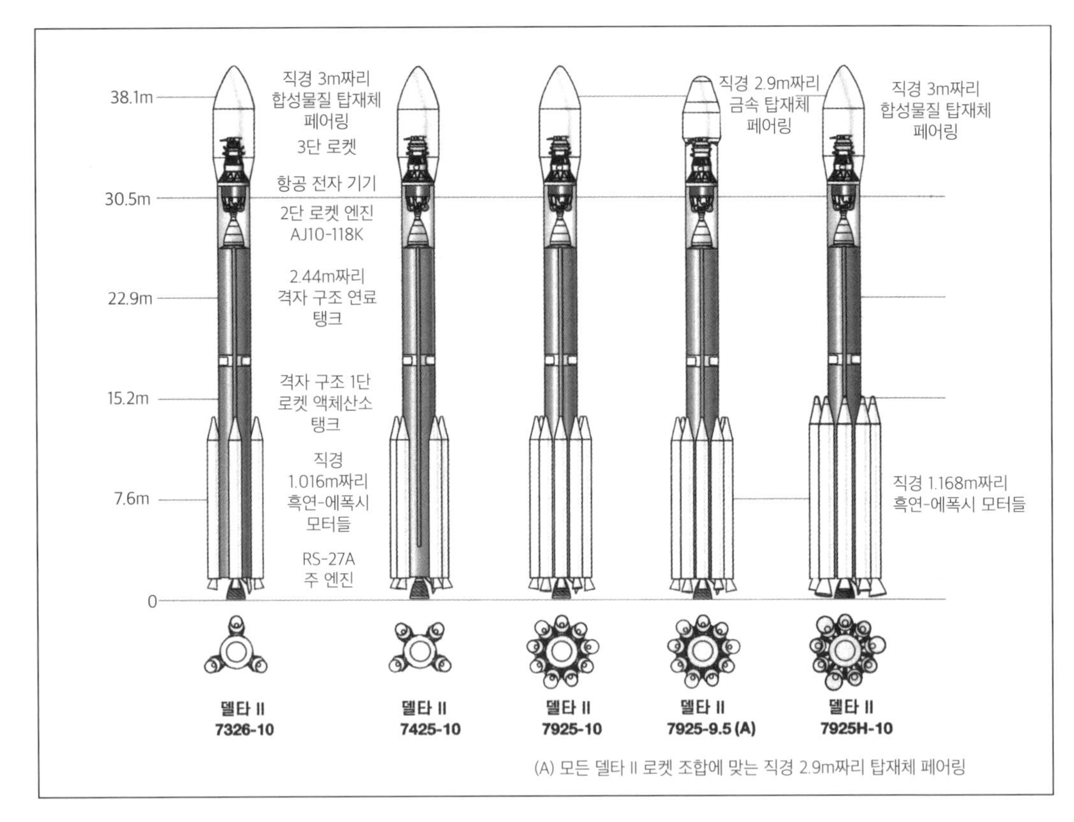

➤ 활용할 수 있는 최대한도까지 활용되던 토르 기본형 주 로켓 단은 전 세계 상업 위성 소유자 및 운용자의 필요에 따라 보다 강력한 부착식 부스터 로켓과 상단 로켓이 장착된 새로운 세대의 델타 발사체에 쓰이게 되면서 직경이 일정한 로켓 단으로 변경됐다. 그리고 토르 로켓의 잠재력은 새로운 세대의 델타 II 발사체에서 극대화된다.
(자료 제공: McDonnell Douglas)

델타 II, III, IV

챌린저호 대참사가 일어나고 얼마 안 지나 로널드 레이건Ronald Reagan 미국 대통령은 상업용 위성 및 탑재체 시장에서 앞으로 우주왕복선은 절대 사용하지 않겠다고 선언한다. 그 결과 1회용 발사체 업계는 제2의 황금기를 맞게 된다. 당시 미 공군은 서둘러 나브스타 항행 위성들을 지구 궤도에 쏘아 올려야 할 상황이었고, 그래서 1987년 1월 21일 새로운 중형 발사체(MLV)가 필요해진 미 공군은 성능이 개선되고 업그레이드된 새로운 델타 로켓을 발주하게 된다.

➤ 맥도널 더글러스 공장 생산 라인의 대부분을 직경이 일정한 로켓 단들이 차지하고 있다.
(자료 제공: McDonnell Douglas)

챌린저호의 잿더미 속에서 되살아난 델타 로켓에는 델타 II라는 새로운 이름이 붙여졌다. 이 로켓은 순차적인 두 단계를 거쳐 개선됐다. 또한 네 자리 숫자 명명법에 따라 6925가 됐는데, 여기서 6은 1단 로켓이 더 길어졌다는 것을 뜻했다. 액체산소 탱크가 2.23m 늘어나고 등유 탱크가 1.43m 늘어나면서 1단 로켓의 총 길이가 26.1m가 된 것. 그 결과 실을 수 있는 추진제의 양이 95,776㎏까지 늘어났고, 로켓 단 총 무게는 101,535㎏이 되었다. 또한 격자무늬 탱크 2개는 제어 장치와 원격 측정 장치, 기타 관련 전자 장치들이 들어가는 77㎝짜리 내부 탱크로 분리되었다. 전문 용어로 '추가 확장된 긴 탱크' 버전인 이 확장된 1단 로켓은 RS-27 엔진으로 움직였지만, 모터는 18초 늘어난 265초 동안 가동됐다.

◀ 2004년 6월 24일 GPS 항행 위성을 쏘아 올리고 있는 델타 II 로켓의 위용.
(자료 제공: Boeing)

◀◀ 직경이 일정한 주 로켓 단 때문에, 델타 로켓은 애초의 모양과는 전혀 무관해 보이는 아주 독특한 모양을 띠게 된다. 이 델타 3920 로켓은 1986년 9월 5일 미 공군의 요청으로 발사됐다. 핵미사일 방어 전략인 전략방위구상(SDI)과 관련해 테스트를 해보기 위한 목적이었다.
(자료 제공: USAF)

1980년대 초에 맥도널 더글러스 사로부터 델타 로켓을 조달받고 있던 고다드우주비행센터Goddard Space Flight Center의 엔지니어들은 추가적인 1단 부스터 로켓에 보다 강력한 캐스터 IVA 모터를 장착하자는 제안을 내놓았다. 그리고 1983년에 테스트까지 이루어졌으나, 그 제안은 델타 로켓의 퇴역 결정으로 결국 기각됐다. 그래서 이제 캐스터 IVA 모터는 델타 II 로켓을 이용한 미 공군의 나브스타 항행 위성 미션에 쓰이게 된다. 이 캐스터 IVA 모터는 캐스터 IV 모델과 제원은 같았지만 56초 동안 431.45kN의 해수면 추력을 냈다. 그리고 이륙 시에 9개의 부스터 로켓 가운데 6개가 점화되어, 1단 로켓의 총 추력은 3,509.5kN이었다.

6925 델타 II 로켓은 2, 3단 요소들이 같았고, 그래서 1,447㎏ 무게의 탑재체를 정지 천이 궤도까지 쏘아 올릴 수 있었다. 또한 이 로켓은 이제 길이가 38.41m였고 발사 시 무게는 217,680㎏이었다. 2단 로켓(6920)의 경우 3,983㎏ 무게의 탑재체를 지구 저궤도에 쏘아 올릴 수 있었다. 6925 델타 II 로켓은 반덴버그 공군기지에서 2,567㎏ 무게의 위성을 태양 정지 극궤도로 쏘아 올리는 데도 쓰였다. 최초의 델타 II 로켓은 1989년

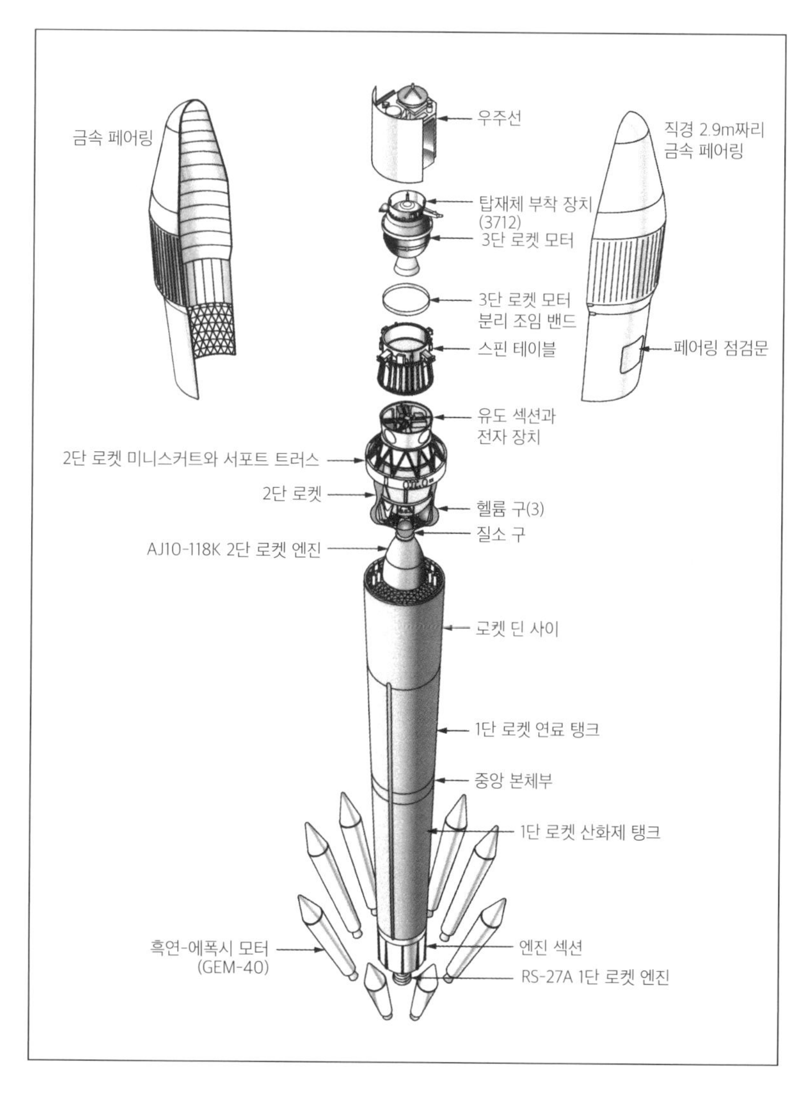

➤ 델타 II 로켓은 고객의 필요에 따라 로켓 성능 선택에 최대한 융통성이 있었고, 부착되는 부스터 로켓의 수도 조정이 가능했다.
(자료 제공: McDonnell Douglas)

2월 14일에 블록 II 나브스타 위성을 싣고 발사대를 이륙했으며, 1990년 10월 1일까지 총 9기의 발사체가 중형 발사체(MLV) 계약에 따라 발사됐다.

이 같은 로켓 발사가 있기 전에, 더 이상 위성 발사에 우주왕복선을 이용하지 않기로 결정했으므로 델타 로켓은 시급히 발사 성능을 보강해야 했고, 그래서 6920 델타 II 로켓이 나오기 이전에 쓸 수 있는 과도기적인 델타 로켓이 필요했다. RS-27 엔진을 다시 생산하게 되면서 구식 MB-3 블록 III 엔진은 캘리포니아 노턴 공군기지 저장소에서 축출됐지만, 더 낮아진 추력을 올리기 위해 1단 로켓에는 새로운 캐스터 IVA 고체 추진제 모터가 장착됐고, 3단 로켓에는 스타-48B 모터(PAM에 사용된 것과 같은 모터)가 장착됐다.

이 같은 조합으로 델타 로켓은 4925 모델로 발전했는데, 이때의 4는 MB-2 엔진이 장착된 길쭉한 탱크의 토르 로켓을 뜻했고, 9는 9개의 캐스터 IVA 부스터 로켓을 뜻했으며, 2는 AJ10-118K 엔진이 장착된 2단 로켓, 그리고 5는 PAM-D와 같은 상단 로켓을 뜻했다. 이 델타 II 4925 모델은 단 두 번 발사됐다. 1989년 8월 27일에 이탈리아의 한 과학 위성을 쏘아 올렸고, 1990년 6월 12일에 인도의 한 통신 위성을 쏘아 올린 것이다. 또 다른 특이한 변종 모델인 델타 II 5920(이때의 5

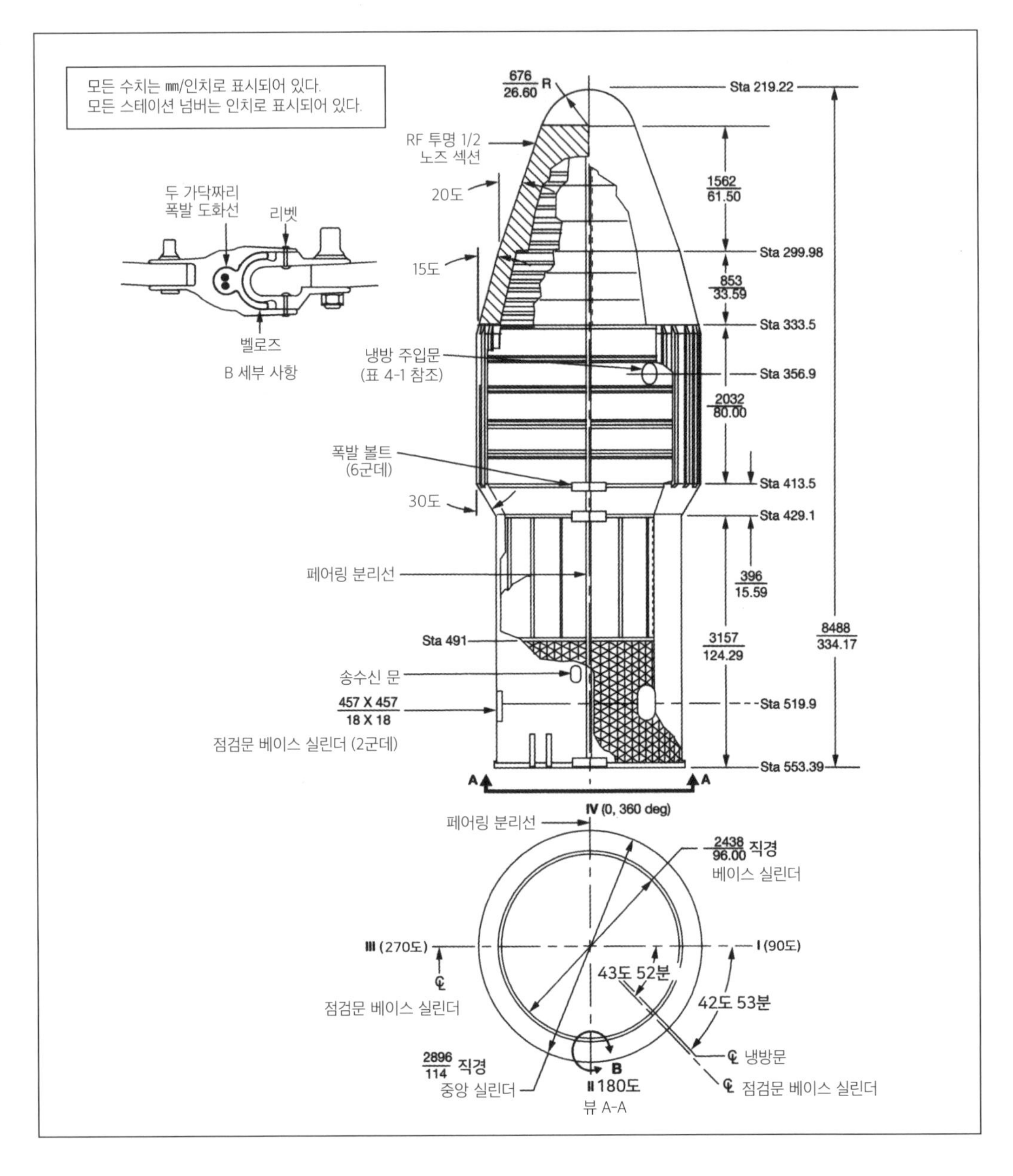

➤ 탑재체 덮개와 각종 부착물 및 장치들을 포함한 탑재체 및 상단 로켓의 조합 상태.
(자료 제공: McDonnell Douglas)

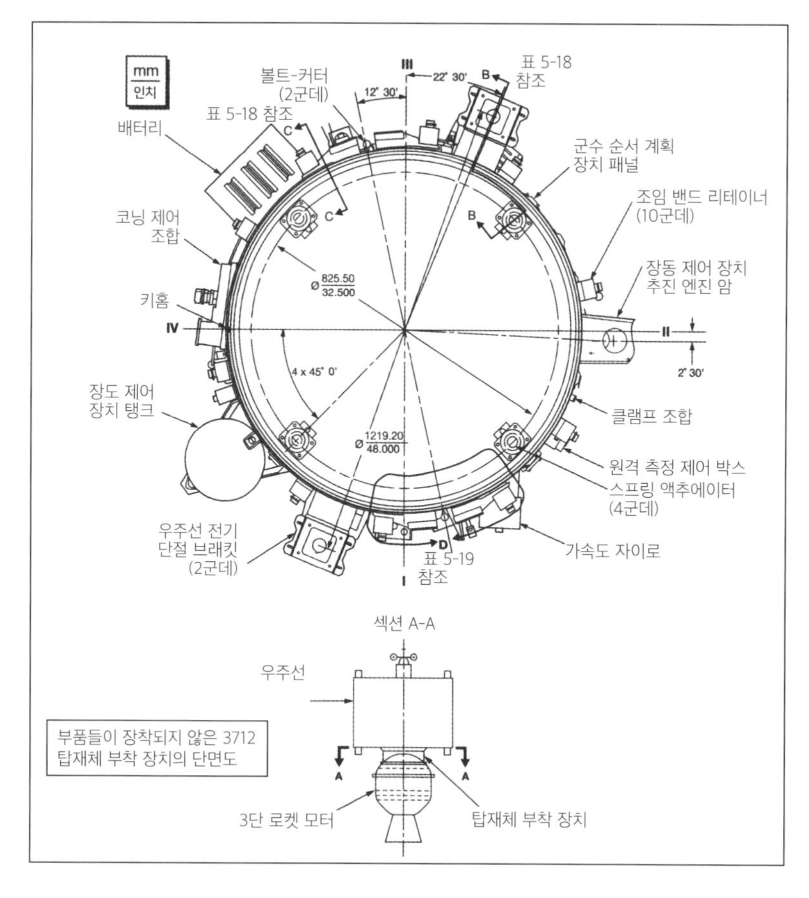

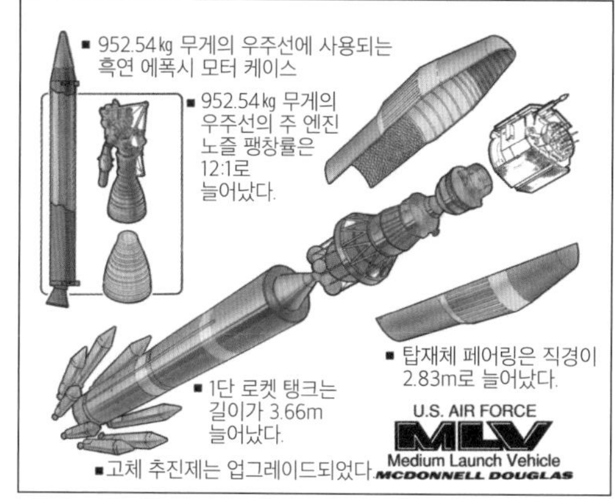

▲ 미 공군의 국방 위성 발사용 중형 발사체 2 공모에 응했던 맥도널 더글러스 사의 간단한 발사체 설명도.

(자료 제공: McDonnell Douglas)

◀ 델타 로켓 꼭대기 로켓 단 위의 탑재체 부착 장치는 발사 전 파워와 기타 필요에 따라 달라졌다.

(자료 제공: McDonnell Douglas)

▼ 이 탑재체 덮개 상세도를 보면, 고객들이 특정 인공위성용 덮개에 대해 구체적으로 무엇을 원하는지 알 수 있다.

(자료 제공: McDonnell Douglas)

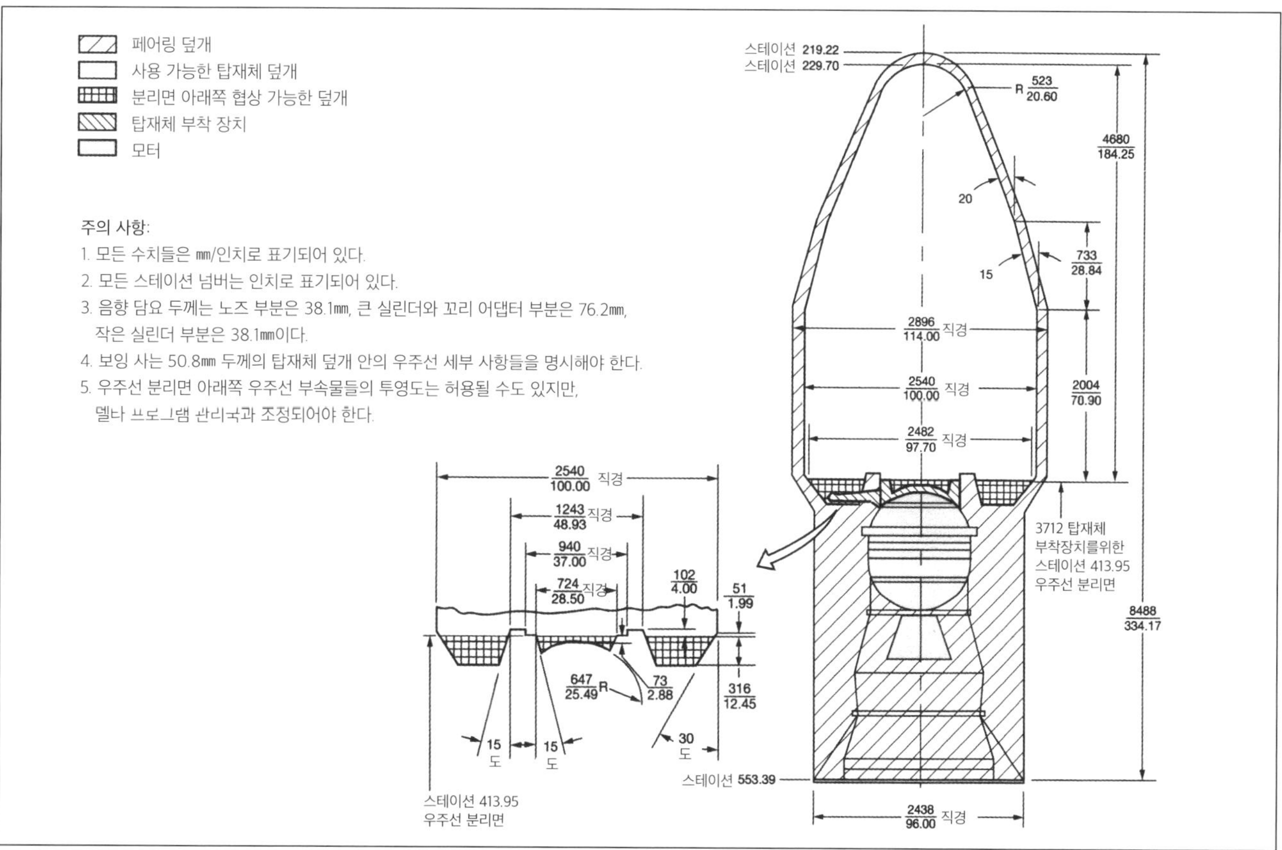

▶ 발사 지점의 발사체 지지대는 모든 종류의 발사체와 탑재체를 수용할 수 있게 되어 있다.
(자료 제공: McDonnell Douglas)

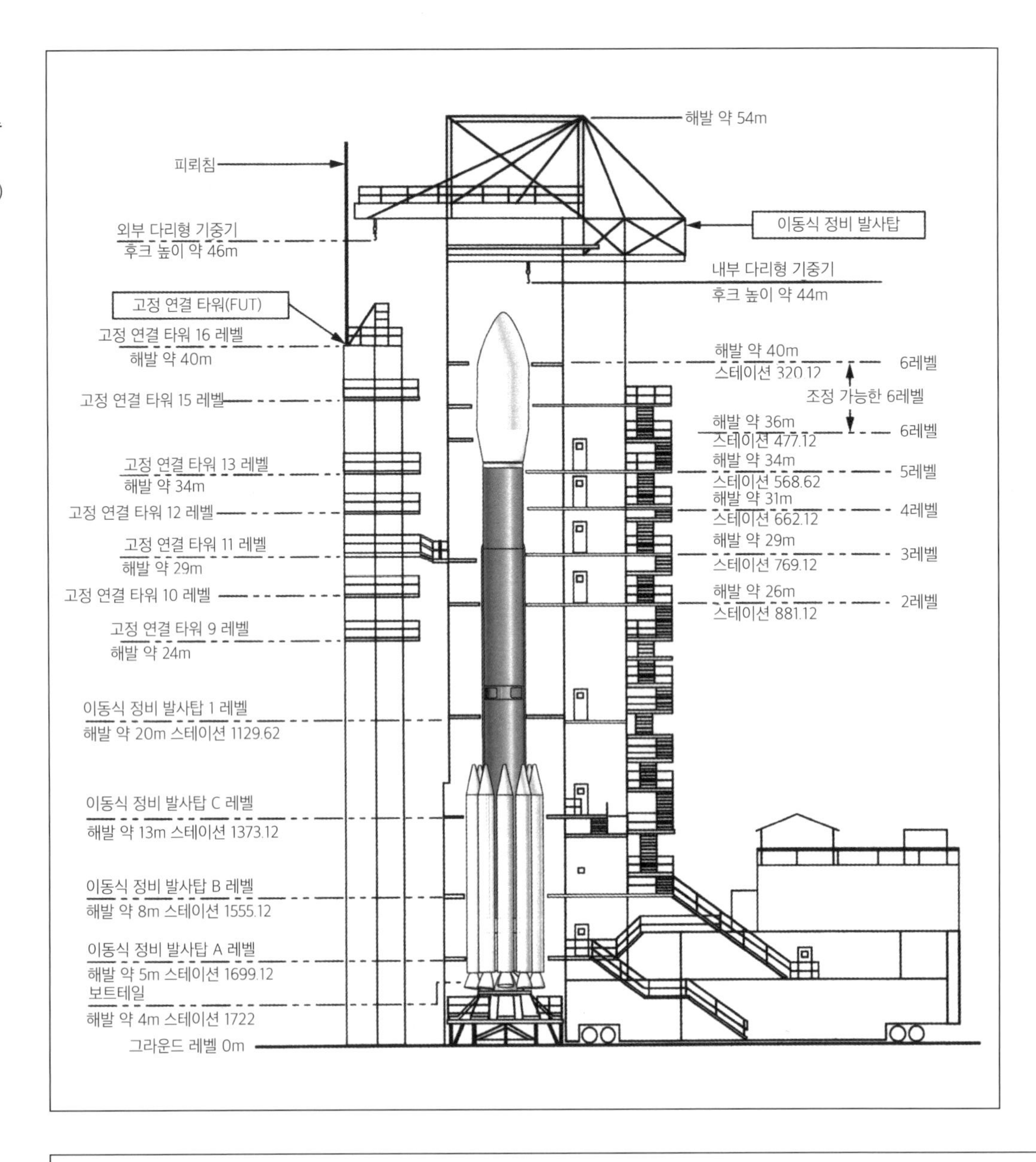

DM-F3 델타 III 발사체

1. 탑재체 페어링
2. 탑재체 덮개
3. 탑재체 분리면
4. 탑재체 부착 조립
5. 탑재체 페어링 분리 장치
6. 탑재체 캡슐 링
7. 2단 로켓 전방 스커트
8. 2단 로켓 액체수소 탱크
9. 탱크 간 전방 스커트
10. 1단/2단 로켓 분리 장치
11. 탱크 간 트러스
12. 2단 로켓 액체산소 탱크
13. 2단 로켓 장비 선반
14. 로켓 단 간
15. 2단 로켓 엔진 (프랫 & 휘트니 사의 RL10B-2 엔진)
16. RL10B-2 엔진 노즐 (안전하게 수납된)
17. 1단 로켓 장비 선반
18. 1단 로켓 전방 스커트
19. 1단 로켓 RP-1 연료 탱크
20. 중앙 본체부
21. 1단 로켓 액체산소 탱크
22. GEM-46 고체 로켓 모터 (수량 9)
    - 3 지상 점화 고정 노즐 10 캔트
    - 2 지상 점화 벡터 노즐 5±5 캔트
    - 3 공중 점화 긴 노즐 10 캔트
23. 액체산소 탱크 스커트
24. 엔진부
25. 1단 로켓 엔진 (로켓다인 사의 RS-27A 엔진)

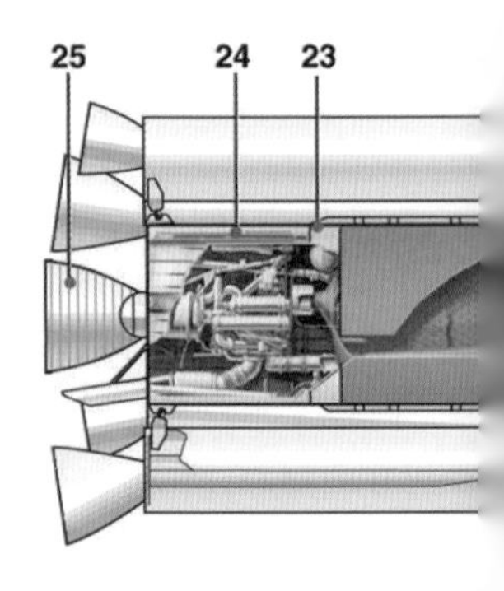

▶ 델타 III 로켓의 경우, 극저온 연료 방식의 2단 로켓에 센토 로켓에 쓰이던 엔진을 그대로 갖다 쓰고 RS-27A 1단 로켓 엔진을 사용하며 성능 면에서 많은 발전이 있었던 델타 로켓의 결정판이었다.
(자료 제공: McDonnell Douglas)

는 RS-27 엔진이 장착된 확장된 긴 탱크를 뜻함)은 1989년 11월 18일에 한 천문 위성을 쏘아 올렸다. 델타 II 6925 모델은 총 14회 비행했으며, 1992년 7월 24일에 마지막 비행에 나섰다.

한편 미 공군은 자신들의 군사용 통신 위성을 쏘아 올릴 중형 발사체-2(MLV-2) 선정에 나섰고, 결국 1988년 4월 아틀라스-센토가 낙점된다. 그러나 1993년 4월에 있었던 중형 발사체-3(MLV-3) 선정에서는 델타 II 모델 중 하나인 델타 II 7925가 선정된다. 이 로켓에는 델타 II 6925 로켓의 추가 확장된 긴 탱크 1단 로켓 단이 사용됐지만, 새로 개발된 부다 강력한 GEM 40 부착식 부스터 로켓과 보다 강력한 RS-27A 엔진, 기존의 AJ10-118K 2단 로켓, 스타-48B 3단 로켓 등도 추가됐다. 길이 12.96m의 허큘리스(훗날의 알리언트) GEM(흑연-에폭시 모터) 부스터 로켓들은 기존에 있던 캐스터 IVA 부스터 로켓에 비해 훨씬 더 길었고, 각 부스터 로켓은 63초 동안 439.9kN의 추력을 냈다.

GEM 부스터 로켓에는 캐스터 IVA 부스터 로켓과 같은 추진제들이 쓰였고, 업그레이드된 노즐 덕에 비추력은 더 컸다. 후에 GEM 40 부스터 로켓은 446kN의 추력을 내게 되며 전반적인 성능 또한 더 좋아지게 된다. 또한 이륙 시의 총 추력은 델타 II 6925로켓에 비해 약 50.7kN 더 컸다. 또 RS-27A 노즐은 팽창 비율이 8:1에서 12:1로 늘어났으며, 1,054.2kN의 진공 추력을 내, 해수면 추력은 떨어졌지만 높은 고도에서의 성능은 극대화됐다.

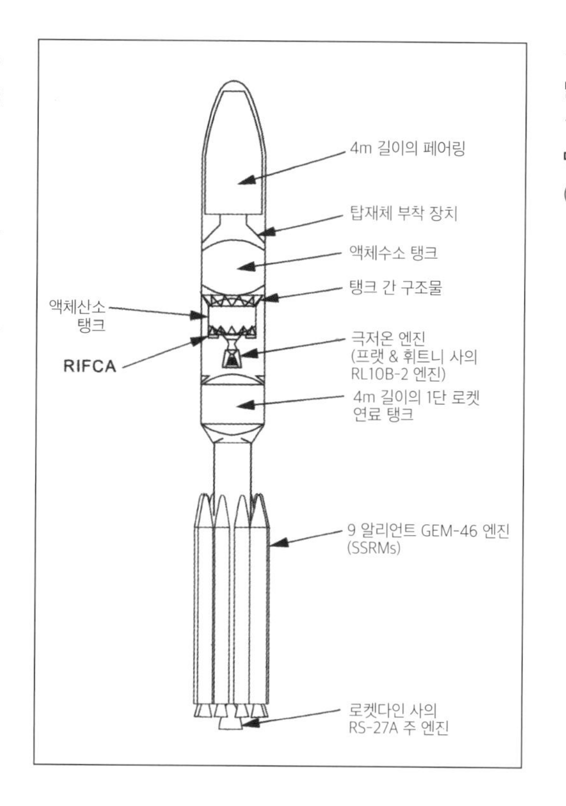

◀ 길이가 짧아지고 대신 더 넓어진 액체산소 탱크 때문에 1단 로켓이 해머처럼 보이는 델타 III 로켓의 일반적인 구조. (자료 제공: McDonnell Douglas)

델타 7925 로켓은 1990년 11월 26일 블록 IIA 나브스타 항행 위성 1호를 싣고 첫 비행에 나섰으며, 이후 2014년 말까지 약 117기의 델타 II 로켓 6000시리즈와 7000시리즈가 발사됐다. 그리고 이후 길이 14.7m에 해수면 추력 499.18kN, 연소 시간 76초인 GEM 46 모터들이 새로 추가됐다. 현재 델타 II 7925 로켓은 1,819㎏ 무게의 탑재체를 정지 천이 궤도로, 그리고

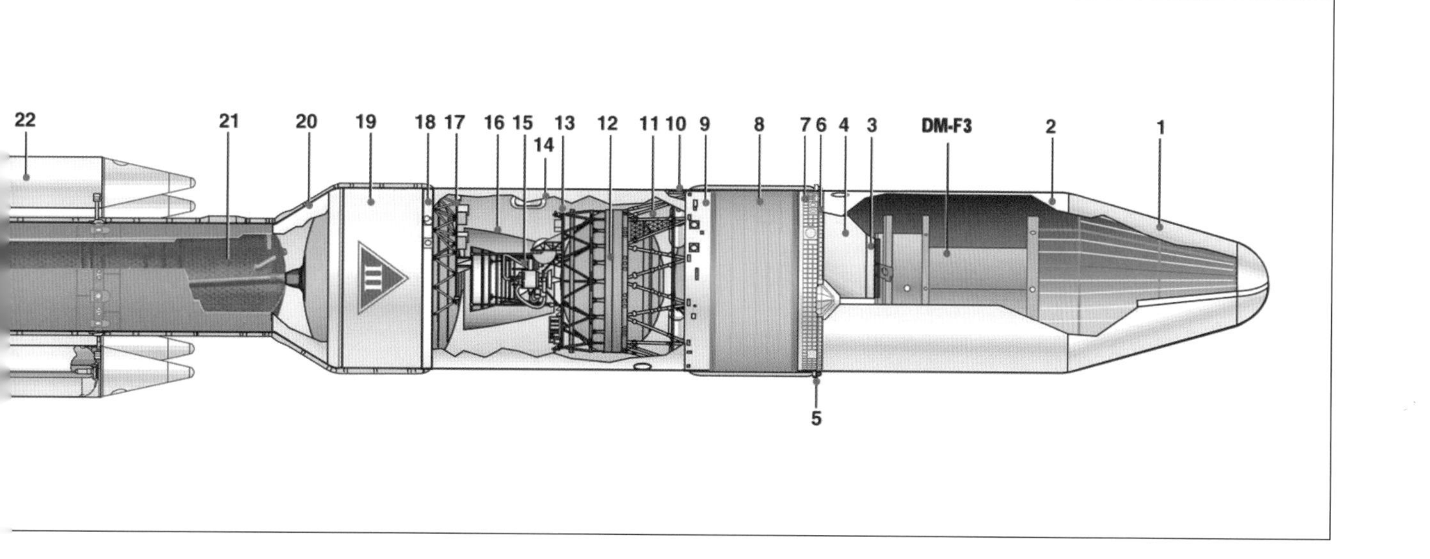

3,123㎏ 무게의 탑재체를 정지 극궤도로 쏘아 올릴 수 있다.

1990년대 초에 이르자 세계 여러 국가와 사기업들이 사상 유례 없이 많은 응용 위성을 개발해 쏘아 올리게 된다. 델타 II 로켓은 1.8톤 무게의 탑재체를 정지 천이 궤도로 쏘아 올릴 수 있었고, 1988년부터 비행에 나선 아리안 4 로켓은 4톤 무게가 넘는 탑재체를 쏘아 올릴 수 있었다. 1997년 주식 스왑프에 의해 보잉 사에 인수된 맥도널 더글러스 사는 미국 시장을 재탈환하기 위해 한 차원 높은 델타 로켓을 제작하려는 야심 찬 계획에 착수한다. 유럽 로켓 산업의 약진에 맞서 시급히 델타 로켓의 저력을 보여줄 필요가 있었던 것이다.

그 과정에서 맥도널 더글러스 사는 보다 강력하면서도 값도 싼 우주왕복선 주 엔진(SSME)의 개발을 모색한다. 그 결과 더 단순하고 무겁고 효율성도 떨어지지만 더 값싼 엔진 RS-68이 개발되어 새로운 델타 IV 로켓의 핵심 로켓 단의 주 동력원으로 쓰이게 된다. 한편 하루라도 빨리 아주 무거운 인공위성을 정지 천이 궤도까지 쏘아 올릴 필요성을 느낀 맥도널 더글러스 사는 서둘러 델타 III 로켓 개발에 나서게 된다. 과도기적인 성격의 로켓이었지만, 중형 탑재체 시장을 노린 로켓이기도 했다.

델타 III 로켓의 추진 장치는 델타 II 7920 로켓에서 가져온 것으로, 1단 로켓에는 RS-27A 엔진을 그대로 썼고 GEM 46 부착식 부스터 로켓을 9개까지 부착할 수 있었다. 그러나 2단 로켓은 완전히 새로운 로켓으로, 극저온 액체 추진제 방식이 적용됐으며, 센토 상단 로켓용으로 개발된 프랫 & 휘트니 사의 RL-10B-2 단발 엔진이 장착됐다. 또한 원하는 크기의 탑재물을 쏘아 올리기 위해, 또 발사체에 적합한 높이를 유지하도록 하기 위해, 1단 로켓은 그 길이가 20m로 줄었다. 1단 로켓 전방 끝부분에 장착된 액체산소 탱크도 길이가 줄고 직경은 4m로 늘었으나, 그 아래쪽에 있는 등유 탱크는 토르 로켓 시절 이후 늘 그랬듯 직경 2.44m를 그대로 유지했다. 델타 III는 이처럼 1단 로켓의 직경이 늘어났는데, 2단 로켓을 지나 탑재체 덮개 끝부분까지도 마찬가지였다.

1단 로켓 추진제의 경우 총 무게는 조금 줄어든 95,550㎏이었고, 지상에서 시동이 걸리는 6개의 GEM 46 부스터 로켓에는 상승 중 로켓 제어에 필요한 노즐들이 설치되어 있었다. 2단 로켓의 경우 추진제 총 무게는 16,780㎏이었고, RL-10B-2 엔진은 총 700초의 연소 시간 동안 110.1kN의 추력을 냈다. 또한 2단 로켓은 길이 8.8m에 19,300㎏ 무게의 극저온 액체산소/

➤ 보다 강력하고 에너지 효율성이 높은 RL-10 엔진이 장착된 델타 III의 2단 로켓.
(자료 제공: McDonnell Douglas)

➤➤ 단 3기밖에 없었던 델타 III 중 하나가 이륙 중이다. 이 강력한 발사체에 대한 관심을 높일 목적으로 시험 비행을 했으나, 이 비행에 성공한 뒤 이후 두 번의 시험 비행은 모두 실패로 끝났다.
(자료 제공: NASA)

액체수소가 주입됐는데, 이 2단 로켓은 델타 IV 로켓에 쓸 2단 로켓을 가져다가 길이만 줄인 버전이었다. 3단 로켓으로 스타-48B 로켓이 옵션으로 장착될 수도 있었지만, 주요 미션은 1, 2단 로켓만으로도 수행 가능했다. 탑재체 페어링은 길이 10.8m에 직경 4m로 널찍했다. 항공 전자 장치와 비행 관련 소프트웨어는 관성 비행 제어 장치와 함께 델타 II 로켓에서 가져온 것이었다. 또한 이 로켓의 유도 장치는 링-레이저 자이로스코프 6개, 선드스트랜드Sundstrand 사의 가속도계 6개와 MIL-STD-1750A 프로세서로 구성되어 있었다.

델타 III 로켓의 경우 이처럼 융통성 있는 조합이 가능해, 3단 로켓 없이도 원하는 탑재물을 거의 모든 지구 궤도에 쏘아 올릴 수 있었고, 에어로젯 사의 자동 점화성 모터 대신 극저온 2단 로켓을 사용한 완전히 새로운 차원의 발사체였다. 또한 델타 III는 고객의 요청에 따라 무게 8,290㎏까지의 탑재체를 지구 저궤도에 쏘아 올릴 수 있었고, 무게 7,300㎏의 탑재체를 국제우주정거장까지 쏘아 올릴 수도 있었다. 그러나 이 로켓의 주 목표는 상업용 위성을 정지 천이 궤도에 올리는 것이었고, 가장 강력한 델타 II 로켓보다 성능이 배가되어 실제로 무게 3,810㎏의 탑재물을 정지 천이 궤도에 쏘아 올릴 수 있었다. 보잉 사는 로켓에 네 자리 숫자 이름을 붙였고, 이전의 모든 델타 로켓들에 비해 획기적으로 변화된 1단 로켓 조합에 숫자 8을 새로 붙였다. 또한 RL-10-B2 엔진을 주 동력으로 쓰는 극저온 로켓 단에는 숫자 3을 붙였다. 그래서 GEM 46 부스터 로켓 9개가 부착된 로켓의 숫자는 8930(3단 로켓은 없음)이 되었다.

델타 III 로켓은 1998년 8월 27일 아주 큰 갤럭시Galaxy 10 상업용 통신 위성을 싣고 첫 비행에 나섰다. 그러나 이륙한 지 75초 만에 유도 장치 고장으로 자세 제어가 되지 않으면서 로켓은 크게 뒤흔들리며 요동쳤다. 결국 지상 시동 부스터 로켓들이 떨어져나가기 몇 초 전 로켓이 위아래로 뒤집어졌고, 인구 밀집 지역으로 날아가는 걸 막기 위해 케이프 커내버럴 통제팀에 의해 공중 폭파됐다. 1999년 5월 5일에 있었던 두 번째 비행 역시 실패로 끝났는데, 제조상의 결함으로 연소실에 금이 가면서 2단 로켓이 재시동이 되지 않으면서, 통신 위성 오리온 3호가 지구 궤도 안에서 표류하게 된 것이다.

인공위성 시장이 급작스레 쇠퇴하는 상황에서 델타 III 로켓에 대한 믿음을 잃은 보잉 사는 2000년 8월 23일 델타 III 로켓에 모형 탑재체를 탑재한 채 시험 발사했다. 그러나 이번에도 2단 로켓이 오작동을 일으키

▲ 델타 로켓의 경우 옵션이 다양한 데다 상단 로켓도 종류가 많아, 원하는 탑재 능력을 가진 로켓을 선택할 수 있었고, 델타 프로그램에 따라 성능 면에서도 아주 큰 발전이 있었다.
(자료 제공: Boeing)

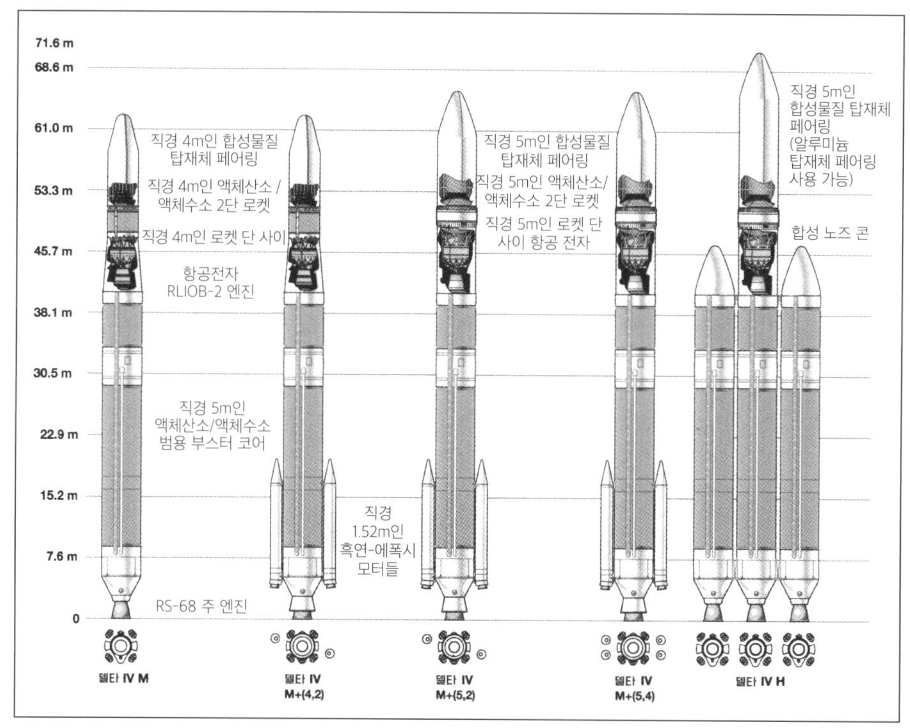

▼ 델타 IV 로켓은 완전히 새로 제작된 발사체로, 범용 부스터 코어 로켓이 장착되어 단일 로켓으로 비행할 수도 있었고 부스터 로켓 3개가 동시에 점화될 수도 있었다.
(자료 제공: Boeing)

➤2003년 9월 3일 델타 IV 로켓이 군사용 통신 위성을 싣고 날아오르고 있다.
(자료 제공: Boeing)

➤➤점점 몸집이 커져 원래의 집인 17번 발사 시설로는 감당할 수 없게 된 델타 IV 로켓이 완전히 새로워진 37번 우주 발사 시설에서 발사되고 있다. 이 37번 우주 발사 시설은 원래 아폴로 우주선 시대의 NASA의 새턴 I과 새턴 IB 발사체를 쏘아 올리던 곳이다.
(자료 제공: NASA)

면서 제대로 정지 천이 궤도에 오르지 못한다. 그 비행은 델타 발사체의 통산 280번째 비행이었다. 결국 델타 III는 조용히 퇴역했다.

델타 II 로켓이 계속 발사체 시장의 한 부분을 장악하고 있지만, 이제 무거운 탑재체의 발사는 전적으로 록히드 마틴 사의 아틀라스-센토 기반의 발사체들이 맡게 되며, 보잉 사는 이제 델타 7000시리즈와 세 차례 실패한 8000시리즈를 개발하면서 확보한 기술들을 활용할 길을 찾게 된다.

그러나 정부로부터 보조금을 받지 못하는 한 완전히 새로운 로켓을 개발하는 건 불가능한 일이었다. 그런데 마침 1995년 미 공군이 '진화된 1회용 발사체(EELV)' 프로그램에 착수하면서 새로운 기회가 열리게 된다. 미 공군이 4개 업체로부터 제안서를 받아, 낮은 개발비로 기존 로켓들로 군사용 탑재체를 발사할 수 있는 길을 찾아 나선 것이다.

보잉 사는 범용 부스터 코어(Common Booster Core, CBC)라 불리는 완전히 새로운 극저온 추진제 방식의 1단 로켓을 활용하는 발사체 개발 제안서를 제출했다. 그 범용 부스터 코어는 길이 40.8m, 직경 5.13m, 추진제 능력은 199,640㎏이었다. 우주왕복선 주 엔진(SSME)으로부터 발전된 에어로젯 로켓다인 사의 RS-68 엔진으로 움직이는 그 1단 로켓은 해수면 추력이 2,891kN이었고 연소 시간은 246초였다. 고체 추진제 로켓 엔진은 길이 16.15m에 직경 1.52m인 GEM 60 엔진이었다. 이 엔진은 29,949㎏의 고체 히드록실-말단 폴리부타디엔(HTPB) 추진제를 사용했으며, 이륙 시 추력은 734kN이었다. 만일 이 엔진을 2대 장착한다면 100초간 연소된 뒤 떨어져나가게 되어 있었다.

두 가지 다른 극저온 2단 로켓 조합이 가능했다. 더 작은 로켓 단은 직경 4m, 길이 12.2m, 무게가 24,170㎏이었다. 큰 로켓 단은 직경 5m, 길이 13.7m, 무게는 30,710㎏이었다. 두 가지 모두 RL-10-B2 엔진이 장착됐고, 진공 상태에서의 추력은 110.1kN이었으며, 보다 작은 로켓 단의 연소 시간은 850초, 궤도를 수정하기 위해 여러 차례 시동을 걸어야 할 경우 연소 시간은

1,125초였다.

보잉 사는 필요에 따라 단발 범용 부스터 코어(CBC) 엔진과 작은 2단 로켓이 장착된 IV-M 로켓, IV-M+ 로켓의 세 가지 변형 버전들, 그리고 IV-H 로켓 이렇게 다섯 가지의 기본 조합을 제공했다. 이 중 IV-M+의 세 가지 변형 버전은 4.2 모델(더 작은 상단 로켓과 부스터 로켓 2개 장착), 5.2 모델(큰 2단 로켓과 부스터 로켓 2개 장착), 그리고 5.4 모델(큰 상단 로켓과 부스터 로켓 4개 장착)이라 불렀다. IV-H 로켓의 경우 고체 추진제 부스터 로켓들이 없었고, 대신 3개의 범용 부스터 코어(CBC) 엔진들을 옆으로 나란히 놓고 사용했다. 그리고 이 버전의 경우 커다란 금속 페어링이 있었고, 다른 모든 페어링들은 합성물질로 만들어졌다.

1960년형 작은 델타 로켓과 비교해보면, 델타 IV 로켓의 성능은 정말 놀라울 정도였다. 탑재 용량에 관한 한 거의 무한대의 옵션이 가능했으며, 가장 강력한 델타 IV-H 로켓의 경우 최대 12,757㎏ 무게의 탑재체를 정지 천이 궤도로 쏘아 올릴 수 있었고, 지구 저궤도에는 21,892㎏ 무게의 탑재체까지 쏘아 올릴 수 있었다.

미 공군은 1998년 10월 16일 19기의 델타 IV 발사체 개발을 공언했고, 앨라배마주의 디케이터가 범용 부스터 코어(CBC) 로켓 프로그램의 본거지가 되었다. 1999년부터 드디어 델타 IV 로켓 생산이 시작됐고, 2002년 11월 20일에는 이 로켓의 첫 모델인 델타 IV-M+(4,2)가 유텔샛Eutelsat 통신 위성을 싣고 비행에 나섰다. 그리고 2014년 8월까지 총 27기의 델타 IV 로켓이 발사됐는데, 그중 6기는 델타 IV-H 모델이었다.

2014년 8월 말까지 총 353기의 델타 로켓이 발사됐는데, 그중 무려 341기는 토르 미사일과 뱅가드 로켓의 요소들이 합쳐진 발사체였으며, 이 두 세대의 발사체들은 이후에도 계속 다양한 고객들을 위해 활용된다.

▼ 이 차트를 보면 델타 로켓이 지난 55년간 그 크기와 성능 면에서 어떻게 다양한 변화를 거쳐왔는지 알 수 있다. 그림자 부분을 보면 발사체 대비 정지 천이 궤도(GTO)까지 쏘아 올릴 수 있는 탑재체의 무게를 알 수 있으며, 각 발사체 종류별로 크기도 나와 있다.

(자료 제공: Boeing)

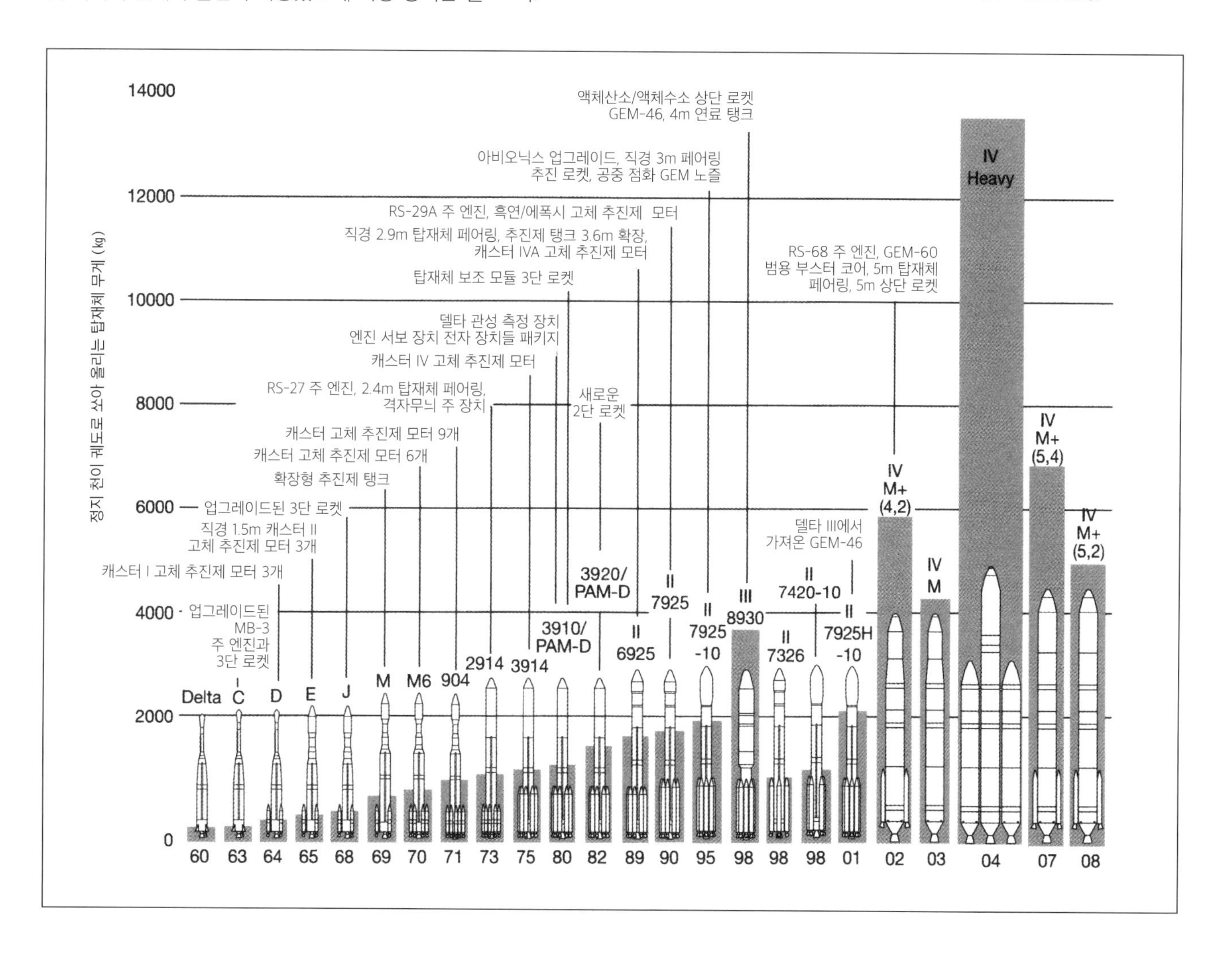

➤ 트리플-코어 델타 4 로켓의 전반적인 성능은 오리지널 델타 로켓은 물론 대형 탑재물 발사체로 발전해온 뿌리나 다름없는 토르 로켓과도 큰 차이가 있었다.
(자료 제공: Boeing)

스카우트

첫 비행: 1960년 7월 1일

여러 해 동안 모든 고체 추진제 로켓 단들을 조합해 만들어진 유일한 위성 발사체였던 스카우트 로켓은 소형 탑재체를 지구 궤도 위로 쏘아 올리는 저비용 로켓으로 자리매김하게 된다. 이는 혁신적인 방식으로 기존 로켓을 재활용해 전혀 새로운 발사체를 만들어내려 한 NASA의 첫 시도이기도 했다. 스카우트 로켓은 NASA의 여러 중요한 과학 미션을 수행하면서, 다른 어떤 로켓도 충족시켜주지 못한 틈새시장을 충족시켰다.

◀ 단순하면서도 신뢰할 만하고 경제성도 있는 소형 위성 발사체의 수요를 충족시키기 위해 NASA는 기존의 고체 추진제 로켓 모터들을 조합한 새로운 스카우트 로켓의 개발에 착수한다. 사진 속 로켓은 1960년 7월 1일에 발사된 스카우트 로켓. 이는 이후 34년간 이어진 118기의 스카우트 로켓 발사 중 첫 발사로 기록된다.
(자료 제공: LTV)

1956년 NASA 랭글리항공연구소Langley Aeronautical Laboratory 내 무인항공기연구부(PARD)의 엔지니어들은 그 당시에는 아직 미지의 세계였던 고속 환경(그 이전의 동력 비행에서는 밝혀내지 못했음)을 보다 자세히 들여다보기 위해 각종 연구 장비를 싣고 극초음속(마하 5 이상의 속도-옮긴이)으로 비행하는 로켓 개발을 계획했다.

그 당시 고체 추진제 로켓은 미 육군이 전쟁터에 적용하려고 선택한 것으로, 최전방에 대한 적의 지원을 차단하는 데 효과적인 장거리 무기로 여겨졌다. 미 공군 역시 고체 추진제 로켓을 활용해 핵탄두가 장착된 GAR-11(AIM-26) 팰콘 미사일 같은 공대공 미사일을 개발했고 또 핵탄두가 장착된 CIM-10 보마르크Bomarc 미사일 같은 대공 미사일도 개발했다.

또한 이른바 sounding rocket, 즉 '관측 로켓'들이 10년 넘게 대기권 상층부로 쏘아 올려져 그곳에서 각종 데이터를 무선으로 지상에 보내왔으며, 아니면 각종 데이터가 담긴 캡슐을 낙하산을 이용해 지상에 떨어뜨려 회수할 수 있게 했다. sounding rocket이란 말은 '탐사'를 뜻하는 프랑스어 sonda에서 온 것인데, 프랑스어 sonda는 배 아래쪽 물의 깊이를 재는 일과도 관련이 있는 말이다. 그래서 sounding rocket은 선원들이 바다에서 하는 일을 대기권 상층부에서 한다. 탐사를 하되 바다 밑이 아닌 대기권 상층부에서 하는 것이다.

미국 항공자문위원회(NACA)의 랭글리항공연구소 산하 무인항공기연구부(PARD)의 엔지니어들은 결국 5단 고체 추진제 로켓을 개발해냈으며, 1957년에 월롭스 섬에서 시험 발사를 했는데, 당시 그 로켓은 마하 15의 속도를 기록했다. 에어로젯 사는 이미 그 당시 존재하던 고체 추진제 로켓 가운데 최대 규모의 고체 추진제 로켓을 발사했는데, 그 로켓은 모터 길이가 9.1m에 직경 1.02m, 무게는 10,274㎏이었다. 주피터 시니어Jupiter Senior로 알려진 그 로켓은 액체 추진제 방식의 주피터 로켓의 고체 추진제 버전으로 개발됐다. 폴리우레탄과 과염소산암모늄과 알루미늄의 혼합 추진제를 써서 40초 동안 444.8kN의 추력을 냈다. 13회의 정적 테스트(static test)를 포함해 총 45회의 비행을 성공적으로 끝낸 뒤, 에어로젯 사는 폴라리스Polaris와 미니트맨Minuteman 로켓 단에 이 모터의 변형들을 사용하게 된다.

한편 티오콜 로켓의 경우 서전트 고체 추진제 미사일 모터용 추진제 배합에 계속 문제가 생겨, 다황화물 혼합제를 금속이 추가된 폴리부타디엔 아크릴산 혼합제로 교체하게 되며, 그 결과 비추력이 크게 향상된다. 무인항공기연구부의 엔지니어 윌리엄 스토니William Stoney는 이 주피터 시니어 로켓을 1단 로켓으로, 개선된 서전트 로켓을 2단 로켓으로 쓰고, 또한 그 위에 뱅가드 위성 발사체에서 가져온 X-248 로켓 단 2개를 쓰는 아이디어를 냈다. 극초음속 대기권 연구에 필요한 툴을 제공해주고 동시에 소형 위성들을 쏘아 올릴 발사체 역할을 할 4단 로켓을 개발하려 한 것이다. 그러나

➤ 스카우트 로켓은 다른 로켓들에 쓰인 기존의 로켓 모터를 활용함으로써 큰 이득을 보았고, 단순하면서도 믿을 만하고 경제성 있는 로켓의 전형으로 자리 잡으면서 다양한 고객들에게 우주로 향하는 쉽고 빠른 길을 제공했다.
(자료 제공: LTV)

• 발사체 무게 - 21,747㎏
• 길이 - 23m
• 베이스 직경 - 1.14m
• 탑재체 덮개 직경 - 1.06m 또는 0.8m

베이스 A
알골 IIIA 모터
터널 커버
하단 B 섹션
상단 B 섹션
캐스터 IIA 모터
하단 C 섹션
상단 C 섹션
안타레스 IIIA 모터
하단 D 섹션
상단 D 섹션
알테어 IIIA 모터
탑재체 어댑터
탑재체 덮개
1단 로켓
2단 로켓
3단 로켓
4단 로켓

▼ 로켓 자세 제어를 통해 다시 가장 신뢰할 만한 배출 날개와 지느러미 끝 방향키를 확보할 수 있게 되었고, 그러면서도 전자 장치 및 탑재체 지원 장치는 기본적이고도 간단해졌다.
(자료 제공: LTV)

NACA는 이미 자신들이 보유한 뱅가드 로켓, 주피터-C 로켓, 그리고 토르 에이블 로켓 조합에 아주 만족해하고 있었기 때문에, 이런 아이디어에 시큰둥했다.

1958년 3월에 NACA는 랭글리항공연구소 측에 보다 발전된 우주 기술 연구 프로젝트들에 대해 제안서를 내줄 것을 요청했다. 랭글리항공연구소는 자신들의 한 부문인 무인항공기연구부(PARD)의 아이디어를 높이 평가해 새로운 고체 추진제 발사체 '스카우트Scout(Solid Controlled Orbital Utility Test System의 줄임말)'를 개발하자는 제안서를 내놓았다. 그리고 1958년 5월 6일 그 제안서에 대한 공식 승인이 떨어져 예산까지 배당됐다. 게다가 미 공군에서도 이 스카우트 로켓에 관심을 보여, 훗날 블루 스카우트Blue Socut라 불리게 되는 자신들의 연구를 위해 이 로켓을 몇 기 구입하겠다는 약속까지 한다. 그렇게 해서 스카우트 로켓 개발 프로젝트는 윌리엄 스토니의 책임 아래 진행된다. 초기의 상세한 분석에 따르면, X-248 3단 로켓이 보다 강력한 3단 로켓이 될 수도 있었고, 그래서 보다 큰 버전인 허큘리스-알레가니Hercules-Allegany X-254 로켓이 개발되었다. 이 로켓의 경우 같은 혼합식 추진제를 쓰고 섬유유리 합성수지를 케이스로 사용했지만, 연소 슬롯burning slot은 꼭짓점이 4개가 아니라 5개인 별 모양이었다. 추진제 로켓 모터의 길이는 1.02m가 채 안 되던 것이 1.8m 넘게 늘어났고, 평균 추력은 11.5kN에서 60.5kN으로 늘었다. 이 로켓은 안타레스Antares I으로 불렸으며, 기존의 알테어 I 로켓 I처럼 ABL X-248 4단 로켓의 추력이 13.3kN이었다.

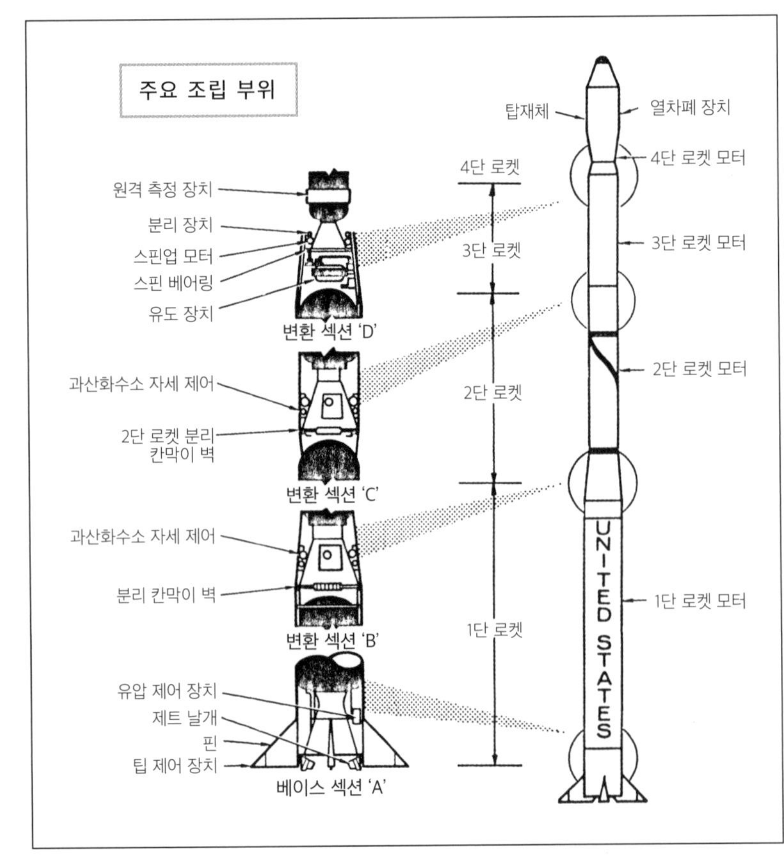

발전된 주피터 시니어 로켓은 스카우트의 1단 로켓처럼 알골Algol I로 이름이 바뀌었으며, 길이 9.1m, 직경 1.02m였다. 추진 장치는 꼭지 8개짜리 '기어'처럼 가운데 구멍이 나 있었다. 끝부분이 사각형인 8개짜리 톱니바퀴 모양이었던 것이다. 그리고 로켓 모터는 214초의 비추력에 511.5kN의 추력을 냈고, 연소 시간은 214초였다. 서전트 미사일 뒷부분에서 티오콜 2단 로켓이 떨어져나왔고, 추진제는 폴리부타디엔-아크릴산-알루미늄-암모늄-과염소산염 혼합제가 쓰였는데, 이 혼합 추진제는 미니트맨 시험 모델들에서도 사용됐었다. 그 결과 275초의 비추력에 240.2kN의 추력을 냈다. 이 로켓 단은 길이가 서전트 로켓 단의 5m보다 늘어난 6.2m였으며, 캐스터 I 로켓으로 불리게 된다.

유도 장치는 미네아폴리스-허니웰Minneapolis-Honeywell 사의 것이었다. 또 부착식 관성 유도 장치에는 소형 자이로스코프를 사용해 전기 신호 교정기에 신호를 보냄으로써 소소한 궤적 이탈을 바로잡았다. 그러면 신호 교정기는 그 신호를 속도 지시로 전환해 배기가스 배출구 내 텅스텐-몰리브덴 날개에도 보내고 또 1단 로켓 밑바닥 내 핀들에 달린 제터베이터(jetavator, 배기가스의 방향을 제어하기 위해 제트류 속에 놓인 조종면-옮긴이)에도 보냈다. 2, 3단 로켓은 압축 질소로 동력 공급을 받는 소형 과산화수소 제트들에 의해 제어됐다. 또한 4단 로켓의 스핀 안정화는 소형 모터에 의해 이루어졌다. 스카우트 로켓은 20도까지 기울어진 상태에서도 발사될 수 있었으며, 사전 프로그래밍되는 타이머에 의해 이후의 모든 과정이 제어 가능했다.

스카우트 로켓은 출시되자마자 바로 관련 업체들에게 큰 관심을 끌었고, 다양한 잠재 고객이 자신의 탑재체를 이 100% 고체 추진제 로켓에 실어 쏘아 올리고 싶어 했다. 랭글리항공연구소 입장에서는 스카우트 로켓을 그 모든 고객의 수요에 맞춰 제작하고 운용할 수는 없었고, 그래서 NASA는 로켓 동체와 조립은 텍사스주 댈러스에 있는 챈스 보우트 코퍼레이션Chance Vought Corporation에 위탁하게 되는데, 그 회사는 나중에 LTV 항공우주 및 방위LTV Aerospace and Defense 사로 이름이 바뀌게 된다. 이후 스카우트 로켓에 대한 전반적인 관리는 NASA 산하 랭글리항공연구소(훗날 랭글리연구센터로 이름이 바뀜)가 맡게 되며, 그러다가 대부분의 스카우트 로켓이 발사된 월롭스 섬을 관리해온 고다드우주비행센터로 1982년 관리권이 이전된다.

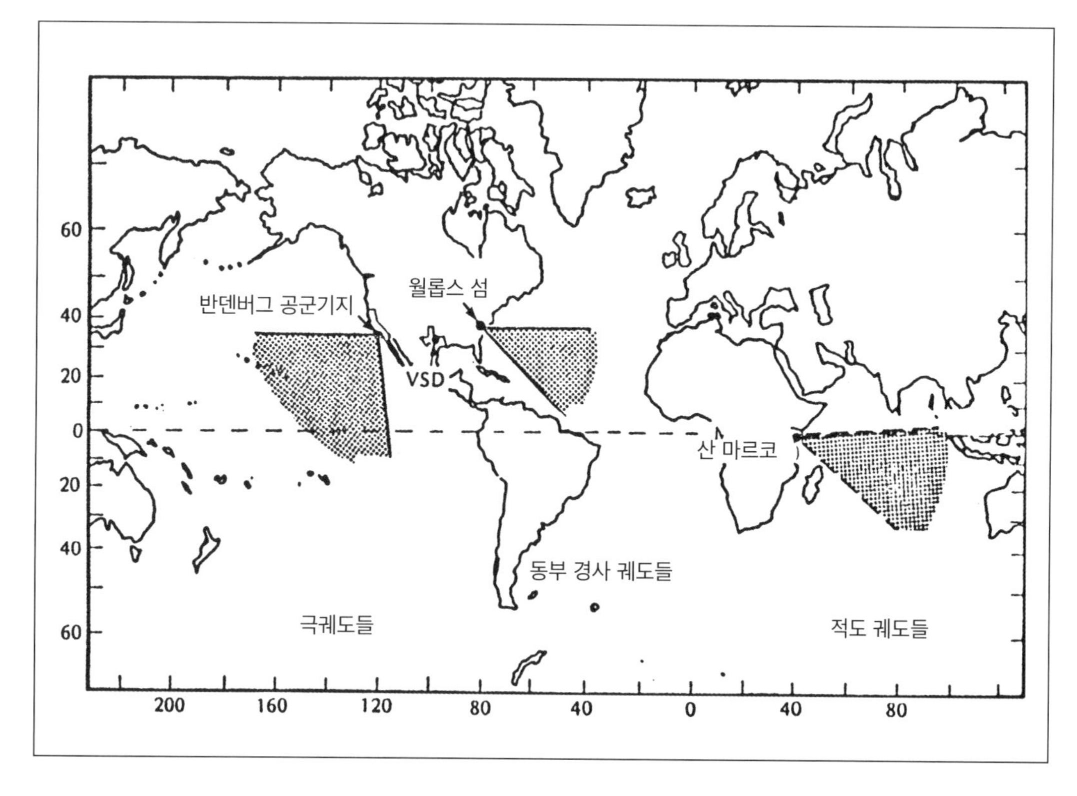

◀ 스카우트 로켓은 주로 세 장소에서 발사됐는데, 그중 두 곳은 미국 버지니아주의 월롭스 섬과 캘리포니아주의 반덴버그 공군기지였고, 또 한 곳은 아프리카 연안의 산 마르코 플랫폼이었다. (자료 제공: LTV)

▶ 소형 탑재체를 쏘아 올릴 값싸고 효율적인 발사체로 등장한 미 공군의 블루 스카우트 주니어 로켓이 1960년 9월 21일에 발사대를 떠나고 있다.
(자료 제공: USAF)

하늘로 날아오른 스카우트

스카우트 로켓의 첫 발사 시도는 '스카우트 테스트 1'이라고 명명됐는데, 직접 테스트를 해보고 운용 노하우를 쌓기 위한 9번의 테스트 중 첫 번째 테스트였다. 이 비행의 목적은 실험 패키지를 싣고 시속 약 24,235㎞의 속도로 고도 3,741㎞까지 올라가, 87.5㎏의 탑재체를 대기 속으로 떨어뜨리는 것이었다. 그러나 이 첫 스카우트 로켓(ST-1)의 비행은 3단 로켓 점화 시 발사체가 통제 불가능할 정도로 요동치기 시작하고, 발사체 전체가 인구 밀집 지역으로 떨어질 걸 우려한 지상 통제소에서 4단 로켓 점화 차단 신호를 보내면서 실패로 끝났다. 그러나 이 스카우트 1 로켓은 곧 제 기능을 되찾아 최대 높이 141㎞까지 올라간 뒤 4단 로켓을 점화시키지 않은 상태로 낙하했다.

그러나 1960년 10월 4일에 있었던 두 번째 스카우트 로켓(ST-2)은 완벽하게 성공했다. 미 공군 특수무기센터의 탑재물을 싣고 5,631㎞까지 올라간 뒤 9,332㎞를 비행한 것이다. 나머지 7회의 비행 가운데 4회는 성공이었다. 바로 이전 비행에서 비슷한 시도를 했다가 실패한 뒤 1961년 2월 16일 처음 탑재체를 지구 궤도에 안착시키는 데 성공했다. 개발을 위한 마지막 시험 발사(ST-9)에선 처음으로 안타레스 IIA 3단 로켓 모터를 장착했으며, 그 모터에는 과산화염화 암모늄, HMX, 나이트로셀룰로스, 나이트로글리세린, 알루미늄을 혼합한 새로운 추진제를 썼고, 그 결과 추력이 93.4kN까지 올라갔다.

1세대 스카우트 로켓은 X-1이라 불렸으며, 월롭스 섬에서 59㎏ 무게의 탑재체를 정동 궤도까지, 또 캘리포니아주 반덴버그 공군기지에서는 45kg을 극궤도까지 쏘아 올릴 수 있었다. 다른 많은 관련 프로젝트의 경우에도 그랬듯, NASA와 미 공군이 스카우트 로켓을 공유하면서 미 공군은 이후 스카우트 로켓의 기본 기술을 활용해 독자적으로 자신들의 특수 목적에 맞춘 다양한 버전의 스카우트 로켓을 확보하게 된다. 블루 스카우트 주니어Blue Scout Junior, 블루 스카우트 I, 블루 스카우트 II가 그렇게 미 공군이 독자 개발한 로켓들(개발 순서대로)이다.

첫 블루 스카우트 주니어는 1960년 9월 21일 케이프 커내버럴에서 발사됐으며, 원격 측정에는 실패했지만 14.9㎏ 무게의 탑재체를 26,660㎞ 거리까지 실어 나른 걸로 알려져 있다. 두 번째 블루 스카우트 주니어는 상단 로켓 2개가 점화되지 않아 실패로 끝났다. 미 공군은 총 25기의 블루 스카우트 주니어를 발사했는데 전부 월롭스 섬, 케이프 커내버럴, 반덴버그 공군기지에서 지구 궤도 아래까지 탑재체를 쏘아 올렸으며, 마지막 발사는 1970년 11월 24일에 있었다.

블루 스카우트 주니어는 쏘아 올리려 하는 탑재체에 따라 보다 강력한 로켓 간 조립과 케이싱이 필요해지는 등 이런저런 업그레이드가 필요했다. 그리고 모든 블루 스카우트 발사체의 1단 로켓에는 캐스터 I 모터가, 2단 로켓에는 안타레스 I 모터가, 그리고 3단 로켓에는 에어로젯 사의 알코르Alcor 모터가 쓰였으며, 230초의 비추력에 35.6kN의 추력을 냈다. 그리고 길이는 1.42m, 직경은 0.49m였다.

미 공군은 프로그램 초기부터 3단 로켓에는 고체 추진제를 썼다. 러시아의 스푸트니크에 빗대 '노트스니크Notsnick'라고 불린 그 3단 로켓에는 100A로 알려진 직경 43㎝의 구형 모터가 장착됐다. 그 모터에는 과산화염화 암모늄, 폴리우레탄, 알루미늄 혼합 추진제가 쓰였고, 가운데가 뚫린 꼭짓점 7개짜리 별 모양이었으며, 강철판을 용접해 만든 연소 케이스 안으로 흑연으로 된 노즐이 삐쭉 나와 있었다. 그리고 모터는 295초의 비추열에서 3.98kN의 추력을 냈다.

블루 스카우트 주니어가 여러 차례 비행에 나선 뒤, 1961년 1월 7일 알골 IB 모터, 캐스터 IA 모터, 안타레스 IA 모터가 장착된 NASA의 스카우트 3단 로켓 버전인 초기 블루 스카우트 I이 발사됐다. 178㎏ 무게의 연구 장비 8패키지를 실은 이 탄도 로켓은 최고 고도 1,778㎞까지 올라간 뒤 사정거리 1,889㎞를 날아갔다. 실험 장비들은 비행 중에 유용한 정보를 무선으로 전송해왔지만, 미 해군 함정에 의해 회수될 예정이었던 분리된 패키지 하나는 위치 신호 전송에 실패해 회수되지 못했다. 블루 스카우트 I 로켓은 총 세 번 비행에 나섰는데, 1961년 5월 9일과 1962년 4월 12일에 있었던 나머지 두 비행 역시 완전한 성공은 거두지 못했다.

미 공군은 블루 스카우트 II 로켓에는 4단 로켓 조합을 선택했으며, 처음부터 알골 IB 모터, 캐스터 IA 모터, 안타레스 IA 모터 그리고 알테어 I 모터를 썼다. 이번에도 1961년 3월 3일, 4월 12일 그리고 11월 1일, 이렇게 단 세 차례의 비행이 있었다. 그런데 몇 차례 비행의 경우 탑재물을 스카우트 II 로켓으로 쏘아 올린 걸로 잘못 알려져 있지만, 실은 NASA의 스카우트 로켓 아니면 미 공군의 블루 스카우트 로켓으로 쏘아 올려졌다. 미군은 세 종류의 이 블루 스카우트 로켓들 이외에도 스카우트 기본형 로켓도 계속 구매해 발사했는데, 그렇게 발사된 초기의 스카우트 로켓 가운데 거의 절반은 미 공군과 해군이 다방면의 미사일 및 탄두 기술을 연구해 직접 시험 비행해보는 데 사용됐다. 그런데 그런 수요는 그야말로 차고 넘쳤다. 게다가 각 군사용 탑재체를 어떤 발사체로 쏘아 올릴 것인가(스카우트 또는 블루 스카우트)를 결정하는 데에도 상당한 혼란이 있었다.

NASA는 스카우트 로켓의 성능에 만족하지 못했고, 그래서 처음 아홉 차례의 개발 및 시험 비행 이후 각 발사체에 대한 경험과 지식을 쌓을 목적으로 일련의 추가 비행을 시작했다. 비록 NASA 스카우트라고 명명된 비행이었지만, 최초의 비행은 반덴버그 공군기지에서 1962년 4월 26일에 있었고, NASA의 탑재체가 아닌 미 공군의 탑재체를 쏘아 올렸다. 그러나 이 비행과 5월 23일에 있었던 또 다른 비행은 실패로 끝났다. 그리고 8월 23일 반덴버그 공군기지에서 있었던 발사체 S-117의 비행이 최초의 성공적인 비행으로 기록된다.

▲ 스카우트 로켓이 발사체 직립기에 매달린 상태로 레일을 따라 수평식 저장고에서 밖으로 나오고 있다.
(자료 제공: LTV)

지난한, 그리고 때론 힘겹고 복잡했던 스카우트 로켓의 역사에 대해, 또 이 로켓의 성능이 어떻게 점차 좋아지게 됐는지에 대해 제대로 이야기하자면 아마 책 몇 권은 써야 할 것이다. 또한 별 문제가 없고 신뢰할 만한 발사체를 개발하는 게 쉽지 않은 데다, 스카우트 로켓의 성능이 좋아졌다는 걸 한눈에 보여줄 만한 통계 수치도 흔치 않다.

스카우트 X-2 로켓은 1962년에 나타났는데 알골 ID, 캐스터 I, 안타레스 II, 알테어 I 로켓 단이 사용됐으며, 케이프 커내버럴에서 정동 궤도로 쏘아 올릴 수 있는 탑재물 무게가 76㎏으로 늘었고, 반덴버그 공군기

▼ 스카우트 로켓이 비행 전 점검을 받기 위해 발사체 직립기에 의해 수직으로 일으켜 세워지고 있다.
(자료 제공: LTV)

▶ 블루 스카우트 로켓은 고객이 원하는 비행 조건에 따라 다양한 조합을 선택할 수 있었다.
(자료 제공: LTV)

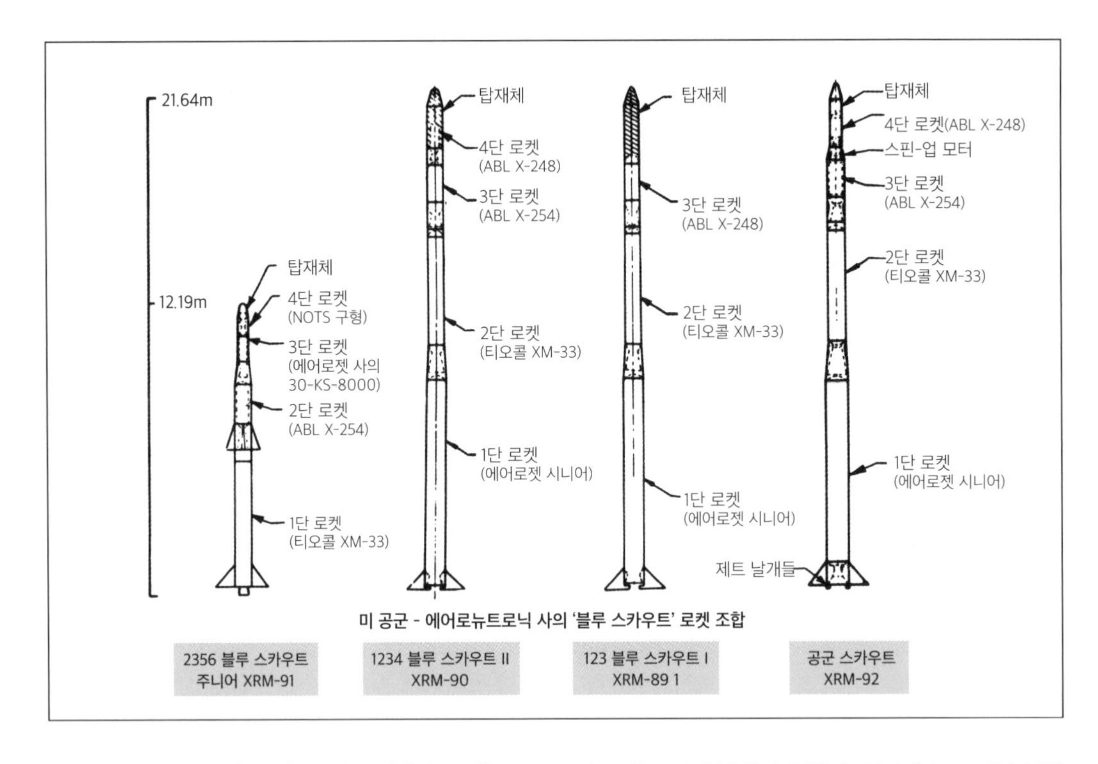

지에서 극궤도로 쏘아 올릴 수 있는 탑재물 무게는 59㎏이 되었다. 보다 강력한 알골 IIA 로켓 단의 경우 추력은 387kN으로 줄었지만, 연소 시간이 알골 ID의 38초에 비해 48초로 더 길어졌다. 그러다 1963년부터는 스카우트 X-3 로켓이 공급됐는데, 이 로켓으로 이제 87㎏ 무게의 탑재체를 정동 궤도에, 그리고 68㎏ 무게의 탑재체를 극궤도에 쏘아 올릴 수 있었다. 스카우트 X-3 로켓의 상단 로켓들은 스카우트 X-2 로켓의 상단 로켓들 그대로였다. 그러나 1단 로켓은 그리 만족스럽지 못했고, 그래서 1964년부터 스카우트 X-4 로켓용으로 알골 IIB 로켓 단이 새로 도입됐다.

스카우트 X-4 로켓은 1968년 3월 5일까지 총 36회의 비행에 성공했다. 이 로켓에는 알골 IIB 1단 로켓이 장착됐는데, 이는 기본적으로는 알골 IIA 1단 로켓과 같지만 문제가 많던 노즐 부분을 크게 개선한 1단 로켓이었다. 이 로켓은 나중에 스카우트 A1으로 이름이 바뀌며, 1965년에는 새로운 캐스터 II 2단 로켓이 도입된다. 이 2단 로켓에는 히드록시 말단 폴리부타디엔 합성 추진제가 사용되었으며, 추력은 231.3kN으로 조금 줄었지만, 연소 시간은 27초에서 38초로 늘었고, 그 결과 총 비추력 역시 20% 늘어났다.

스카우트 B-1 로켓은 1965년에 나타났는데, 2, 3단 로켓 모두에 변화가 있었다. 안타레스 IIA 3단 로켓에는 200회 이상 뛰어난 연소 기능을 보여준 티오콜 X-259-B3 모터를 썼다. 가벼운 재질로 제작된 이 모터는 281초의 비추력에 평균 34초 동안 96kN의 추력을 냈다. 안타레스 IIA 3단 로켓의 총 무게는 1,278㎏이었다. 알테어 IIIA 4단 로켓은 기본적으로 FW-4 고체 추진제 모터를 썼는데, 이 모터는 델타 로켓 버전(FW-4D 모터 형태로)에도 쓰였다. 또한 PBAA 혼합 추진제를 써서, 교체한 알테어 II 로켓과 추력은 비슷했지만 전 충격량(total impulse, 주어진 반동 엔진과 추진제가 비행체에 주는 최대 운동량-평균 추력 연소 시간의 곱으로 나타냄-옮긴이)은 22% 늘어났다. 스카우트 B-1 로켓은 143㎏ 무게의 탑재체를 정동 궤도에, 그리고 116㎏ 무게의 탑재체를 극궤도에 쏘아 올릴 수 있어, 탑재 용량 또한 스카우트 A-1 로켓의 122㎏, 94㎏보다 더 늘어났다.

그러다가 1972년 업그레이드된 1단 로켓 알골 IIIA와 조합된 차세대 로켓 스카우트-D1이 나오면서, 스카우트 로켓에 비약적인 성능 개선이 이루어진다. 알골 IIIA는 직경이 99.2㎝였으며, PBAA 추진제에 알루미늄 및 과염소산 암모늄을 섞어 써 추력은 464.8kN으로 늘어났다. 스카우트 D-1 로켓의 경우 알테어 IIIA 4단 로켓의 모터에도 변화를 주었다. 또한 FW-4S 모터를 티오

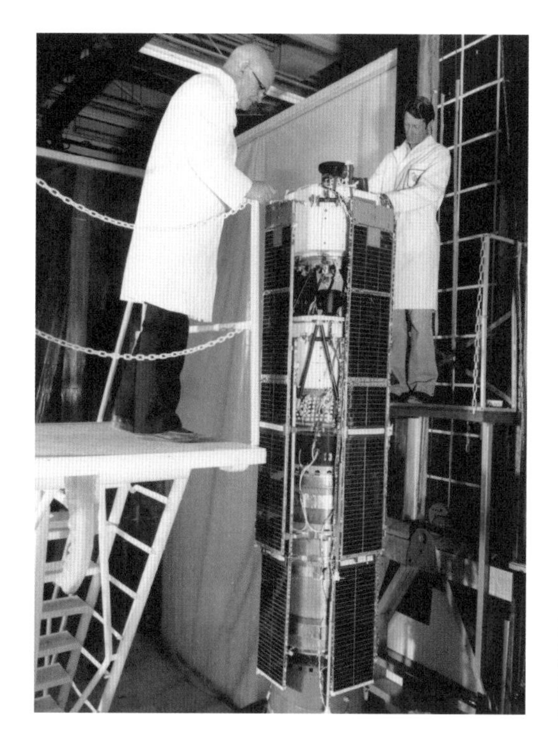

◀ 스카우트 로켓은 NASA의 랭글리연구센터에서 처음 제안되고 또 개발됐다. 사진은 스카우트 로켓이 랭글리연구센터의 세코 SECOR 측지 위성을 싣고 발사대를 이륙 중인 모습이다. (자료 제공: NASA)

◀◀ 미 국방부의 요청으로 쏘아 올린 한 쌍의 이 항행 테스트 위성 시제품은 스카우트 로켓으로 쏘아 올린 탑재체의 대표적인 예이다. (자료 제공: LTV)

콜 스타-20 모터로 교체했는데, 모터 크기는 거의 같았지만 무게를 조금 줄여 전 충격력 면에서 약간의 개선이 이루어졌다. 스카우트 D-1 로켓은 무게 185㎏까지의 탑재체를 정동 궤도에 148kg을 극궤도에 쏘아 올릴 수 있었다. 또한 케냐 해변에서 좀 떨어진 산마르코 플랫폼에서 이탈리아인들에 의해 203㎏의 탑재체를 적도 궤도에 쏘아 올릴 수 있었다.

스카우트 D-1 로켓은 1972년 11월 15일에 첫 비행에 나서 NASA의 과학 위성을 지구 궤도 위로 쏘아 올려 보냈다. 그러나 1967년 4월 26일 스카우트 B-1 로켓으로 NASA의 과학 탑재체를 지구 궤도 위에 쏘아 올린 이후 스카우트 로켓들은 산 마르코 플랫폼에서 발사됐다. 스카우트 B-1 포켓은 산 마르코 플랫폼에서 발사되어 151kg의 탑재체를 적도 궤도에 쏘아 올렸다. NASA는 산 마르코에서 총 9기의 스카우트 로켓을 발사했으며, 마지막 스카우트 로켓은 1988년 3월 25일에 발사했다.

그러다가 1974년 6월 3일에는 유일한 스카우트 5단 로켓이 호크아이Hawkeye 우주선을 싣고 반덴버그 공군기지에서 발사됐다. 추가된 상단 로켓은 허큘리스사에 의해 제작되었는데, 이 상단 로켓은 그 뿌리를 레인저 문Ranger Moon 탐사선들에 두고 있다. 그러니까 우주선 캡슐이 달에 경착륙할 때 역추진 로켓으로 사용됐던 것이다(아틀라스-아게나 로켓 참조). 알사이원 Alcyone으로 알려진 이 5단 로켓은 길이 83.8㎝에 지름 48.4㎝밖에 안 됐지만, 수정된 혼합 추진제를 써서 8.9초 동안 26.15kN의 추력을 냈다.

여기서 한 걸음 더 발전된 스카우트 F-1 로켓은 1974년에 모습을 드러냈는데, 안타레스 IIA 3단 로켓과 같은 추진제를 쓰는 안타레스 IIB 3단 로켓이 장착됐으나, 노즐은 다른 노즐이 장착됐고 성능도 더 향상됐다. 또한 285초의 비추력에 126.7kN의 추력을 냈고, 연소 시간은 26초였다. 그러나 이 미세한 발전 덕에 탑재 용량이 늘어나 193㎏ 무게의 탑재체를 정동 궤도에, 156㎏ 무게의 탑재체를 극궤도에, 그리고 203㎏ 무게의 탑재체를 적도 궤도에 쏘아 올릴 수 있었다. 3단 로켓을 제외한 다른 로켓 단들은 스카우트 D-1 때와 동일했다.

스카우트 로켓의 결정판인 스카우트 G-1은 1979년에 그 모습을 드러냈는데, 이 로켓에는 안타레스 IIB 모터 대신 안타레스 IIIA 모터를 썼다. 그 결과 평균 추력은 조금 떨어졌지만, 티오콜 스타-31 모터의 전 충격량은 15% 더 늘어났으며, 295초의 비추력을 보였다. 또한 안타레스 IIIA 모터는 과염소산 암모늄 및 알루미늄과 폴리부타디엔 합성 추진제를 썼다. 또한 앞에서도

▶ 표에서 보듯 스카우트 로켓의 성능을 향상시키기 위해 획기적인 조치들이 취해졌고, 그 결과 시간이 지나면서 스카우트 로켓의 성능은 눈에 띄게 좋아졌다.
(자료 제공: NASA)

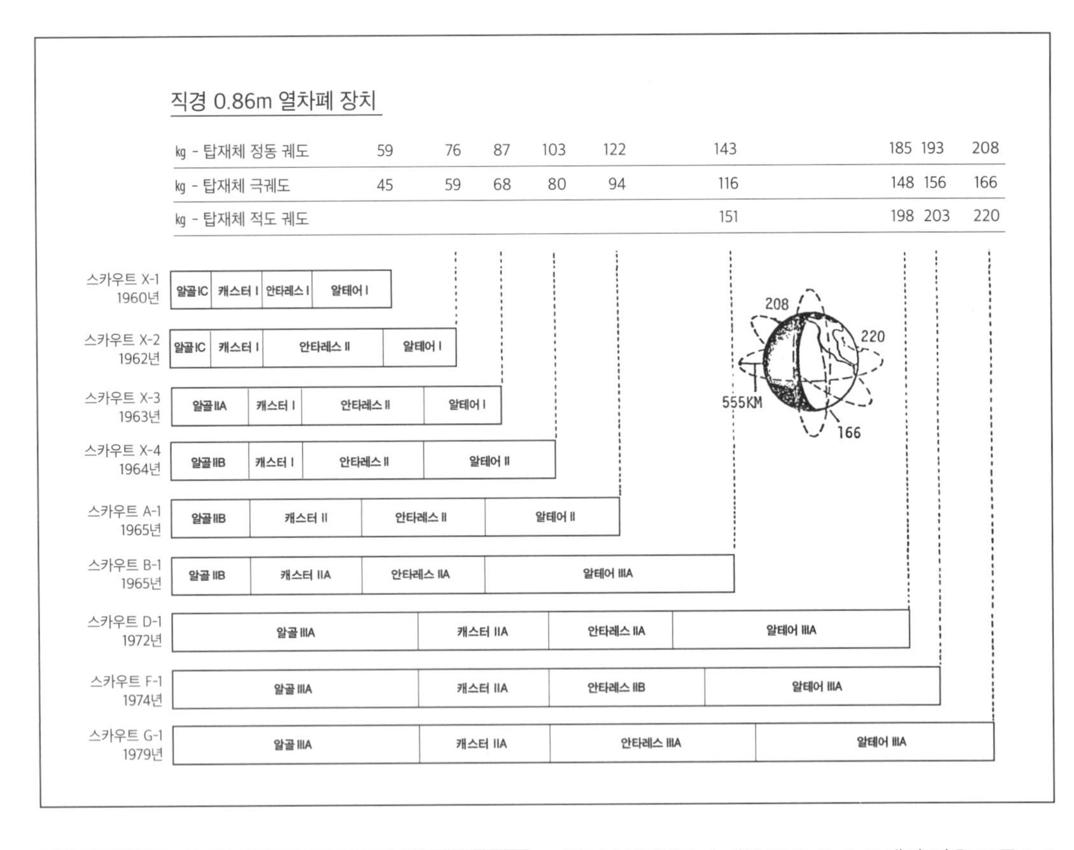

▶ 캘리포니아 반덴버그 공군기지에서 스카우트 로켓이 인공위성을 쏘아 올리고 있다. 우주왕복선이 운용되기 시작하면서 모든 1회용 발사체들은 퇴역하게 되지만, 이 스카우트 로켓만은 계속 운용됐다.
(자료 제공: NASA)

잠시 언급했듯, 스카우트 D, F, G 로켓의 경우 모두 1, 2단 및 4단 로켓은 같은 로켓을 썼다. 최초의 스카우트 G-1 로켓은 1979년 10월 30일에 발사됐는데, 이 로켓은 처음에는 불합격됐던 스카우트 발사체의 마지막 변형이었다.

NASA 스카우트 로켓은 총 118회 발사됐지만, 앞서 말했듯 이 스카우트 로켓과 군사용 스카우트 로켓의 구분은 쉽지 않다. 1994년 5월 9일 스카우트 로켓이 NASA의 인공위성을 싣고 월롭스 섬에서 발사됐는데, 이것이 스카우트 로켓의 마지막 비행이었다.

스카우트 G-1 로켓은 사이즈와 높이 면에서 커졌고, 208㎏ 무게의 탑재체를 정동 궤도로, 166㎏ 무게의 탑재체를 극궤도로, 그리고 220㎏ 무게의 탑재체를 적도 궤도까지 쏘아 올릴 수 있었다. 이 스카우트 결정판은 총 높이가 22.4m에 이륙 시 무게는 21,590㎏이었다. LTV 사는 로켓을 훨씬 더 크게 만들고 싶어 했고, 그래서 부착식 1단 로켓을 추가하겠다는 제안까지 했다. 그러나 그럴 필요는 전혀 없었고, 로켓의 신뢰도 역시 크게 향상되어 마지막 62회의 발사 중에 실패한 경우는 단 한 번뿐이었다.

새턴 I/IB

첫 비행: 1961년 10월 27일

최초로 아폴로호 우주비행사들을 우주로 실어 나른 로켓은 미국 최초의 소형 우주정거장인 스카이랩Skylab에 3명의 승무원을 실어 나르기도 했다. 그리고 그 로켓 개발 과정에서 얻은 기술을 토대로 신뢰할 만한 후속 로켓 새턴Saturn V가 탄생하게 되는데, 이 새턴 V는 미국의 모든 달 탐사 비행에 도움을 주었고 마지막 미션으로 스카이랩을 지구 궤도에 쏘아 올리는 데에도 큰 기여를 하게 된다.

◀ 1961년 10월 27일 10기의 새턴 I 발사체들 가운데 첫 번째 발사체인 SA-1이 34번 발사 시설에서 하늘로 날아오르고 있다. 이 로켓은 NASA의 마셜우주비행센터 베르너 폰 브라운 로켓 팀의 작품으로, 전직 독일 로켓 과학자가 육군탄도미사일국에서 일할 때 나온 클러스터 엔진 부스터 콘셉트가 그대로 적용된 로켓이다.
(자료 제공: NASA)

1957년 초에 미 국방부는 군사용 통신 위성과 기상 위성을 지구 궤도 위로 쏘아 올릴 대형 발사체에 필요한 조건들을 정했는데, 그에 맞춰 생겨난 로켓이 바로 새턴 로켓이다. 그 무렵 미 공군이 관리하던 아틀라스 대륙간탄도미사일은 여전히 개발 단계에 있었고, 미 육군은 E-1 엔진 4개를 하나로 묶게 될 슈퍼-주피터 로켓에 대한 예비 조사를 베르너 폰 브라운이 이끌던 레드스톤 병기창 로켓 팀에 맡겨놓고 있었다. 로켓다인 사는 타이탄 로켓에는 추력이 1,334kN에서 1,779kN까지 나오는 모터가 에어로젯 사의 모터 2대보다 더 낫다고 제안했지만, 그 제안은 현실화되진 않았다.

레드스톤 병기창 출신 헤르만 쾰Herman Koelle은 E-1 로켓 모터를 보고 그것이 레드스톤/주피터 로켓 등급을 뛰어넘어 미래의 우주 발사체에 쓰일 만한 가장 규모가 큰 로켓 모터라고 생각했다. 그러나 로켓다인 사는 그 E-1 모터에 대한 사전 분석을 해본 결과 더 큰 모터를 만들어낼 수 있다고 판단했고, 그래서 F-1 모터에 대한 연구를 시작한다. 그들은 추력이 6,672kN인 그 모터를 새턴 V에 사용할 계획이었다. 그러나 1957년 결국 그것은 아이디어로 그쳤고, 보다 빠른 속도로 탑재 용량을 늘릴 방법을 찾는 게 시급해졌다.

헤르만 쾰로부터 보고서를 받은 폰 브라운은 E-1 로켓 모터 4개를 장착해 적어도 6,583kN의 추력을 내 그 어떤 군사용 탑재체든 쏘아 올릴 수 있는 발사체를 개발할 계획을 세운다. 폰 브라운이 이끌던 미 육군 탄도미사일국에서는 그 개발 계획을 통과시켰으나, 1958년 2월 7일에 설립되어 군사용 우주 프로그램 전반을 관리감독하게 된 미 국방부 고등연구계획국이 비용이 너무 많이 든다는 이유로 승인하지 않았다. 그리고 폰 브라운에게 주피터 로켓과 토르 로켓에 장착된 S-3D 같은 기존 모터들을 8개 단위로 묶어 같은 성능을 내는 로켓을 개발하도록 요청했다.

처음에 폰 브라운은 그 요청에 반발했으나, E-1 모터 개발 계획은 끝내 승인받지 못했고, 그래서 그 계획은 역사의 뒤안길로 사라져버렸다. 그런데 이미 폰 브라운은 주노 I과 주노 II, 주노 III, 주노 IV의 뒤를 이을 보다 강력한 로켓 디자인을 구상하고 있었다. 주노 I부터

◀ 레드스톤 미사일과 주피터 미사일을 만들 때 쓰인 클러스터 탱크들이 8개의 H-1 엔진이 장착된 S-1 로켓의 1단 로켓을 이루고 있다.
(자료 제공: NASA)

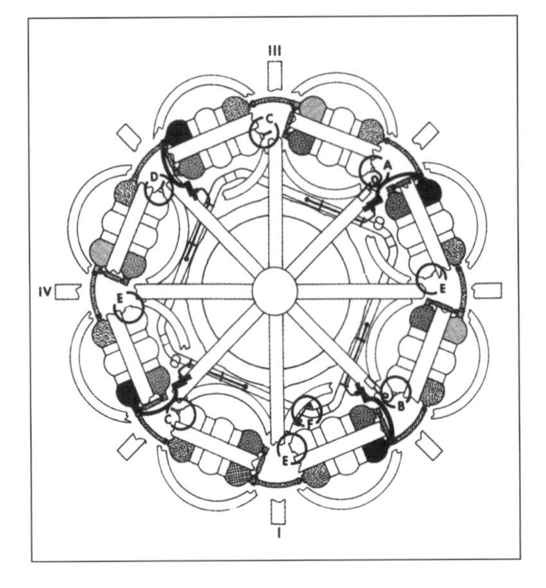

➤ 새턴 1단 로켓 꼭대기에서 아래쪽을 내려다보면 레드스톤 크기의 연료 탱크 8개가 주피터 크기의 중앙 연료 탱크 하나를 에워싸고 있고, 꼭대기에는 RP-1 가압구들이 보인다.
(자료 제공: Chrysler)

IV까지는 워낙 보수적인 로켓이었고 탑재 용량을 늘리는 것이 시급한 과제여서, 그는 결국 한참 진일보한 주노 V 콘셉트의 디자인을 만들어냈다. 주노 V는 레드스톤과 주피터 로켓에 쓰인 각종 장치들로 제작된 일련의 연료 탱크와 S-3D 엔진을 사용하되, 8개의 엔진을 한데 묶어 액체산소/등유 추진제를 공급하는 방식의 로켓이었다.

주노 V 로켓 개발 제안서가 제출되자, 1958년 8월 15일 마침내 미 국방부 고등연구계획국이 공식 발주했으며 자금 지원도 약속했다. 미 육군탄도미사일국과 폰 브라운의 팀 내에서 이 주노 V는 이미 새턴으로 불리고 있었고, 결국 새턴이 공식 이름으로 채택된다. 그리고 그해 9월 11일, 로켓다인 사는 S-3D 엔진(H-1 엔진으로 알려짐)에서 가져온 엔진으로 클러스터 엔진, 즉 묶음 엔진을 제작하기로 계약을 맺는다. 워낙 추가 작업이 많아 테스트 스탠드(test stand, 미사일이나 로켓을 고정시키는 장치-옮긴이)를 업그레이드해야 했고, 그렇게 해서 그간 테스트해본 그 어떤 엔진보다 10배 이상 강력한 묶음 엔진을 만들게 된다. 해결해야 할 과제가 워낙 많았던 데다, 훗날 새턴 I으로 불리게 되는 로켓을 개발하는 과정에서 얻은 경험도 많았는데, 이는 후에 새턴 V 추진 장치와 로켓 단을 개발하는 데 매우 큰 도움이 되었다.

1958년 10월 1일 NASA가 설립되자, 이제 레드스톤 병기창에 있던 미 육군 탄도미사일국의 로켓 연구소(이름이 마셜우주비행센터로 바뀌었고, 폰 브라운이 초대 책임자로 임명됐음)가 새로 생긴 민간 우주 기구 NASA로 넘어가는 건 시간 문제였다. 그런데 그 전에 미 국방부는 개발비가 너무 많이 든다는 이유로 새턴 개발 계획을 취소했으며, 개조된 아틀라스와 타이탄 대륙간탄도미사일을 위성 발사대로 전환하는 쪽으로 방향을 틀었다. 이는 곧 미 국방부와 NASA 간에 치열한 논쟁을 불러왔고, 그 결과 새턴 로켓이 다시 부활해 1959년 말에 거의 다 완성된다.

그 무렵 새턴 로켓은 새턴 A, B, C라는 세 가지 콘셉트가 있었으며, 각 콘셉트는 다양한 상단 로켓들과의 조합을 통해 성능 향상으로 이어졌다. 극저온 추진제 방식의 센토와 타이탄 대륙간탄도미사일은 상단 로켓 단들로 여겨진 경우가 많았으며, 그래서 미 공군의 다이너-소어Dyna-Soar 우주왕복선이 이 새턴 로켓에 실려 발사되기도 했었다. 가장 효율성이 높은 것은 성능이 뛰어난 극저온 액체산소/액체수소 방식의 로켓 단들이었고, 그래서 NASA는 개발 과정에서 센토 로켓 단을 새턴 로켓의 상단 로켓으로 활용할 것을 계속 요구했다. 처음에는 폰 브라운이 반대했으나, 마셜우주비행센터는 결국 논란 많았던(극저온 추진제를 다루고 운용하는 데 기술적인 어려움이 많았기 때문에) NASA의 제안을 받아들이기로 했다

새턴 로켓은 결국 다음과 같은 구체적인 세 가지

▼ H-1 엔진은 주피터와 토르 미사일을 위해 디자인된 추진 장치들의 발전된 버전이며, 이것들은 기존 장치로부터 끌어온 추진 탱크와 함께 당시의 그 어떤 엔진보다 훨씬 더 큰 추진력을 가진 새로운 로켓을 개발할 시간을 절약해주었다.
(자료 제공: Rocketdyne)

임무에 쓰는 조건으로 NASA의 승인을 받았다. 무게 4,500㎏의 우주선을 달과 기타 행성에 쏘아 보내는 임무, 무게 2,250㎏의 위성들을 지구 정지 궤도로 쏘아 올리는 임무, 그리고 미 공군의 다이너-소어 우주왕복선과 함께 운용되는 것. 알파벳 글자로 그 특성이 규정되는 새턴 로켓의 세 가지 콘셉트 아래 상단 로켓 단의 옵션 상태를 보여주는 네 가지 숫자 구분이 더 있었으며, 관련 로켓 단들은 로마 숫자들로 구분됐다.

결국 새턴 C 시리즈의 발사체들은 최적의 성능을 보여주었으며, 일련의 상단 로켓 조합과 이어진 기술 발전을 통해 새턴 C-1에서부터 새턴 C-V까지 다양한 새턴 버전이 탄생했다. 그러다 1961년 5월 25일 케네디 미국 대통령은 NASA가 곧 달에 인간을 보내게 될 거라는 성명을 발표했다. 그리고 NASA는 이처럼 다양한 새턴 콘셉트를 정리해 새턴 I로 알려지게 되는 로켓 개발에 집중하게 되며, 마지막 리허설 과정으로 새턴 IB 로켓 개발을 밀어붙이고, 결국 새턴 V에 최종 안착하게 된다.

새턴 I 로켓 개발의 핵심은 탄화수소 연소 방식의 S-I 1단 로켓용 H-1 엔진과 극저온 추진제 방식의 S-IV 로켓 단용 RL-10 엔진에 있었다. 그리고 이 로켓 단들의 이름은 폰 브라운 팀이 만든 다양한 로켓 조합에서 따온 것이었다. 로켓다인 사는 1959년 4월 28일에 첫 H-1 로켓을 인도했고, 4주 후에는 4개 엔진 묶음 점화 테스트를 했으며, 1960년 4월 29일에는 8개 엔진 묶음 점화 테스트를 했다. S-3D 엔진을 장착한 H-1 로켓은 기대에 못 미치는 733.9kN의 추력을 냈으나, 후에 나온 버전들은 추력이 836.2kN으로 늘었다.

RL-10 엔진 개발은 암암리에 센토 로켓 개발과 연계가 되었지만, 더글러스 사가 새턴 I 로켓에 쓰일 S-IV 극저온 상단 로켓 개발 계약을 따내, 아틀라스 로켓용 센토 로켓 단 개발과 관련된 자신들의 경험을 콘베어 Convair 사와 공유했다. 그러나 센토 로켓은 RL-10 엔진이 2개 장착된 데 반해 S-IV 로켓에는 엔진이 6개 장착되는 등, 로켓 자체의 개발 과정에서부터 상당한 차이가 있었다. S-IV 로켓은 한 탱크 안에 들어가는 두 종류의 추진제를 갈라놓은 공통의 칸막이 벽에 벌집형 소재를 쓰는 등 센토 로켓과 달랐다.

원래 새턴 I 로켓은 초기의 아폴로 유인 우주선을 쏘아 올리는 데 쓸 예정이었으나, 개발이 지연되면서 결국 대신 새턴 IB 로켓을 쓰기로 결정됐는데, 이 새턴 IB 로켓은 1단 로켓 외에 개선된 상단 로켓 S-IVB가 장착됐다는 점이 달랐다. 그리고 S-IVB 상단 로켓에는 J-2 엔진이 장착됐으며, 엔진 6개가 장착된 S-IV 로켓의 추력이 400.32kN인 데 반해 이 J-2 엔진의 추력은 889.6kN이었다. S-IV 상단 로켓은 길이 12m, 직경 5.5m, 무게 50,576㎏이었으며 연소 시간은 430초였다.

S-I 1단 로켓은 직경이 1.78m인 연료 탱크(레드스톤) 8개로 둘러싸인 지름 2.68m짜리 중앙 연료 탱크(주피터)로 이루어져 있다. 이 중앙 연료 탱크와 외부 연료 탱크 4개 안에는 액체산소들이 들어갔고, 여기저기 산재한 외부 연료 탱크 4개 안에는 등유가 들어갔다. 마치 하나의 발사체인 양 복잡한 배관을 통해 각 H-1 엔진에 추진제가 공급됐지만, 중앙 연료 탱크에서 나온 액체산소가 외부 액체산소 탱크들 속으로 흘러들어갔지 추진

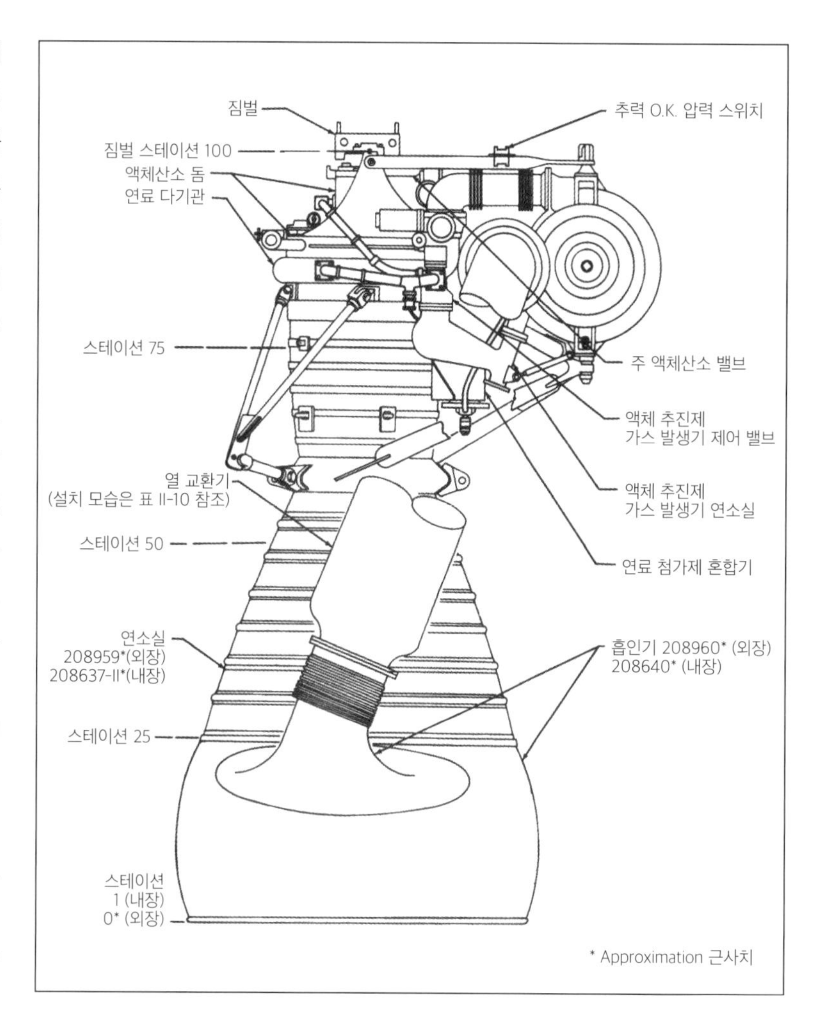

▲ H-1 엔진의 조합을 보여주는 그림. 토르와 아틀라스 부스터 엔진에서 진화된 엔진이어서 비슷한 점이 많다.

(자료 제공: Rocketdyne)

➤ 명료성을 위해 외부의 H-1 엔진 4개를 제거한 S-1 로켓 단의 꼬리 끝부분을 형성하고 있는 추력 장치 구조.
(자료 제공: NASA)

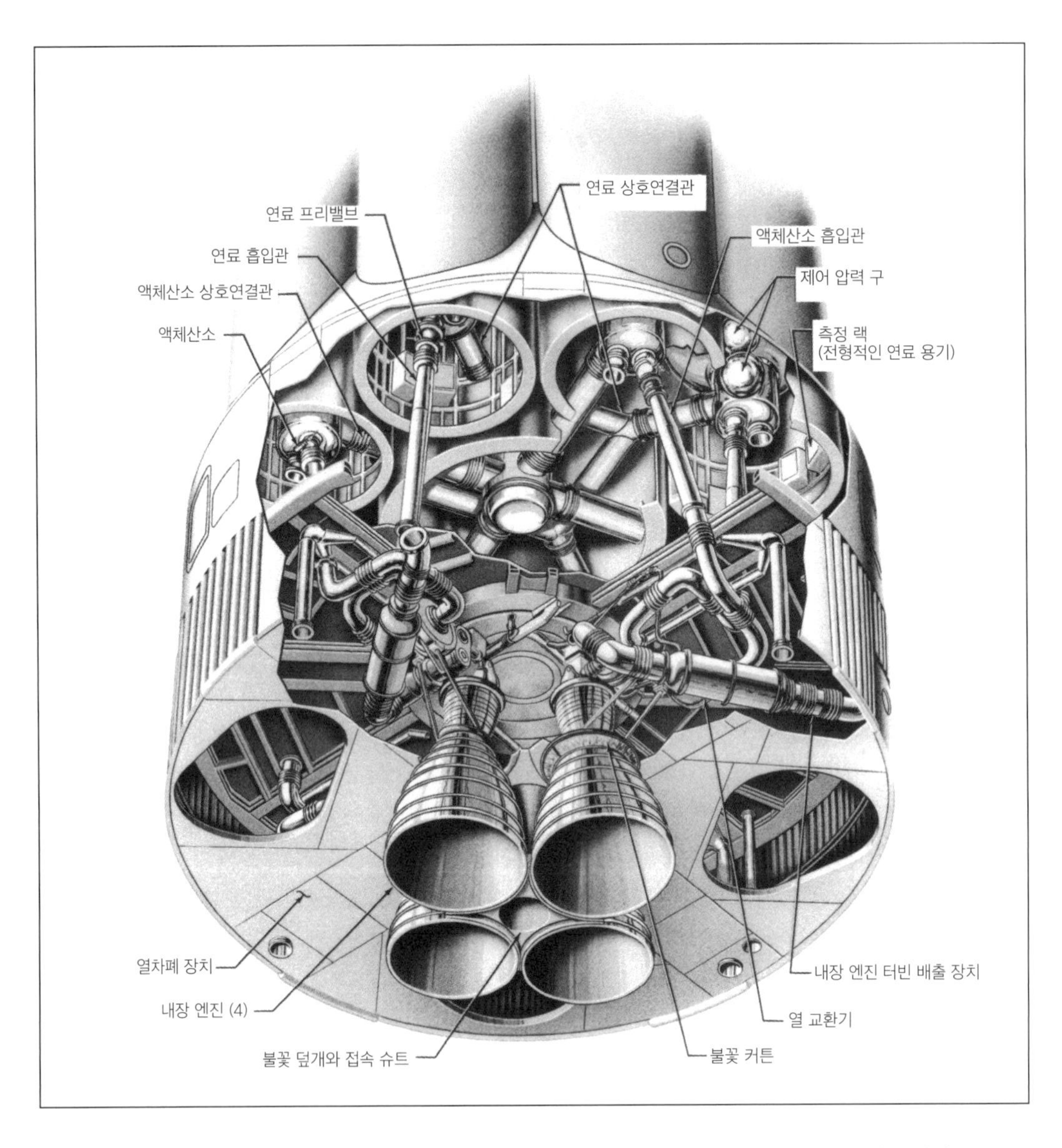

제가 직접 공급되진 않았다. 그래서 로켓이 날아오르는 도중에 하나 또는 둘 이상의 H-1 엔진이 오작동을 일으킨다 해도, 나머지 H-1 엔진들이 남아 있는 추진제로 계속 더 오래 연소되면서 줄어든 추력을 보강하게 되어 있었다.

S-1 1단 로켓은 높이 24.48m, 직경 6.52m였으며, 자체 무게는 45,267㎏이었고, 첫 비행에서 전체 용량의 80% 정도인 280,068㎏ 정도의 추진제를 싣고 날았다. 4개의 내부 엔진들은 외부로 3도가량 기울어져 있었고, 4개의 외부 엔진들은 외부 6도의 중립 위치에서 짐벌 장치로 자세 제어를 했으며, 짐벌 장치로 제어 가능한 각도는 최대 7도였다. 로켓 단을 쌓아 올린 총 높이는 발사체 종류와 상단 로켓 조합에 따라 달라졌지만, 아폴로 우주선을 결합하지 않으면 높이가 49.68m였고, 처음 비행한 발사체의 무게는 429,355㎏이었다.

첫 번째 새턴 로켓(SA-1)은 1961년 10월 27일에 발사됐고, 1962년 4월 25일에 두 번째 새턴 로켓(SA-2)이 발사됐다. 1962년 11월 16일에 발사된 세 번째 새턴 로켓(SA-3)은 355,622㎏ 무게의 추진제를 가득 실어, 이륙 당시 완전히 조립된 로켓의 총 무게가 492,182㎏으로 늘어났다. 그럼에도 이는 1단 로켓의 추력 598,750kN의 82%에 지나지 않았다. 가속도가 너무 늦게 붙어, 발사체가 91m 조금 넘게 올라가는 데 10초 걸렸다. SA-4 로켓은 1963년 3월 28일에 발사됐으며, 개발 테스트 블록Block I 시리즈는 이 로켓 발사로 마감됐다.

1964년 1월 29일부터 1965년 7월 30일 사이에 있었

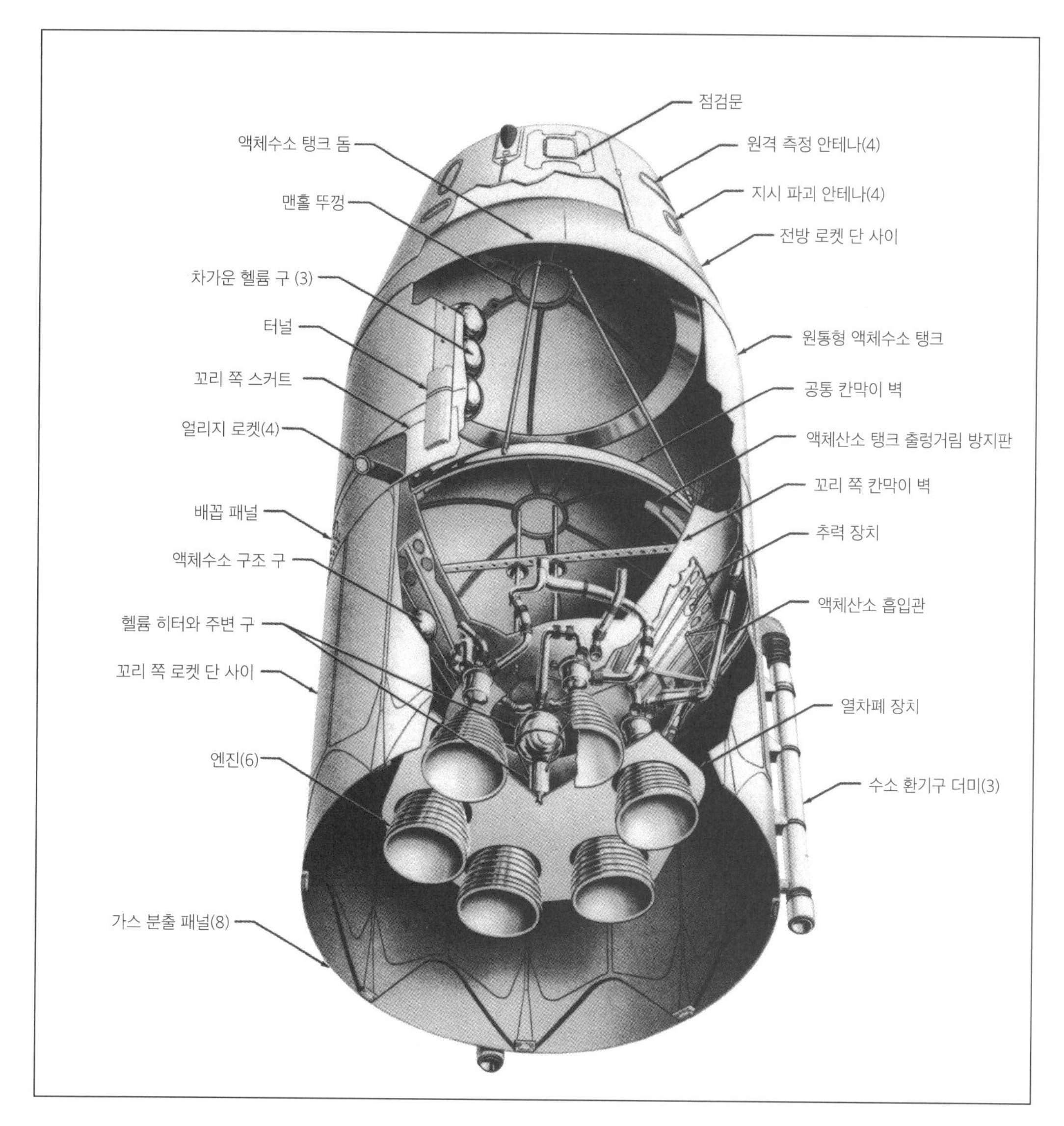

◀ 극저온 추진제 방식의 S-IV 상단 로켓은 새턴 I 로켓의 시범 비행과 다섯 번째 비행에 나선 발사체(SA-5)와 함께 시험 국면에 합류했으며, 고에너지 액체산소/액체수소 추진제를 이용해 우주를 비행한 최초의 추진 장치가 되었다.
(자료 제공: NASA)

▼ S-IV 상단 로켓은 센토 로켓에 장착됐던 RL-10 엔진이 그대로 사용되었으며, 1966년부터 새턴 IB 로켓에 사용된 강력한 J-2 엔진의 개발에 많은 도움을 주었다.
(자료 제공: NASA)

던 마지막 새턴 I 로켓 6기의 비행은 개발 테스트 블록 II 시리즈의 일환으로, 업그레이드된 H-1 엔진을 장착해 추력이 6,690kN이 나왔으며, 아래쪽에 사각 핀들이 장착됐고 S-IV 로켓이 합류했다. 또 마지막 5기의 비행에는 로켓 꼭대기에 아폴로 우주선이 결합되었고, 마지막 3기의 비행에서는 새턴 I 로켓에 페가서스Pegasus 미소유성체(우주 공간의 작은 암석 입자-옮긴이) 탐지용 위성들이 실렸다. 그런데 그 위성들은 모조 아폴로 서비스 모듈 안에 탐지기 패널들이 접힌 상태로 실려 있다가 우주에서 작동을 시작해, 지구에 접근해오는 미소유성체를 모니터링하는 일을 하게 된다.

새턴 IB 로켓 개발에는 새턴 개발 프로그램 초기부터 적용된 논리적인 빌딩 블록 접근법이 적용됐다. 1단 로

▼ 블록 II 새턴 I 로켓에는 공기역학적 안정을 잡아주는 핀이 8개 장착되어 있었고, 각 핀 사이에는 H-1 터빈 배기가스 배출구가 있었다.
(자료 제공: NASA)

◀ 블록 II 새턴 I 로켓에 S-IV 로켓 단과 모의 탑재체가 실린 SA-5 발사체의 조합. 마지막 새턴 I 로켓 3기에는 보조 우주선 안에 모조 아폴로 우주선이 실려 있었고, 그 안에 또 궤도 안에서 작동되는 페가서스 미소유성체 탐지 위성이 접힌 채 들어 있었다.
(자료 제공: NASA)

켓의 경우 H-1 엔진이 업데이트되어 추력이 889.6kN이 됐다가 나중에 다시 911.84kN으로 늘었다는 것 외에 로켓 조합이 새턴 I 로켓의 경우와 동일했다. 새턴 발사체의 성능을 크게 향상시킨 핵심 요소는 S-IVB 로켓 단에 로켓다인 사의 J-2 엔진을 장착했다는 것이었으며, 발사체 2단 로켓(S-II)의 추진 장치로는 엔진 5개를 묶어 클러스터 엔진으로 사용했다.

J-2 엔진의 성능은 시간이 지나면서 점점 좋아졌으며, 기본형 엔진은 높이 3.38m에 너비가 2m였고, 노즐 배출구 직경은 1.96m였다. 더욱 발전된 버전의 엔진은 424초의 비추력에 추력은 1,023kN, 액체산소/액체수소 혼합 비율은 5.5:1이었다. J-2 엔진은 5,261kPa의 연소실 압력에서 작동됐으며 연소 시간은 500초였다. 또한 새턴 V가 달 탐사 미션에서 그랬듯, 이 J-2 엔진 역시 재시동이 가능했다. S-IVB 로켓 단은 길이 17.8m에 직경 6.6m, 탑재 용량은 114,761㎏이었고, 총 103,874㎏ 무게의 추진제를 넣을 수 있었다.

최초의 새턴 IB 로켓은 1966년 2월 26일 아폴로 우주선과 그 열차폐 장치의 무인 아궤도suborbital 테스트용으로 발사됐다. 1966년 7월 5일에 있었던 새턴 IB 로켓의 두 번째 비행은 지구 궤도 내 무인 공학 연구 비행으로, 아폴로 우주선은 탑재되지 않았고, 무중력 상태에서 S-IVB 로켓 단의 극저온 액체의 움직임을 연구하는 게 목적이었다.

1966년 8월 25일에는 아폴로 우주선에 대한 아궤도 열차폐 장치 테스트를 하기 위해 세 번째 새턴 IB 로

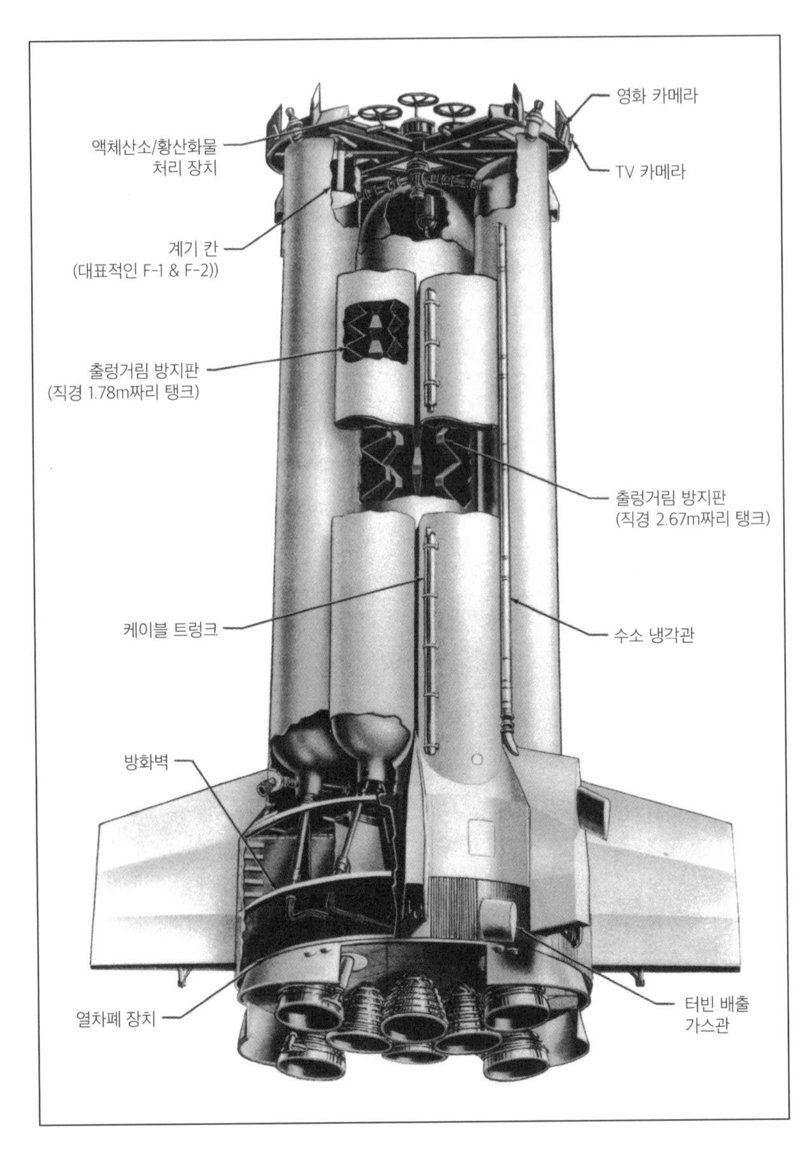

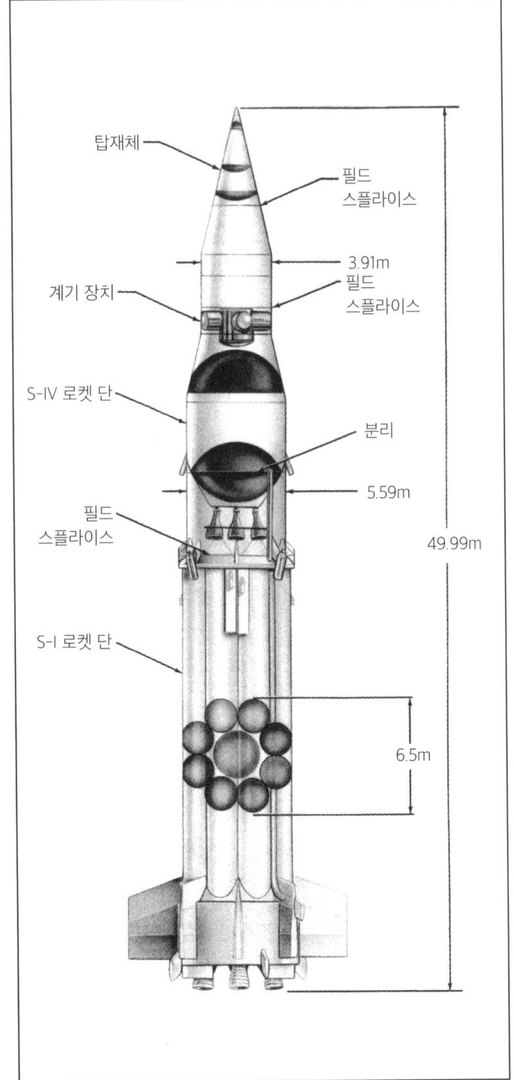

켓 비행이 있었으며, 뒤이어 1967년 2월에는 아폴로 유인 우주선의 첫 비행이 있을 예정이었다. 그러나 아폴로호 우주비행사 그리섬과 화이트, 채피는 1967년 1월 27일 카운트다운 절차를 예행 연습하던 도중 새턴 IB 로켓 꼭대기 우주선에서 발생한 화재로 목숨을 잃었다. 그 후 1968년 1월 22일 새턴 IB 로켓은 아폴로 5 미션을 수행할 목적으로 다시 비행에 나섰는데, 이는 무인 우주선 상태에서 달 착륙선 기능을 제대로 모두 수행한 최초의 비행이었다.

1968년 10월 11일에 있었던 아폴로호 최초의 유인 비행, 즉 새턴 IB 로켓의 다섯 번째 비행에서는 아폴로 7호 승무원들을 태우고 지구 궤도까지 올라갔다. 승무원을 달로 보낼 때 쓰게 될 것과 같은 유형의 우주선인 블록 II 우주선에 대한 전면적인 테스트를 해보려는 게 그 목적이었다. 아폴로호 미션의 성공 추세로 보아 새턴 IB 로켓에 대한 더 이상의 유인 비행 테스트는 불필요해 보였고, 그래서 이제 새턴 IB 로켓은 잠시 쉬고, 대신 새턴 V 로켓이 아폴로 우주선 개발 비행을 대신하게 된다.

새턴 IB 로켓은 1973년 5월 25일, 7월 28일, 11월 16일 세 차례 더 비행에 나서, 마지막 새턴 V 로켓으로 발사되어 지구 궤도를 선회 중이던 스카이랩 우주정거장에 세 사람의 승무원을 쏘아 올리는 일을 했다. 그러나 로켓의 일부 핀에 피로 및 응력 부식이 나타나고 있다는 우려가 제기됐고, 곧 노후화된 새턴 로켓들의 퇴역 문제를 두고 강도 높은 조사가 시작됐다. 마지막 새턴 IB 비행은 1975년 7월 15일에 있었으며, 우주비행사 스태포드와 브랜드, 슬레이턴은 이 로켓을 타고 올라가 러시아 소유스 우주선과 랑데부해 합동 미션을 수행하게 된다.

◀ 새턴 I은 S-IV 로켓단에 장착된 RL-10 엔진 6개 전부의 추력보다 두 배도 더 되는 추력을 가진 단발 J-2 엔진과 강력한 S-IVB 로켓 단을 추가하면서 새턴 IB 로켓으로 진화됐다. 사진 속에서는 축적 모형이 바람이 로켓 구조에 미치는 영향을 테스트할 준비를 하고 있다.
(자료 제공: NASA)

▶ 새턴 IB 로켓은 1968년 최초의 유인 우주선 아폴로호를 지구 궤도로 쏘아 올리는 데, 그리고 1973년에 다시 미국의 소우주정거장 스카이랩을 방문하는 데, 그리고 또 1975년 러시아 우주선과 아폴로-소유스 도킹을 하는 데 사용되었다. 이 마지막 비행들을 수행할 때쯤 원래의 발사대는 폐기 처분됐고, 그래서 이 마지막 비행에 나선 로켓들은 새턴 V 발사대의 이른바 '밀크 스툴 milk stool' 받침대 위에서 발사됐다.
(자료 제공: NASA)

▲ 모조 상단 로켓들을 장착한 블루 스트리크 로켓. 유로파 위성 발사체용으로 선정한 조합 상태로 호주에서 시험 비행에 나서 별 문제 없이 성공적으로 임무를 완수했다. (자료 제공: Hawker Siddeley)

블루 스트리크/유로파

첫 비행: 1964년 6월 5일

호커 시델리 항공사Hawker Siddeley Aircraft Company의 한 부문인 호커 시델리 다이내믹스(HSD)에 의해 개발된 장거리탄도미사일(LRBM) 블루 스트리크Blue Streak. 이 로켓은 영국 스티브니지 공장과 햇필드 공장에서 생산됐으며, 사정거리가 2,135~3,218㎞에 달해, 영국 기지에서 발사하면 모스크바를 타격할 수 있었다.

블루 스트리크는 영국 롤스로이스 사의 RZ.2 로켓 엔진 2개를 동력원으로 쓰며, 영국 컴브리아 주에 있는 스페이드댐 공장에서 로켓과 결합이 됐다. 그리고 한 쌍의 듀얼 로켓 엔진으로 결합되면서 RZ.12로 이름이 바뀌게 된다. 이 엔진은 액체산소와 RP-1을 2.16:1의 비율로 혼합된 추진제에서 동력을 얻었고, 각 엔진은 245초의 비추력에 609.37kN의 추력을 냈고, 고도 상태에서 2.45:1로 추진제가 혼합될 경우 추력은 289초에서 747.26kN으로 올라갔으며, 최대 가속도는 10g이 나왔다.

1955년 8월에 미국과 맺은 협약에 따라, 영국 롤스로이스 사는 로켓다인 사의 엔진 기술을 습득할 수 있어, 처음에는 RZ.1이라는 이름의 엔진 6개를 만들었는데, 그 엔진은 토르와 주피터 로켓에 장착된 S-3D 엔진(이 엔진의 변종이 아틀라스 대륙간탄도미사일에 장착된 2개의 부스터 로켓 엔진임)과 거의 똑같았다. 롤스로이스 사의 엔지니어들은 미국 로스앤젤레스 슬로우슨 애비뉴에 있는 로켓다인 사의 공장에 초빙받아 로켓 추진 장치에 대한 세부 사항에 대한 설명을 들었다. 그 당시 로켓 추진 장치 관련 기술은 어느 정도는 공개돼 있었지만 자세한 내용은 베일에 가려 있었다. 당시 슬로우슨 애비뉴는 로스앤젤레스 외곽 지역의 중공업 중심지로, 20년 가까이 우주 시대의 첨단 기술들이 이곳에서 생겨났다.

영국에서는 미사일의 개발이 콘베어 사가 아틀라스 대륙간탄도미사일을 개발하면서 얻은 기술을 토대로 이루어졌다. 그리고 영국에선 미사일들이 지하 저장고에 수직 상태로 보관됐으며, 굳이 발사하기 위해 지상으로 끌어올릴 필요 없이 지하 저장고에 보관된 그 상태 그대로 발사하는 게 가능했다. 지하 저장고 위에는 커다란 폭발 방지용 콘크리트 문이 설치되었으며, 그 문은 마지막 발사 순간에만 열렸다. 이런 개념은 미국으로 그대로 역수입되어, 타이탄 II 미사일의 경우 영국식 지하 저장고 발사 개념이 적용됐다.

RZ.1 엔진 테스트는 웨스트코트에 있는 영국 로켓추진장치협회에서 실시됐다. 당시 테스트 스탠드가 견딜 수 있는 추진제 용량 때문에 테스트 시간이 최대 55초로 제한되어 있어, 10개월 넘는 기간 동안 약 53분간 총 160회의 테스트가 실시됐다. RZ.2 엔진 테스트는 1959년 3월에 시작됐고, 그해 8월에는 테스트 장소가 컴브리아주 스페이드댐으로 이전됐으며, RZ.12 엔진 테스트는 1960년 3월에 처음 실시됐다.

스페이드댐 로켓 발사 시설은 블루 스트리크 로켓 엔진 테스트는 물론 로켓 발사 시뮬레이션을 위한 발사체 연소 시간 테스트를 실시할 목적으로 건설됐다. 이 시설은 칼라일 북동쪽 32㎞ 지점의 탁 트인 넓은 황무지에 위치해 있었으며, 1955년 말에 로켓 발사 시험 장소로 선정되어 1957년 1월에 건설 공사가 시작됐고, 2

천 명 이상의 인력이 공사에 투입됐다. 이 로켓 발사 시설의 관리는 발사 시험을 맡은 롤스로이스 사가 맡기로 했으며, 블루 스트리크 로켓 시험 운용을 위해 호커 시델리 다이내믹스(HSD)에서 엔지니어들이 파견되어왔고, 모든 관련 기업과 기관들로부터 1천여 명의 기술자들이 상주 직원으로 채용됐다.

호주 우메라의 하트 레이크의 로켓 발사대를 그대로 본떠 만든 C3 시험 발사대는 1962년 6월에 완공됐다. 스티브니지 영국 공장에서 실어온 블루 스트리크 미사일들은 엔지니어들이 접근할 수 있는 36.5m 높이의 타워 옆에 나란히 세워졌고, 그런 뒤 3분간의 점화 테스트를 위해 91.5m 뒤로 이동됐다. 개별적인 엔진의 테스트를 위해서는 별도의 다른 지지대가 사용됐다. 인근에서 만들어진 액체산소가 최대 하루 100톤씩 대형 트럭을 이용해 옮겨져왔으며, 등유 역시 트럭에 실려 현장의 저장 용기들로 옮겨졌다.

1960년 4월 영국 정부는 핵 억지력은 V 폭격기(V-bomber, 영국의 핵무기 탑재 폭격기-옮긴이)면 충분하므로 방위 목적의 블루 스트리크 장거리탄도미사일 계획을 취소한다고 발표했다. 그 전 해까지만 해도 블루 스트리크를 위성 발사체로, 그리고 블랙 나이트Black Knight 지구 대기권 재진입 탄두 테스트 로켓을 2단 로켓으로 활용하겠다는 열정을 보였던 관련 기업과 엔지니어, 과학자들이 급성장하는 미국의 발사체 분야에 맞서 유럽도 자체 발사체를 개발해야 한다는 결정을 내렸던 것이다.

1960년에서 1961년 사이의 겨울에 영국과 프랑스 간에 훗날 유럽발사체개발기구(ELDO)로 발전될 위성 발사체 개발 예비 협정이 맺어졌다. 영국에서는 정부의 대대적인 로켓 발사체 시장 재편에 따라 호커 시델리 애비에이션Hawker Siddeley Aviation 사가 주 계약업체가 되었고, 블루 스트리크 로켓 개발과 관련해 참여했던 미국 기업 스페리 자이로스코프Sperry Gyroscope는 잠재적인 미국 위성 발사체 경쟁 기업이 될 수 있다는 우려로 인해 이 계획에서 빠졌다.

유럽발사체개발기구의 설립과 함께, 참여국들 간에는 1단 로켓으로는 영국이 블루 스트리크를 제공하고, 2단 로켓으로는 프랑스가, 그리고 3단 로켓은 독일이

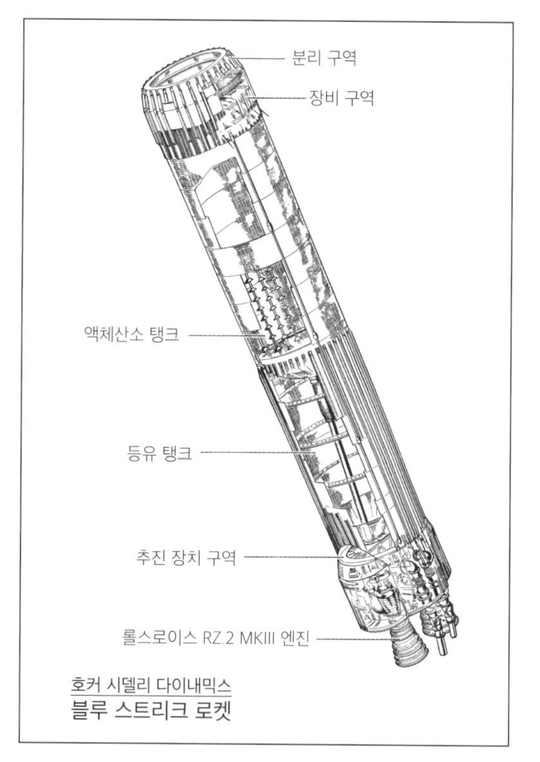

◀ 장거리탄도미사일(LRBM)으로 개발된 블루 스트리크는 미국으로부터 기술 이전을 받은 로켓으로, 특히 RZ.1 로켓 모터는 미국으로부터 S-3D 모터에 대한 자세한 기술적 설명을 듣고 개발되었고 후에 RZ.2 로켓 모터로 발전했다.
(자료 제공: Rolls-Royce)

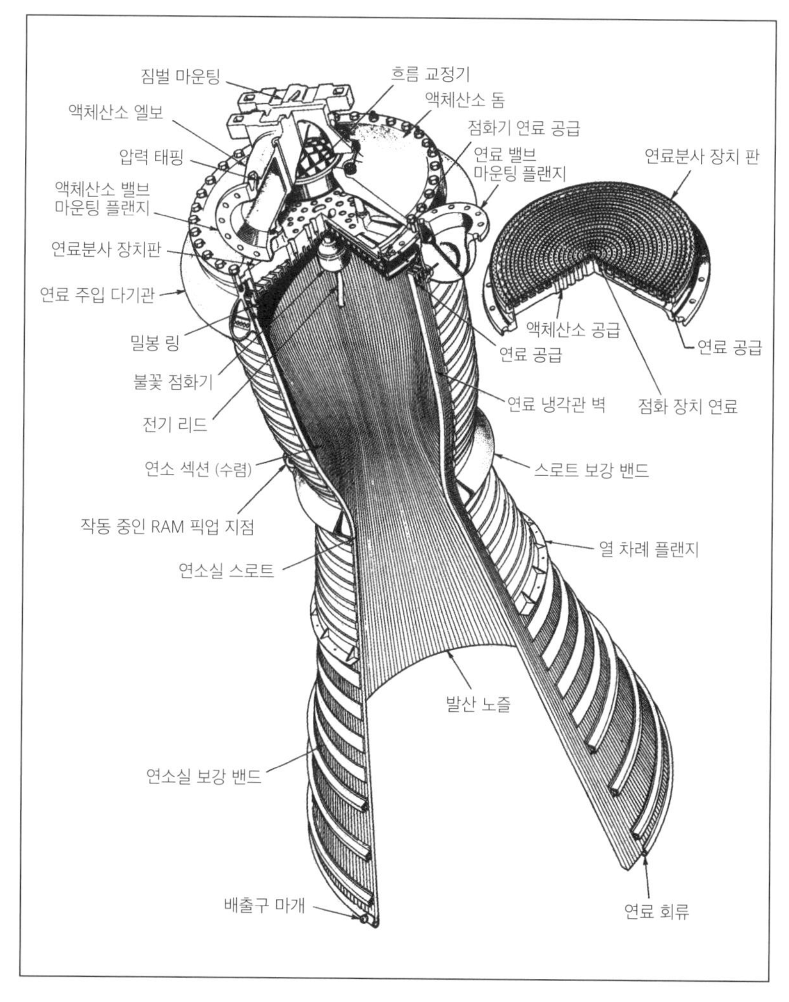

▼ RZ.2 로켓 모터의 단면도. 액체산소와 RP-1 등유가 연료분사 장치판과 필름 냉각식 연소실, 그리고 팽창 스커트에 공급되는 것에 주목하라.
(자료 제공: Rolls-Royce)

➤ RZ.2 로켓의 기본적인 작동 방식은 미국의 여러 로켓과 위성 발사체의 토대가 된 로켓다인 사의 S-3D 엔진 방식을 따랐다.
(자료 제공: Rolls-Royce)

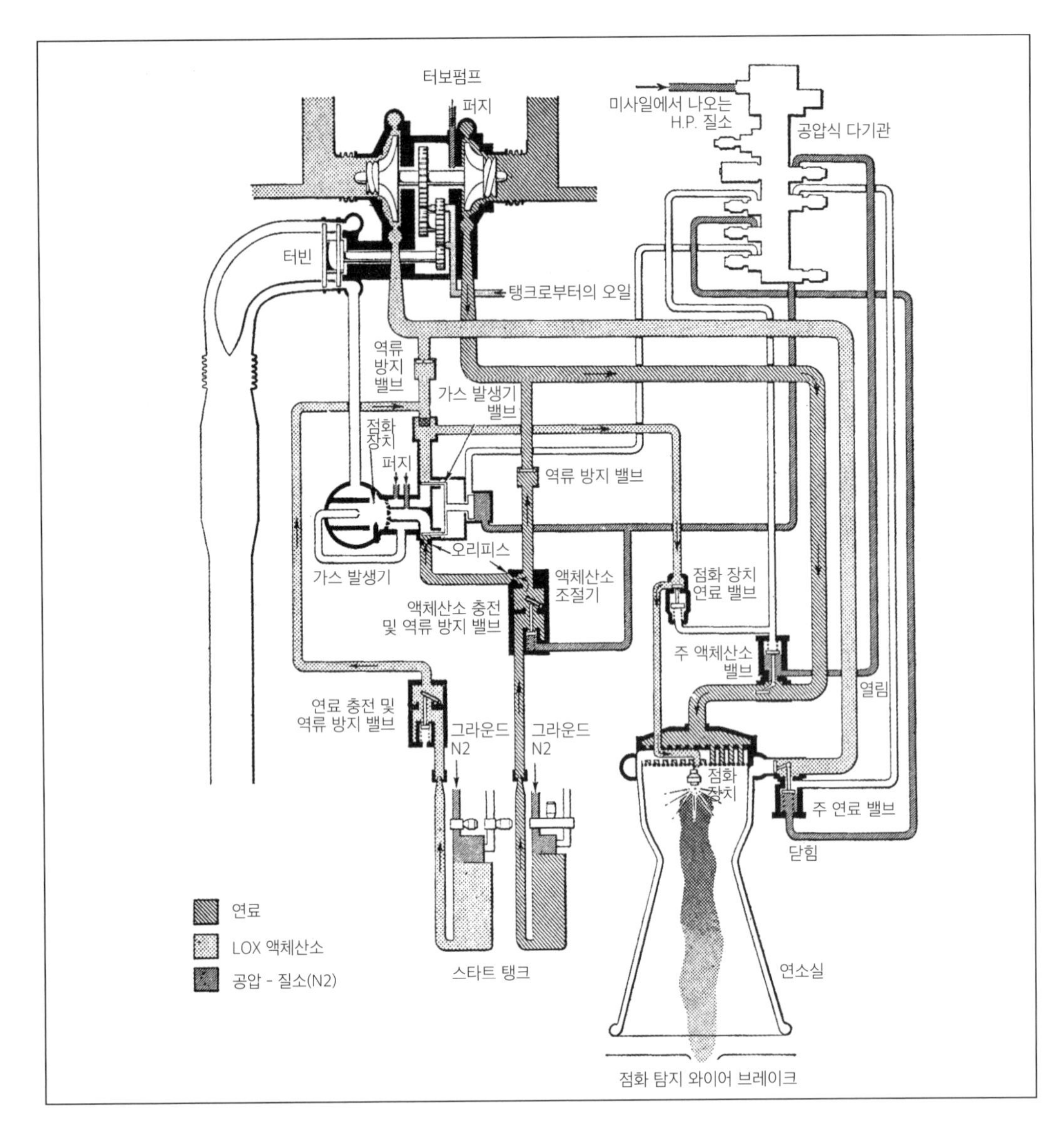

제공하는 걸로 협약이 이루어졌다. 또한 시험 발사는 사우스 오스트레일리아 애들레이드 시 북서쪽에 위치한 우메라에서 진행하기로 됐고, 초기의 시험 위성들은 이탈리아가 제공하기로 됐다.

유로파Europa 로켓의 1단 로켓으로 사용된 블루 스트리크 로켓은 길이 18.39m에 전체 직경 3.05m였으며, 자체 무게 5,400㎏에 액체산소 61,931㎏, RP-1 등유 26,604㎏을 주입할 수 있었다. 또한 유로파 로켓용으로 개발된 RZ.12 엔진 패키지는 이륙 시 추력이 1,339kN이었고, 연소 시간은 액체산소/RP-1 등유 혼합 비율 2.32:1의 상태에서 115초였다.

프랑스의 코랄리Coralie 2단 로켓은 베로니크Véronique 관측 로켓에서 발전된 것으로, 연소실이 4개인 벡신-A 모터가 장착되고, 비대칭 디메틸히드라진(UDMH)과 사산화질소의 혼합 추진제를 썼으며, 연소 시간은 96초, 추력은 274.6kN이었다. 독일의 아스트리스Astris 4단 로켓의 경우 사산화질소/에어로진-50을 추진제로 쓰는 단발 로켓 모터가 장착됐고 추력은 23.3kN이었다. 전반적으로 유럽의 이 로켓은 높이 33m에, 이륙 시 무게는 거의 104,780㎏이었다.

이 로켓은 곧 유로파로 알려지게 되며, 1962년 4월 16일 참여국들 간에 공식적인 개발 협약이 체결된다. 테스트 프로그램은 첫 번째 시험 비행(F1)부터 시작해 점차 상단 로켓들을 추가해 일곱 번째 시험 비행(F7)에 이를 때까지, 로켓 3단을 다 싣고 6회 시험 비행을 하는 걸로 정해졌다.

시험 비행

호주 우메라에서의 첫 번째 시험 비행(F1)은 상단 로켓들 없이 블루 스트리크 로켓만 가지고 실시됐다. 이 시험 비행은 처음에는 좋았으나, 탱크들 안에서 추진제가 출렁거려 로켓이 심하게 떨면서 급속도로 상황이 악화되어, 계획된 연소 시간보다 6초 짧은 147초에 주 엔진 2개가 셧다운됐다. 그러나 두 번째 시험 비행 F2(1964년 10월 20일)와 세 번째 시험 비행 F3(1965년 3월 23일)은 완전한 성공으로 끝났다.

1966년 5월 24일에 있었던 네 번째 시험 비행(F4)에서는 3, 4단 로켓과 탑재체 덮개를 비롯한 상단 로켓 요소 전부를 모형 형태로 결합시켰지만, 지상 통제소에서 조기 폭발 신호를 보내면서 실패로 끝났다. 로켓이 정해진 궤적을 벗어났다고 잘못 판단해 부근 거주지에 피해를 주지 않으려 했던 것. 같은 미션을 가지고 1966년 11월 15일에 실시된 다섯 번째 시험 비행(F5)은 완전한 성공을 거두었다. 여섯 번째 시험 비행 1회 차(F6/1)는 1, 2단 로켓을 결합시킨 상태로 1967년 8월 4일에 실시됐으나, 로켓 분리 장치가 일찍 작동되면서 2단 로켓이 점화되지 않아 실패로 끝났다. 여섯 번째 시험 비행 2회 차(F6/2)는 1967년 12월 5일에 실시됐으나, 바로 이전 문제와 같은 문제로 실패로 끝났다.

1, 2, 3단 로켓을 결합시킨 상태에서 실시된 일곱 번째 시험 비행(F7)은 1968년 11월 30일에 있었다. 1, 2단 로켓은 계획대로 작동됐으나 3단 로켓이 7초 더 오래 작동되면서 실패로 끝났는데, 정확한 원인은 밝혀지지 않았다. 1969년 7월 3일의 여덟 번째 시험 비행(F8)은 2단 로켓으로부터의 분리 신호를 보낸 순간 3단 로켓이 폭발하면서 실패했다.

훗날 유로파 I로 알려지게 되는 로켓(F9)으로 위성을 쏘아 올리려는 최초의 공식적인 시도는 1970년 6월 12일에 있었다. 그러나 1, 2단 로켓은 제대로 작동됐으나 2단 로켓 작동 중에 탑재체 덮개가 분리되지 못했고, 또 계획대로 점화 및 작동된 뒤 3단 로켓 내 가압 장치에서 헬륨이 떨어져 추력이 상실되며 이 시험 비행 역시 실패로 끝났다. 260㎏ 무게의 이탈리아 위성은 원래 극궤도에 들어가야 했으나, 에너지가 딸려 분리는 됐지만 여전히 잠겨진 페어링 안에 갇혀 있던 상단 로켓과 위성 결합체가 대기권으로 떨어지면서 불타버렸다. 3단 로켓 형태의 유로파 I 로켓이 시험 비행에 나선 건 이게 마지막이었다.

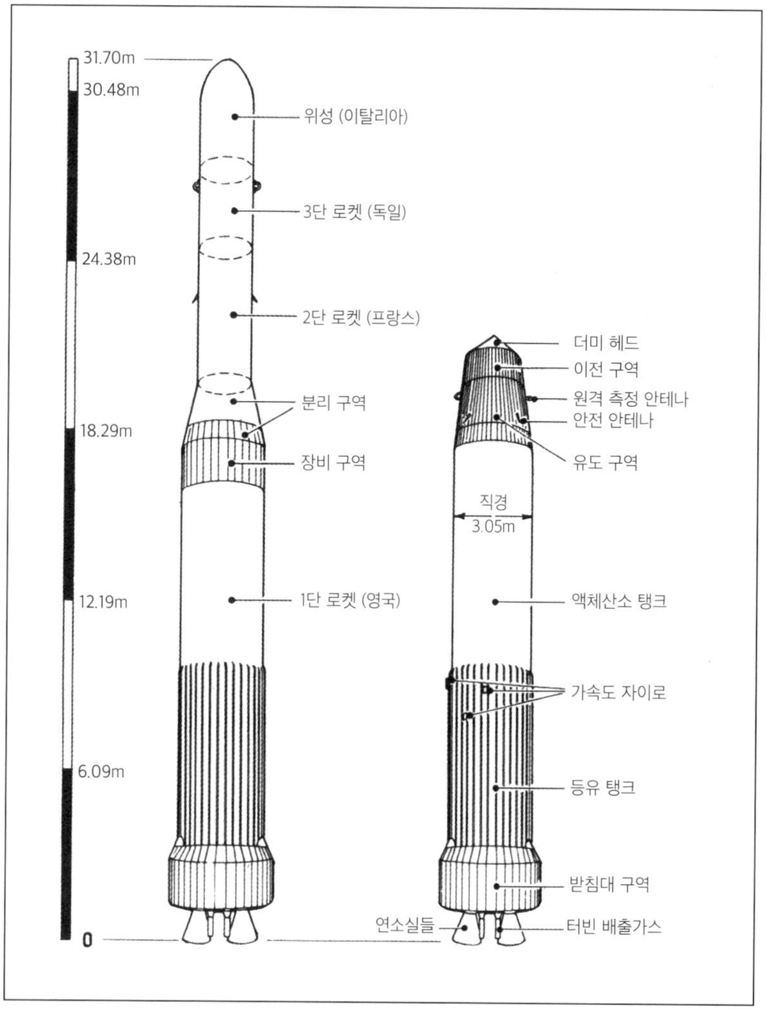

유로파 발사체의 1단 로켓으로서의 블루 스트리크의 운명은 1968년 영국 정부가 유럽발사체개발기구에서 철수하면서 끝난다. 그러나 다른 참여국들과의 협약에 따라, 영국은 이후에도 계속 블루 스트리크를 유로파 I의 1단 로켓으로, 그리고 유로파 II 로켓의 4단 로켓으로 제공해야 했다. 프랑스는 프랑스령 기아나에 있는 자신들의 식민지를 적절한 발사 지점으로 활용해 지구 정지 위성에 대한 수요를 해결하고 싶어 했다. 그곳이 호주의 우메라보다 적도에 훨씬 더 가깝다는 지리적 이점이 있는 데다, 1965년 이후 이미 로켓 발사지로서 개발이 진행되고 있었기 때문이다.

이후 4년도 채 안 돼, 유로파 프로그램에서 차지하는

▲ 원래의 블루 스트리크 장거리탄도미사일과 영국이 군사용 무기로서의 로켓 개발을 포기한 뒤 나온 유로파 발사체와의 크기 비교.
(자료 제공: Hawker Siddeley)

▲ 영국 하트퍼드셔주 스티브니지에 있는 호커 시델리 사의 공장에서 컴브리아주 스페이드댐에 있는 시험장으로 이송 준비 중인 블루 스트리크 로켓. RZ.12 엔진은 스페이드댐 시험장에서 테스트됐으며, 그 뒤 호주의 발사대로 옮겨졌다. (자료 제공: Hawker Siddely)

◀ 호주 우메라는 장소가 외떨어져 있어 로켓을 발사하기에 이상적인 곳으로, 유로파 로켓에 결합되어 위성 발사체 역할을 하게 될 블루 스트리크 로켓을 테스트하기 위한 지원 시설로 건설됐다. (자료 제공: Hawker Siddeley)

프랑스의 비중이 절대적으로 커져갔으며, 영국과 프랑스 간의 정치적 갈등(당시 영국은 영국-프랑스 합작품인 콩코드 초음속 여객기 프로그램에서 빠져나오려 안간힘을 쓰고 있었음)이 심해져, 국가적 위신이 걸린 목표들에 환멸을 느낀 영국 정부 입장에서는 그 어떤 타협도 마음에 와닿지 않았다. 영국은 완전히 새로운 기술, 완전히 새로운 산업을 다른 나라들과 함께 시작하는 데서 별 이점을 찾지 못한 것이다.

사실 영국이 유럽발사체개발기구에서 철수한다는 것은 1965년 12월 16일에 이미 결정된 사항이었다. 그러나 다른 협약 참가국들이 EEC, 즉 유럽경제공동체의 미래에 별 매력을 느끼지 못하는 영국 없이 해나갈 방법을 찾는 과정에서, 그 결정은 몇 해가 연기되었다. 그러다 마침내 1968년 4월 16일 영국 정부는 1971년 말까지 유럽발사체개발기구에서 철수할 것이라고 성명을 발표한다. 당시 영국 정부는 1976년까지는 블루 스트리크를 유럽발사체개발기구에 제공하겠다고 약속했으나, 사실 1969년에 이미 자금 지원을 중단했다.

한편 유로파 II와 거기에 쓸 고체 추진제 방식의 4단 로켓을 개발할 계획을 세우기 전에 이미 프랑스령 기아나 쿠루에 새로운 로켓 발사지가 개발되었고, 그래서 이제 지구 정지 궤도에 위성을 쏘아 올릴 때 적도에 가까운 고도를 최대한 활용할 수 있는 길이 열렸다.

블루 스트리크 로켓의 마지막 비행이자 유로파 II 로켓의 첫 비행은 1971년 11월 5일 발사체가 발사 직후 통제력을 벗어나 추락함으로써 실패로 끝났다. 여러 기의 블루 스트리크 로켓이 다양한 로켓 단 형태로 제작 중이었지만, 영국과 유럽발사체개발기구 참여국들 간의 정치적 마찰로 인해 유럽 대륙 국가들은 모든 걸 재검토해 영국 없이 로켓 개발을 해나가는 방법을 찾아야 했다. 아리안Ariane 스토리가 시작되려 하고 있었던 것이다. 남은 블루 스트리크 4기는 지금 모두 영국, 스코틀랜드, 벨기에, 독일의 박물관에 완전한 로켓 단 형태로 전시되어 있다.

31.681m
원지점 모터
테스트 우주선 - 이탈리아
근지점 모터
페어링
27.670m
에어로진
사산화질소
3단 로켓 - 독일
23.866m
사산화질소
2단 로켓 - 프랑스
코랄리
비대칭
디메틸히드라진
18.368m
액체산소
1단 로켓
블루 스트리크 - 영국
등유
데이터

➤ 유로파 II 로켓은 영국의 1단 로켓, 프랑스의 2단 로켓, 독일의 3단 로켓에 이탈리아의 시험 위성으로 이루어진 최초의 국제적인 발사체였다. 이 로켓 관리는 유럽발사체개발기구(ELDO)가 맡았는데, 이 기구는 훗날 유럽우주연구기구(ESRO)와 통합되어 유럽우주국(ESA)이 되었고, 아리안 로켓이 그 유럽우주국의 간판 로켓이 되었다. (자료 제공: Hawker Siddeley)

프로톤

첫 비행: 1965년 7월 16일

러시아의 프로톤Proton 로켓은 원래 100메가톤의 폭탄을 실어 나를 수 있는 대륙간탄도미사일로 개발됐으나, 그 외에 구소련의 우주정거장이나 국제우주정거장 부품 등 다양한 미션에 필요한 무거운 탑재체를 쏘아 올릴 수 있는 발사체로도 개발됐다.

프로톤 로켓은 '우주 개발의 아버지'로 불리는 세르게이 코롤료프의 최대 라이벌 블라디미르 체로미Vladimir Chelomei에 의해 설계됐다. 이 로켓은 저장이 가능하고 자동 점화되는 비대칭 디메틸히드라진/사산화질소 혼합 추진제를 써, 신속 대응이 가능한 대륙간탄도미사일은 물론 선제 타격을 억지하는 무기로도 유지할 수 있었다. 그러나 각종 기술적인 문제와 개발 지연으로 인해 무기로 채택된 적은 없으며, 이 로켓에 탑재하려 했던 100메가톤의 폭탄도 현실화되지 않았다. 대신 최종적으로 우주 발사체로서 20,700㎏ 무게의 탑재체를 지구 저궤도에 쏘아 올릴 수 있게 되었고, 흔히 프로톤 K 로켓으로 불리는 8K82K 로켓으로 역할을 하게 된다. 이 로켓은 우주 발사체로서는 처음 UR-500 로켓이란 이름으로 군사용 우주정거장 알마즈Almaz를 쏘아 올리고 LK-1 우주선을 달 궤도로 올려 보내는 일을 했다.

처음에 프로톤 로켓은 2단밖에 없었으며, 처음에 쏘아 올린 4기의 프로톤 로켓은 그 같은 2단 로켓 상태에서 프로톤 과학 위성들을 쏘아 올리며 유명세를 탔다. 1967년에 나온 프로톤 K는 4단 로켓이었고, 이후 그게 표준이 되었다. 이 로켓의 4단 로켓은 세르게이 코롤료프가 개발했으나 지구 궤도 위로 쏘아 올려진 적은 없는 N-1 슈퍼-부스터 로켓의 5단 로켓으로 쓰이기도 했다. 프로톤 K는 그 유명한 민간 및 군사용 우주정거장들(살류트Salyut와 미르Mir)을 비롯해 아주 다양한 무거운 위성 및 우주선들을 쏘아 올렸다.

프로톤 K의 구성은 어떤 면에서는 NASA에 의해 개발 중이던 새턴 I과 비슷해, 중앙 산화제 탱크 주변에 연료 탱크 6개가 장착됐고, 각 부착식 탱크 밑에는 단발 로켓 모터가 부착되어 있었다. 핵심 탱크는 직경이 4.1m였고, 연료 탱크는 직경이 1.6m였으며, 조립된 엔진 연료 탱크들 뭉치의 총 너비는 7.4m였다. 1단 로켓의 높이는 20.4m였다. 이 1단 로켓의 경우 처음에는 총 해수면 추력 8,819kN에 연소 시간 126초인 RD-253 로켓 모터 6개가 주 동력원이었으나, 후에 보다 강력한 RD-275 로켓 모터로 대체되면서 추력이 7% 늘었다. 보다 최근에 나온 RD-275M 로켓 모터는 추력이 5.2% 더 늘었다.

◀ 프로톤 로켓이 국제 해양 통신 위성을 싣고 날아오르고 있다. 이 위성은 러시아의 가장 강력한 발사체로 지구 궤도에 쏘아 올려진 많은 탑재체 중 하나이다.
(자료 제공: RSK)

▼ 트레일러 위에 얹혀진 채 레일을 따라 발사대까지 이동 중인 프로톤 로켓. 이 로켓은 발사대에서 수직으로 세워진 뒤, 비행 전 준비 과정을 거치게 된다. 사진 속의 프로톤 로켓은 지금 유럽의 아스트라-1F 위성을 싣고 있다.
(자료 제공: Astra)

▲ 브리즈Briz 상단 로켓이 부착된 프로톤 로켓. 덮개를 덮어 출시하기에 앞서 인공위성 2대가 실려 있다.
(자료 제공: RSK)

◀ 개별적인 로켓 코어를 한 뭉치로 조립하는 형태의 프로톤 로켓은 원래는 슈퍼-대륙간탄도미사일로 설계됐으나, 1960년대 중반부터 말까지 달 궤도로 쏘아 보내는 강력한 발사체로 개발됐으며, 러시아의 우주정거장과 같이 무거운 탑재체를 쏘아 올리는 발사체로 활용됐다.
(자료 제공: RSK)

프로톤 K의 2단 로켓은 RD-0210 로켓 모터 3개와 단발 로켓 모터 RD-0211 1개를 사용해, 총 추력이 2,397kN이었고 연소 시간은 206초였다. 길이는 17m, 직경은 4.15m, 연료를 가득 채웠을 때의 무게는 167,832㎏이었다. 3단 로켓의 경우 추력이 613kN인 단발 RD-0212 로켓 모터가 주 동력원이었다. 길이는 4.1m, 직경은 4.2m, 이륙 시의 총 무게는 50,748㎏이었다. 옵션으로 제공되던 4단 로켓은 액체산소/등유 추진제를 썼고, RD-58M 로켓 모터에서 89kN의 추력이 나왔으며, 길이는 6.28m였다.

2001년에 발사된 프로톤-M은 1단 로켓에 무게를 줄이기 위한 여러 가지 조치가 취해졌으며, 각 엔진의 연소실 압력을 높여 이륙 시 추력을 10,533kN으로 늘렸고, 브리즈-M 상단 로켓에 1, 2, 3단 로켓과 동일한 자동 점화성 추진제들을 써 326초의 비추력 상태에서 19.57kN의 추력을 냈다. 현재의 구성에서 프로톤 브리즈-M은 이륙 시 총 무게가 705,000㎏이고 총 높이는 58.2m이며, 6,350㎏ 무게의 탑재체를 정지 천이 궤도까지 쏘아 올릴 수 있다.

프로톤 로켓은 국제적인 발사체로서도 어느 정도 성공을 거두었다. 1992년에는 유럽 해사 통신 위성을 성공적으로 쏘아 올렸고, 그 뒤를 이어 국제적인 위성이동통신서비스 사업체인 인말새트Inmalsat와 위성 발사 계약을 맺었다. 이 위성들은 정부 위성이었다. 그리고 1996년 4월 9일 프로톤 K 로켓은 아스트라 1F 정지 궤도 위성을 쏘아 올렸다. 1995년 국제발사서비스(International Launch Services, ILS)가 설립되면서 보다 글로벌한 발사체 시장이 열렸다. 록히드 마틴 사와 흐루니체프 제조 공장, 세르게이 코롤료프가 이끌던 로켓 디자인 전문 기관 에네르기아Energia가 제휴 관계를 맺은 것이다.

국제발사서비스는 현재 미국 사무소에서 프로톤 로

▶ 프로톤 로켓은 비행 성공률이 높지 않은 데다 고장이 잦은 편이고 위성 보험업체들로 인한 재정적 손실도 커 혹평을 받기도 하지만, 러시아 유인 우주정거장 프로그램의 핵심 요소로, 국제우주정거장에 필요한 각종 탑재체를 쏘아 올리는 데 중요한 역할을 해오고 있다.
(자료 제공: RSK)

◀◀ 디아망 B 로켓이 프랑스령 기아나 쿠루에 있는 로켓 발사 시설에서 날아오르고 있다. 1단 로켓이 보다 길어지고 보다 강력한 벡생 C 엔진들을 장착한 이 로켓은 북아프리카 튀니지 아마가르의 로켓 발사 시설에서 네 차례 비행한 디아망 A를 교체하게 된다.
(자료 제공: CNES)

◀ 프랑스 최초의 인공위성인 아스테릭스Asterix. 디아망 A 로켓으로 시도한 첫 비행에서 지구 궤도에 안착했다.
(자료 제공: CNES)

켓 마케팅을 하고 있다. 프로톤 로켓은 그간 일련의 실패들과 이런저런 어려움을 맞기도 했지만, 400회 이상 비행에 나서면서 가장 중요한 우주선들을 지구 궤도 및 행성들에 쏘아 보냈다. 그 비행 중에는 특히 1960년대 말에 있었던 구소련의 무인 우주선 존드Zond 비행, 화성 탐사 비행 등이 유명하다.

디아망

첫 비행: 1965년 11월 25일

위성 발사체로 개발한 디아망(Diamant, 프랑스어로 다이아몬드) 로켓 덕에 프랑스는 러시아와 미국에 이어 자국 인공위성을 지구 궤도 위로 쏘아 올린 세 번째 국가가 되었으며, 유럽에서는 처음으로 우주 탐사에 나선 국가가 되었다.

디아망은 1961년에 설립된 프랑스 국영 우주 연구 기관인 프랑스 국립우주연구소(CNES)의 첫 번째 프로젝트였다. 프랑스는 이미 아가테Agate, 토파즈Topaz, 에메랄드Emerald, 루비Ruby, 사파이어Sapphire 같은 관측 로켓들로 우주 개발 분야에서 확고한 입지를 다진 상태였으며, 지구 궤도에 위성을 쏘아 올릴 수 있는 프랑스 자체의 발사체를 확보해 독립적인 우주 개발 역량을 키워야 한다는 국가적 자긍심 같은 게 있었다.

3단 로켓인 디아망 A는 튀니지 아마가르 로켓 발사 시설에서 발사되었으며, 160㎏ 무게의 위성을 지구 저궤도로 쏘아 올리는 데 성공했다. 그 당시 에메로드(Emeraude, 영어 emerald에 해당하는 프랑스어—옮긴이) 1단 로켓의 주 동력원은 벡생 B 로켓 모터였으며, 비대칭 디메틸히드라진(UDMH)과 사산화질소의 혼합 추진제를 써서 221초의 비추력에 301.5kN의 추력을 냈다. 에메로드 1단 로켓은 길이 10.4m에 직경 1.4m였고, 연소 시간은 93초였다.

고체 추진제 방식의 토파즈 2단 로켓은 무게가 2,900㎏이었고, 255초의 비추력에 120kN의 추력을 냈으며, 연소 시간은 44초였다. 그리고 길이는 4.7m, 직경은 0.8m였다. 고체 추진제 방식의 P6 3단 로켓은 무게가 709㎏이었고, 211초의 비추력에 29.4kN의 평균 추력을 냈으며, 연소 시간은 45초였다. 디아망 A 로켓은 발사대에서의 총 높이가 18.95m였고 무게는 18,400㎏이었다.

디아망 A 로켓은 튀니지 아마가르에서 총 4회 비행

▲ 디아망 A의 에메로드 1단 로켓. 저장 가능한 추진제를 사용하는 단발 벡생 B 로켓 모터가 장착되어 있다.
(자료 제공: CNES)

에 나섰는데, 1965년 11월 26일 첫 비행에서 아스테릭스 위성을 지구 궤도에 안착시켰고, 1966년 2월 17일의 두 번째 비행에서는 디아파종Diapason 위성을 지구 궤도에 안착시켰다. 1967년 2월 8일에 있었던 세 번째 비행은 부분적인 성공으로 끝났다. 디아뎀Diadéme 1 위성을 너무 낮은 지구 궤도 위에 쏘아 올려 제 기능을 못하게 된 것이다. 6일 후에 발사된 디아뎀 2 위성은 지구 궤도에 제대로 안착했으나, 튀니지에서의 프랑스 로켓 발사는 이것으로 끝나게 된다. 튀니지 아마가르 사막 지역의 로켓 발사 시설은 1947년 이후 20년간 관측 로켓들을 쏘아 올리는 데 사용됐지만, 보다 발전한 버전의 로켓들은 프랑스령 기아나에서 발사한다는 계획에 따라 로켓 발사 시설로서의 수명을 다하게 된 것이다.

디아망 B 로켓은 보다 강력한 디아망 변종으로 개발되었는데, 1단 로켓(L17) 밑바닥에 벡생 C 엔진 4개가 장착되어 있었으며, 길이는 14.2m로 늘었고 221초의 비추력에 396.5kN의 추력을 냈으며, 연소 시간은 110초였다. 2단 로켓은 디아망 A의 2단 로켓과 같았으며, P-6 3단 로켓은 46초 동안 50kN의 추력을 냈다. 디아망 B는 총 높이가 23.5m에 무게는 24,600㎏이었다.

1970년 3월 10일부터 1973년 5월 21일 사이에 총 5회의 위성 발사가 있었는데, 처음 2회의 발사는 성공했으며 세 번째 위성 발사는 3단 로켓의 오작동으로, 그리고 네 번째 위성 발사는 탑재체 페어링 분리가 안 돼 실패로 끝났다. 이는 모두 남미 북동쪽 끝에 위치한 프랑스령 기아나의 쿠루에서 이루어진 최초의 궤도 비행이었다.

디아망 BP4는 디아망 로켓의 최종 진화작으로, 1단과 3단 로켓은 그대로였지만 2단 로켓에는 새로운 고체 추진제를 써서 273초의 비추력에 176kN의 추력을 냈으며, 연소 시간은 55초였다. 또 길이는 2.28m였고

➤ 프랑스 정부가 일부의 반대에도 불구하고, 또 다른 유럽 국가들로부터 독립적으로 수년간 관측 로켓 개발을 지원한 끝에 탄생시킨 디아망 A 로켓. 완전한 형태의 이 로켓은 현재 부르제 박물관에 전시되어 있다.
(자료 제공: CNES)

직경은 1.5m였다. 1975년 2월 6일부터 9월 27일 사이에 쿠루에서 총 4회 비행에 나섰는데, 전부 위성을 지구 궤도에 안착시키는 데 성공했으며, 5월 17일에 있었던 세 번째 비행에서는 이 로켓에 처음으로 탑재체 2개를 실었다.

디아망 BP4 개발 프로그램 종료를 앞두고, 프랑스는 유럽우주기구(European Space Agency, ESA)의 설립에 결정적인 역할을 해왔으며, 그 이후 자신들의 로켓 개발 프로그램을 범유럽 위성 발사체인 아리안 로켓 개발 프로그램에 접목시키는 방법을 모색하게 된다.

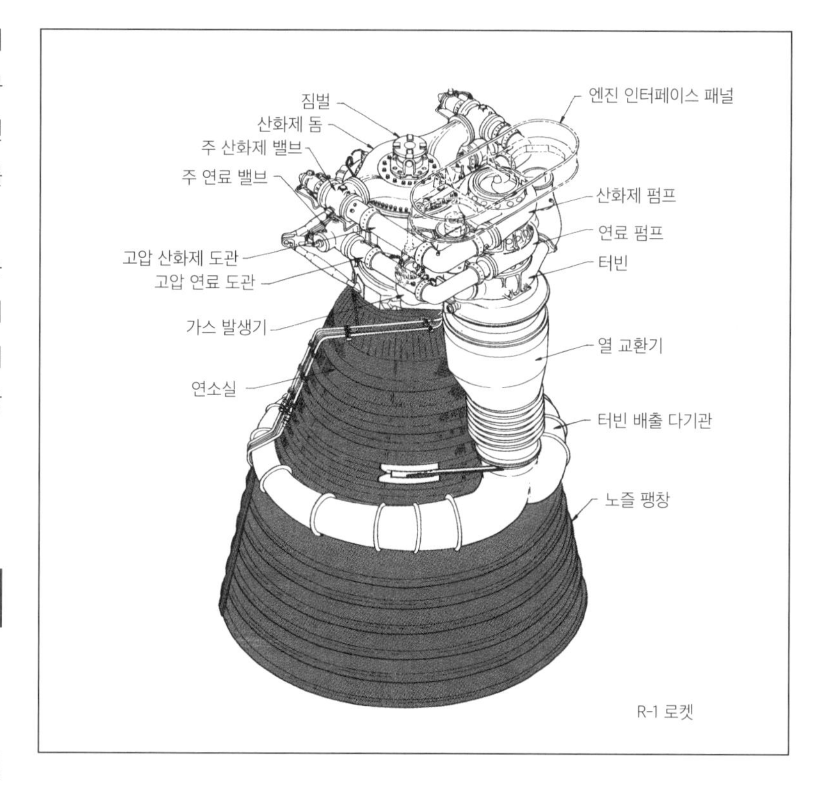

R-1 로켓

새턴 V

첫 비행: 1967년 11월 9일

우주로 날아간 로켓 중 가장 규모가 컸던 새턴 V 로켓은 아폴로 우주선과 달 착륙선을 한데 묶어 달까지 날려 보낼 수 있었던 유일한 발사체였다. 미국인들을 달 표면에 착륙시키기 이전에, 새턴 V 로켓은 미국 유일의 우주정거장인 스카이랩을 쏘아 올리기도 했다.

새턴 V는 새턴 I 시리즈에서 점차 발전되어 나온 로켓으로, 원래의 이름은 C-5 로켓이었다. 새턴 V를 제작하기 위해서는 극저온 방식의 S-II와 S-IVB 상단 로켓이 결합된 새로운 탄화수소 S-IC 1단 로켓이 필요했다. 1단 로켓의 경우 새로운 F-1 엔진을 장착하게 돼 있었지만, 2개의 상단 로켓에는 새턴 IB에 쓰였던 극저온 방식의 J-2 엔진을 사용하게 되어 있었으며, S-IVB 로켓 자체는 새턴 IB 로켓의 2단 로켓에서 가져오게 되어 있었다. 전체적으로 새로운 엔진 하나와 새로운 로켓 단 2개가 필요했다. 극저온 방식의 S-II 2단 로켓은 달까지 비행해야 하는 더욱 힘든 일을 해내야 했는데, 이는 추력 6,672kN을 내는 엄청나게 강력한 엔진 F-1을 개발하는 것만큼이나 힘든 일이었다.

처음 구상대로 하자면 S-IC 로켓의 경우 직경 10m의 로켓 단 주변에 일정한 간격으로 4개의 F-1 엔진을 장착하게 되어 있었지만, NASA의 발사체 프로그램 부

▲ 새턴 V 로켓의 성공 비결은 8개의 엔진으로 구성된 새턴 I 보다 50%나 더 강력한 추력을 내는 로켓다인 사의 엄청나게 강력한 F-1 엔진이었다. 그런데 S-IC 1단 로켓에는 그 강력한 F-1 엔진이 5개나 장착됐다.
(자료 제공: Rocketdyne)

◀ 무게 100톤도 넘는 탑재체를 지구 궤도 안에까지 쏘아 올릴 수 있고, 45톤의 탑재체를 달까지 보낼 수 있는 새턴 V는 우주 탐사 로켓 중 가장 규모가 큰 로켓이었다. 이 로켓은 높이가 런던 세인트폴 대성당과 맞먹었고 뉴욕 자유의 여신상 높이의 2배가 넘었으며 무게는 무려 3,000톤이었다. 또한 아폴로 유인 우주선을 9회나 달까지 쏴 보냈고, 그중 여섯 번은 달 표면에 착륙하기까지 했다.
(자료 제공: NASA)

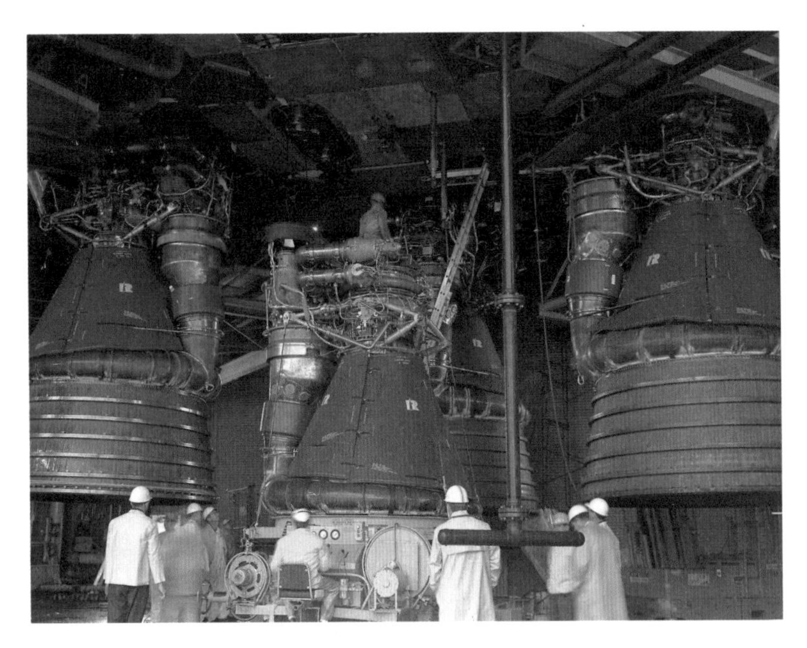

▲ F-1 로켓 엔진은 기본적으로 단순하고 견고했지만, 운용 스케일이 워낙 커 1957년 도입 당시에는 미처 예측하지 못했던 많은 문제를 맞게 된다.
(자료 제공: NASA)

◀ 새턴 V 로켓에는 우주선을 달까지 보낼 에너지와 추력을 확보하기 위해 극저온 방식의 J-2 로켓 엔진이 필수적이었다. 노스 아메리칸 항공에서 제작한 2단 로켓에는 J-2 로켓 5개가, 그리고 맥도널 더글러스 사에서 제작한 3단 로켓에는 단발 J-2 엔진이 장착됐다.
(자료 제공: David Baker)

책임자였던 밀턴 로젠은 중앙의 다섯 번째 엔진은 추가 추력을 내야 할 뿐 아니라 4개의 외부 엔진들에서 나오는 배출 가스 축적(그로 인해 로켓이 파손되거나 폭발할 수 있어)도 막아야 한다고 주장했다. 아폴로 프로그램을 살린 것은 결국 다섯 번째 F-1 엔진의 추가였다. 그 엔진이 없었다면 45톤 무게의 탑재체를 달까지 날려 보내는 데 필요한 추력을 확보할 수 없었을 것이기 때문이다.

S-IC 로켓은 길이 42.1m에 직경 10m였으며, 자체 무게는 131,000㎏, 추진제 용량은 액체산소 1,497,000㎏, RP-1 등유 648,000㎏이었다. 그리고 5개의 F-1 엔진들이 이륙 시 33,805kN의 추력을 냈다. S-II 로켓 단은 길이 24.8m에 직경 10m였으며, 자체 무게는 36,000㎏이었고, 추진제 용량은 액체산소 372,400㎏, 액체수소 71,773㎏이었다. 또한 5개의 J-2 엔진들이 약 4,893kN의 로켓 단 추력을 냈다. 극저온 방식의 S-IVB 로켓의 자체 무게는 11,340㎏이었고, 추진제 용량은 액체산소 86,139㎏, 액체수소 19,732㎏이었으며, 787.3kN에서 920.1kN까지의 로켓 단 추력을 냈다.

1967년 11월 9일 첫 비행에 나선 S-IC 로켓은 아폴로 4호라 명명됐는데, 이는 NASA 케네디 우주센터 39번 발사 시설에서의 첫 비행으로, 열차폐 장치의 추가 테스트가 목적이었던 아폴로 우주선을 아주 큰 타원 궤적을 그리며 날려 보내는 데 대성공을 했다. 1968년 4월 4일에 있었던 두 번째 비행에 나선 S-IC 로켓은 아폴로 6호로, 2단과 3단 로켓에 중대한 문제들이 발생해 S-II와 S-IVB 로켓의 엔진들이 셧다운되면서 아폴로 4호의 궤적을 따라 비행하던 아폴로 무인 우주선에 더 이상의 에너지를 주지 못했다.

그러다 1968년 12월 21일 발사체의 구조적 완전성을 손상시키는 포고 현상, 즉 수직 진동 문제를 해결한 새턴 V(아폴로 8호)가 최초의 유인 비행에 나서, 우주비행사 보먼, 로벨, 앤더스를 달까지 보내는 데 성공한다. 이후 1969년 3월 3일에는 아폴로 우주선과 달 착륙선 모두를 실은 지구 궤도 비행 테스트가 있었고, 1969년 5월 18일에는 달 표면에 직접 내리는 것만 빼고 모든 걸 예행 연습하는 새턴 V 로켓의 또 다른 달 미션이 행해졌다. 그리고 드디어 1969년 7월 16일, 아폴로 11호는 달 착륙이라는 궁극의 목표를 달성했다.

이후 새턴 V의 달 비행은 여섯 차례 더 있었으며, 마지막 비행은 1972년 12월 7일이었다. 그 과정에서 아폴로/ 달 착륙 우주선을 실어 나르는 새턴 V 로켓의 성능 및 탑재 능력은 계속 개선되어, 마지막 새턴 V 로켓의 경우 46,796㎏ 무게의 탑재체를 달까지 쏴 보냈다.

▲ 새턴 V가 성공한 가장 큰 요소는 비행 제어를 위한 유도 장치 등 로켓의 두뇌에 해당하는 장치실이었다. 이는 새턴 I의 장치실에서 진화된 것으로, 새턴 로켓의 성공에 지대한 공을 세운다. (자료 제공: NASA)

◀ 1971년 7월 26일 새턴 V가 발사대를 떠나 아폴로 15호 미션을 시작하고 있다. (자료 제공: NASA)

▼ 보잉 사에서 제작한 S-IC 로켓 단은 액체산소와 RP-1 등유 추진제를 실었고, 공기역학적 안정성을 위해 밑바닥에 핀을 4개 달았다. 워낙 규모가 커 분리 시 S-II 2단 로켓과의 충돌을 막기 위해 대부분의 비행에서 역추진 로켓이 8개까지 장착됐다. (자료 제공: Boeing)

새턴 V 로켓은 마지막 비행에서 스카이랩 우주정거장을 지구 궤도에 올리는 임무를 수행했다. 그리고 3단 로켓을 주 궤도 작업장의 토대로 활용하는 스카이랩이 S-IVB 로켓 단의 역할을 대신하게 되면서, 1973년 5월 14일에는 2단짜리 새턴 V 로켓이 89,439㎏ 무게의 우주정거장을 지구 궤도 위로 쏘아 올리게 된다.

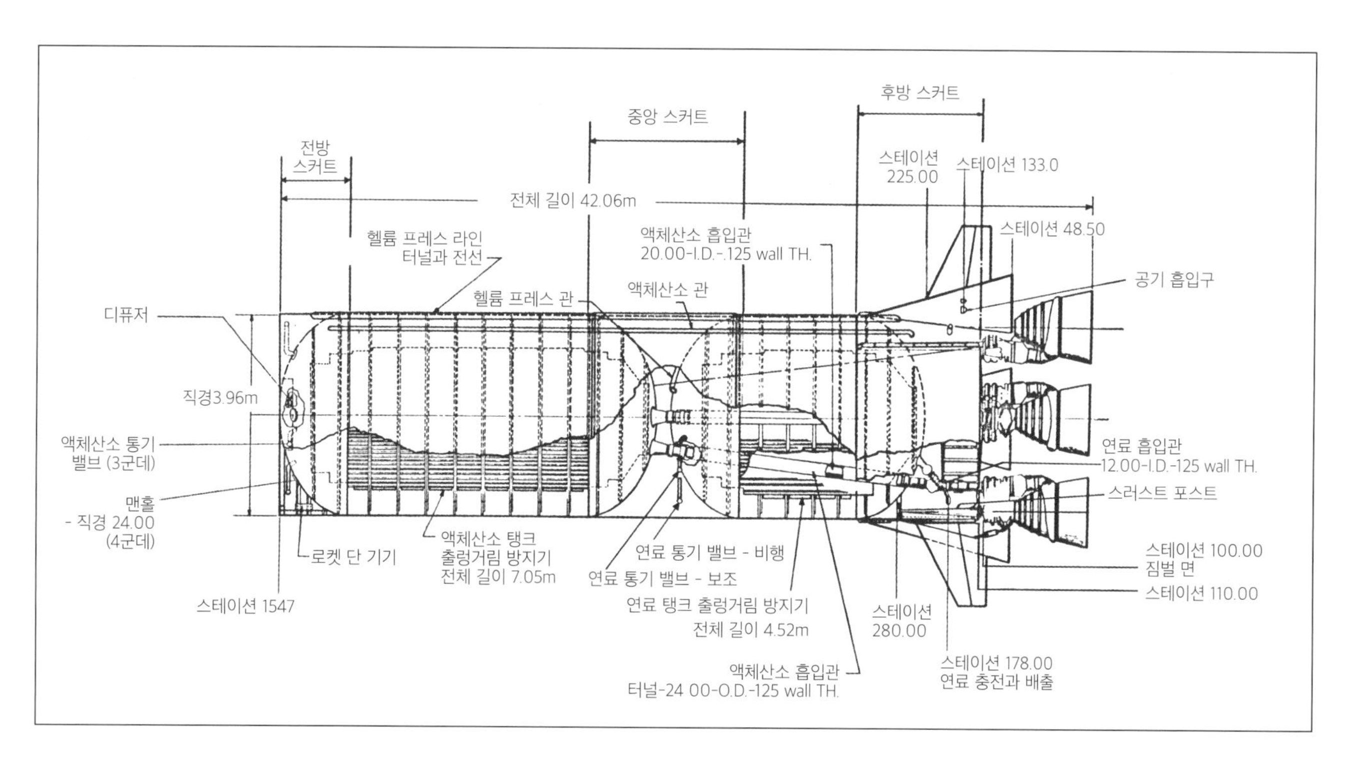

➤ 블랙 애로우 로켓은 블루 스트리크 로켓 개발 프로그램을 지원할 목적으로 사용된 블랙 나이트 로켓의 기술적 발전에 힘입어 제작되었으며, 1971년 10월 28일 호주 우메라에서의 시험 비행에서 영국의 프로스페로 위성을 지구 궤도로 쏘아 올리는 데 성공했다.
(자료 제공: Commonwealth of Australia)

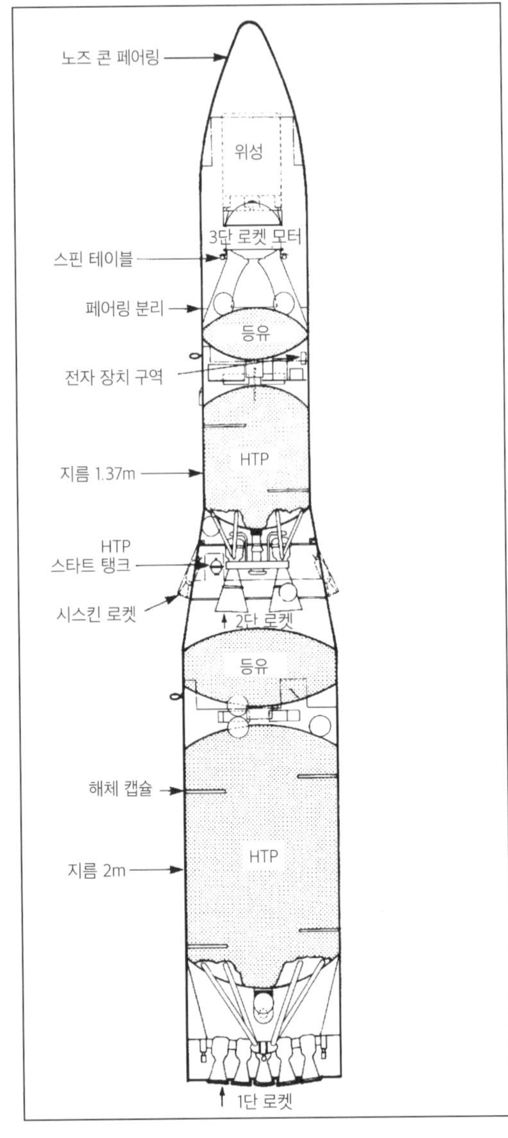

➤ 블랙 애로우 위성 발사체는 3단 로켓으로 제작됐는데, 1, 2단 로켓에는 HTP/RP-1 추진제를 썼고 상단에는 고체 추진제를 썼다.
(자료 제공: Roger Milton)

블랙 애로우

첫 비행: 1969년 6월 28일

블랙 애로우Black Arrow는 위성 기술을 발전시키고 영국의 독자적인 로켓 엔진 개발 능력을 평가하는 데 도움이 되어줄 소형 발사체로 구상됐다. 앞서 개발한 블루 스트리크 로켓은 미국 로켓다인 사의 엔진에 절대적으로 의존했었기 때문이다.

블랙 애로우 로켓의 기술은 1950년대 중반에 블루 스트리크 로켓 제작에 필요한 대기권 재진입 발사체 연구를 목적으로 제작된 전혀 다른 종류의 로켓인 블랙 나이트에서부터 나온 것이다. 당시 영국 앤치에 있던 엔진 제조업체 암스트롱 시델리Armstrong Siddeley는 블랙 나이트 로켓에 장착될 감마Gamma 201(후에는 301) 로켓 모터 4개 묶음에 HTP/RP-1 추진제를 사용했다. 이 로켓 모터는 각기 18.23kN 또는 24kN의 추력을 냈으며, 이륙 시 총 추력은 96kN까지 나왔다.

기본형의 높이가 9.8m이고 직경이 1.37m였던 블랙 나이트 로켓은 다양한 탄두 조합과 장치 패키지, 탑재체들을 지원할 수 있었다. 총 22회의 비행 중 첫 번째 비행은 1958년 9월 7일이었고, 마지막 비행은 1965년 11월 25일이었는데, 모두 호주의 우메라 발사 시설에서 행해졌으며 3회의 비행을 제외하고는 전부 대기권 재진입 탄두 테스트가 그 목적이었다.

영국 샌더스 로Sanders Roe 사는 영국 항공청의 의뢰를 받아 미사일을 제작했으며, 그 미사일은 영국 아일오브와이트주의 하이다운에 있는 뉴 배터리 공장에서 테스트됐다.

아궤도 연구 로켓인 블랙 나이트와는 달리, 블랙 애로우는 처음부터 144㎏ 무게의 탑재체를 지구 궤도에 쏘아 올릴 목적으로 제작되었으며, 감마 8 엔진 8개를 쌍으로 묶고 HTP/RP-1 추진제를 사용해, 이륙 시 265초의 비추력에 총 256.4kN의 추력을 냈으며, 연소 시간은 131초였다. 감마 8 엔진은 블랙 나이트에 장착됐던 감마 301 엔진을 업그레이드한 것이었다. 1단 로켓의 각 쌍에는 짐벌 장치가 설치됐고, 터보펌프 2개가 장착되어 8.2:1 비율의 HTP/RP-1 추진제 13,000㎏을 각 엔진으로 공급했다. 그리고 로켓 단 분리는 가속도가 3g 이하로 떨어질 때 일어났다.

2단 로켓은 길이 2.9m, 직경 1.37m였다. 같은 추진제로 작동되는 연소실 2개짜리 단발 감마 2 엔진이 주 동력원이었으며, 265초의 비추력에 68.2kN의 추력을 냈고, 연소 시간은 116초였다. 3단의 로켓 경우에는 위성을 제 궤도로 날려 보낼 고체 추진제 방식의 왁스윙Waxwing 원지점 모터가 장착됐다. 3.5m 길이의 탑재체 페어링은 2단 로켓이 추진력을 받아 사실상 대기권을 벗어날 때 분리되게 되어 있었다.

왁스윙 3단 로켓은 55초 동안 평균 15.5kN의 추력과 278초의 비추력을 냈다. 추진제는 영국 에섹스주 월섬 애비에서 제조되었고, 로켓 단 자체는 서머싯주에 있는 브리스톨 에어로젯Bristol Aerojet 사에서 제작됐다. 앞에 탑재체 페어링을 부착할 경우, 블랙 애로우 로켓은 높이가 13m였으며, 직경은 2m, 이륙 시 무게는 18,130㎏이었다. 또한 135㎏ 무게의 위성을 지구 상공 227㎞의 지구 저궤도에, 또 102㎏ 무게의 위성을 지구 상공 500㎞의 지구 궤도에 쏘아 올릴 수 있었다.

블랙 애로우 로켓은 1969년 6월 28일 호주 우메라 발사 시설에서 첫 비행에 나섰으나, 1단 로켓 엔진의 짐벌 장치가 고장 나면서 큰 손상을 입었고, 결국 발사 후 80초 만에 지상 통제소에 의해 공중 폭발됐다. 1970년 3월 4일, 1단 및 2단 로켓에 대한 아궤도 테스트를 위해 동일한 시도가 있었는데, 이번에는 성공으로 끝났다. 1970년 9월 2일에는 최초의 궤도 비행 테스트가 있었는데, 2단 로켓이 가압되지 않으면서 실패로 끝났다.

애로우 로켓의 네 번째이자 마지막 비행은 1971년 10월 28일에 있었으며, 자체 개발한 로켓으로 쏘아 올린 영국 최초의 위성 프로스페로Prospero(무게 66㎏)가 지구 궤도에 안착하는 데 성공했다. 이로써 영국은 러시아, 미국, 프랑스에 이어 자국 위성을 지구 궤도에 쏘아 올린 네 번째 국가가 되었다. 그러나 그해 7월 29일 에드워드 히스 경Sir Edward Heath이 이끌던 영국 정부는 애로우 로켓 개발 중단 및 유럽발사체개발기구 탈퇴 선언을 했으며, 더 이상 로켓 공학 및 우주 비행 분야에서 미래를 볼 수 없게 된다.

▲ 1단 로켓의 주 동력원인 8개의 감마 8 엔진들은 2개씩 짝을 지어 장착됐으며, 또 터보펌프 2개가 각 탱크에서 엔진으로 추진제를 공급했다. (자료 제공: Peter Crampton)

▼ 연소실 2개짜리 감마 2 엔진이 2단 로켓에 동력을 제공했는데, 2단 로켓은 날아오르는 로켓의 가속도가 3g 이내로 떨어질 때 점화됐다. 블랙 애로우 로켓 개발 프로그램은 영국 정부에 의해 취소되어, 단 4회의 비행 끝에 막을 내렸다. 당시 개발 프로그램이 계속되었다면, 유럽이 지금도 성취하려 애쓰는 독립적인 소형 위성 발사체 개발의 토대가 되었을 것이다. (자료 제공: Peter Crampton)

▲ 아리안 로켓은 영국이 블루 스트리크 로켓을 포기하고 유럽 국가들과의 협약을 깨 유럽발사체개발기구가 파경을 맞은 가운데 태어났다. 이후 유럽이 결연한 자세로 독자적인 개발 프로그램을 가진 우주 탐사 선도국인 미국 및 러시아와의 경쟁에 뛰어듦으로써, 이 아리안 로켓은 가장 중요한 위성 발사체 중 하나로 부상하게 된다.
(자료 제공: ESA)

아리안

첫 비행: 1979년 12월 24일

아리안 로켓은 유럽발사체개발기구(ELDO)가 무력화되면서 혼란과 불확실성이 존재하던 시기에 탄생해, 모든 시대를 통틀어 가장 큰 성공을 거둔 위성 발사체 중 하나가 되었다. 또한 유럽 여러 국가들이 개발에 참여함으로써, 유럽의 우주 과학자 및 엔지니어들에게 세계를 선도할 수 있는 공고한 토대를 제공해주었다.

아리안 로켓의 기원은 1968년 영국이 유럽발사체개발기구 탈퇴를 선언하면서 유럽 위성 발사체 1단 로켓으로 쓰이던 블루 스트리크 로켓이 무력화되어버린 시기까지 거슬러올라간다. 1970년쯤에 이르면 유럽 국가들은 독자적인 발사체 개발에 대한 확고한 의지를 내보이게 되는데, 특히 가장 큰 관심을 표명한 국가는 프랑스, 독일, 벨기에였다.

1971년 11월 5일 프랑스령 기나아의 쿠루에서 있었던 유로파 II 로켓의 첫 비행이 실패로 끝나면서, 마침내 유럽발사체개발기구(ELDO)가 완전 폐기되고 독자적인 발사체 개발을 목표로 유럽우주국(ESA)이 설립되었으며 동시에 유럽우주연구기구(ESRO)도 설립된다.

1972년에는 영국의 블루 스트리크를 대체하게 될 프랑스의 1단 로켓(디아망 로켓과 코랄리 로켓에서 업그레이드된)과 새로 개발된 바이킹 터보펌프, 그리고 극저온 방식의 새로운 2단 로켓을 토대로 유로파 III 로켓 개발 계획이 수립된다. 이 유로파 III 로켓은 상업용 위성들을 지구 정지 궤도에 쏘아 올릴 발사체로 쓰일 예정이었고, 그걸 통해 위성 발사체 시장을 확대하려는 것이 목적이었다. 1972년에는 새로운 디자인의 로켓이 출현했는데, 기본적으로 1단 로켓에는 유로파 III의 1단 로켓이 사용됐으나, 2단 로켓에는 1단 로켓에 바탕을 둔 새로운 로켓이, 그리고 3단 로켓에는 극저온 방식이 사용됐다. L3S 로켓으로 알려진 이 로켓의 등장으로 1972년 12월 31일 부로 유로파 III은 공식 폐기되며, 이어 1973년 4월 27일에는 유로파 II가 폐기되고, 1974년에는 유럽발사체개발기구가 해체된다.

1975년 5월 30일에는 유럽우주국(ESA)이 공식 출범한다. 프랑스에서 개발된 L3S 로켓은 프랑스령 기나아의 쿠루에서 750㎏ 무게의 위성을 지구 정지 궤도로 쏘아 올리게 되어 있었고, 모든 기술적인 문제는 프랑스 국립우주연구소(CNES)가 맡게 되어 있었다. 영국은 다시 이 유럽 발사체 개발 프로그램에 참여하게 되는데, 그건 영국 페란티Ferranti 사의 관성 플랫폼(inertial platform, 관성 유도 장치의 설치대-옮긴이)이 모든 면에서 미국 외 그 어떤 나라의 관성 플랫폼보다 뛰어나, 블루 스트리크/유로파 로켓 개발 프로그램에서도 중요한 역할을 했기 때문이다.

아리안 로켓의 제작 및 개발 업무와 발사 계약 판매 업무를 분리하기 위해, 프랑스 법이 허용하는 범위 안에서 회사를 하나 만들어 로켓 제작에 필요한 자금을 조달하는 등 상업적 활동을 수행하게 하자는 안이 나왔다. 처음에 트랜스페이스Transpace로 명명됐던 그 회사는 프랑스 국립우주연구소(CNES)와 로켓을 개발하던 주요 기업들로 이루어졌으며, 1980년 3월 16일에 아리안스페이스Arianespace란 이름으로 공식 출범하게 된다.

그로부터 18개월 전인 1978년 말 무렵에 유럽우주국(ESA)은 훨씬 더 강력한 로켓인 아리안 2 개발 계획을 세우게 되는데, 이는 2,175㎏ 무게의 탑재체를 지구 정지 천이 궤도에 쏘아 올릴 수 있는 로켓이었다. 이 목표는 1, 2단 로켓 엔진의 추력을 늘리고, 극저온 로켓 단 내 탱크 용량을 늘려 연소 시간을 늘림으로써 달성할 수 있을 것으로 기대됐다. 당시의 엔지니어들은 이미 그런 업그레이드가 가능할 거라고 판단하고 있었다.

위성 발사체 시장은 상업용 원거리 통신 위성 수요 확대에 따라 급속도로 확대되기 시작했다. 심층적인 연구들에 따르면, 아리안 기본형의 1/2단 로켓 조합은 고체 추진제 부스터 로켓 2개를 추가하여 개선될 수 있었고, 1단 로켓의 경우 탑재 능력을 2,700㎏까지 크게 늘릴 수 있었다.

아리안 1/2/3/4

1단 로켓(L140)은 총 무게 145,000㎏에 구조 무게 13,300㎏인 비대칭 디메틸히드라진/사산화질소 추진제용 탱크 2개로 이루어져 있었다. 이 로켓 단은 15CDV6 강철로 제작됐고, 길이 18.38m에 직경 3.8m였으며, 바이킹 5 엔진 4개를 지원하고 있었는데, 그 엔진들의 해수면 추력은 2,445kN이었고, 그것이 고도에선 2,745kN으로 늘어났다. 또한 비추력은 각기 248.6초, 281.3초였으며 연소 시간은 145초였다. 저압 방식의 바이킹 연소실은 5,480kPa 상태에서 작동됐는데, 이후의 버전에서는 그것이 10% 늘어났다. 로켓들은 추력 프레임에 대칭적으로 장착됐으며, 엔진은 자세 및 궤도 제어를 위해 직각을 이루는 두 축을 중심으로 짝을 이뤄 회전할 수 있었다.

반(半) 모노코크 방식의 이 1단 로켓은 링 프레임과 돌돌 말린 강철판으로 제작됐다. 높이가 3.3m였던 로켓 단 사이 실린더의 경우, 강도를 높이기 위해 각종 프레임과 스트링어를 가벼운 합금으로 제작한 2단 로켓 꼭대기 부분은 직경이 2.6m였고, 1단 로켓의 바닥 부분은 그보다 더 컸다. 추진제는 터보펌프를 통해 초당 250㎏의 유속으로 방사상 패턴의 연료분사 장치로 공급됐고, 내화성 코팅이 된 강철 연소실 안에서 추진제

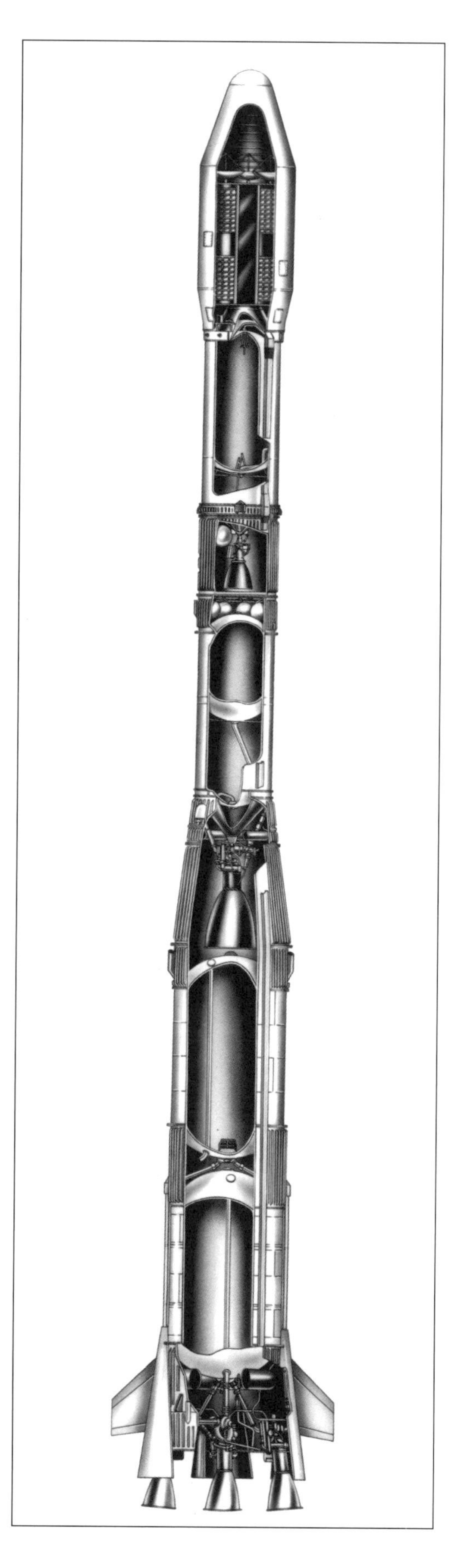

◀ 아리안 1 로켓은 1, 2단 로켓 안에 저장 가능한 추진제가 들어가고, 탑재 능력을 키우기 위해 앞쪽에 극저온 방식의 상단 로켓을 부착했다.
(자료 제공: Arianspace)

➤ 아리안 1 로켓 기본형의 업그레이드 버전들은 고체와 액체 추진제 부착형 부스터 로켓을 두루 사용해 다양한 고객들에게 다양한 로켓 조합 옵션을 제공했다. 액체 추진제 부스터 로켓을 장착한 아리안 4 로켓이 2000년 1월 25일 미국의 통신 위성을 쏘아 올리려 대기 중이다.
(자료 제공: Arianespace)

막이 연소실 벽에 분사되면서 점화됐다.

또한 아리안 1단 로켓의 경우 각종 프레임과 스트링어로 강화하고 돌돌 만 AZ5G-T6 알루미늄 판으로 제작된 칸막이 벽이 있는 탱크 2개에 추진제를 저장했는데, 2단 로켓(L33)의 경우에도 같은 추진제를 그런 방식으로 저장했다. 2단 로켓은 추진제 용량이 33,000㎏에, 이륙 시의 로켓 단 무게가 36,790㎏이었으며, 길이는 11.5m였고, 단발 바이킹 4 터보펌프 모터를 장착해 292.3초의 비추력에 709kN의 추력을 냈고, 연소 시간은 132초였다. 그리고 추진제 탱크 2개는 352kPa 상태에서 가압됐다. 또한 2.73m 높이의 로켓 단 사이 알루미늄 어댑터가 두 상단 로켓에 연결되어 있었다.

아리안 3단 로켓은 극저온 추진제가 사용된 유럽 최초의 로켓으로, 그 덕에 탄화수소 추진제를 쓰던 3단 로

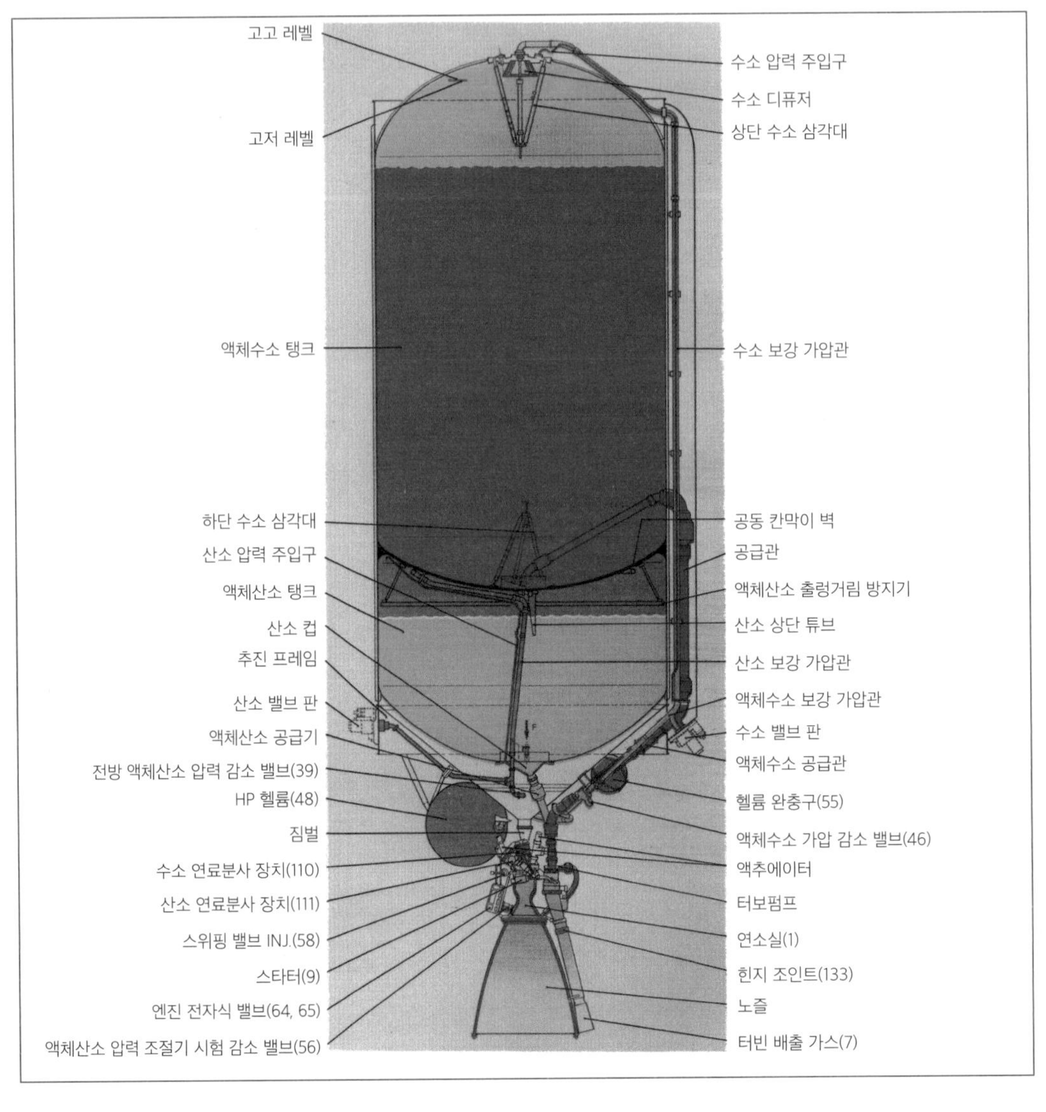

➤ 아리안 로켓에 곧바로 극저온 추진제 방식의 상단 로켓을 사용하기로 한 대담한 결정으로, 탑재 용량이 늘어났을 뿐 아니라 유럽 로켓 엔지니어들이 이 고에너지 추진제를 다루는 경험을 쌓을 수 있었다. H8 3단 로켓에는 HM7 엔진이 장착된다.
(자료 제공: ESA)

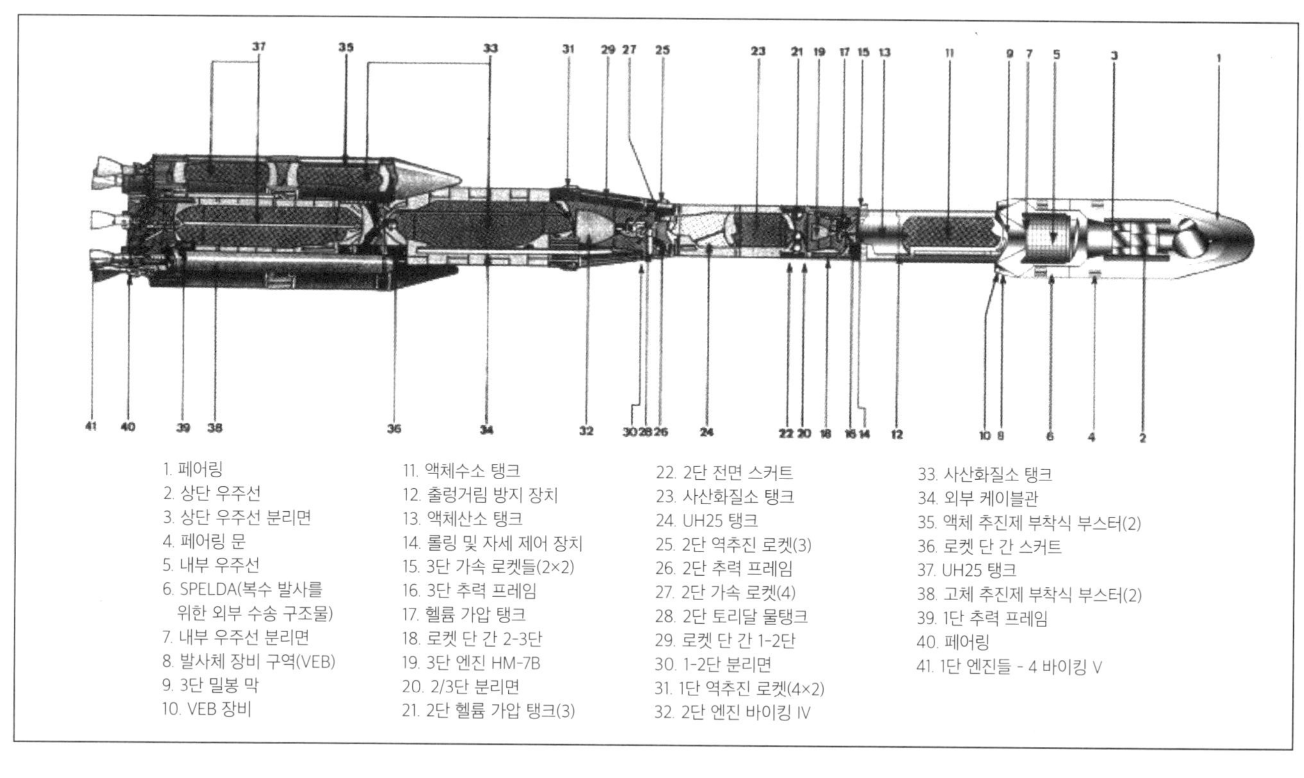

▲ 아리안 4 로켓은 다양한 탑재 용량 옵션을 제공했으며, 기본 조합을 사용하는 아리안 로켓 진화의 정점을 보여주었다.
(자료 제공: ESA)

켓들에는 기대할 수 없던 높은 효율성을 낼 수 있었다. 극저온 추진제 방식은 처음에는 큰 주목을 받지 못했으나, 점차 발전하여 훨씬 발전된 기술이 적용된 아리안 5 로켓에서는 없어선 안 될 필수 요소가 되었다. 그 기술은 1962년부터 1969년 사이에 HM4 엔진 테스트 과정에서 나왔으며, 유로파 발사체의 보다 발전된 버전들에서 중요한 역할을 하게 된다.

H8 로켓으로 명명된 아리안 3단 로켓은 공통의 칸막이 벽이 있는 탱크 2개에 8,230㎏ 무게의 액체산소/액체수소 추진제를 실을 수 있었다. 탱크는 AZ5G-T6 합금으로 제작됐는데, 이 합금은 열 절연을 위해 특수 코팅이 되는데, 극저온 상태에서 구조적으로 견고한 것으로 유명하다. H8 로켓은 길이가 9.08m였고, 직경은 2단 로켓과 같았으며, 외부 구조물 꼭대기부터 단발 HM7 엔진 밑바닥까지 탑재 용량이 9,387㎏이었고, 2/3단 어댑터 안으로 엔진 벨이 돌출됐다. HM7 엔진은 431초의 비추력에 진공 추력이 60kN이었고, 연소 시간은 570초였다.

액체수소 로켓 단은 310kPa 상태에서 가압됐고, 터빈은 액체산소 펌프는 12,000rpm의 속도로, 그리고 액체수소 펌프는 60,000rpm의 속도로 돌렸다. 연료는 연소실 재생 냉각 장치에 의해 연료실 벽 근처의 얽히고설킨 채널들로 보내졌고, 거시서 다시 90개의 동심원 요소들을 가진 연료 분사 장치 쪽으로 보내졌다. 벨 노즐은 재생 냉각 방식으로 냉각되는 인코넬 합금으로 된 일련의 나선형 튜브들로 이루어졌다. 그리고 HM7 엔진은 진동 제어를 위해 짐벌 장치가 부착되어 있었고, 블레드 수소로 작동되는 롤링 제어용 보조 추진 장치도 있었다.

H8 로켓 위에는 장비 구역이 있어, 유도 장치와 로켓 단 분리 순서 제어 장치, 원격 측정 장치, 추적 장치 그리고 탑재체 및 페어링 지지 구조물 등이 들어 있었다. 표준적인 페어링은 원통형 또는 원뿔형으로 가벼운 합금으로 만들어졌으며, 총 높이가 8.653m에 직경은 3.2m였다. 아리안 로켓은 처음부터 위성 2기를 쏘아 올릴 수 있게 제작되었고, 그 두 위성은 지구 정지 천이 궤도에 도달한 뒤 차례로 방출될 예정이었다.

아리안 로켓의 공식적인 개발은 1973년 7월부터 시작됐고, 1977년 12월 13일에 버넌 시험 발사 시설에서 L140 로켓 단의 첫 비행이 있었다. 이어 1978년 1월 10일에 H8 로켓 단의 첫 비행이 있었으며, 1978년 1월 31일에는 독일에 있는 독일 항공 및 우주여행 연구 및 개

➤ 아리안 로켓은 다양한 탑재체 페어링 치수가 옵션으로 제공됐으며, 고객들은 탑재체 덮개도 크기가 다양한 자신들의 탑재체에 맞춰 고를 수 있었다. 또 다른 미국 통신 위성을 담은 이 탑재체는 1999년 12월 22일에 발사됐다.
(자료 제공: ESA)

▼ 액체 추진제 또는 고체 추진제 부스터 로켓이 장착될 수 있었던 아리안 4 로켓의 최적화된 조합.
(자료 제공: Arianespace)

58.60 m
50.00 m
46.20 m
45.20 m
37.70 m
35.00 m
26.90 m
23.60 m
0.00 m
페어링
보강 구조
SPELDA
발사체 장비 구역
3단 로켓
H10
2/3단 로켓 사이
2단 로켓
L33
1/2단 로켓 사이
2개의 고체 추진제
부착식 부스터 P9.5
2개의 액체 추진제
부착식 부스터 L40
1단 로켓
L220

발 연구소(DFVLR)에서 L33 2단 로켓의 비행이 있었다. 극저온 추진제 방식의 H7 로켓은 비교적 순탄하게 개발되어 일부 기술적 문제들에도 불구하고 계획대로 진행됐다. 완전한 바이킹 엔진을 장착한 로켓의 첫 비행은 1969년 6월이었다.

1979년 12월 24일에는 L-01 로켓의 첫 비행이 있었는데 완전한 성공으로 끝났다. 그러나 1980년 5월 23일에 있었던 비행은 1단 로켓과 시범용 소형 탑재체들에 문제가 생겨 실패했다. 다음 두 비행은 유럽 기상 위성 메테오샛Meteosat 2와 해양 통신 위성 마렉스 Marecs 1을 지구 궤도에 안착시키면서 성공으로 끝났다. L-01 로켓의 세 번째 비행에서는 메이즈 1 원지점 픽 모터가 장착됐으며, 아리안 1, 2, 3단 주 로켓들이 위성을 천이 궤적에 올려놓은 뒤 정지 궤도에 안착시켰다.

1982년 9월 10일에는 최초의 '상업적인' 비행이 있었으나, 실패하면서 마렉스 B 위성과 이탈리아의 시리오Sirio 2 위성을 잃었다. 마지막 6회의 아리안 1 로켓 비행은 성공으로 끝났다. 또한 1986년 2월 22일에는 마지막 비행이 있었는데, 총 16회의 비행 중 단 2회만 실패하는 기록을 세웠는데, 이는 완전히 새로운 발사체의 기록치고는 믿기 어려울 정도로 대단한 기록이었다. 최초의 인텔샛 위성 2기는 1938년과 1984년에 비행에 나섰다. 끝에서 두 번째 아리안 1 로켓 비행은 1985년 7월에 있었는데, 이때 이 로켓이 쏘아 올린 유럽우주기구(ESA)의 조토Giotto 우주선은 핼리 혜성과의 랑데부에 나선다.

상업용 발사체 시장이 확대될 거라는 낙관적인 기대 아래, 보다 강력한 버전의 아리안 로켓 개발이 이루어졌으나, 1986년에 5월 31일에 있었던 업그레이드된 아리안 2 로켓의 첫 비행은 실패로 끝났다. 3단 로켓이 점화되지 않으면서 탑재했던 인텔샛 V 위성을 잃은 것이다. 아리안 2 로켓의 경우 1, 3단 로켓 길이가 조금 더 길었고, HM7B 엔진이 장착되어 연소 시간도 더 길었으며, 높이는 47.4m에서 49m로 늘었고 이륙 시 무게 또한 약 210,000㎏에서 219,000㎏으로 늘었다. 1, 3단 로켓의 연소 시간이 조금 더 길어져 탑재 능력도 아리안 1 로켓의 1,830㎏에서 2,270㎏으로 늘었다. 아리안 2 로켓은 총 6회 비행했고, 마지막 비행은 1989년 4월

2일에 있었는데, 그 6회 중 5회의 비행이 성공했다.

아리안 3 변형은 아리안 2에 앞서 비행에 나섰고, 아리안 2와 같은 조합을 이루었으나 아리안 1 비행을 시작할 때부터 이미 개발 중이었던 부착식 부스터 로켓 2개가 장착됐다. 이 부스터 로켓은 아리안 4에도 그대로 적용할 계획이었다. 아리안 3는 아리안 2와 로켓 단 길이는 같았으나, 고체 추진제 덕에 이륙 시 무게가 237,000㎏으로 늘었다. 각 고체 추진제 로켓에는 7,300㎏ 무게의 추진제가 들어갔으며, 추력은 730kN이었다. 아리안 3는 1984년 8월 4일부터 1989년 7월 12일까지 총 11회 비행에 나섰는데, 그중 10회는 다양한 기업과 국가의 위성을 쏘아 올리는 데 성공했다.

첫 아리안 4 로켓은 아리안 2, 3 로켓의 마지막 비행 전에 비행에 나섰다. 아리안 4 로켓 개발 계획은 아리안 1 로켓이 이제 겨우 4회 비행을 마친 뒤인 1982년 1월에 승인됐는데, 액체 추진제나 고체 추진제 방식의 부착식 부스터 로켓 중 하나 또는 둘 모두를 사용함으로써, 다양한 조합을 옵션으로 선택해 탑재 능력을 올릴 수 있었다.

다양한 조합 결과 다음과 같은 독특한 식별 코드가 생겨났다(괄호 안은 정지 천이 궤도에 쏘아 올릴 수 있는 탑재물 무게). 우선 4는 아리안 2(2,100㎏)와 같은 3단 로켓 조합. 42P는 고체 추진제 방식의 부착식 부스터 로켓 2개(2,930㎏). 44P는 고체 추진제 방식의 부착식 부스터 로켓 4개(3,460㎏). 42L은 액체 추진제 방식의 부착식 부스터 로켓 2개(3,480㎏). 44LP는 액체 추진제 방식과 고체 추진제 방식의 부착식 부스터 로켓 각 2개씩(4,220㎏). 44L은 액체 추진제 방식의 부착식 부스터 로켓 4개(4,720㎏).

아리안 4의 1단 로켓(L220)에는 4개의 바이킹 5C 엔진이 장착되어 2,712kN의 해수면 추력을 냈으며, 2단 로켓(L33)의 단발 바이킹 엔진은 800kN의 진공 추력을 냈고, 3단 로켓(H10)의 단발 HM7B 엔진은 64.7kN의 추력을 냈다. 아리안 4의 1단 로켓에는 똑같은 탱크 2개가 장착됐는데 높이가 7.4m, 직경은 3.8m였으며, 로켓 단 간 스커트에 의해 서로 연결됐다.

아리안 4의 2단 로켓에 장착된 추진제 탱크는 원통형에 끝부분은 반원형 돔이었고, 공통된 칸막이 벽이 있었으며, 높이는 6.515m, 직경은 2.6m였다. 3단 로켓 탱크들 역시 그 조합과 직경은 2단 로켓과 비슷했지만, 극저온 추진제 때문에 높이가 6.624m였다.

PAL 액체 추진제 방식의 부착식 부스터 로켓들은 직경 2.15m에 길이 4.92m, 총 높이 18.6m인 스테인리스강 탱크 2개로 이루어져 있었다. 각 부스터 로켓의 추진제 무게는 39,000㎏까지 됐고 이륙 시 무게는 43,545㎏이었다. 또한 액체 추진제 방식의 각 부스터 로켓의 해수면 추력은 670kN, 진공 추력은 753kN이었고, 사산화질소 산화제와 비대칭 디메틸히드라진(UDMH)에 25%의 히드라진을 섞은 일명 UH25라는 혼합 연료로 움직였는데, 이는 1, 2단 핵심 로켓에 쓰이는 것과 같은 혼합 연료였다. 액체 추진제들은 발사 3.4초 전에 핵심

▼ 액체 추진제 방식의 부착식 부스터 로켓 4개를 장착해 강력한 힘을 내게 된 아리안 V139 로켓은 통신 위성 2개를 쏘아 올렸는데, 그중 하나가 2001년 2월 7일 쏘아 올린 영국 국방부의 통신 위성이었다.
(자료 제공: Arianespace)

로켓 단에서 점화되었으며, 로켓 분리 142초 전까지 사용됐다.

PAP 고체 추진 장치는 직경 1.07m에 총 높이 11.5m였으며, 약 9,500㎏의 CTPB 추진제가 들어갔고 이륙 시 총 무게는 12,660㎏이었다. 또한 해수면 추력이 650kN이었고, 강력한 용수철에 의해 분리되기 전 1단 로켓의 핵심 엔진들이 점화된 뒤 33초 동안 연소됐으며, 264초의 비추력을 갖고 있었다.

아리안 4 로켓은 이처럼 1, 2, 3단 핵심 로켓에 부착식 부스터 로켓이 4개까지 부착되어 그 추력과 높이, 무게가 로켓들의 조합에 따라 크게 달라졌다. 가장 강력한 조합인 44PAL 조합의 경우, 이륙 시 추력이 5,338kN이 넘었고, 탑재체 페어링의 모양과 크기가 다양했으며, 한 번에 여러 위성을 쏘아 올릴 수 있었고, 높이는 무려 60.13m나 됐다.

아리안 4 로켓의 첫 비행은 1988년 6월 15일에 있었고, 총 116회의 비행 중 마지막 비행은 2003년 2월 15일에 있었는데, 그중 단 3회만 탑재체를 지구 궤도에 안착시키지 못해, 비행 성공률이 97.4%였다. 이는 아리안 1, 2, 3 로켓의 비행 성공률 87.9%에 비하면 대단한 것이었다.

가장 인기 있는 아리안 4 로켓 조합은 44L로, 총 40회의 비행에서 단 한 차례만 실패했다. 그다음 인기 있는 조합은 26회 비행 중 단 한 차례만 실패로 끝난 44LP 조합이었고, 다음으로 인기 있는 조합은 똑같은 15회의 비행 중 한 차례만 실패한 42P와 모두 성공한 44P 조합이었다. 42L 조합은 13회 전부 비행에 성공했고, 40 변종 조합은 7회의 비행에 성공했다.

아리안 5

첫 비행: 1996년 6월 4일

1987년 12월 유럽우주기구(ESA)는 아리안 5를 개발해 정지 천이 궤도까지 쏘아 올릴 수 있는 탑재체 무게를 60% 늘리기로 결정하며, 그에 따라 아리안스페이스는 발사체 시장 전망에 맞춰 아리안 로켓에 대한 획기적인 업그레이드 작업을 시작하게 된다.

아리안 5는 디자인부터가 완전히 달라지는 등, 이전 아리안 로켓들과는 완전히 다른 발사체다. 아리안 5는 극저온 1단 로켓에 고체 추진제 방식의 부스터 로켓들을 사용해 이륙 시 추력의 92%를 제공하고 있으며, 재래식 2단 로켓의 경우 단일 위성 탑재체는 6,800㎏ 무게까지, 그리고 더블 위성 탑재체는 5,970㎏ 무게까지 정지 천이 궤도에 쏘아 올릴 수 있다. 반면에 지구 저궤도까지는 18,000㎏ 무게의 탑재체를 쏘아 올릴 수 있다.

아리안 5는 그간 여러 차례 발전해왔는데, 그 기본은 모두 아리안 5G에 두고 있다. 아리안 5G의 핵심은 EPC 로켓 단(H155)으로, 압력이 안정된 추진제 탱크들을 사용하고 있으며 각 끝부분에 구조 강화 스커트들이 장착되어 있다. 후방 스커트는 SNECMA 벌케인 엔진으로부터의 하중을 전달하며, 전방 스커트는 1단 로켓과 부스터 로켓 2개로부터 2단 로켓(L9-7)로 하중을 전달한다. 강철 케이스에 들어 분할된 부스터 로켓들은 EAP라 불린다. 또한 상단 로켓은 EPS라 불리며, 저장 가능한 모노메틸하이드라진 및 사산화질소 추진제를 쓰는 탱크가 장착되어 있고, 여러 차례 재시동이 걸릴 수 있는 단발 에스투스Aestus 엔진을 쓴다.

아리안 5의 1단 로켓(H155)은 길이 30.05m에 직경 5.4m이고 자체 무게는 12,600㎏이다. 전방 추진제 탱크에는 133,000㎏의 액체산소가 주입되어 헬륨에 의해 303.4kPa 상태로 압축된 채 각 구들 안에 저장되며, 후방 연료 탱크에는 25,600㎏의 액체수소가 주입되어 벌케인 엔진으로부터 나와 재순환되는 기체수소에 의해 155kPa 상태로 압축된다. 전방 탱크에는 두께가 0.47㎝밖에 안 되는 벽들이 있고 하단 탱크에는 두께 0.13㎝의 벽들이 있고, 로켓 단은 2개의 고체 추진제 부스터 로켓들 사이에 걸려 있다. 또한 H155 로켓으로부터의 추력 하중은 전방 스커트로 전달되고, 그 하중이 다시 거기서 부스터 로켓들로부터의 하중과 합쳐지게 된다.

벌케인 엔진은 431.2초의 비추력에 1,350kN의 진공 추력을 갖고 있고, 연소 시간은 580초이다. 또한 짐벌 장치가 장착되어 있어 +-6도로 흔들림을 제어한다. 자체 무게는 1,475㎏이며, 길이는 3m, 직경은 1.76m이다. 노즐은 팽창 비율이 45:1이며, 엔진은 이륙 9초 전에 점

◤ 아리안 5는 무거운 탑재체는 물론 한 번도 실현되지 못한 유럽 우주선을 실어 나를 목적으로 개발된 로켓으로, 이전에 나온 아리안 1, 2, 3, 4 시리즈와는 비교도 안 될 만큼 놀라운 탑재 능력을 보여주었다.
(자료 제공: ESA)

▲ 아리안 5의 1단 로켓의 주 동력원은 벌케인Vulcain 단발 엔진이고 거기에 고체 추진제 방식의 부스터 로켓 2개가 추가됐지만, 로켓 조합이 융통성 없이 고정되어 있었다. 그래서 탑재 능력을 올릴 때는 상단 로켓을 업그레이드하거나 기존 로켓 단의 성능을 향상시켜야 했다.
(자료 제공: ESA)

화되어 정상 작동되고, 로켓은 부스터 로켓의 점화와 동시에 발사된다.

EAP/P230 부스터 로켓은 길이 26.77m, 직경 3.05m, 무게 268,700㎏인 케이스 안에 주로 히드록실-말단 폴리부타디엔(HTPB) 추진제를 주입하며 거기에 18%의 알루미늄과 14%의 PHBT를 섞는데, 추진제 무게는 237,700㎏이다. 전체 길이는 31.16m이며 각 로켓은 이륙 시에 271초의 비추력에 5,884kN의 해수면 주력을 낸다. 또한 6,068kPa의 압력에서 작동되며, 이륙 시 점화되어 132초 동안 연소된다. 이 부스터 로켓들은 총 11,787kN의 추력을 내며, 이륙 시의 추력은 13,120kN 정도이다.

아리안 5의 부스터 로켓은 고도 약 55㎞ 지점까지 올라갔을 때 분리되어 발사 지점에서 약 450㎞ 떨어진 대서양의 착수 지점에서 회수하게 되어 있다. 대기권을 뚫고 떨어지는 로켓 단의 속도는 6단계로 작동되는 낙하산 장치에 의해 초속 약 27m, 즉 시속 약 96㎞의 충돌 속도까지 떨어지게 된다.

상단 로켓(L9-7)은 길이 3.3m, 직경 3.94m, 자체 무게는 1,190㎏이다. 또한 똑같은 크기의 탱크 4개에 추진제가 담겼는데, 각 탱크는 직경이 1.4m에 2,027kPa의 압력이 가해지고 6,600㎏의 MMH와 3,200㎏의 사산화질소가 주입된다. 에스투스 엔진은 길이 2.2m, 직경 1.26m였으며, 324초의 비추력에 29kN의 추력을 냈고, 연소 시간은 1,100초에 달했다. 또한 이 엔진에는 짐벌 장치가 장착되어 +-16도로 흔들림을 제어할 수 있다.

1990년대 중반에 아리안스페이스는 아리안 로켓의 전체적인 성능을 높이기 위해 아리안 5 ECA 버전 개발 프로그램에 착수했다. 그 결과 추력이 20% 늘어난 보다 강력한 1단 로켓 엔진 벌케인 2를 사용했으며, 연소실 압력도 높이고 액체산소/액체수소 비율도 높였다. 1단 로켓 추진제의 경우 액체산소는 150,000㎏으로 늘었고 액체수소는 25,000㎏으로 줄었다. 그 외에 새로운 아리안 ECA 로켓의 경우 EAP 부스터 로켓이 더 가벼워진 덕에 추진제를 추가로 2,500㎏ 더 실을 수 있고, 추력은 6,227kN으로 늘었으며, 부스터 로켓 2개와 핵심 로켓 단의 이륙 시 총 추력이 14,055kN이 되었다.

아리안 ECA 로켓은 상단 로켓이 극저온 추진 방식으로 바뀌게 되고 아리안 4의 HM7B 엔진을 활용하게 되며, 로켓 이름도 아리안 ESC-A로 바뀌게 된다. 아리아 ECA는 자체 무게가 4,540㎏이고, 액체산소/액체수소 추진제 무게는 14,700㎏이다. 또 새로운 액체수소 탱크와 함께 H10 아리안 4 로켓 3단에서 가져온 액체산소 탱크와 하단 구조를 활용했다. 새로운 로켓 단은 직경 5.4m, 길이 4.7m였고 연소 시간은 945초였으며, 이제 추진 단계와 탑재체 분리 단계에서 로켓 자세 제어도 가능했다.

아리안 5의 첫 비행은 1966년 6월 4일에 있었으나 실패로 끝났다. 관성 유도 장치에서 오는 데이터를 수신하는 컴퓨터에 중대한 문제가 생겨 엉뚱한 자세 제어 신호를 내보내면서 일련의 클러스터Cluster 과학 위성을 발사하려던 시도가 실패한 것이다. 1997년 10월 30일에 있었던 두 번째 비행은 주요 핵심 로켓 단에서 예정보다 이른 셧다운이 일어나면서 부분적인 성공으로 끝났다. 그다음 7회의 비행은 성공적이었으나, 2002년 7월 12일에 있었던 열 번째 비행은 부분적으로 실패했다. 이후 네 번의 발사가 더 있었고, 그해 12월 11일에 있었던 최초의 아리안 ECA 로켓의 비행은 명백한 실패였다.

그 이후 아리안 5는 2014년 10월 말까지 총 62회의 비행에 성공했는데, 이 무렵 아리안 ECA 모델은 46회의 비행에 나서 첫 비행에서만 실패했다. 2007년 5월 4일에는 아리안 5 ECS 모델이 기록적으로 무거운 9,400㎏의 탑재체를 정지 천이 궤도로 쏘아 올렸다. 아리안 5GS 모델은 여러 차례의 전반적인 개선 작업 끝에 EAP 부스터 로켓에 보다 가벼운 노즐이 장착되면서 성능이 향상됐으며, 2단 로켓에 장착된 MMH 탱크의 용량도 커졌고, 탑재체 페어링의 무게도 줄었다. 그 결과 탑재 능력은 150㎏ 더 늘었다. 이 모델은 2005년 8월 11일에 첫 비행에 나섰으며, 여섯 번째이자 마지막 비행이 2009년 12월 18일에 있었다.

국제우주정거장에 필요한 각종 물품을 실어 나르는 화물 우주선인 유럽우주기구(ESA)의 무인 전송 발사체(Automated Transfer Vehicle)를 지원하기 위해, 아리안 5 ES ATV 모델이 개발됐다. 이 모델에는 핵심 로켓 단에 벌케인 2 엔진이 장착됐고, 다시 자동 점화성 연료 방식의 상단 로켓이 사용되었으며, 그 결과 여러 차례의 재

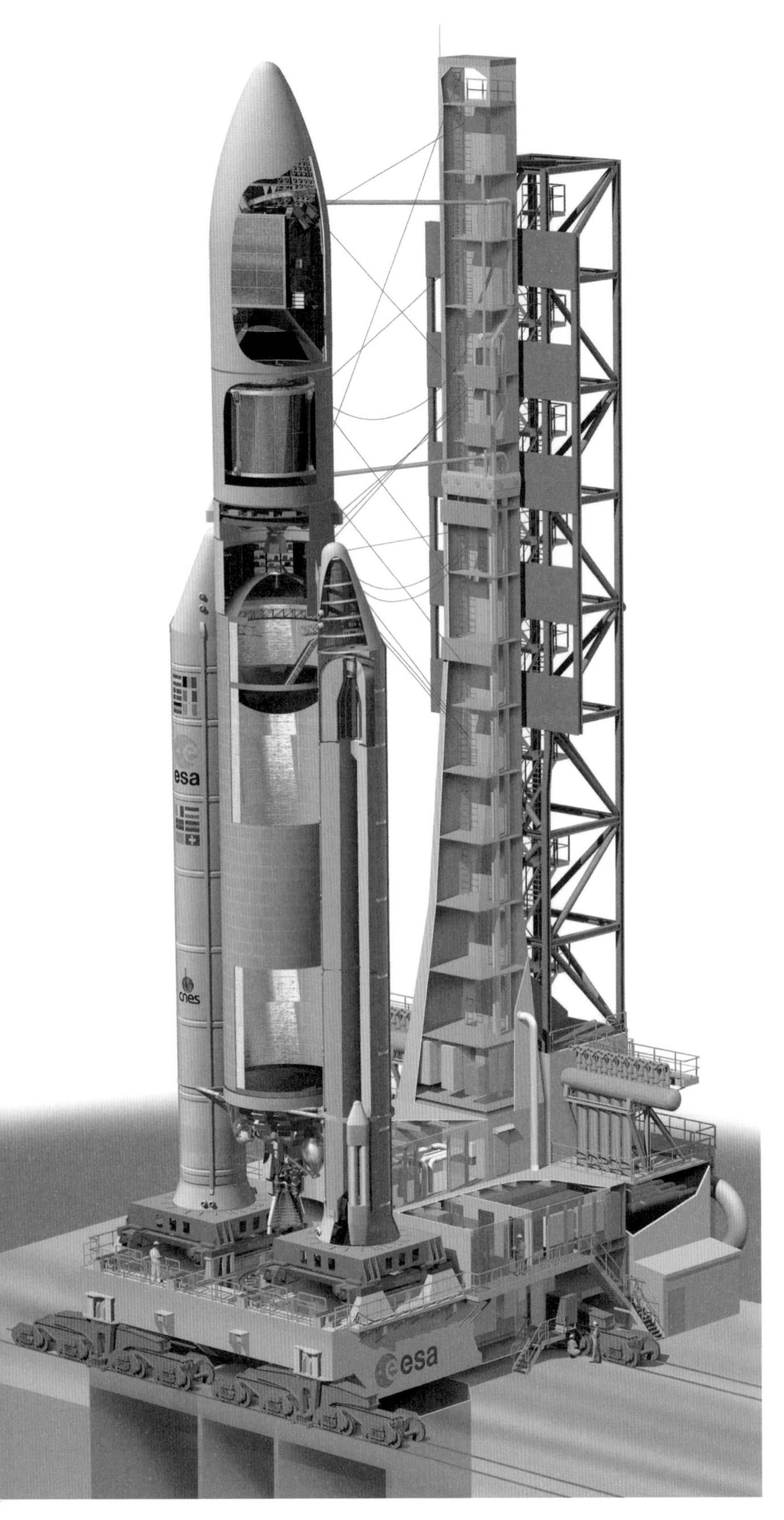

◀ 아리안 4와 마찬가지로 아리안 5 역시 위성 하나를 쏘아 올릴 수도 있고 동시에 둘(위성 위에 또 다른 위성을 얹어서)을 쏘아 올릴 수도 있다. 이 그림을 통해 우리는 아리안 5의 모든 로켓 단과 부스터 로켓의 내부는 물론 아리안 5 특유의 옵션들도 볼 수 있다. 아리안 5는 무인우주화물선도 5회 쏘아 올려 각종 물품과 보급품, 실험 도구를 국제우주정거장에 올려 보냈다.
(자료 제공: ESA)

시동이 가능해져 이 모델에 요구되는 여러 차례의 랑데부 이동을 할 수 있게 됐다. 이 모델의 첫 발사는 2008년 3월 9일이었으며, 결과는 성공적이었다. 총 5회의 비행 중 마지막 비행은 2014년 7월 29일이었고, 역시 성공했다.

아리안 5 로켓에 대한 추가 개발이 이루어지고 있어 아리안 ME('중년 진화'의 뜻인 Midlife Evolution의 줄임말)라는 새로운 모델의 탄생에 기대가 모아진다. 이 모델의 경우 극저온 방식의 기존 로켓 단을 무게 5,000㎏짜리 위성 2기 또는 무게 11,000㎏짜리 위성 한 기를 쏘아 올릴 수 있는 보다 강력한 새 로켓 단으로 교체하여 탑재 능력이 20% 향상될 것으로 예상된다. 새로운 상단 로켓은 독특한 노즐이 장착된 빈치Vinci 엔진이 주 동력원으로 쓰여 재시동 능력이 6배까지 좋아질 것이고, 팽창기-사이클 디자인을 채용해 가스 발생기가 필요 없게 될 것이다. 그리고 465초의 비추력에 176.5kN의 추력을 내게 될 것이다.

◀ 아리안 5의 2단 로켓(EPS) 경우 저장 가능한 자동 점화성 추진제들을 사용하지만, 극저온 로켓 단으로 대체되어 예전 아리안 1~4 로켓의 3단 로켓으로 쓰이던 HM7 엔진 업그레이드 버전을 활용하고 있다.
(자료 제공: ESA)

◀ 아리안 로켓이 어떻게 커지고 발전해왔는지를 한눈에 볼 수 있는 자료이다. 유럽은 지금 계속 아리안 5의 업그레이드 작업에 투자하면서 가벼운 발사체를 개발 중이며, 러시아의 소유스 우주선도 쏘아 올려주고 있는데, 모든 로켓은 프랑스령 기아나의 쿠루에서 발사되고 있다.
(자료 제공: ESA)

약어 목록

ABL Allegany Ballistics Laboratory. 앨러게니탄도연구소

ABMA Army Ballistic Missile Agency. 미 육군 탄도미사일국

ARDC Air Research and Development Command. 항공연구 & 개발사령부

ARPA Advanced Research Projects Agency. 고등연구계획국

ATS Applications Technology Satellite. 응용기술위성

ATV Automated Transfer Vehicle. 무인 전송 발사체

BMD Ballistic Missile Division. 탄도미사일부

CCB Common Core Booster. 범용 코어 부스터

CIA Central Intelligence Agency. 미국 중앙정보국

CNES Centre National d'Etudes Spatiales. 프랑스 국립우주 연구소

CT-3 Commercial Titan III. 상업용 타이탄 III 로켓

DFVLR Deutsche Forschungs-und Versuchsanstalt für Luft-und Raumfahrt. 독일 항공 및 우주 여행 연구 및 개발 연구소

DIGS Delta Inertial Guidance System. 델타 관성 유도 장치

DMSP Defense Meteorological Satellite Program. 국방 기상 위성 프로그램

DSAP Defense Satellite Applications Program. 국방 위성 응용 프로그램

EELV Evolved Expendable Launch Vehicle. 진화된 확장형 발사체

ELDO European Launcher Development Organization. 유럽발사체개발기구

ESA European Space Agency. 유럽우주기구

ESRO European Space Research Organization. 유럽우주연구기구

GEM Graphite-epoxy motor. 흑연-에폭시 모터

GLV Gemini Launch Vehicle. 제미니 발사체

GMRD Guided Missile Research Division of the Ramo-Wooldridge Corporation. 라모-울드리지 사의 유도 미사일 연구 부문

GSE Ground-support equipment. 지상 지원 장비

GTO Geostationary transfer orbit or geosynchronous transfer orbit. 정지 천이 궤도

HTPB Hydroxyl-terminated polybutadiene. 히드록실-말단 폴리부타디엔

ICBM Intercontinental ballistic missile. 대륙간탄도미사일

ILS International Launch Services. 국제발사서비스

IRBM Intermediate-range ballistic missile. 중거리탄도미사일

IRFNA Inhibited red fuming nitric acid. 부식 방지된 적연질산

ISAS Institute of Space and Aeronautical Science. 우주과학연구소

Isp Specific impulse. 비추력

IUS Inertial Upper Stage. 관성 상단 로켓

IWFNA Inhibited white fuming nitric acid. 부식 방지된 백연질산

JAXA Japan Aerospace eXploration Agency. 일본 우주항공연구개발국

JPL Jet Propulsion Laboratory. 제트추진연구소

LM Lockheed Martin. 록히드 마틴

LMDE Lunar Module Descent Engine. 달 착륙선 하강 엔진

LOX Liquid oxygen. 액체산소

LRBM Long-range ballistic missile. 장거리탄도미사일

LTTAT Long Tank Thrust Augmented Thor, or Thorad. 긴 탱크 추력 증강 토르
LTV Ling-Temco-Vought. 링-템코-바우트
Mach Speed of sound. 마하
MDS Malfunction detection system. 고장 감지 장치
MIA "Mouse in Able". 에이블 속의 쥐
Midas Missile Defense Alarm System. 미사일 방어 경고 장치
MLV Medium Launch Vehicle. 중형 발사체
MR Mercury-Redstone. 머큐리-레드스톤
MRBM Medium-range ballistic missile. 준중거리탄도미사일
MT Megaton. 메가톤
NACA National Advisory Committee for Aeronautics. 미국 항공자문위원회
NASA National Aeronautics and Space Administration. 미국 항공우주국
NASDA National Space Development Agency of Japan. 일본 우주개발사업단
NATO North Atlantic Treaty Organization. 북대서양조약기구
NRL Naval Research Laboratory. 미국 해군연구소
PAM Payload Assist Module. 탑재체 보조 모듈
PARD Pilotless Aircraft Research Division. 무인항공기연구부
PBAN Polybutadiene-acrylic-acidacrylonitrile. 폴리부타디엔 아크릴산 아크릴로니트릴
PGRTV Precision Guided Re-entry Test Vehicle. 정밀 유도 재진입 테스트 발사체
psia Pounds per square inch absolute. 절대압력
RFNA Red fuming nitric acid. 적연질산
RP-1 Kerosene. 등유
RTV Re-entry test vehicle. 대기권 재진입 테스트용 발사체
SAC Strategic Air Command. 미 전략공군사령부
SAMSO Force Space & Missile Systems Organization. 우주 & 미사일시스템국
SLV Space Launch Vehicle. 우주발사체
SMEC Strategic Missiles Evaluation Committee. 전략미사일평가위원회
STL Space Technology Laboratories. 우주기술연구소
STV Special Test Vehicle. 특별 테스트 발사체
TAT Thrust-Augmented Thor. 추력 증강 토르
TDRS Tracking and data relay satellite. 추적 데이터 중계 위성
TOS Transfer Orbit Stage. 천이 궤도 로켓 단
TRW Thompson-Ramo-Wooldridge. 톰슨-라모-울드리지
T/W Thrust-to-weight ratio. 추력중량비
UDMH Unsymmetrical dimethylhydrazine. 비대칭 디메틸히드라진
ULA United Launch Alliance. 유나이티드 론치 얼라이언스
USAF United Stated Air Force. 미국 공군
UTC United Technology Corporation. 유나이티드 테크놀로지 코퍼레이션
WADC Wright Air Development Center. 라이트 항공개발센터
WDD Western Development Division. 서부개발부
WFNA White fuming nitric. 백연질산

한 권으로 끝내는 항공우주과학
로켓의 과학적 원리와 구조

초판 1쇄 발행 2021년 10월 20일

지은이 데이비드 베이커
펴낸이 곽철식

책임편집 이홍림
디자인 임경선

펴낸곳 하이픈
출판등록 2011년 8월 18일 제311-2011-44호

주 소 서울시 마포구 토정로 222 한국출판콘텐츠센터 313호
전 화 02-332-4972
팩 스 02-332-4872
이메일 daonb@naver.com

인쇄·제본 영신사

ISBN 979-11-90149-70-9 03500